KB078821

정비사업

[재건축 · 재개발]

업무매뉴얼

정비사업전문관리업체와 조합임원의
업무역량 강화를 위한 지침서

정비사업
(재건축 · 재개발)
업무매뉴얼

제1권

임산호 지음

좋은땅

머리말

필자는 약 30여 년 동안 수많은 정비사업과 조합, 정비사업전문관리업체를 대상으로 컨설팅을 해 오면서 단 한 번도 통일된 양식을 본 적이 없으며 일관된 업무 기준도 본 적이 없다. 같은 재개발사업이라 해도 각 조합마다 문서를 관리하는 방식이 서로 상이하고, 정비사업관리 기술인이나 실무자들도 경험 등 개별 특성에 따라 다르게 다루어 오고 있는 것이다. 하다못해 조합장이나 조합임원이 바뀌거나, 실무자가 바뀌면 개인 특성에 따라 업무를 수행하는 기준이 달라지는 경우도 수없이 보아 왔다.

최소한 10여 년 장기간 사업이 진행되는 특성상, 만일 표준화, 매뉴얼화가 이루어졌다면, 각 사업주체(조합, 정비사업전문관리업자, 시공자, 설계자 등) 간의 의사소통을 원활히 할 수 있고, 자주 바뀔 수밖에 없는 조합임원이나 정비사업관리기술인, 실무자들 간의 업무 인수인계 등에서 매우 효율적으로 활용될 수 있는데 아직까지 그에 대한 기준조차 연구되지 못하고 있는 점이 매우 안타까웠다.

2003년 7월 1일 「도시 및 주거환경정비법」(이하 '도시정비법')이 시행되면서 정비사업전문관리업자는 등록제로 전환되어 일정한 자격과 전문성을 갖추게 하였고, 정비사업전문관리업체의 역할도 7개 분야로 명확히 하였지만(도시정비법 제102조 정비사업전문관리업의 등록), 20여 년이 지난 지금도 정비사업전문관리업체는 그 역할의 경계가 매우 모호하여 조합의 모든 일을 관장하는 집사의 역할로만 강조되어 왔다. 즉, 도시정비법이나 계약에 없는 업무임에도 불구하고 조합에서 필요하다고 여겨지는 모든 업무를 수행하고 있는 멀티태스커의 역할을 하고 있는 것이다. 그럼에도 불구하고, 정비사업전문관리업체는 설계자나 도시계획업체처럼 전문성을 아직까지도 인정받지 못하고 있는 실정이다.

이는 지금까지 조합장이나 조합의 업무를 담당해야 하는 상근이사들이 정비사업에 대해 전혀 알지 못하거나, 해당 업무를 해 본 적이 없는 사람들이 조합원들의 표심에 의해 선임되어 왔기 때문에 비전문가인 조합을 대행하는 모든 역할을 정비사업전문관리업자가 수행하고 있는 것이다. 극단적인 사례를 들어 보면 컴퓨터 문서작성 능력이 전혀 없는 사람이 조합행정업무를 수행해야 하는 조합의 임원이 되거나, 개인적인 일을 정비업체에 요구하는 경우도 수없이 많이 보아 왔다.

이런 상황이다 보니 정비사업전문관리업체는 관리처분계획 수립 등의 전문성을 요하는 업무를 수행함은 물론이고 조합의 모든 잡다한 일들까지 해야 하는 비서로서의 역할까지 수행하는 현실이 매우 안타까워 본서를 통해서라도 정비사업전문관리업체가 CM과 유사한 역할을 수행하는 업체로 전문성을 인정받고 정비사업(재건축·재개발 등)을 처음 접해보는 조합에서도 본서를 통해 조합의 행정업무를 수행하는 데 도움이 되었으면 하는 바램에 출간하게 되었다.

CM(건설사업관리)은 수십 년간 연구를 통해 많은 발전을 이루어 왔지만, 정비사업의 CM이라 할 수 있는 정비사업전문관리는 많은 연구가 이루어지지 못해 왔고 어떤 일을 하는지, 어떤 업무절차와 매뉴얼을 따라 하는지에 대해 정리된 것이 없었다. 그렇다 보니 필자도 업무매뉴얼을 제작하면서 정비사업과 관련된 참고도서나 연구보고서를 찾기가 매우 어려웠으며, 그나마 많이 발전해 온 건설사업관리과 관련하여 한국건설기술관리협회에서 발간한 건설사업관리 업무수행절차서(2020.7)나 서울시립대학교에서 위탁시행·제작한 업무절차 개발연구보고서(건설교통부 출연, 한국건설교통기술평가원에서 위탁시행, 2003.12) 등이 본 매뉴얼을 작성하는 데 많은 도움이 되었다.

또한, 현장에서 직접 정비사업관리업무를 수행하고 있는 실무자와 관련한 공인된 자격증이 없는 것은 물론이고, 체계적인 업무지침 등이 없어 정비사업관리기술인으로서의 전문성이 많이 부족한 것도 사실이다. 따라서, 현장에서 일하고 있는 실무자들에게 길라잡이 역할을 할 수 있는 업무지침서로서도 활용되면 정비사업관리의 전문성이 좀 더 강화될 수 있을 것이다.

전국에서 진행 중이거나 앞으로 추진을 준비 중인 재건축·재개발현장은 아무리 적어도 천 개 이상의 현장이 있고, 정비사업의 실무를 직간접적으로 담당하는 조합의 임직원 수가 현장당 2~3명이라 가정한다면 무려 수천 명이 관여되어 있고, 정비사업전문관리업체가 서울시만 해도 200여 개가 등록되어 있어 각 업체별로 직원이 10명이라 가정하면 2,000명이 실무를 담당하고 있다고 추정할 수 있다. 그 외에도 관련 공무원, 학계관계자, 관련 컨설팅회사 등 직간접적으로 정비사업 실무에 관련된 인원을 고려하면 족히 수만 명이 연관되어 있음에도 불구하고 아직까지 제대로 된 실무매뉴얼이 나와 있지 못하다. 따라서, 실무와 연관된 조합과 정비사업전문관리업체의 임직원들은 물론, 정비사업을 알아야 하거나 알고자 하는 모든 분들에게 조금이나마 도움이 될 수 있도록 작성하였다.

그나마, 예전에 비해 인터넷 발달 등으로 조합임원 및 조합원의 정비사업에 관한 지식수준은 상당

수준 올라 있기 때문에 정비사업전문관리업체도 그에 맞추어 더욱 발전된 모습을 보여야 하는 것은 너무나 당연하기 때문에 보다 체계적이고, 전문적으로 정비사업을 관리하는 전문회사가 되고 실무자들에게 본 매뉴얼을 통해 역량을 올리는 데 조금이나마 도움이 되었으면 한다. 또한 본서를 시작으로 누군가가 더욱 발전된 매뉴얼을 계속하여 연구하여 정비사업전문관리업도 건설사업관리처럼 한 단계 발전하는 데 계기가 되었으면 하는 바램이다.

마지막으로, 정비사업전문관리제도와 관련하여 현행제도가 개선되었으면 하는 사항이 있다. 보통 건축허가나 사업시행인가 신청 시에는 건축사의 확인 날인이 필요하다. 이와 마찬가지로 정비사업전문관리업체의 가장 중요한 역할이라 할 수 있는 관리처분계획 수립이 필요한 관리처분계획인가 신청 시에 정비사업전문관리업체 또는 정비사업전문관리 기술인의 확인·날인을 의무화함으로써 정비사업전문관리업체 본연의 역할과 업무에 보다 충실하게 할 필요가 있을 것으로 보인다. 또한, 재건축·재개발사업의 시행자인 조합이 모든 권한을 가지고 있다 보니 합리적이지 못한 의사 결정이 이루어질 때가 다소 발생하는데 이를 방지하기 위해서라도 정비사업관리기술인 제도를 공고화하고 나아가 해당 정비사업의 십수여 개 협력업체에 대한 관리·감독 권한을 강화할 필요가 있다. 정비사업은 시행자인 조합과 정비사업전문관리업체를 비롯한 최소한 십수여 개의 협력업체가 힘을 모아야 진행될 수 있는 사업이다 보니 신속한 사업추진과 조합원 이익을 위해서는 협력업체 관리에 대한 체계화가 무엇보다 필요하다.

필자가 30여 년의 많은 경력이 있다 하지만, 정비사업에 대해 제대로 된 연구를 하는 학자나 연구가가 아니기 때문에 본 매뉴얼에 부족한 점이 많을 것이고 이로 인하여 제대로 매뉴얼을 만들지 못했다는 비판을 받더라도 '최소한 정비사업전문관리에 대한 연구와 발전에 조금은 기여할 수 있겠지.' 하는 바램에 출간하게 되었다는 점을 이해해 주시길 바란다.

목 차

제3편 시공자 선정 및 계약

제1편

총론

1 제작 목적

본 업무매뉴얼은 재건축·재개발 등 정비사업 시행에 있어 「도시 및 주거환경정비법」 제102조에 의해 등록된 정비사업전문관리업자가 수행해야 하는 업무와 방법, 절차, 그리고 업무수행에 필요한 사항, 세부 기준 등을 기술하였으며, 정비사업의 시행자인 조합 임직원 등의 실무에 대한 이해도 증진을 돕고자 작성되었다.

따라서, 본 업무매뉴얼을 통상적인 정비사업 절차와 내용을 중심으로 활용될 수 있도록 작성하였기 때문에 특정 정비사업에서 수행되는 과업은 그 사업의 개별적 특성 등을 고려하여 본 매뉴얼을 바탕으로 하여 수정·보완하여 결정되어야 하며, 본 매뉴얼에 없는 업무도 추가될 수 있다.

2 업무매뉴얼 작성 방향

2.1 건설사업관리(CM) 업무지침 등 활용

본 업무매뉴얼은 「건설기술진흥법」 및 업무수행지침, 한국건설기술관리협회에서 발생한 건설사업관리 업무수행절차서 등 보다 체계화되고 연구가 많이 진행된 건설사업관리의 내용을 참고하여 작성하여 정비사업전문관리가 보다 전문화된 분야로 발전하는 데 기여하고자 하였다.

2.2 정비사업 관련 업무매뉴얼 등 활용

서울특별시에서 발행한 재건축사업 업무매뉴얼, 중소벤처기업부에서 발행한 시장정비사업매뉴얼 등 재건축·재개발정비사업과 관련한 다양한 업무매뉴얼을 참고하였으며, 가급적 중복되는 내용이 없이 정비사업을 담당하는 실무자나 사업시행자인 조합의 임직원이 실무를 접하는 데 있어 도움이 되도록 작성하였다.

2.3 업무매뉴얼 활용의 지속성 확보

정비사업과 관련한 법령 및 정책이 수시로 변화하고 제도 개선이 계속하여 발생하기 때문에 관련된 내용에 있어서는 참고만 할 수 있도록 하고, 실무적인 내용을 중심으로 구성·작성하여 본 업무매뉴얼이 계속하여 활용될 수 있도록 하였다.

일반적으로 정비사업의 단계는 1) 정비계획 단계, 2) 사업시행 단계, 3) 관리처분 단계의 3단계로 구성되나, 정비사업전문관리업체가 선정되는 시점이 조합설립인가 이후이고, 대부분의 업무가 착공 및 일반분양하는 시점에 완료되고 있어 그 시기를 중점적으로 업무매뉴얼을 작성하되 단계를 세분화하여 구분하였다.

따라서, 본『정비사업(재건축·재개발) 업무매뉴얼』의 구성은 정비사업 전반에 걸쳐 공통으로 적용될 수 있는 공통업무와 조합설립인가 이후부터 일반분양 시점까지 1) 시공사 선정 단계, 2) 건축심의 단계, 3) 사업시행인가 단계, 4) 조합원 분양신청 단계, 5) 관리처분인가 단계, 6) 사업비 등 보증신청 단계, 7) 조합원 이주 및 철거 단계, 8) 착공 및 일반분양 단계 등 총 8단계로 구성되었고, 각 단계별로 공통업무의 주요 분야를 중점적으로 설명하는 방향으로 구성되었다.

또한, 사업추진 단계의 분류 기준은 정비사업의 유형, 여건과 진행사항 등에 따라 차이가 발생할 수 있으나, 가급적 모든 정비사업에서 적용될 수 있도록 하고, 업무매뉴얼을 보다 상세하게 구성하기 위하여 다음과 같은 기준으로 사업 단계를 구분하였다.

1) 시공자 선정 단계 : 조합설립 이후부터 시공자 선정 및 계약체결 시까지의 단계

2) 건축심의 단계 : 조합설립 이후부터 건축심의 통과까지의 단계

3) 사업시행인가 단계 : 건축심의 전·후부터 사업시행계획인가 고시 시까지의 단계

4) 조합원분양신청 단계 : 사업시행계획인가 고시 전·후부터 조합원분양신청 완료 시까지의 단계

5) 관리처분인가 단계 : 사업시행계획인가 고시 전·후부터 관리처분계획인가 고시 시까지의 단계

6) 사업비 등 보증신청 단계 : 관리처분계획인가 고시 전·후부터 HUG(주택도시보증공사)보증승인 완료 시까지의 단계

7) 조합원 이주 및 철거 단계 : 조합원 이주 준비 시부터 철거 완료 시까지의 단계

8) 착공 및 일반분양 단계 : 철거 전·후부터 일반분양 입주자모집공고 시까지의 단계

또한 주택사업을 추진하는 실무를 담당하는 기술인으로서 정비사업 추진에 있어 필요하다고 생각되는 여러 분야의 업무를 간략히 소개하여 이해를 돕고자 다음과 같은 내용을 추가로 구성하였다.

① 추정분담금 산출 관련 내용
② 분양가 적정성 검토 또는 일반분양가 산정 검토
③ 상가MD계획 수립
④ 공사계약 지원 업무
⑤ 사업성 분석 업무

다만, 앞에서 설명한 정비사업의 모든 단계에 대한 실무매뉴얼을 단 한 권에 담을 수 없어 공통적으로 적용할 수 있는 공통업무와 시공자 선정 및 계약을 중심으로 제1권으로 준비하여 발행하고, 향후 정비사업 단계별로 적용될 수 있는 실무매뉴얼을 중심으로 제2권을 발행하고자 한다.

구분	주요 내용	비고
제1권 (본서)	**제1편 총론** **제2편 공통업무** - 사업관리일반, 협력사 선정 및 계약 관리, 협력사 분야 해설, 사업비 관리, 일정 관리, 설계관리 등 **제3편 시공자 선정 및 계약(체결)**	
제2권 (발간 예정)	**제4편 사업시행인가 단계** - 건축심의, 사업시행계획인가 등 **제5편 관리처분 단계** - 조합원분양신청, 관리처분계획인가 등 **제6편 착공 단계** - 보증신청, 조합원 이주, 착공, 일반분양 등 **제7편 추가업무 해설** - 추정분담금 산출, 분양가 적정성 검토, 상가MD계획 수립, 공사계약지원업무, 사업성 분석 등	

4 용어 정리

4.1 정비사업

「도시정비법」 제2조(정의)제2호에 "정비사업"이란 이 법에서 정한 절차에 따라 도시기능을 회복하기 위하여 정비구역에서 정비기반시설을 정비하거나 주택 등 건축물을 개량 또는 건설하는 주거환경개선사업, 재개발사업, 재건축사업을 말한다.

4.2 정비사업관리

「도시정비법」 제102조(정비사업전문관리업의 등록)에 따라 등록된 정비사업전문관리업자가 수행하는 업무로 법에서 명시한 대표적인 관리업무는 1. 조합설립의 동의 및 정비사업의 동의에 관한 업무의 대행, 2. 조합설립인가의 신청에 관한 업무의 대행, 3. 사업성 검토 및 정비사업의 시행계획서의 작성, 4. 설계자 및 시공자 선정에 관한 업무의 지원, 5. 사업시행계획인가의 신청에 관한 업무의 대행, 6. 관리처분계획의 수립에 관한 업무의 대행, 7. 제118조제2항제2호에 따라 시장·군수 등이 정비사업전문관리업자를 선정한 경우에는 추진위원회 설립에 필요한 다음 각 목의 업무, 가. 동의서 제출의 접수, 나. 운영규정 작성 지원 등이 있다.

4.3 정비사업관리수행계획서

정비사업관리 업무범위에 관한 추진 내용, 추진일정, 성과물 및 운영방침 등을 체계적으로 기술한 계획서를 말한다.

4.4 조합

「도시정비법」에 근거하여 재개발사업, 재건축사업 등을 추진하기 위한 목적으로 해당 구역 내 토지·건축물의 소유자들이 설립한 조합으로, 정비사업전문관리업자에게 정비사업관리용역을 도급하는 자를 말한다.

4.5 정비사업관리자, 정비사업관리기술인

정비사업관리를 행하는 자를 말하며 본 업무매뉴얼에서는 이와 관련된 모든 업무를 수행하는 자를 모두 정비사업관리자라 한다. 또한, 정비사업관리기술인은 「도시정비법」 시행령 〔별표 4〕 정비사업전문관리업의 등록 기준의 인력확보 기준에 해당하는 관리자를 말한다.

4.6 설계자

「건설기술진흥법」 제26조 및 「건축사법」 제23조에 따라 설계업무를 하기 위하여 건설기술용역사업자 또는 건축사사무소 개설 신고를 한 자로서 설계를 도급 받은 자를 말한다.

4.7 시공자

「건설산업기본법」의 규정에 의해 등록한 건설업자 또는 「주택법」 규정에 의하여 건설업자로 보는 등록사업자를 말하며, 건축·토목·조경·전기·정보통신·전문소방시설 등의 공사업을 등록한 자를 말한다.

4.8 승인, 검토, 조정, 확인, 지시, 주관, 협조, 참여

- **승인** : 조합 또는 정비사업관리기술인이 정비사업관리업무와 관련하여 설계자 등 협력업체의 요구에 따라 그 내용을 서면으로 동의하는 것을 말하며, 조합 또는 정비사업관리기술인

의 승인 없이는 다음 단계의 업무를 수행할 수 없다.

- **검토**: 설계자 등 협력업체들이 수행하는 중요사항과 해당 정비사업과 관련하여 조합의 요구사항에 대해 제출서류 등을 정비사업관리기술인이 숙지하고, 경험과 기술을 바탕으로 하여 타당성 여부를 파악하는 것을 말하며, 필요한 경우 검토의견을 조합 또는 설계자 등 협력업체에게 제출하여야 한다.

- **조정**: 정비사업관리업무가 원활하게 이루어지도록 하기 위해서 조합과 정비사업관리기술인, 설계자 등 협력업체들이 사전에 충분한 검토와 협의를 통해 관련자 모두가 동의하는 조치가 이루어지도록 하는 것을 말하며, 조정 결과가 기존의 계약 내용과 차이가 있을 시에는 계약변경 사항의 근거가 된다.

- **확인**: 설계자 등 협력업체들이 계약문서대로 실시하고 있는지의 여부 또는 지시·조정·승인·검사 이후 실행한 결과에 대하여 조합 또는 정비사업관리기술인이 원래의 의도와 규정대로 시행되었는지를 확인하는 것을 말한다.

- **지시**: 조합이 정비사업관리기술인, 설계사 등에게 업무에 관한 방침, 기준, 계획 등을 알려 주고 실시하게 하는 것을 말하며, 지시사항은 계약문서에 나타난 이행사항에 국한하여야 하며, 구두로도 지시를 내릴 수 있으나, 최대한 서면으로 지시하는 것을 원칙으로 한다.

- **주관**: 본 업무매뉴얼에서의 주관은 단지 회의를 준비하고 개최하는 일련의 회의 관련 업무를 수행하는 것을 말한다.

- **협조**: 조합, 정비사업관리자, 시공자·설계자 등 협력업체가 수행하는 업무에 대해 지원하는 것을 말한다.

- **참여**: 본 업무매뉴얼에서의 참여는 단지 조합이나 정비사업관리자 등이 주관하는 회의에 참석하여 업무수행에 관한 사항을 협의하는 것을 말한다.

- **검사**: 정비사업관리기술인이 계약문서, 성과품 등을 고려하여 협력업체의 업무수행 적정성을 확인하는 것을 말한다.

4.9 정비사업종합정보관리시스템

재개발, 재건축 정비사업 추진사항에 관한 자료 제공, 조합의 예산·회계, 문서생산·접수 등을 전자결재로 처리하여 정보 공개, 정비사업에 소요될 비용과 개인별 분담금액을 추정 계산하여 제공하는 등의 역할을 하는 정보센터로 대표적인 예는 서울특별시의 '정비사업 정보몽땅' 등이 있다.

또한, 개별 조합이나 정비사업관리자가 별도로 성공적인 사업추진을 위하여 정비사업 업무의 프로세스를 전자화하고 정보 및 자료를 통합하여 관리하는 시스템(Project Management Information System : PMIS)이 있을 수 있다.

4.10 수익성 분석(수지 분석, 사업성 분석)

정비사업 추정분담금 산출의 기초가 되는 사업성 분석으로 미래에 예상되는 경제적 가정을 전제적으로 고려하여 프로젝트의 시장성 분석, 공사비 등 소요자금 추정, 관리비, 외주용역비 등의 비용을 분석·예측하여 추정 사업수지와 현금수지표를 작성한 후 사업의 경제성, 수익성을 종합적으로 검토하는 것을 말한다.

4.11 사업타당성 조사

정비사업의 계획수립 또는 정비사업관리용역을 시작하기에 앞서 경제·기술·사회·입지환경 등 종합적 측면에서 해당 정비사업의 가치 또는 적정성을 검토하여 향후 사업추진의 효율성을 증대하고자 하는 것을 말한다.

4.12 사업추진일정표

정비사업 전체기간에 대한 기본계획을 수립하기 위하여 사업 진행 일정과 주요 사업의 수행 시점이 나타나도록 작성하는 최상위 레벨의 사업기본공정표가 있으며, 이는 향후 전체 프로젝트의 진행 상황을 모니터링하고 평가하기 위한 기준되는 공정표이다.

또한, 사업추진 단계별, 인·허가 단계별, 전문협력업체별, 분야별로 다양한 세부공정표를 작성하는데, 이는 정비사업에 참여하는 전문협력업체 계약자가 작성하는 공정표를 말한다.

구분	내용	비고
사업추진 단계별 세부공정표	건축심의 단계, 사업시행인가 단계, 분양신청 단계, 관리처분 단계 등으로 사업 추진을 세분화하여 공정표 작성	
전문협력업체별/ 분야별 세부공정표	설계자·시공자뿐만 아니라 교통영향평가, 교육환경영향평가 등 각종 영향평가, 소방심의 등 각종 심의, 감정평가, 친환경인증 등 전문분야별 공정표 작성	

정비사업관리기술인은 각 전문협력업체별로 작성한 세부공정표를 반영·연계하여 별도의 관리기준일정표를 작성·관리한다.

4.13 협력업체

설계자를 비롯하여 각종 영향평가 및 심의, 감리, 정비기반시설 공사 등 정비사업 추진을 위하여 필요한 각종 전문분야의 업무를 수행하기 위하여 조합이 선정·계약하는 모든 업체를 말한다.

4.14 자료(기술 자료, 참고 자료, 내부 자료, 회의 자료 등)

정비사업관리 용역과 관련하여 수급 또는 수집된 모든 기록문서를 의미하며, 관리기술과 관련된 기술 자료, 일반도서, 간행물, 정책 또는 규제 정보, 세미나·워크숍 자료, 각종 연구보고서 등의 참고 자료, 정비사업관리 용역을 수행하는 정비사업관리기술인 회사의 내부 자료, 기타 각종 회의 자료 등으로 구분될 수 있다.

4.15 입찰 관련 용어(입찰공고, 자격사전심사, 개찰, 낙찰, 예정가격, 현장설명 등)

- **입찰공고** : 입찰에 부치는 사항과 계약에 관한 제반 조건을 불특정 다수인에 공지하여 다수인이 입찰에 참여하도록 경쟁에 부친다는 의사 표시를 하는 행위를 말한다.
- **자격사전심사** : 경쟁입찰에 참가하고자 하는 불특정 다수인에 대해 입찰 전에 입찰참가자격을 미리 심사하여 경쟁입찰에 참가할 수 있는 적격자를 선정하고, 이들에게 입찰참

가자격을 부여하는 제도를 말한다.

- **개찰** : 입찰공고상 명시한 입찰서 제출 마감시간 이후 지정된 시간에 입찰자들이 제출한 입찰서를 개봉하는 일련의 절차적 행위를 말한다.
- **낙찰** : 계약을 체결함에 있어 다수의 입찰자 중에서 가장 기준에 맞는 업체를 계약의 당사자로 결정하는 것을 말한다.
- **예정가격** : 입찰 또는 계약체결 전에 낙찰자 및 계약금액결정의 기준을 삼기 위하여 미리 작성·비치하여 두는 계약금액의 예정가격을 말한다.
- **현장설명** : 입찰에 참여하고자 하는 자가 현장여건, 설계 내용, 입찰조건 등을 숙지하도록 하여 입찰금액의 적정한 산출이 가능하도록 함과 동시에 입찰참가자들이 업무에 대한 이해도를 높이기 위해 시행하는 입찰 실시 전 단계의 법률행위를 말한다.
- **적격심사** : 경쟁입찰에 있어서 계약 대상자를 결정할 때, 적격심사 기준에 따라 심사하여 최종적으로 낙찰자를 결정하는 제도를 말한다.

4.16 기술자문위원회

정비사업의 원활한 추진을 위하여 각계의 전문가로 구성된 기구조직으로서 각종 의사 결정을 위한 기술자문을 목적으로 활동하는 조직을 말한다.

제2편

공통업무

목 차

1 사업관리일반(GN : General)

1.1 과업착수준비 및 업무수행계획서 작성·운영

정비사업관리기술인이 본 용역을 착수하기 전에 계약문서와 조합의 업무수행지침 등에 따라 정비사업관리업무를 수행할 수 있도록 과업착수보고서 및 업무수행계획서를 작성하여 조합에 제출하여야 하며, 개별 프로젝트의 여건 및 조합의 방침 등에 따라 그 내용에 있어서는 조정될 수 있다.

또한, 정비사업관리기술인이 정비사업관리 업무를 보다 효율적으로 수행하고, 과업 전반에 대해 통합관리가 가능하도록 하는 데 도움이 되도록 작성하였으며, 업무수행계획서의 주요 내용은 일반적인 공공발주 용역의 과업내용서 또는 과업지시서 등도 참조하였다.

정비사업관리기술인이 조합에 제출한 업무수행계획서에 대해 조합이 보완사항을 지시한 경우에는 보완하여 조합의 승인을 받아야 하며, 과업 착수 전에 작성된 업무수행계획서는 향후 사업추진과정에서 변화된 여건에 따라 계속하여 보완·수정되어야 할 것이다.

(1) 과업착수 신고서 작성
- 착수신고서
- 정비사업관리 책임기술자 선임계(이력서 첨부)
- 과업수행 조직표
- 인력투입계획(분야별 참여기술인 등 포함)
- 정비사업추진일정표(또는 정비사업관리용역 공정표)
- 기타 용역수행에 필요한 관련 문서(필요시)

(2) 업무수행계획서 작성
① 프로젝트 개요
② 과업의 범위

- 과업의 목표 및 범위

- 기본 업무, 추가 업무

- 과업수행범위(단계별, 분야별 등)

③ 과업수행목표 및 달성 전략

- 과업 세부추진계획

- 과업수행목표 및 달성 전략

- 현황 분석 및 예상 문제점 대안 검토

④ 과업수행을 위한 협력체계 구축 및 업무분담 내역

- 협력체계도 또는 협력기구조직도

- 업무분담표

⑤ 인력투입계획 및 업무 분장

- 업무지원체계

- 추진 단계별, 분야별, 월별 상주인력 투입계획

- 추진 단계별, 분야별 기술지원 정비사업관리기술인 투입계획

- 과업수행의 업무분장

⑥ 정비사업관리 업무수행을 위한 행정계획

- 문서분류체계

- 회의 종류 및 빈도

⑦ 일정 관리계획

- 일정계획 수립 검토 방향

- 주간 및 월간 공정회의 추진계획

- 주요 분야별 추진일정 검토 내용

⑧ 협력업체 관리 방안

- 협력업체 선정 일정계획 수립

- 협력업체별 개요, 필요성, 주요 업무범위 등 내용 검토

- 협력업체 기성·준공검사 또는 성과 검토 등 관리 방안

⑨ 주민홍보 방안

- 주민홍보 전략 수립
- 주민홍보 방안 및 홍보 수단

⑩ 민원사항 관리체계

- 민원사항 관리체계
- 주요 민원 대응 방안

⑪ 회의 및 보고 계획

- 회의의 종류(일일, 주간, 월간, 특별, 수시회의 등) 및 운영
- 보고 체계
- 월간 보고서 : 수록 내용 및 작성 형식
- 정기 · 수시 보고서 등

1.1-1 착수신고서

<착공(착수)신고서>

착공(착수)신고, 예정공정표, 현장대리인신고서

○ 착공신고서
 - 공 사 명 :
 - 도급금액 :
 - 계약일자 :
 - 착공일자 :
 - 준공기한 :

○ 공사예정표

공 종	수량	전체공사에 대한 비율(%)	공 정					
			월	월	월	월	월	월

○ 현장대리인
 · 주   소 :
 · 성   명 :   주민등록번호 :
 · 기술면허의 종별 :   기술면허의 번호   제   호

위와 같이(착공, 공사예정공정표, 현장대리인)을 신고합니다.

년   월   일

경유	
소 속	
직 급	
성 명	(인)

위계약자
주 소 :
상 호 :
대표자 :   (인)

귀하

제안사 조직 및 인원현황

투입 인력 계획

□ 투입인력 총괄현황

구분	성명	직위	담당업무	투입기간 (M/M)	최종학력 (학교명)	해당분야 자격증 등	해당분야 업무경력	비고

※ 유의사항

① 투입인력은 반드시 본 사업에 투입 가능한 인력으로 구성하여야 하며, 본 사업과 관련 있는 수행이력을 기재함

② 개인별 보유자격 및 경력사항의 허위작성이 판명될 경우, 교체를 요구할 수 있음

③ 투입인력은 책임자 1명을 포함하여 작성 요망

④ 해당분야 업무경력에서 해당분야 경력사항에 내용이 기재되어 있는 경력만 인정

　- 연령 및 근무경력은 공고일 현재를 기준으로 년 월까지 기재한다.

⑤ 사업경력 기재 시 해당사업의 실제 참여비율을 고려하여 작성(예 : A사업 6월, 참여율 60%)

⑥ 반드시 해당 증명서 첨부

1.2 정비사업관리절차서 작성·운영

정비사업관리기술인이 정비사업관리절차서와 주요 개별절차서를 작성·운영하고 각 시행 단계별로 업무 착수 후 각각 60일 이내에 조합에 제출하는 업무를 포함한다.

정비사업관리절차서는 정비사업에 참여하는 참여자, 유관기관 및 민원인 등 다수의 이해관계자들 간의 업무를 연결하여 정보공유와 기록을 통해 일관성 있게 업무가 추진될 수 있도록 작성되어야 하며, 사업진행에 대한 보고와 정보공유, 기 시행된 사례의 인용(Feedback), 감사(Audit Trail) 등 기본적인 목적 외에도 이해관계자의 민원과 사업계획변경, 설계변경, 향후 시공자의 실정보고 등 정비사업관리기술인이 수행한 제반 행정업무 및 검사업무들의 기록이 유지·관리되어 업무의 정확성, 신속성, 용이성 및 통일성을 제공하도록 업무절차서 작성·운영이 필요하다.

(1) 업무절차서 작성

정비사업관리기술인은 용역 착수 초기에 다음의 문서들을 분석·참조하여 정비사업관리절차서와 주요 개별절차서를 작성·운영하여야 한다.

① 정비사업관리절차서 구성형식

② 문서번호체계

③ 과업의 목적

④ 업무절차서 적용범위

⑤ 각 사업추진 단계별·분야별 업무절차

⑥ 관련 자료 : 법, 시행령, 시행규칙, 지침, 규정 등

⑦ 업무매트릭스

⑧ 사업추진 단계별 주요 업무 내용 및 업무(역할)분담

(2) 업무매트릭스 작성 사례

단계	사업관리일반	계약 관리	사업비 관리	일정 관리
용역 착수 단계	업무수행계획서검토보완	설계용역 관리	타당성 조사·분석	일정 관리 기준 설정
	문서 관리체계 수립	계약추진계획 수립	총사업비 산정 및 검토	기본사업일정표 작성
	자료 관리체계 수립	클레임 관리	설계기성 관리방안 수립	분야별·단계별 일정
	각종 회의 지원		사업성 기초분석	
	정보시스템 운영		사업성개선방안 수립	
시공자 선정 단계	관련 회의 주관	시공자 선정 및 계약	공사비 변동 시뮬레이션	시공자 선정일정 관리
	정보시스템 운영	입찰공고 및 현장설명	공사비포함사항 검토	총회일정 관리
	관련 법령, 지침 검토	입찰 및 총회개최	공사비연동 사업비 검토	기본일정 수정·보완
	총회개최 운영	공사계약 체결		
	관련 문서 및 자료관리			
건축 심의 단계	관련 회의 주관	경관업체 선정	사업성 시뮬레이션분석	건축심의 일정 관리
	관련 문서 및 자료관리	교통영향평가업체 선정	기본계획 연계 검토	협력사 선정 일정 관리
	기본계획수립 검토	지반조사업체 선정		기본일정 수정·보완
	정보시스템 운영	설계용역관리		
		협력사 기성관리		
사업 시행 인가 단계	관련 회의 주관	협력사 선정 추진계획	사업비변동사항 검토	사업시행인가 일정 관리
	관련 문서 및 자료관리	공사계약변경 관리	사업비추세 분석	총회 일정 관리
	총회개최 운영	필요협력사 선정	사업성 분석	설계 일정 관리
	보고서작성 및 제출	협력사 기성 관리	비용절감 방안 검토	분야별세부공정표 검토
	정보시스템 운영			일정 만회대책 수립
조합원 분양 신청 단계	관련 회의 주관	협력사 선정 추진계획	사업비변동사항 검토	공사계약 일정 관리
	관련 문서 및 자료관리	필요협력사 선정	사업비추세 분석	감정평가 일정 관리
	보고서작성 및 제출	협력사 기성 관리	사업성 분석	분양신청 일정 관리
	정보시스템 운영		추정분담금 산출	기본일정 수정·보완
	분양신청안내 기획			
관리 처분 인가 단계	관련 회의 주관	협력사 선정 추진계획	사업비변동사항 검토	관리처분인가 일정 관리
	관련 문서 및 자료관리	필요협력사 선정	사업비추세 분석	총회 일정 관리
	총회개최 운영	협력사 기성 관리	사업성 분석	분야별세부공정표 검토
	보고서작성 및 제출		추정분담금 산출	민원 관련 사항 검토
	정보시스템 운영			일정 만회대책 수립

사업비등보증단계	관련 회의 주관	협력사 선정 추진계획	사업비변동사항 검토	HUG보증심사 일정 관리
	관련 문서 및 자료관리	필요협력사 선정	사업비추세 분석	일정 만회대책 수립
	정보시스템 운영	협력사 기성 관리	사업성 분석	기본일정 수정·보완
	보증신청서류 검토		금융비용 분석	
	보증신청업무 지원			
이주철거단계	관련 회의 주관	협력사 선정 추진계획	사업비변동사항 검토	조합원이주 일정 관리
	관련 문서 및 자료관리	필요협력사 선정	사업비추세 분석	일정 만회대책 수립
	보고서작성 및 제출	협력사 기성 관리	사업성 분석	이주 관련 회의 일정 관리
	정보시스템 운영			
	이주안내 및 접수 기획			
착공분양단계	관련 회의 주관	협력사 선정 추진계획	사업비변동사항 검토	일반분양 일정 관리
	관련 문서 및 자료관리	필요협력사 선정	사업비추세 분석	공사기간 검토
	보고서작성 및 기록보관	협력사 기성 관리	사업성 분석	착공 후 일정 검토
	정보시스템 운영			관리처분변경 일정 검토
	준공 체크리스트 검토			

1.3 작업분류체계 및 사업번호체계 수립

정비사업관리기술인이 정비사업관리업무 수행에 필요한 업무에 대해 체계적으로 관리할 수 있도록 업무를 분류하는 작업분류체계(Work Breakdown Structure : WBS)와 번호체계를 부여하는 사업번호분류체계(Project Number Structure : PNS)를 작성하여 관리한다.

정비사업에서 관리해야 할 작업·사업비·문서·자료 등을 분류하고, 고유한 식별번호를 부여한 번호체계를 수립하는 것으로, 업무추진 과정에서 조합, 설계자 등 협력업체, 유관기관, 기타 이해관계자 상호 간에 정보의 공유·교환, 분석·종합, 전산화 운영 등에 일관성을 부여하기 위한 체계이다. 나아가 이 체계를 기반으로 종합보고 및 관리체계를 구축하게 된다.

(1) 작업분류체계 수립(Work Breakdown Structure : WBS)

① 사업분석

• 정비사업관리기술인은 사업유형, 사업범위, 진행해야 할 사업추진 단계별 구성 등에 대하여 분

석하고 자료를 수집한다.

② 분류 기준 설정

- 정비사업관리기술인은 사업추진 단계별, 인·허가 유형별, 계약서상의 주요 업무 분류체계를 바탕으로 작업분류체계를 개발한다.

③ 번호체계 기준 설정

- 정비사업관리기술인은 분류 기준 설정이 완료되면 전체사업 및 추진 단계별 단위작업까지 번호체계 기준을 설정하여 번호체계를 구축한다.

④ 검토 및 수정

- 설계자, 시공자 등 협력업체들이 작성·제출하는 문서에 분류체계와 단위작업분류체계가 기준에 따라 구축되었는지 검토한다.

⑤ 작업분류번호체계(예)

(2) 문서분류번호체계 수립(Document Breakdown Structure : WBS)

① 정비사업관리기술인은 분류 기준과 번호체계 기준을 설정하여 문서분류체계를 구축한다. 분류 기준 및 번호체계 기준은 발신기관, 수신기관, 발행년도, 일련번호, 서신형태 등을 기준으로 작성한다.

② 문서분류번호체계(예)

(3) 자료분류번호체계 수립(Data Breakdown Structure : WBS)

① 기록문서, 설계도서, 기술자료, 계약문서, 참고자료 등 자료형태를 최상위 분류 기준으로 하고 업무별 분류를 그 하위 기준으로 하여 자료분류 기준을 설정한다. 업무별 분류에는 그 업무적 특성

에 따른 세부분류, 일련번호 등을 포함하여야 하며, 구축절차는 작업분류체계 구축절차를 따른다.

② 자료분류번호체계(예)

업무분류
예) 사업관리, 설계관리

$$123 - 1234 - 1234 - 1234$$

자료형태
예) 기록문서, 설계도서,
기술자료, 계약문서, 기타

업무세분류

일련번호

1.4 문서 관리체계 수립

정비사업관리기술인이 업무수행 중에 발생·작성하는 문서에 대한 분류 기준 작성, 문서의 접수·송부 및 보관, 색인, 보안 관리 등 문서 관리업무에 대한 문서 관리체계를 수립하는 것이다.

정비사업관리기술인이 정비사업 추진 과정을 문서로 만드는 것은 현황에 대한 관련 자료의 보고와 정보공유, 기 시행사례의 인용(Feedback), 감사(Audit Trail) 등 기본적인 목적 외에도 이해관계자의 민원과 사업계획 변경, 실정보고 등 정비사업관리기술인이 수행한 제반 행정업무들의 기록이 유지·관리될 목적으로 수행된다. 따라서, 정비사업관리기술인은 업무의 정확성, 신속성, 용이성 등을 확보하기 위하여 문서에 의한 관리 등 행정업무가 이루어지도록 하여야 한다.

(1) 문서의 기능(행정업무운영 편람 참조)

① 의사의 기록·구체화
- 문서는 의사를 구체적으로 표현하는 기능을 가지며, 주관적인 의사가 문자·숫자·기호 등을 활용하여 종이나 다른 매체에 표시하여 문서화함으로서 그 내용이 구체화된다.

② 의사의 전달
- 문서는 의사를 타인에게 전달하는 기능을 가지며, 구두로 전달하는 것보다 좀 더 정확하고 변함없는 내용을 전달 수 있고, 문서를 통해 공간적으로 확산하는 기능을 가진다.

③ 의사의 보존
- 문서는 오랫동안 보존하는 기능을 가지고 있어 지속적으로 보존할 수 있고 기록 자료로서의 가

치를 갖기도 한다. 이는 문서가 시간적으로 확산시키는 역할을 한다.

④ 자료 제공

- 보관·보존된 문서는 필요한 경우 언제든 참고 자료 내지 증거 자료로 제공되어 업무활동을 지원·촉진시킨다.

⑤ 업무의 연결·조정

- 문서의 기안·결재·승인 및 협조 과정 등을 통해 조직 내외의 업무처리 및 정보순환이 이루어져 업무의 연결·조정 기능을 수행하게 된다.

(2) 문서의 종류

정비사업관리 용역과 관련하여 조합, 유관조직 등과의 의사교환을 위해 발생되는 공문, 조합이사회, 대의원회, 총회 등 회의 자료 및 회의록, 시행문, 통지서, 보고서 등의 공문서와 전자메일, 팩시밀리 등의 통신문서류, 정비사업관리기술인 간 또는 정비사업관리자 회사의 내부문서 등이 있으며, 행정업무운영 편람에 정리한 문서의 종류를 참조하여 정리하면 다음의 표와 같다.

구분	종류	내용	비고
작성주체에 의한 구분	공문서	용역수행과 관련하여 작성하거나 시행하는 문서와 접수한 모든 문서	
	사문서	사적인 목적을 위하여 작성한 문서. 단, 제출하여 접수가 된 것은 공문서로 취급	
유통대상 여부에 의한 구분	내부문서(유통 ×)	내부적으로 계획 수립, 방침결정, 업무보고 등을 위해 결재를 받는 문서	
	대내문서(유통 ○)	내부에서 기술인간 또는 보좌기관 상호 간 협조를 하거나 보고 또는 통지를 위한 문서	
	대외문서(유통 ○)	정비사업관리회사 이외에 다른 기관 등에 수신·발신하는 문서	
문서 성질에 의한 분류	법규문서	주로 법규사항을 규정하는 문서	
	지시문서	정비사업관리회사 또는 기술인이 일정한 사항을 지시하는 문서	
	공고문서	공시·공고 등 일정한 사항을 일반에게 알리기 위한 문서	
	비치문서	일정한 사항을 기록하여 내부에 비치하면서 업무에 활용하는 문서	
	민원문서	민원인이 특정한 행위를 요구하는 문서와 그에 대한 처리문서	
	일반문서	위 각 문서에 속하지 아니하는 모든 문서	

(3) 문서의 접수

① 문서 자체의 품질상태를 확인하여 이상이 없는 문서만을 접수하되, 이상이 발견된 경우에 해당 문서 송부기관에 재송부 또는 수정을 요구한다.

② 정비사업관리기술인은 접수문서를 문서번호체계 절차에 따라 지정된 문서번호를 부여한 후 접수한다.

③ 전자메일 등은 문서화하여 문서번호를 부여한 후 접수한다.

(4) 문서의 송부

① 대외발송 대상문서에 문서번호체계 절차에 따라 문서분류번호를 부여하고 문서발송대장에 등록한다.

② 정비사업관리기술인은 날인을 받은 대외발송문을 발송 시 관련사항(수·발신주소, 성명, 우편번호 등)을 기재하여 전자문서 교환시스템, 우편, 인편 등으로 직접 발송한다.

(5) 문서의 보관

문서들은 대분류를 기준으로 한 개의 파일로 관리하며, 문서량의 증가에 따라 필요하다고 판단되면 중분류를 기준으로 한 개의 파일이 되게 한다.

(6) 문서의 색인

① 문서관리대장을 비치하여 문서색인에 이용되도록 한다.

② 문서색인 또는 기타의 목적으로 문서목록을 전산화하여 정비사업관리정보체계와 통합관리 및 사용할 수 있다.

(7) 문서의 보안 관리

① 정비사업관리자는 모든 보안상의 중요문서는 필요시 별도의 관리번호를 부여하고 이중 시건장치가 된 곳에 보관하고 관리책임자를 지정하여 관리한다.

② 모든 문서는 관리자의 허락 없이 소유하거나 복사 또는 외부로 유출시켜서는 안 되며 과업 중 발생한 폐기물은 관리자와 협의하여 파쇄/처리하여야 한다.

(8) 문서(보고서) 작성 기준(사례 : 행정업무운영 편람)

① 숫자 등의 표시

- 숫자 : 아라비아 숫자로 쓴다.
- 날짜 : 숫자로 표기하되 연, 월, 일의 글자는 생략하고 그 자리에 마침표를 찍어 표시한다. 월, 일 표기 시 '0'은 표기하지 않는다.

  〈예시〉2023. 01. 20. (×) → 2023. 1. 20. (○) : 한 타 띄우고 표기.

- 시간 : 시·분은 24시각제에 따라 숫자로 표기하되, 시·분의 글자는 생략하고 그 사이에 쌍점(:)을 찍어 구분한다.

  〈예시〉오후 3시 20분(×) → 15:20(○).

- 금액 : 금액을 표시할 때에는 아라비아 숫자로 쓰되, 숫자 다음에 괄호를 하고 한글로 기재한다.

  〈예시〉금 113,560원(금 일십일만삼천오백육십원).

② 문서의 쪽 번호 등 표시

- 개념 : 2장 이상으로 이루어진 중요 문서의 앞장과 뒷장의 순서를 명백히 하기 위하여 매기는 번호를 말한다.
- 대상 : 문서의 순서 또는 연결 관계를 명백히 할 필요가 있는 문서, 사실관계나 법률관계의 증명에 관계되는 문서, 허가·인가 등 등록 등에 관계되는 문서.
- 쪽 번호 : 중앙 하단에 일련번호를 표시하되, 문서의 순서 또는 연결 관계를 명백히 할 필요가 있는 중요 문서에는 해당 문서의 전체 쪽수와 그 쪽의 일련번호를 붙임표(-)로 이어 표시한다.

③ 항목의 구분

- 항목의 표시 : 문서의 내용을 둘 이상의 항목으로 구분할 필요가 있으면 다음 구분에 따라 그 항목을 순서대로 표시하되, 필요한 경우에는 □, ○, -, • 등과 같은 특수한 기호로 표시할 수 있다.

구분	항목 기호	비고
첫째 항목	1., 2., 3., 4., …	
둘째 항목	가., 나., 다., 라., …	
셋째 항목	1), 2), 3), 4), …	
넷째 항목	가), 나), 다), 라), …	
다섯째 항목	(1), (2), (3), (4), …	
여섯째 항목	(가), (나), (다), (라), …	
일곱째 항목	①, ②, ③, ④ …	

- 표시 위치 및 띄우기 : 첫째 항목 기호는 왼쪽 기본선에서 시작하고, 둘째 항목부터는 바로 위 항목 위치에서 오른쪽으로 2타씩 옮겨 시작한다. 항목이 두 줄 이상인 경우에 둘째 줄부터는 항목 내용의 첫 글자에 맞추어 정렬함이 원칙이나, 왼쪽 기본선에서 시작하여도 무방하다. 단, 하나의 문서에서는 동일한 형식(첫 글자 또는 왼쪽 기본서)으로 정렬한다. 그리고, 항목기호와 그 항목의 내용 사이에는 1타를 띄우고, 항목이 하나만 있는 경우 항목기호를 부여하지 아니한다.
- 하나의 본문 아래 항목 구분 : 하나의 본문에 이어서 항목이 나오는 경우에는 첫째 항목은 1., 2., 3., … 등부터 시작하고 왼쪽 기본선부터 시작한다.

④ 규격 용지의 사용
- 규격 표준화의 필요성 : 문서에 사용되는 용지의 규격을 통일하여 표준화함으로써 문서의 작성·처리·편철·보관·보존 등뿐만 아니라 프린터, 복사기, 팩스 등 각종 사무자동화기기의 활용을 용이하게 할 수 있다.
- 용지의 기본규격 : 문서의 작성에 사용하는 용지는 가로 210㎜, 세로 297㎜(A4용지)의 직사각형으로 한다. A4용지는 국내외에 널리 통용되는 기본규격이다. 다만 도면 작성 등 기본규격을 사용하기 어려운 특별한 경우에는 그에 알맞은 규격의 용지를 사용할 수 있다.

⑤ 첨부물의 표시
- 문서에 서식·참고서류, 그 밖의 문서나 물품이 첨부되는 때에는 본문이 끝난 줄 다음에 "붙임"의 표시를 하고 첨부물의 명칭과 수량을 쓰되, 첨부물이 두 가지 이상인 때에는 항목을 구분하여 표시한다.
  〈예시〉 붙임 1. ○○○계획서 1부.
   2. ○○○보고서 1부. 끝.

문서접수 및 발송대장

연번	접수일	발신수신	시행일	분류기호 문서번호	제목	첨부물		처리담당	발송 방법		배부	
						명칭	수량		우편	인편사송	인계인	수령인

1.5 자료 관리체계 수립

정비사업관리기술인이 사업관리업무 전 과정의 기술자료, 기록문서, 설계도서 및 기타자료를 관리함에 있어 자료 관리체계를 수립하여 자료분류 기준 작성, 관리번호 부여, 자료의 색인, 자료의 보관, 자료의 열람·대출, 자료의 이관, 자료의 폐기 등을 체계적으로 관리하는 업무이다.

정비사업조합에서도 작성되거나 보관되는 자료가 많은데 비전문가인 조합에서 제대로 자료를 관리하기는 매우 쉽지 않기 때문이다. 따라서, 본 매뉴얼을 통해 정비사업조합에서도 체계적으로 자료를 관리하는 데 도움이 될 것이다.

(1) 자료 분류 기준 작성

자료의 성격에 따라 대분류로 나누고 그 하위로 중분류로 기준을 정한다. 건설사업관리(CM) 업무 절차서에 따른 자료는 주로 기록문서, 계약문서, 설계도서, 기술자료 등을 의미하므로 대분류는 기록문서, 계약문서, 설계도서, 기술 자료로 분류할 수 있으나, 정비사업관리에서의 자료, 특히 정비사업조합에 보관되는 대표적인 자료는 다음과 같으며, 개별 현장 특성 등에 맞추어 정비사업관리기술인은 필요에 따라 분류 기준을 임의로 작성할 수 있다.

연번	구분	주요 자료
01	정관 등 규정집	조합정관, 선거관리규정, 회계규정, 업무규정, 보수규정 등
02	공문	수·발신공문
03	조합설립변경	매 조합설립변경 신고 또는 인가 자료 등
04	조합원 명부	조합설립인가 명부, 매 변경 시마다의 명부 등
05	선거 관련 자료	조합임원 선거를 위한 선관위회의 자료 등 입후보자 모집공고, 신청서 등 관련 자료
06	조합원 홍보 자료	정기·비정기 소식지(분기별 서면통지 자료 포함) 소식지 외 비정기적인 안내문, 설명회 자료 등
07	회의 자료	조합이사회, 대의원회, 협력사회의 등 자료
	이사회 자료	회의 목록표(회차, 일시, 안건제목 등) 작성 회차별 이사회소집공고문, 공고사진, 이사회 자료 및 시나리오, 참석자명부, 의사록 등
	대의원회 자료	회의 목록표(회차, 일시, 안건제목 등) 작성 회차별 대의원회소집공문·공고, 공고사진, 대의원회 자료 및 시나리오, 서면결의서, 투표용지, 참석자명부, 의사록(속기록) 등

08	총회 자료	정기 및 임시총회 자료 등 총회별 책자(각 10부 보관, 이외 폐기) 총회별 속기록, 참석자명부, 투표용지, 서면결의서 등 총회 관련 자료 일체
09	계약 문서	용역계약서 목록표(계약일시, 계약 내용, 계약자 등) 작성 용역계약서 협력업체 선정 관련 입찰공고문, 지침서, 현장설명회, 제안서 등 관련 자료 일체
10	설계도서	건축계획, 변경안 등 설계 관련 도서
11	시공자 선정	사업참여제안서 등 입찰서류, 홍보물 등
12	협력사 선정	입찰계획서, 입찰공고 및 입찰서류 등
13	정비계획 자료	정비계획 및 정비구역지정 및 매 변경 자료
14	각종 영향평가	교통영향, 교육환경, 환경·재해영향평가 등
15	각종 심의	건축심의(경관심의 포함), 소방심의 등
16	사업시행인가	사업시행계획서 등 관련 자료
17	감정평가	종전·종후자산감정평가, 보상감정평가 등
18	조합원분양신청	조합원분양신청안내책자 등 관련 자료
19	관리처분인가	관리처분계획서 등 관련 자료
20	대출	사업비 및 이주비 대출 HUG보증신청서류 등
21	조합원 이주	이주안내문, 이주접수서류 등
22	현금청산·수용재결	미분양 조합원에 대한 현금청산 등 관련 자료
23	세입자보호	영업보상, 주거이전비 등 세입자 보상 관련 자료
24	조합원분양계약	동·호수추첨, 조합원분양계약 등 관련 자료
25	철거 관련 자료	범죄예방, 철거 등 관련 자료
26	일반분양	입주자모집공고안 등 관련 자료
27	준공 자료	준공 체크리스트 등 관련 자료
28	회계, 감사	결산보고서, 감사 자료, 회계감사 등
29	정보공개	정보공개 목록표(일자, 내용, 신청인 등) 정리 정보공개서면요청서 및 공개 자료 등
30	민원 자료	민원신청서 및 대책 등 관련 자료
31	소송 자료	소송 목록표(일자, 내용, 소송당사자 등) 정리 각 소송별 소장, 소송재료, 변론자료, 판결문, 고소고발 결정문 등 관련 자료 일체
32	기초 자료	사업 관련 현황파악 자료
33	참고 자료	관련 법령, 규정, 지침, 매뉴얼, 질의회신집 등
34	공사 자료	공사 관련 및 감리 관련 자료

35	행정관련 자료	법인등기부등본, 사업자등록증, 상근임원 및 직원 관련 자료 등 각종 민원사항 조합설립인가 및 조합설립변경인가 관련 자료
36	회계 관련 자료	금전소비대차계약서 또는 차용증 용역 관련 세금계산서 일체 회계연도별 예산서, 결산보고서, 외부회계감사보고서 계정별원장, 조합설계면적 자료, 증빙서철 전산회계프로그램 자료 조합입출금 통장 인건비 지출 관련 월별급여명세서, 원천징수영수증, 지급조서 등

(2) 자료의 관리번호 부여

① 정비사업관리기술인은 기록의 형태에 따라 파일 또는 바인더, 디스켓에 관리번호를 부여하고, 관리번호순으로 보관·보유한다.

② 자료의 관리번호는 사업추진 단계별과 자료유형별을 혼합한 사업번호분류체계 및 문서 관리체계 수립에 따른다.

(3) 자료의 색인

① 해당 파일의 좌측면에 찾음표를 부착한다.

② 디스켓 또는 CD-ROM은 각 매체마다 파일 이름으로 식별하고 디스켓 표지의 내용란에 확장자를 기입하여 사용자가 쉽게 찾을 수 있도록 한다.

(4) 자료의 보관/보유

① 각 자료는 문서보관상자에 넣어 보관하고 자료의 성격에 따라 보관·보유장소를 지정하고 분류체계에 따라 보관한다.

② 자료는 열화 또는 손상을 최소화하고 분실을 방지할 수 있는 시설 내에 쉽게 검색할 수 있는 방법으로 보관·보유한다.

③ 자료는 조합과 정비사업관리자의 허가 없이 제거되거나 보관 장소 밖으로 유출되어서는 안 된다.

④ 자료가 분실 또는 훼손된 경우에는 사본을 확보하여 "원판분실"이라고 문서의 표지에 식별하며, 재작성의 경우에는 "재작성"이라고 표지에 식별하여 보관/보유한다.

⑤ 자료의 손상으로 판독이 어려울 경우에는 원판 또는 기록문서를 토대로 원상복구하거나 선명하게 재기록하고 작성자가 여백에 서명한다.

(5) 자료의 열람/대출

① 모든 보관·보유 자료를 보안 및 비보안으로 구분하여 식별하고 보안으로 구분된 자료는 열람·대출 시 보안기록관리대장에 기록하여 열람·대출기록을 유지한다.

② 참고 자료는 주기적으로 새로운 자료가 입수·정리 비치되었음을 알려야 하며, 쉽게 접근할 수 있도록 출입구 쪽에 배치하고 개가식으로 이용하도록 한다.

(6) 자료의 이관

① 보관기간 완료 후 업무별로 보관기록의 이관내역을 파악한다.

② 인수인계 시에는 인수인계서, 인수목록 등의 내용이 반영된 인수인계 계획서를 작성하여야 한다.

(7) 자료의 폐기

① 보유기간이 만료된 기록문서를 식별하여 폐기하며, 폐기일자를 기입한 폐기목록을 작성한다.

1.5-1 자료 관리를 위한 문서분류표 예시

문서분류표		현장명		작성	검토	승인
		대분류기호	A			
중분류		소분류		세분류		보관기간	보존기간	비고

분류기호	분류명	분류기호	분류명	분류기호	분류명			
D		A		A				
		B		A				
				B				
				C				
E		A		A				
				B				
		B		A				
				B				
F		A		A				
				B				
				C				
		B		A				
G		A		A				
				B				
				C				
				D				

1.6 정비사업종합관리시스템 운영 및 정보 관리방안 수립

정비사업관리기술인이 정비사업 전 과정 동안에 조합 및 사업 관련 조직으로부터 각종 사업정보를 공유하고 종합관리하기 위하여 정비사업정보관리시스템의 체계를 수립하고 시행 단계별로 운영하는 업무이다.

현재 서울시에서는 정비사업정보관리시스템으로 "정비사업 정보몽땅"을 운영하고 있는데, 클린업시스템, 사업비 및 분담금 추정프로그램, e-조합시스템의 개별 운영 및 사용자 관리, 정보공개 등 기능 중복으로 사용자 불편 및 혼란에 따른 민원을 해소하고자 이를 통합·일원화하여 정비사업 투명성 강화 및 이용 편의성을 개선한 종합정관리시스템이다. 부산시에서는 정비사업에 대한 일반정보를 제공하고, 조합(추진위원회)홈페이지, e-조합시스템, 추정분담금시스템으로 쉽게 이동할 수 있도록 "정비사업 통합홈페이지"를 운영하고 있어 정비사업관리기술인은 해당 정비사업이 속해 있는 지자체에서 운영하고 있는 정보관리시스템에 맞추어 이를 활용·운영할 수 있다.

따라서, 정비사업관리기술인은 정비사업관리시스템 운영 등의 업무로 서울시의 "정비사업 정보몽땅", 부산시의 "정비사업 통합홈페이지"의 운영매뉴얼 및 지침서에 따라 정비사업관리기술인이 자료 입력, 사업진행 기록 관리, 정보 분석, 정보 공유, 시스템 보안·수정, 조합 운영자 교육 등을 수행한다.

(1) 정비사업관리정보시스템 구축 및 운영 준비

① 서울시의 "정비사업 정보몽땅", 부산시의 "정비사업 통합홈페이지" 등 각 지자체가 운영하고 있는 정보관리시스템의 업무매뉴얼 및 지침 등을 숙지한다.

② 정비사업관리기술인은 조합 등 사업 관련자의 책임과 역할을 지정하고 시스템 운영에 필요한 업무프로세스를 정립한다.

③ 정비사업정보관리시스템을 구축하는 데 필요한 사업개요, 정비사업의 총수입 및 총사업비, 정비사업의 정보공개(20개 항목) 등 필요한 자료와 정보 등을 수집·분석한다.

④ 공통의 사업관리업무매뉴얼에 따라 사업비, 문서, 자료 등의 분류체계와 번호체계를 구축한다.

⑤ 정비사업정보관리시스템 운영을 위한 정보기반시설을 검토한다.

(2) 정비사업관리정보시스템 구축 방향 설정

정비사업관리기술인은 정비사업관리정보시스템의 구축을 위해 다음 사항을 고려하여 설정한다.

① 시스템 구축 범위 : 계약당사자 모두의 연계, 조합과 정비사업관리자의 연계, 주요 계약자와 정
비사업관리자의 연계의 포함 여부
② 자료 교환방식 : 관리정보시스템에 입력될 자료에 대한 보고 및 교환, 인터넷 이용 등 교환방식
에 대한 내용
③ 정보의 수준분류 및 수준별 배포시기 및 접근·보안등급 검토

(3) 서울시 정비사업관리정보시스템 운영 항목 사례

구분	주요 내용	비고
조합안내	• 인사말 • 찾아오시는 길 • 협력업체	
사업현황	• 사업개요 • 위치도 • 조감도 • 배치도 • 단위세대 평면도 • 추진경과 • 신속통합기획 • 설계지침	
정보공개	• 정비계획 수립 및 구역지정 • 구역지정 결정 및 변경 결정에 따른 기본도면 • 추진주체 구성지원 • 추진위원회 승인 - 추진위원회 승인서/운영규정, 업무규정(선거관리, 예산·회계, 행정업무규정 등) • 조합설립 - 동의서 접수현황 • 의사록 • 용역업체선정계약 • 자금운용 • 사업시행 관련 공문서 • 고시/공고 • 추정분담금 • 인사/행정	

	• 조합설립(변경)인가서/조합정관
	• 업무규정(선거 관리, 예산·회계,행정업무규정 등)
	• 사업시행계획서 - 사업시행(변경)인가서, 사업개요, 조감도, 배치도, 단위세대평면도,
	  재표마감표, 세입자대책현황, 기타
	• 관리처분계획서(인가) - 관리처분(변경)인가서, 정비사업비추산액 및 조합원부담규모
	  및 시기, 세입자대책현황, 정비사업 정보공개서, 기타
	• 공사시행 - 월별공사진행사항, 사업비변경내역(공사비 제외), 공사비변경내역
	• 준공인가 - 준공인가 전 사용허가, 준공인가
	• 해산

자유게시판	
Q/A	
공지사항	• 공지사항 • 조합입찰공고 • 서면결의서 현황

사업비 및 분담금
추정프로그램
	• 시스템 접속 및 관리방법
	• 차수 관리 - 부동산가격 자료 등록 등
	• 기초 자료 관리 - 수입 및 지출 산출의 기본 자료, 기본정보, 소요기간, 구역일반현황,
	  토지이용계획, 건축계획, 분양가 시세조사
	• 사업개요 - 개요, 건축계획, 토지이용계획의 상세사항, 수입, 지출, 종전자산의 개략적
	  사항
	• 수입 및 지출 산출조서
	• 개별분담금 조회 - 비례율 및 개별분담금 확인, 종전자산 및 권리가액 확인, 선택 주
	  택평형에 따른 분담금 조회가능
	• 개별분담금 변동 조회 - 공사비 및 일반분양가 변동에 따른 비례율 변화 확인, 비례율
	  변화에 따른 개별분담금 변동조회
	• 토지등소유자 명부 관리- 토지등소유자 정보 수정 및 검색, 정보변경 이력 관리, 종전
	  자산확인

(4) 부산시 정비사업관리정보시스템 운영 항목 사례

구분	주요 내용	비고
조합안내	• 인사말 • 찾아오시는 길 • 협력업체	
사업개요	• 위치도 • 조감도 • 배치도 및 건축물 계획 • 추진경과	

정보공개 (정보공개안내, 최근 공개 자료, 단계별 공개 자료)	법 제120조 • 관리처분계획의 인가를 받은 사항 중 계약금액 • 관리처분계획의 인가를 받은 사항 중 정비사업에서 발생한 이자 법 제124조 1. 추진위원회 운영규정 및 정관 등 2. 설계자·시공자·철거업자 및 정비사업전문관리업자 등 용역업체의 선정계약서 3. 추진위원회·주민총회·조합총회 및 조합의이사회·대의원회의 의사록 4. 사업시행계획서 5. 관리처분계획서 6. 해당 정비사업의 시행에 관한 공문서 7. 회계감사보고서 8. 월별 자금의 입금·출금 세부내역	
전자결재 열람	• 제목, 단위업무, 수신자, 문서취지, 문서구분, 문서번호 등	
알림마당	• 자유게시판 • 입찰공고 • 조합원공지	
구청공지	• 구청 공지사항	
추정분담금 시스템 홈페이지	• 총괄 - 구역명, 종전자산추정금액합계액, 총수입, 총사업비, 비례율, 분양율(미분양) • 구역의 개략 분담금 • 조합원별 종전자산현황 • 조합원별 개별분담금내역 등	

(5) 정비사업관리정보시스템 운용

정비사업관리기술인은 정비사업관리정보시스템을 효과적으로 운용하여 해당 정비사업의 종합적
현황파악과 관리자의 의사 결정을 지원하도록 한다.

① 자료입력 준비

• 프로젝트 번호, 정비사업개요와 사업관리현황과 같은 일반적인 개요를 설정한다. 시스템상의
분류 설정은 각 지자체가 운영하는 시스템의 매뉴얼에 따라 입력하되, 본 업무매뉴얼의 업무분
류, 문서분류, 공종분류, 작업분류체계 및 문서관리분류체계상의 분류코드를 바탕으로 작성할
수 있다.

② 자료입력

• 정비사업관리기술인이 직접 작성하거나 설계자, 시공자 등 각 담당자가 제출한 자료를 시스템
에 입력하면 조합은 이를 확인 및 검토한다.

③ 사업진행 기록 관리

- 정비사업관리기술인은 각종 현황들을 최근 자료로 표시될 수 있도록 자료를 갱신한다.
- 정비사업관리기술인은 최종 승인된 설계변경에 기준한 설계도서, 추진일정, 추진실적 등에 관한 자료를 갱신한다.

④ 정보분석

- 정비사업관리기술인은 정보를 효율적으로 활용하기 위해서 종합분석을 통하여 사업의 흐름을 파악한다.

⑤ 정보공유

- 정비사업관리기술인은 축적된 정보가 조합 및 사업 관련자 모두 부여된 레벨의 정보는 공유할 수 있게 한다.

⑥ 정비사업정보관리시스템 보완 및 수정

- 정비사업관리기술인은 현장여건의 변화 시 시스템의 운용방법 및 입력 자료에 대한 보완 및 수정을 검토한다.

⑦ 운영자 교육 및 회의

- 정비사업정보관리시스템의 효율적인 운용을 위해 정비사업관리기술인은 정기·비정기적으로 조합운영자 등을 대상으로 회의 및 교육을 실시한다.

1.7 각종 회의 지원

정비사업관리기술인이 성공적인 정비사업수행을 위해 조합과 사업추진방향 및 사업계획 수립, 사업성 등을 협의하는 내부회의, 설계자, 시공자 등의 여러 협력업체들과 진행하는 협력사회의를 비롯하여 조합 내부의 이사회의, 대의원회의와 최종 의사 결정을 다루는 조합원총회 등의 여러 회의를 진행하기 위한 세부적인 절차 등을 규정한다.

(1) 주요 회의의 유형

구분	참여자	회의 주요 내용
업무조정 회의	조합, 정비사업관리기술인, 기타 자문위원 및 이해관계자	• 사업추진방향 검토 및 설정 • 사업계획 수립 및 변경 • 기타 본 매뉴얼에 나타난 주요 업무진행에 대한 논의 등
공정회의	조합, 정비사업관리기술인, 기타 자문위원 및 이해관계자	• 사업진행 진도 관리를 위하여 매주 또는 매월마다 개최 • 사업추진일정계획 대비 진행 실적 검토 • 사업추진 지연의 그 원인 및 대책 • 향후 예상되는 문제점 및 해결방안
품질조정 회의	조합, 정비사업관리기술인, 기타 자문위원 및 이해관계자	• 시공자의 사업참여조건상의 품질을 기준으로 상향조정, 트렌드변화에 따른 조정 등을 위한 회의 • 품질 기준에 대한 검토 및 조정 필요성 검토 • 품질확보를 위한 연구 및 검토
협력사 회의	조합, 정비사업관리기술인, 설계자, 시공자 등 협력업체, 기타 자문위원 및 이해관계자	• 설계자, 시공자 등 협력업체들이 수행하는 업무에 대한 추진방향, 점검, 관리·감독 • 각 협력사의 업무진행사항 점검 및 대안수립·검토 등
시공 관련 회의	조합, 정비사업관리기술인, 시공자 등 협력업체, 기타 자문위원 및 이해관계자	• 착공 전 사전시공회의 • 정기회의, 주간, 월간, 분기 공정회의 정보공유나 긴급회의와 같은 임시회의 개최 • 공정추진 및 진도 관리
이사회의	- 조합장, 이사 - 정비사업관리기술인 - 기타 자문위원 및 이해관계자	• 조합의 사무 집행 관련 회의 • 조합의 예산 및 통상업무의 집행에 관한 사항 • 총회 및 대의원회의 상정안건의 심의에 관한 사항 • 조합의 정관, 조합행정업무규정 등의 제·개정안 작성에 관한 심의 • 총회개최에 관한 사항 • 그 밖에 조합의 운영 및 사업시행에 관하여 필요한 사항 심의

대의원 회의	- 조합장, 대의원 - 정비사업관리기술인 - 기타 자문위원 및 이해관계자	• 임기 중 궐위된 임원(조합장은 제외한다) 및 대의원의 보궐선임 • 예산 및 결산의 승인에 관한 방법 • 총회 부의안건의 사전심의 및 총회로부터 위임받은 사항 • 총회에서 선출하여야 하는 협력업체를 제외한 업체에 대하여 총회 의결로 정한 예산의 범위 내에서의 선정 및 계약체결 • 사업완료로 인한 조합의 해산결의 • 도시정비법시행령 제39조에 의한 경미한 정관 변경 • 조합규정 등의 개정 • 총회 소집결과 정족수에 미달되는 때에는 재소집하여야 하며 재소집의 경우에도 정족수에 미달되는 경우 • 조합장이 임명한 유급직원 인준에 관한 사항 • 조합 회계년도 결산보고서 의결에 관한 사항 • 이주 기간에 관한 사항
조합원 총회	- 조합 및 조합원 - 정비사업관리기술인 - 기타 자문위원 및 이해관계자	• 정기총회 · 임시총회로 구분 • 정관의 변경(도시정비법 제40조제4항에 따른 경미한 사항의 변경은 도시정비법 또는 정관에서 총회의결사항으로 정한 경우로 한정한다) • 자금의 차입과 그 방법 · 이자율 및 상환방법 • 정비사업비의 세부항목별 사용계획이 포함된 예산안 및 예산의 사용내역 • 예산으로 정한 사항 외에 조합원에게 부담이 되는 계약 • 시공자 · 설계자 또는 감정평가업자(도시정비법 제74조제2항에 따라 구청장 · 군수 등이 선정 · 계약하는 감정평가업자는 제외한다)의 선정 및 변경 다만, 감정평가업자 선정 및 변경은 총회의 의결을 거쳐 구청장 · 군수에게 위탁할 수 있다. • 정비사업전문관리업자의 선정 및 변경 • 조합임원의 선임(연임을 포함한다) 및 해임(조합장을 제외한 임기 중 궐위된 자를 보궐선임하는 경우는 제외한다.) • 정비사업비의 조합원별 분담내역 • 도시정비법 제52조에 따른 사업시행계획서의 작성 및 변경(도시정비법 제50조제1항 본문에 따른 정비사업의 중지 또는 폐지에 관한 사항을 포함하며, 같은 항 단서에 따른 경미한 변경은 제외한다) • 도시정비법 제74조에 따른 관리처분계획의 수립 및 변경(도시정비법 제74조제1항 각 호 외의 부분 단서에 따른 경미한 변경은 제외한다) • 도시정비법 제89조에 따른 청산금의 징수 · 지급(분할징수 · 분할지급을 포함한다)과 조합해산 시의 회계 보고 • 도시정비법 제93조에 따른 비용의 금액 및 징수방법 • 조합의 합병 또는 해산에 관한 사항 • 대의원의 선임 및 해임에 관한 사항 • 건설되는 건축물의 설계 개요의 변경 • 정비사업비의 변경 • 분양신청을 하지 아니한 자와 분양신청기간 종료 이전에 분양신청을 철회한 자에 대한 분양신청을 다시 하는 경우 • 조합규정 등의 제정

(2) 회의 개최를 위한 업무 절차

① 회의방향의 수립

- 정비사업관리체계상의 각 주체들 간의 책임 구분을 명확히 하며, 회의의 목적과 범위를 설정한다.
- 회의 진행을 위한 세부적인 절차 수립을 협의한다.
- 정비사업관리기술인은 사업진행상황을 점검하고 사업 관리계획대로 진행되고 있는가를 파악하기 위한 회의 개최에 대한 계획을 검토한다.
- 회의에 상정되는 안건에 대한 사전에 검토한다.

② 회의 준비

- 정비사업관리기술인은 회의의 준비, 소집, 집행, 의견 조정, 회의 결과 및 후속 조치, 관리 등을 포함한 회의 운영 전반에 대한 관리와 감독을 한다.
- 정비사업관리기술인은 올바른 의사 결정을 하고, 정확히 이해할 수 있도록 회의 자료를 상세히 작성토록 한다.
- 설계자, 시공자 등 회의에 참석하는 협력업체들은 회의 운영 및 관리에 필요한 각종 회의 자료를 작성 및 제출, 후속조치사항의 이행 및 결과를 정비사업관리기술인에게 보고해야 한다.
- 회의 참석자들은 해당 안건에 대한 정확한 이해와 문제점, 해결방안 또는 대책을 강구하여 회의에 참석한다.

③ 회의 소집 통보

- 정비사업관리기술인은 회의 자료를 준비한 후 회의 개최 전까지 회의 소집의 통보를 한다.

④ 회의 개최 및 결과 보고

- 회의의 일반적인 진행은 상정안건 보고, 이전 회의 의결사항 시행 여부 확인, 이전 회의 미결사항 처리방안 토의 및 의결, 상정 안건 처리, 기타 토의사항의 순으로 진행한다.
- 해당 회의는 조합이 주관하고 정비사업관리기술인은 협조한다. 또한, 전원 합의가 이루어지지 않은 사안은 정비사업관리기술인이 중재·조정한다.
- 정비사업관리기술인은 회의 진행 상황을 기록하고 참석자의 서명을 받는다.
- 정비사업관리기술인은 작성된 회의록을 조합에 보고하며, 참석한 설계자, 시공자 등 협력업체에게 통보한다.
- 회의 진행 과정에서 발견된 문제점이 있었다면 그에 대한 조치결과를 검토한다.

- 정비사업관리기술인은 의결된 사항이 미결되거나 후속조치가 필요한 경우, 별도의 관리항목을 만들어 관리하고 지정 기한 내 처리 완료하도록 관리하며, 의결사항 및 조치사항이 신속히 처리될 수 있도록 관련 협력업체를 지도·관리해야 한다. 또한, 적절한 사유 없이 지연되는 사항은 특별조치를 취하여 전체 사업 운영에 영향을 미치지 않도록 한다.

⑤ 검토 및 승인
- 정비사업관리기술인은 회의결과를 조합에 보고하고 검토 및 승인을 받는다.

(3) 업무조정회의 주관

정비사업에 참여하는 조합, 정비사업관리기술인, 설계자, 시공자 등의 각 조직들 간 상호 이견을 해소하고 원활한 사업진행을 위해 업무조정회의가 이루어질 수 있도록 회의의 수행방법, 참석범위 등을 설정하는 등 준비하고 협의과정에 참여하는 업무를 말한다.

① 업무조정회의의 주요 내용
- 조합과 설계자, 시공자 등의 협력업체 간의 계약과 관련된 사안으로 공정지연 또는 공사비, 용역비 증가 등의 피해가 발생한 경우.
- 업무추진과정에서 발생되는 협력업체 간 간섭 또는 사업시행단계별 간섭사항 내용파악 및 조정이 필요한 경우.
- 사업관계자 일방의 부당한 조치로 인하여 피해가 발생한 경우.
- 그 밖에 사업진행과 관련하여 발생한 이견의 해결.

② 업무조정회의의 개최
- 업무조정회의에 안건을 상정하고자 하는 자는 업무조정에 필요한 서류를 작성하여 조합에 제출하여야 하며, 조합은 안건상정 요청을 받은 날로부터 20일 이내에 회의를 개최하여 조정하여야 한다.
- 정비사업관리기술인은 당해 사안의 현황설명서, 검토의견서 및 그 밖에 필요하다고 인정되는 자료 및 조합이 요구한 자료 등을 작성한다.
- 정비사업관리기술인은 업무조정회의에 참석하여 회의록을 작성하고, 결과에 따라 당사자의 이행사항을 정리한 후 보고서(업무조정회의 목적 및 요청사유, 회의일정 및 참석범위, 회의소집 연혁, 회의록, 회의결과 이행현황 등)를 작성한다.

(4) 시공 관련 회의 주관

① 시공회의 개최 방향

- 착공 전 사전시공회의 및 정기회의, 주간, 월간, 분기 공정회의와 정보공유나 긴급회의와 같은 임시회의를 개최함에 있어 준비해야 할 자료와 회의소집 및 개최, 결과보고에 관한 업무를 수행하고 주관하는 데 적용한다.

② 회의 자료의 준비

- 문서의 접수, 발송 및 배포 기준
- 시공계획서 제출 절차
- 월간/주간 공정회의 진행 기준
- 기성검사/설계변경 요청절차
- 비상계획 및 보고절차
- 준공도 작성 기준
- 기타 사전 시공회의에서 검토될 사항

③ 정기회의 진행

구분	회의 주요 내용
주간 공정회의	1) 공사현황을 파악하고, 공정추진 및 진도를 관리하기 위해 개최하며, 시공과정 중 문제점을 찾고 이를 해결하기 위해 참여자 간에 협의하고 시공개선 사항을 협의한다. 2) 회의는 주간 또는 격주간 개최할 수 있으며, 필요시 협력업체나 하도급자 등도 참여할 수 있다. 3) 시공자는 공정 및 현안과 문제점을 보고한다. 4) 정비사업관리기술인은 회의결과를 회의록을 작성하여 조합에 보고하고 시공자에게 배포한다.
월간 공정회의	1) 단위기간 공사진도를 확정하고, 설계변경 등 공사 관리 사항과 시공계획 등을 협의한다. 2) 회의는 월간 또는 격월간 개최할 수 있으며, 필요시 협력업체나 하도급자 등도 참여할 수 있다. 3) 시공자는 공사진행을 정비사업관리기술인에게 보고하고, 기성, 설계변경승인 등과 같은 요청사항을 보고한다. 4) 정비사업관리기술인은 회의결과를 회의록을 작성하여 조합에 보고하고 시공자에게 배포한다.
분기 및 반기 공정회의	1) 공사현황을 관리하고 공사계약 관련 이의제기 및 공사수행계획, 공사추진 및 완료 방침을 협의한다. 2) 회의는 3개월 또는 6개월마다 개최할 수 있으며, 필요시 협력업체나 하도급자 등도 참여할 수 있다. 3) 조합은 공사추진 현황과 준공방침을 보고 받는다. 4) 시공자는 공사수행계획 및 실적, 공사계약 관련 이의사항을 보고한다. 5) 정비사업관리기술인은 회의록을 작성하여 배포하고 회의 주요의제 검토의견서를 작성하여 조합에 보고한다.

④ 임시회의 진행

구분	회의 주요 내용
정보공유 목적의 임시회의	1) 조합 또는 유관기관으로부터 통보된 사항을 전달하고 이 사항에 대한 대책, 조치 등을 협의하기 위해 개최한다. 2) 정보공유 사안에 대해 작성된 회의 자료를 배포, 설명하며, 대책을 요청한다. 3) 정비사업관리기술인은 회의결과를 조합과 유관기관에 배포하고 회의결과에 대한 사후관리를 한다.
긴급현안 처리의 임시회의	1) 공사추진 중 발생된 긴급사항으로서 안전사고, 품질관리, 환경보전 등의 문제처리를 위해 개최한다. 2) 회의는 사안발생 즉시 개최한다. 3) 정비사업관리기술인은 회의록을 작성하여 조합에 보고하고, 최종조치 및 사안처리 결과에 대해 별도 통보한다.
설계검토 및 설계변경 관련 회의	1) 설계검토결과에 대한 의견교환, 설계변경에 대한 의견수렴을 위해 개최한다. 2) 회의는 조합과 설계자, 시공자 등이 필요하다고 판단될 경우에 개최한다. 3) 설계자는 설계검토결과에 대한 설계설명을 조합과 시공자 등에 하고, 설계변경에 대한 의견을 제시 한다. 4) 시공자는 현장조건 등의 자료를 제공한다.

1.8 클레임 사전 분석

정비사업의 계약당사자라 함은 일반적으로 조합과 설계자, 시공자 등 많은 협력업체들을 지칭하며, 쌍방의 권리와 의무는 계약문서에 의해 정의된다. 그러나, 계약문서는 복잡한 정비사업의 수행과정을 충분히 정의할 수 없으며, 또한 용역이나 공사수행 중 변경된 사항에 대해 충분히 반영되지 못할 뿐만 아니라 계약당사자 상호 간에 의견이 불일치가 있을 수 있다. 따라서, 계약당사자 간의 민원, 즉 클레임이 제기될 수 있으며 정비사업의 클레임은 발생사유 자체가 복합적이고 기술적인 사안이 많다.

정비사업에서 예상되는 클레임의 주요 원인들은 설계변경, 조합의 의무사항 지연, 계약문서 해석의 불일치, 불명확한 업무범위 등이 있으며 정비사업관리기술인은 개별 현장의 여건에 부합하는 계약내용의 해석과 기술적 판단을 통해 검토·지원하고, 나아가 클레임을 예방하고 분쟁해결방안을 지원한다.

(1) 클레임 주요 원인
일반적인 계약당사자의 클레임은 다음의 사항이 주요 원인으로 볼 수 있다.

① 조합의 귀책사유로 인한 용역 또는 공사지연으로 인한 손해

② 사업계획변경 또는 설계변경 승인 지연

③ 용역수행에 필요한 조합의 책무 수행 지연

④ 계약문서, 업무수행내용 등에 대한 해석 차이 또는 현장여건의 상이

⑤ 용역 또는 공사 중단, 중도타절에 대한 보상문제

⑥ 각종 오류에 의한 용역 또는 공사의 재수행 등

(2) 클레임 예방

정비사업관리기술인은 정비사업에 필요한 참여자(설계자, 시공자, 협력업체)의 클레임 제기를 사전에 방지하기 위하여 다음과 같이 클레임 예방활동을 수행하며, 조합의 활동과 대책수립업무를 지원한다.

① 클레임 원인의 제거

- 입찰 및 계약 시 계약서, 계약조건, 성과도서 등의 모호한 내용이나 장차 분쟁의 소지가 있는 사항들을 사전에 발굴하여 정리하고 조합과 협의·조정하며, 입찰안내서 및 계약서에 그 내용을 명백히 한다.

- 조합의 귀책사유, 또는 예기치 못한 상황에 의해 클레임이 발생될 경우, 설계자 등 협력업체들이 수립·작성한 만회대책을 검토하고, 불가피한 경우 그 사유를 분석하여 검토안을 작성하며, 필요시 수정계획과 함께 조합에 보고한다.

- 계약문서 검토 및 용역 예측성과 검토를 시행하여 명확한 성과도서를 만들도록 하고, 특히 과도한 규제는 피하도록 한다.

- 조합의 일방적인 지시 등으로 추가 비용이 발생되지 않도록 하고, 계약서상의 통지의무를 준수하도록 지원한다.

- 입찰 및 낙찰시 과도한 저가로 부적격 업체가 낙찰이 되지 않도록 검증한다.

- 각 협력업체 간의 간섭이나 불분명한 업무분장에 따른 회피 등을 예방하기 위해 정기 협력사회의를 통해 협조체계를 구축한다.

- 협력업체들의 용역수행과 연관이 없는 국가적, 사회경제적 정책변경에 따른 계약사항을 명확히 한다.

② 클레임 예방 활동

• 각종 승인, 인·허가 절차의 확립과 신속한 보고, 질의·응답 체계를 수립하고 모든 변경사항이 나 계약 관련 사항 등에 대하여는 반드시 조합의 문서화된 승인을 받아 시행하도록 한다.

• 정비사업관리기술인은 모든 용역진행 과정을 문서화하고, 클레임 사안의 발생 시마다 이를 철저히 기록·관리하여, 조합의 권리를 입증할 수 있는 근거 자료들을 확보한다.

• 용역수행기간 연장 클레임에 대응하기 위하여 체계적인 공정표에 근거한 공정관리를 요구한다.

• 클레임에 대한 인식을 전환하여 클레임 발생 시 당사자 간 협의를 통한 신속한 해결을 도모할 수 있도록 정비사업관리기술인이 조정의 역할을 담당한다.

• 해당 프로젝트의 성격에 맞는 다양한 클레임의 해결방법과 절차를 마련하여 각 협력업체의 용역계약서에 이를 명시한다.

• 조합 내부에 분쟁조정위원회를 구성하여 내부에서 먼저 협의를 할 수 있다.

• 용역수행 초기단계에 참여자(조합, 설계자, 시공자, 협력업체 등) 상호 간의 신뢰를 바탕으로 협력업체를 구축할 수 있는 파트너링의 도입을 유도하여 상호 간의 클레임을 예방한다.

(3) 클레임 준비 및 사전평가

① 정비사업관리기술인은 계약규정, 판례 등의 면밀한 검토를 통한 적용 가능한 계약규정 및 클레임 해결방안의 한계를 파악한다.

② 클레임 사안에 대한 사전평가

정비사업관리기술인은 다음 사항에 대하여 객관적으로 검토·분석한다.

• 계약규정상에서 보상이 가능한 사안인지의 여부

• 클레임의 성격(특성) 결정(용역기간연장클레임, 비용보상클레임, 양자 모두 등)

• 사안별 클레임 추진 가능성 및 타당성 검토

• 가능한 용역기간연장 혹은 보상금액의 개략 검토

③ 책임소재 구분

• 정비사업관리기술인은 클레임부정, 시간인정, 비용인정, 시간과 비용인정 등 평가에 따른 책임소재를 근거자료의 추적작업, 자료분석작업, 클레임 제기 근거 마련 등을 통해 명확히 구분한다.

④ 정량화

- 정비사업관리기술인은 클레임이 인정되는 경우에는 제출되는 모든 서류를 객관적으로 검토하여 인정되는 시간과 비용을 결정한다.

(4) 클레임 청구

정비사업관리기술인은 협력업체로부터 해당 용역수행과 관련한 클레임 의사를 전달받을 경우, 다음과 같은 클레임 서류를 다음의 내용이 포함되도록 하여 작성 및 제출하도록 한다.

① 실정보고
- 용역개요 및 현안문제의 분석
- 계약 대비 추가 또는 변경시행 설명서 또는 사유서
- 계약 대비 실 용역수행과의 차이(Deviation)
- 업체의 요청사항(Claim) 내역서
- 공정분석, 손실분석 등

② 관련 근거 자료
- 계약문서 등 계약 관련 서류
- 작업지시서, 작업일보, 회의록 등 실제 수행 기록
- 유사 수행사례 또는 판례 등의 자료

(5) 클레임 검토

정비사업관리기술인은 접수된 클레임 보고서 및 관련 서류에 대해 다음과 같이 검토한다.

① 용역의 변경 또는 추가 시행항목에 대한 도서, 내역서, 수량산출서, 대가 등에 대한 분석, 상호관계 비교 등을 통해 클레임 내용을 정의한다.

② 계약문서(일반조건, 특수조건 등)의 관련 조항 및 관련 법규정 등을 분석, 클레임의 귀책사유에 대한 논리를 수립한다.

③ 유상용역 또는 공사의 사례, 판례 등을 참조하여 클레임업체의 요청사항의 범위(Deviation)를 조정(Assessment)한다.

④ 클레임 요청 내역서 및 수량산출서를 확인한다.

⑤ 작업일지 등의 근거서류를 확인한다.

⑥ 검토한 내용을 실정보고서로 작성하여 클레임 보고서를 첨부하여 조합에 보고한다.

(6) 회의, 협의, 수락

정비사업관리기술인은 조합의 승인을 얻어 회의를 소집하고, 클레임에 대한 조합의 방침을 협력업체에 전달, 협의(Negotiation)한다. 협력업체의 협의, 수락(Acceptance)에 따라 변경계약서를 작성토록 지원한다.

(7) 중재, 조정, 소송

정비사업관리기술인은 클레임이 협의에 의해 해결되지 아니할 경우에는 입찰안내서 상의 계약특수조건 및 계약서상의 분쟁 해결절차 등에 따라서 이행한다.

① 중재법에 의한 중재기관의 중재

② 관계 법률에서 규정하고 있는 조정위원회 등의 조정

③ 조합의 소재지를 관할하는 법원의 판결

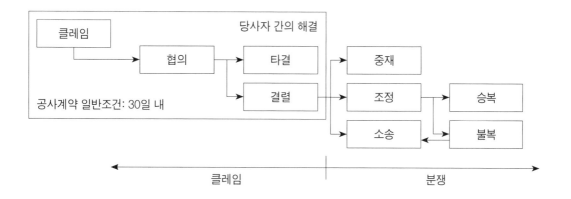

1.9 조합의 상시업무

조합은 정비사업을 진행하기 위해 필요한 설계·시공 등 많은 용역·공사의 발주처로 정비사업 진반에 대한 관리업무를 수행해야 하는 한편, 토지등소유자를 대표하는 대표자로서의 업무도 수행해야 한다. 하지만, 선거로 선임되다 보니 정비사업 실무를 한 번도 해 보지 않은 비전문가일 수밖에 없어 많은 노력이 필요한 실정이다.

정비사업의 시행자인 조합은 통상적으로 조합장, 상근이사, 사무장, 경리 등의 임직원으로 구성되어 있으며, 정비사업관리기술인의 지원을 받아 업무를 처리하고 있다. 정비사업관리기술인이 직접 담당하는 업무는 아니므로 본서에서 다루지 않아도 되지만, 조합이 비전문가인 점과 많은 부분에 있어 정비사업관리기술인의 지원이 필요한 업무들이기 때문에 함께 그 내용과 정보를 공유하고 협조하는 것이 중요하다고 판단되어 수록하게 되었다. 그리고, 조합의 실무와 정비사업관리기술인이 수행하는 업무에 있어 중첩되는 부분이 많아 본서에서 주로 다루고 있는 정비사업관리업무 매뉴얼의 내용과 중복되지 않는 부분과 가급적 순수한 조합의 업무만을 정리하였다.

(1) 일일업무일지 작성

① 목적

- 이는 조합이 어떤 일들을 하고 있는지를 기록함으로써 향후 경과보고 정리 및 토지등소유자에게 알리는 홍보 자료로도 활용 가능하다.

② 작성 범위

- 각종 회의 내용, 인·허가관청 및 유관기관 방문 내용 등 중요한 업무진행 내용을 기록하되, 매일 기록하지 않아도 된다.

③ 업무절차

- 상근이사 또는 사무장, 경리직원 등이 작성하여 조합장에게 승인을 받는다.

(2) 협력사회의 주관

① 목적

- 정비사업에는 설계자, 시공자 등 수십여 개의 협력업체들이 각 전문분야에 대한 업무를 수행함으로써 완성될 수 있는 사업이다. 따라서, 사업의 시행자는 정비사업이 어떻게 진행되고 있는지의 현황파악, 협력사 간의 유기적인 업무협조체제 유도, 준공식화된 의사결정을 위하여 협력사회의를 주관하며, 정비사업관리기술인은 적극 지원한다.

② 주요 회의 내용

- 정비사업의 원활한 진행을 위하여 업무조정, 협력사계약 관리, 일정 관리, 클레임분석 및 관리,

사업계획 및 설계 관리, 민원 관리, 리스크 관리 등을 위한 회의를 진행한다. 상세한 회의 내용에 대해서는 본서의 사업관리일반의 각종 회의 지원의 내용을 참조한다.

③ 업무 절차

- 본서의 사업관리일반의 각종 회의 지원의 내용을 참조한다.

⑶ 정보공개 관련 안내통지문 발송

① 목적

- 「도시정비법」 제124조(관련 자료의 공개 등) 제2항에서 공개의 대상이 되는 서류 및 관련 자료의 경우 분기별로 공개대상의 목록, 개략적인 내용, 공개장소, 열람·복사방법 등을 대통령령으로 정하는 방법과 절차에 따라 조합원 또는 토지등소유자에게 서면으로 통지하여야 한다.

② 안내통지문의 주요 내용

- 「도시정비법」 제124조(관련 자료의 공개 등) 제1항의 공개대상목록과 개략적인 내용, 동법 시행령 제94조(자료의 공개 및 통지 등) 제1항의 공개대상목록과 개략적인 내용을 어디서 공개하고 있고, 어떻게 열람·복사할 수 있는지의 내용을 정리한다.

⑷ 정보공개의무 이행

① 목적

- 「도시정비법」 제124조(관련 자료의 공개 등) 제1항에서 정비사업의 시행에 관한 서류 및 관련 자료가 작성되거나 변경된 후 15일 이내에 이를 조합원, 토지등소유자 또는 세입자가 알 수 있도록 인터넷과 그 밖의 방법을 병행하여 공개하여야 한다.

② 공개 내용

- 「도시정비법」 제124조(관련 자료의 공개 등) 제1항 다음 각 호의 서류와 관련 자료를 정리한다.
- 추진위원회 운영규정 및 정관 등
- 설계자·시공자·철거업자 및 정비사업전문관리업자 등 용역업체의 선정계약서
- 추진위원회·주민총회·조합총회 및 조합의 이사회·대의원회의 의사록
- 사업시행계획서
- 관리처분계획서

- 해당 정비사업의 시행에 관한 공문서
- 회계감사보고서
- 월별 자금의 입금·출금 세부내역
- 결산보고서
- 청산인의 업무처리현황
- 분양공고 및 분양신청에 관한 사항
- 연간 자금운용 계획에 관한 사항
- 정비사업의 월별 공사 진행에 관한 사항

(5) 조합이사회·대의원회 개최 및 녹취 또는 영상기록 등

① 목적
- 정비사업의 원활한 진행을 위해 조합은 이사회·대의원회의를 개최한다.

② 회의 내용
- 이사회와 대의원회의의 주요 내용은 다음과 같다.

구분	회의 주요 내용
이사 회의	• 조합의 사무 집행 관련 회의 • 조합의 예산 및 통상업무의 집행에 관한 사항 • 총회 및 대의원회의 상정안건의 심의에 관한 사항 • 조합의 정관, 조합행정업무규정 등의 제·개정안 작성에 관한 심의 • 총회개최에 관한 사항 • 그 밖에 조합의 운영 및 사업시행에 관하여 필요한 사항 심의
대의원 회의	• 임기 중 궐위된 임원(조합장은 제외한다) 및 대의원의 보궐선임 • 예산 및 결산의 승인에 관한 방법 • 총회 부의안건의 사전심의 및 총회로부터 위임받은 사항 • 총회에서 선출하여야 하는 협력업체를 제외한 업체에 대하여 총회 의결로 정한 예산의 범위 내에서의 선정 및 계약체결 • 사업완료로 인한 조합의 해산결의 •「도시정비법시행령」제39조에 의한 경미한 정관 변경 • 조합규정 등의 개정 • 총회 소집결과 정족수에 미달되는 때에는 재소집하여야 하며 재소집의 경우에도 정족수에 미달되는 경우 • 조합장이 임명한 유급직원 인준에 관한 사항 • 조합 회계년도 결산보고서 의결에 관한 사항 • 이주 기간에 관한 사항

③ 업무 절차

구분	업무 절차
이사회	회의안건 검토 → 회의자료 및 소집공고문 등 작성 → 이사회 소집 → 이사회 개최 → 회의록 작성
대의원회	회의안건 검토 → 회의자료 및 소집공고문 등 작성 → 회의개최 7일 전까지 회의목적·안건·일시 및 장소를 기재한 서면 통지 → 대의원회 개최 → 회의록 작성

(6) 홈페이지 및 게시판 운영·관리

① 목적

- 조합원 및 토지등소유자의 알 권리를 충족하기 위하여 정보공개 관련 조항에 명시되어 있는 자료를 빠짐없이 홈페이지와 게시판에 게재될 수 있도록 한다.

② 주요 업무

- 정비사업의 시행에 관한 서류 및 관련 자료가 작성되거나 변경된 후 15일 이내에 이를 홈페이지에 게재한다. 홈페이지는 서울시의 경우 "정비사업 정보몽땅", 부산시의 경우 "정비사업 통합홈페이지" 등을 활용할 수 있으며, 별도의 홈페이지를 제작·운영할 수 있다.

(7) 조합원명부 관리 및 조합원변경 신고

① 목적

- 정비사업의 조합원은 매매·증여·상속 등으로 바뀌는 경우가 많아 수시로 조합원명부를 관리하여야 한다. 정비사업의 원활한 진행을 위해 조합원에게 통지할 내용이 많고, 조합원총회 등 조합원의 동의를 얻어야 하는 사항들이 많아 조합원명부의 관리가 반드시 필요하며, 「도시정비법」 제35조 및 동법 시행령 제31조(조합설립인가내용의 경미한 변경) 제3호에 따라 변경된 조합원명부를 작성하여 구청장·군수에게 신고하여야 한다.

② 주요 내용

- 조합원명부를 상시 관리할 직원을 배정하여 일원화한다.
- 소식지, 안내문 등을 통해 조합원에게 권리변동 발생 시 조합에 신고하도록 통지한다.
- 조합원 변경에 대해 비교될 수 있도록 이력을 관리해야 한다.
- 조합원 총회, 사업시행계획인가 신청 전, 관리처분계획인가 신청 전 등 정비사업 진행 단계별로 등기부등본 등 공부를 일괄적으로 발급하여 최종적으로 조합원명부를 정리해야 한다.

(8) 소식지 발행

① 목적

- 정기·비정기적으로 소식지를 발행함으로써 조합원의 알 권리를 충족시키는 동시에 사업진행 사항을 알림으로써 적극적인 사업참여를 유도하며, 동시에 분기별로 통지해야 하는 정보공개 안내문도 첨부하여 이중효과를 누릴 수 있다. 또한, 소식지 등을 통해 주요 이슈나 의사결정이 필요한 내용에 대해 사전에 홍보함으로써 향후 대의원회나 총회 개최 시 회의진행이 원만해질 수 있다.

② 소식지의 주요 내용

- 인사말 : 계절 인사말이나 특별히 강조되어야 하는 내용으로 작성한다.
- 사업추진경과나 주요 업무추진 내용과 향후 개략적인 추진일정
- 조합원에게 알려야 하는 주요 통지 내용
- 조합원이 궁금해하는 주요 Q&A
- 조합원의 이해를 돕는 정비사업 해설 자료 등

(9) 문서 관리

① 목적

- 조합에서 보관 중인 모든 문서를 일관되고 체계적으로 관리함으로써 조합임원의 업무인계·인수 시 등에 활용할 수 있는 등 문서의 효율적인 관리를 지원함에 있다.

② 업무 내용

- 본서의 사업관리일반의 자료 관리체계 수립의 내용을 참조한다.

1.10 정비사업 관리 보고

정비사업관리기술인은 용역수행기간 중 발생하는 업무에 대해 조합에 보고해야 할 사항에 대한 보고서를 작정하여 정기·비정기적으로 제출하여야 하는 업무이다. 정비사업관리보고서는 정비사업관리기술인의 해당용역 성과품으로써, 사업진행진척도를 보고함과 동시에 현장의 현황정보로써 이를 조합에 전달하는 정보체계로서 역할을 수행한다.

(1) 보고서 제출 및 보고 간격 협의

정비사업관리기술이 업무현황사항, 조합승인사항, 각종 도면, 일지 등 각종 기록들을 검토하여 보고서로 작성하거나 관련 자료들을 체계적으로 보관·관리하며 아래와 같은 보고서 제출 가격에 대해 조합과 협의한다.

정기보고인 월간, 분기별, 반기, 기타의 보고서 제출 표준간격은 다음과 같으며, 매 보고기간의 종료 후 7일 이내에 해당 기간의 정기보고서를 작성 후 조합의 장에게 제출한다.

구분	제출 표준간격	비고
월간 정비사업관리보고서	매월 제출	
분기별 정비사업관리보고서	매 3개월마다 제출	
반기 정비사업관리보고서	매 6개월마다 제출	
기타	조합과 협의하여 필요시마다	

(2) 보고의 유형 및 주요 내용

① 착수보고 : 계약일로부터 15일 이내

- 과업수행 방향 및 방법, 과업 세부수행계획표
- 분야별 참여인력 및 조직편성표
- 기타 과업수행에 필요한 사항

② 월간 정비사업관리보고 : 월 1회(익월 7일까지 제출)

- 해당 월의 과업수행 내용과 다음 월의 과업수행계획을 예정공정표와 대비하여 보고서 작성·제출 : 현재까지의 과업수행 실적에 대한 공정률을 착수보고 시 제출한 예정공정표와 비교하여 실행률 제시
- 업무 관련 회의 및 조합 지시사항 처리결과(승인사항 포함)
- 과업추진 내용 및 공정현황
- 과업수행상 중요 문제점 및 대책
- 참여기술인 현황
- 다음 달 과업수행 계획

③ 분기 및 반기별 정비사업관리보고

- 월간 정비사업관리보고의 내용 중심
- 사업 관련 기초조사 및 분석 내용
- 관련 계획과 정책의 분석 내용
- 기본구상과 방향
- 각 사업추진 단계별 업무과정
- 중간평가 및 보고 과정 등

④ 사업비 보고

- 정비사업관리기술인이 진행 중인 정비사업의 사업비를 효과적으로 운영할 수 있도록 사업비보고서를 작성
- 사업비보고서 작성을 위한 자료 수집 : 사업비예산안, 예산집행실적, 연간예산, 연간예산집행실적, 계약내역, 계약비용집행실적 등
- 수집 자료 분석
- 표준적인 사업비보고서의 종류 및 보고시기의 예는 다음과 같다.

구분	제출 표준간격	비고
사업예산/집행실적 보고서	월 1회, 매월 10일	
연간예산/집행실적 보고서	분기 1회, 매분기 말 익월 10일	
계약/집행실적 보고서	분기 1회, 매분기 말 익월 10일	
자금집행실적 현황보고서	월 1회, 매월 10일	

⑤ 각종 검토보고서 및 특별보고 등

- 정비사업관리기술인이 사업추진 과정에서 조합과 협의하여 필요하다고 판단되는 기술자문, 각종 조사 및 연구, 대안 분석, 사업성검토 등에 대해 비정기적으로 보고서를 작성하여 조합에 제출한다.
- 필요 협력업체 선정 분야 및 선정시기 등
- 사업성 검토 및 사업성 개선방안

- 각종 현안 문제 검토 및 대안 수립
- 각종 법률 및 정책 해설 등

⑥ 최종 보고서

- 정비사업관리기술인이 용역 종료 후 용역의 내용과 사업추진 과정에서 시행된 제반사항을 기록한 최종보고서를 작성하여 조합에 제출한다. 정비사업의 계획, 실행, 종료의 전 단계를 종합적으로 기술한 해당 정비사업의 기록이다.
- 사업개요 : 정비사업 특징, 조직, 현황 등
- 건축계획
- 정비사업관리업무
- 업무수행상의 문제점과 개선방안
- 각 추진 단계별 업무수행과정
- 종합평가 등

조합	정비사업관리기술인	협력업체

• 용역발주 준비 ← ○ 용역발주 준비 검토
- 계약준비 대상 선정
- 과업계획서 작성
- 평가 기준, 계약방법 분석

↓

• 용역발주 심의 ← ○ 용역 시행계획 및 과업 내용 적정성 검토

↓

• 용역 계약방법 결정 ← ○ 용역 입찰방식 검토
- 일반경쟁, 지명경쟁, 수의계약

↓

• 용역 낙찰자 선정방법 결정 ← ○ 낙찰자 선정방법 검토
- 최저가낙찰, 적격심사, 제안서 평가 등
- 평가 기준
- 입찰계약절차 수립
- 계약조건
- 과업지시서 검토 및 작성

↓

• 입찰 공고 ← ○ 입찰공고 서류 준비
- 입찰공고문, 입찰지침서 작성
- 입찰참가자격 심사기준 검토 및 작성

↓

• 현장설명회 ← ○ 현장설명 내용 작성　　　　• 현장설명회 참석

↓

• 입찰참자자격 및 자격심사 ← ○ 입찰참가자격 사전심사서류 검토　　• 입찰참가자격 심사서류 제출

↓

2.1 협력사 선정 및 계약업무지원 내용

　정비사업을 수행하기 위해서는 시공자, 설계자를 비롯한 수많은 기술협력업체를 선정해야 한다. 이러한 업체선정 및 계약을 추진하기 위해 정비사업관리기술인이 「도시정비법」, 「정비사업 계약업무 처리기준」 등에 따라 계약대상자를 선정하기 위한 준비 및 입찰공고, 현장설명, 입찰참가자격 심사, 계약 등 기술협력업체 선정업무를 지원한다.

　일반적으로 정비사업의 기술협력업체 선정은 일반경쟁입찰이 원칙이나 계약의 목적, 성질 및 규모 등을 고려하여 지명경쟁, 제한경쟁 및 수의계약으로 입찰할 수 있으며, 이와 같은 계약방법의 차이는 계약당사자 간의 의무와 권한을 제한하는 요소가 되며, 따라서 입찰업무도 달라질 수 있다. 그 외에도 계약방식에 있어 계약금액 확정여부를 기준으로 확정계약, 실비정산계약, 반복성 여부에 따라 총액계약, 단가계약 등이 있으며, 용역기간과 관련하여 분류되는 장기계속계약, 계속비 계약 단년도 계약 등이 있다. 낙찰자 결정방법은 최저가방식을 비롯하여 적격심사, 제안서평가 방법 등이 있다.

　정비사업이 제대로 실행되는 첫 단계는 협력업체와 계약하는 과정이라 해도 과언이 아니며 이 계약과정은 계약상대자를 선정하는 입찰단계부터 시작된다. 입찰에 의하여 계약대상자가 선정된 후 계약당사자 간의 권리와 의무를 규정하는 계약을 체결하고, 그 계약의 내용을 이행함으로써 목적한 성과를 달성하기 위한 법률적 행위가, 곧 정비사업을 수행하는 과정이라고 정의할 수 있다. 이와 같은 계약은 서로 대등한 입장에서 당사자의 합의에 따라 체결되어야 하며, 당사자는 계약의 내용을 신의성실의 원칙에 따라 이행하여야 한다. 이는 계약의 기본원칙이며, 조합은 계약을 체결함에 있어서 사업시행자로서의 우월적 지위를 이용하여 계약상대자의 계약상 이익을 부당하게 제한하는 특약 또는 조건을 정하여서는 아니 됨은 물론, 계약을 이행하는 과정에서도 그와 같은 권한의 남용이 있어서는 아니 된다. 또한 입찰문서는 당연히 계약문서 일부가 되며, 계약을 체결하고자 할 때는 계약의 목적, 계약금액, 이행기간, 계약보증금, 위험부담, 지체상금 등 기타 필요한 사항을 명백히 기재한 계약서를 작성하여야 하며, 과업의 범위, 대가지불방법 등의 차이에서 오는 계약의 특별조건도 명확히 명시되어야 한다.

(1) 용역발주 준비

① 정비사업관리기술인은 조합이 계약준비 업무를 수행할 수 있도록 대상사업의 사업계획(사업명, 사업 내용, 사업위치, 사업규모, 사업예산, 용역발주방식, 사업추진계획 등)을 작성하여 전체 사업추진 개요를 확정하는 업무를 지원한다.

② 정비사업관리기술인은 해당 용역의 낙찰자가 업무수행을 원활하게 할 수 있도록 주요 업무에 대한 세부사항을 제공할 수 있도록 과업내용서를 작성한다.

③ 해당 프로젝트의 계약사항 및 사업여건 등에 따라 선정 및 계약준비 대상을 검토할 수 있도록 다음의 내용들을 지원한다.

- 프로젝트 범위, 소요 전략에 관한 정보
- 최종성과품의 기술적 요구사항, 유의사항
- 계약 자원의 공급에 관한 사항
- 계약대상 시장 여건 : 공급자현황, 조건 등
- 기 생산된 성과품 분석
- 사업시행자의 제약사항
- 계획 관련 가정사항

(2) 용역발주 심의

정비사업관리기술인은 조합이 용역발주 시행계획 및 과업내용서의 적정여부 등의 심의가 필요할 때에는 조합을 지원한다.

(3) 계약방법 분석 및 결정

정비사업관리기술인은 관련 법규를 준수하면서 조사된 내용을 바탕으로 다음과 같이 계약방법을 분석하고, 계약방법을 결정하기 위한 준비를 한다.

① 계약방법 결정 시 고려사항

- 용역의 내용, 용도, 규모, 등록요건, 수요기관 요구사항, 관계규정 등을 검토하여 적정한 계약방법을 결정한다.

② 계약방법의 분류

구분	내용	비고
입찰방식에 따른 분류	1. 일반경쟁입찰 2. 제한경쟁입찰 3. 지명경쟁입찰 4. 수의계약	
계약이행에 따른 분류	1. 내역입찰 2. 총액입찰 3. 수의계약	
도급방식에 따른 분류	1. 일식도급 2. 분할도급 3. 공동도급(공동이행방식, 분담이식, 주계약자 관리방식)	
용역비 지불방식에 따른 분류	1. 정액도급 2. 단가도급 3. 실비정산 보수 가산 도급	
계약 상대자수에 의한 분류	1. 단독계약 2. 공동도급계약	
용역기간에 따른 분류	1. 장기계속계약 2. 계속비 계약 3. 단년도 계약	

③ 계약방법별 정의 및 장·단점 비교표

가. 입찰방식에 따른 분류

구분	일반경쟁입찰	지명경쟁입찰	제한경쟁입찰	수의계약
정의	계약 내용 등을 공고, 일정한 자격을 갖춘 불특정 다수를 경쟁시켜, 가장 유리한 조건을 제시한 자와 계약하는 방법	용역에 적격한 업체를 미리 선정하여 입찰에 참여시키는 방법	수행실적, 능력, 기술보유현황 등으로 자격을 제한하는 방법	용역수행에 적합하다고 인정하는 단일업자를 선정, 발주하는 방식
장점	경쟁으로 용역비 절감 가능 담합의 우려가 적음 계약절차 단순	부적격자 제거로 적정용역 수행 기대 신뢰성 등 확보	부적격자 제거로 적정용역 수행 기대	기밀유지와 우량용역수행 기대 입찰절차가 간단
단점	과당경쟁으로 부실업무수행 우려 부적격자 낙찰에 의한 부실화 우려	담합 우려 공개경쟁보다 용역비 상승	경쟁제한으로 용역비 상승 우려	단일업체 용역수행으로 용역비 상승 우려
특이사항	공개경쟁 입찰을 하더라도 업무수행에 하자가 없는 경우 시행	일반경쟁에 붙이는 것이 현저하게 불리하거나, 신용과 실적이 확실하지 않으면 계약이행이 곤란한 경우 시행	특수한 기술 등이 요구될 경우 필요한 기술, 면허 등을 보유하거나 축적된 경험을 보유한 자들을 대상으로 시행	계약의 성질상 경쟁이 불가능하거나, 용역비가 소액으로 계약의 긴급을 요할 경우에 시행

나. 계약이행에 따른 분류

구분	내역입찰	총액입찰	수의계약
정의	조합에서 제공된 내역서를 근거로 용역예정단가를 기재하여 입찰하는 방식	세부내역을 첨부하지 않고 1식으로 총액을 기재해서 입찰하는 방식	수의계약 당사자가 산출내역서를 직접 작성하여 조합에 제출하는 방식
장점	예산절감 적정 용역비 관리 용이	예산절감 견적기간 단축 계획 내용으로도 계약 가능	기밀유지와 우량업무수행 기대 입찰절차가 간단
단점	용역성과 확보 어려움 용역기간 증가 우려 우수업체 참여 제약	견적 기준에 대한 클레임 다수 발생 용역업체 관리 어려움	단일업체 용역수행으로 용역비 상승 우려
특이사항	견적내역의 산출물량의 오류 또는 변경 발생 시 설계변경 발생 우려	용역수행의 목적을 달성하기 위한 전반적인 업무 내용이 포함	계약의 성질상 경쟁이 불가능하거나, 용역비가 소액으로 계약의 긴급을 요할 경우에 시행

다. 도급방식에 따른 분류

구분	일식도급	분할도급	공동도급
정의	한 개의 업체에게 용역업무 일체를 시행케 하는 방법	용역을 분야별로 분리하여 각각 입찰일 실시한 후 도급을 주는 방법	여러 개의 회사가 컨소시엄을 조성하여 참여하는 방식
장점	용역수행 관리 용이 책임소재 분명	분야별 전문업자 용역수행으로 성과 기대 조합(발주자)과의 의사소통 원활	자본력 증대, 리스크 분산 입찰비용 분담 경쟁 완화
단점	용역취지 미반영 우려 용역비 증대 우려	분야별 협조 곤란 비용과 관리·감독업무 증가 후속용역과 연계성 부족	업무/관리 방식 차이에 따른 이견 발생 가능 의사결정 지연 입찰절차 복잡
특이사항	계약 및 관리·감독이 간단하고 전체 용역수행 진척이 원활함	전문 분야별, 공종별, 직종별 분할 도급 가능	책임소재에 대한 명확한 기준 정립 필요 공동도급사 수 제한 필요

라. 용역비 지불방식에 따른 분류

구분	정액도급	단가도급	실비정산 보수 가산
정의	용역비 총액을 확정하고 계약하는 방식	단위 부분의 단가만을 계약하고 실시수량 확정에 따라 차후 정산하는 방식	용역비의 실비를 3자 입회하에 확인정산하고 미리 정한 보수율에 따라 용역비를 지급하는 방법
장점	총액 확정으로 자금계획이 명확	설계변경에 따른 수량계산이 용이 빠른 용역수행 가능	우수한 용역수행 가능 용역사는 안심하고 업무수행
단점	용역 내용 변경, 추가 등에 대한 용역비 증액이 어려움	총용역비 예측이 어려움 용역비 상승 우려	용역비 증가 우려 용역기간 지연 우려 분쟁의 소지 발생
특이사항	저가계약의 경우 품질 저하, 클레임 발생 우려	긴급용역이나 수량이 명확하지 않을 때 사용	상호신뢰가 쌓이면 가장 우수한 방식

마. 계약상대자 수에 의한 분류

구분	단독계약	공동도급계약
정의	1개 회사 선정 후 용역 수행	2개 이상의 회사의 연대책임하에 용역 수행
장점	예산절감, 견적기간 단축 용역관리 용이 의사결정 간단	자본력 증대, 리스크 분산 입찰비용 분담, 경쟁완화 참여사의 전문성 강화

구분		
단점	리스크 집중 → 적정 업체 선정 및 관리기술 필요 입찰비용부담 등으로 중도포기 업체 가능성	업무·관리 방식 차이에 따른 이견 발생 가능 의사결정 지연 입찰절차 다소 복잡
특이 사항	우수업체 참여방법 고민 필요 우수업체에 의한 최저가 낙찰의 동시 만족을 위한 낙찰자 선정 방법 필요	책임소재에 대한 명확한 기준 정립 필요 다수의 공동 도급 제한 필요

구분	공동이행방식	분담이행방식	주계약자 관리방식
구성	출자비율에 의한 구성	분담 내용에 의한 구성	주계약자가 종합적인 계획과 관리·조정
수행능력 적용	합산하여 적용	분담 내용별로, 구성원별로 각각 적용	분담이행방식과 동일
계약이행 책임	구성원의 연대책임	분담 내용에 따라 구성원 각자의 책임	주계약자는 자신의 분담 부분과 구성원 부분까지 연대 책임 기타 구성원은 자신의 분담부분만 책임
하도급	다른 구성원의 동의 없이 하도급 불가	구성원 각자의 책임하에 분담부분의 하도급 가능	주계약자 동의 없이 하도급 불가
구성원 파산/ 해산 시	잔여구성원이 연대하여 나머지 계약 이행	이행보증에 의거 나머지 계약이행 연대보증인 이행	기타구성원의 경우에는 주계약자가 이행 주계약자의 경우에는 이행보증에 의거 이행
하자담보	구성원의 연대책임	분담 내용에 따라 구성원 각자 책임	주계약자는 전체 책임 기타 구성원은 분담 책임

바. 용역기간에 따른 분류

구분	장기계약	계속비계약
정의	총 용역금액으로 계약을 체결 당해 연도 예산 범위 안에서 계약체결 용역기간 제한 없음	총 용역금액으로 체결 연부액을 계약서에 명시 용역기간 결정
장점	예산을 탄력적으로 운용하는 것이 가능 용역착수 용이	처음부터 사업예산을 확보할 수 있으므로 일관성 있는 용역추진 가능
단점	용역추진 남발 안정적 사업수행 불가 사업의 장기화 및 지연	예산집행이 경직됨

(4) 낙찰자 선정방법 결정

정비사업관리기술인은 해당 용역업체 선정을 위한 평가 기준 제시 및 입찰계약절차를 수립하여야 하며, 조합이 각종 용역업체를 선정하기 위한 선정 기준을 마련하고, 입찰계약 절차 수립, 계약조건, 과업지시서 작성 등을 지원하며, 최종적으로 조합이 관련 법규를 준수하면서 낙찰자 선정방법을 결정하도록 한다.

① 최저가 낙찰제

• 투찰 및 개찰 후 최저가로 입찰한 자를 선정하는 방식

② 적격심사

• 입찰가격과 실적 · 재무상태 · 신인도 등 비가격요소 등을 종합적으로 심사하여 선정하는 방식

③ 제안서평가방식

• 입찰가격과 사업참여제안서 등을 평가하여 선정하는 방식

2.2 정비사업 계약업무 처리기준

정비사업을 위해 조합이 계약을 체결하는 경우 계약의 방법 및 절차 등에 필요한 사항을 국토교통부에서 고시한 정비사업 계약업무 처리기준에 정하고 있어 정비사업관리기술인의 협력업체 선정 및 계약업무에 있어 이 기준을 따라야 한다.

(1) 일반계약 처리 기준

조합이 정비사업을 추진하기 위하여 체결하는 공사, 용역, 물품구매 및 제조 등 계약에 대하여 적용한다.

① 입찰의 방법

조합이 정비사업 과정에서 계약을 체결하는 경우 일반경쟁입찰을 원칙으로 하며 「도시정비법」 시행령 제24조 제1항에 해당하는 다음의 경우에는 지명경쟁이나 수의계약으로 할 수 있다.

구분	내용
지명경쟁	가. 계약의 성질 또는 목적에 비추어 특수한 설비·기술·자재·물품 또는 실적이 있는 자가 아니면 계약의 목적을 달성하기 곤란한 경우로서 입찰대상자가 10인 이내인 경우 나. 「건설산업기본법」에 따른 건설공사(전문공사를 제외한다. 이하 이 조에서 같다)로서 추정가격이 3억원 이하인 공사인 경우 다. 「건설산업기본법」에 따른 전문공사로서 추정가격이 1억원 이하인 공사인 경우 라. 공사 관련 법령(「건설산업기본법」은 제외한다)에 따른 공사로서 추정가격이 1억원 이하인 공사인 경우 마. 추정가격 1억원 이하의 물품 제조·구매, 용역, 그 밖의 계약인 경우
수의계약	가. 「건설산업기본법」에 따른 건설공사로서 추정가격이 2억원 이하인 공사인 경우 나. 「건설산업기본법」에 따른 전문공사로서 추정가격이 1억원 이하인 공사인 경우 다. 공사 관련 법령(「건설산업기본법」은 제외한다)에 따른 공사로서 추정가격이 8천만원 이하인 공사인 경우 라. 추정가격 5천만원 이하인 물품의 제조·구매, 용역, 그 밖의 계약인 경우 마. 소송, 재난복구 등 예측하지 못한 긴급한 상황에 대응하기 위하여 경쟁에 부칠 여유가 없는 경우 바. 일반경쟁입찰이 입찰자가 없거나 단독 응찰의 사유로 2회 이상 유찰된 경우

② 지명경쟁에 의한 입찰

- 4인 이상의 입찰대상자를 지명하여야 하고, 3인 이상의 입찰참가 신청이 있어야 한다.

③ 수의계약에 의한 입찰

- 보증금과 기한을 제외하고는 최초 입찰에 부칠 때에 정한 가격 및 기타 조건을 변경할 수 없다.

④ 입찰공고 등

- 입찰서 제출마감일 7일 전까지 공고한다. 다만, 지명경쟁에 의한 입찰의 경우에는 입찰서 제출마감일 7일 전까지 내용증명우편으로 입찰대상자에게 통지하여야 한다.

- 현장설명회를 개최하는 경우에는 현장설명회 개최일 7일 전까지 공고한다. 다만, 지명경쟁에 의한 입찰의 경우에는 현장설명회 개최일 7일 전까지 내용증명우편으로 입찰대상자에게 통지하여야 한다.

- 현장설명회를 실시하지 아니하는 경우에 추정가격이 10억원 이상 50억원 미만인 경우에는 입찰서 제출마감일로부터 15일 전까지, 추정가격이 50억원 이상인 경우에는 40일 전까지 공고하여야 한다.

- 재입찰을 하거나 긴급한 재해예방·복구 등을 위하여 필요한 경우에는 입찰서 제출마감일 5일 전까지 공고할 수 있다.

⑤ 입찰공고 등의 내용

- 사업계획의 개요(공사규모, 면적 등)

- 입찰의 일시 및 장소

- 입찰의 방법(경쟁입찰 방법, 공동참여 여부 등)

- 현장설명회 일시 및 장소(현장설명회를 개최하는 경우에 한한다)

- 부정당업자의 입찰 참가자격 제한에 관한 사항

- 입찰참가에 따른 준수사항 및 위반 시 자격 박탈에 관한 사항

- 그 밖에 사업시행자 등이 정하는 사항

⑥ 입찰보증금

- 입찰에 참가하려는 자에게 입찰보증금을 내도록 할 수 있으며, 입찰보증금은 현금 또는 보증서로 납부하게 할 수 있다.

- 사업시행자등이 입찰에 참가하려는 자에게 입찰보증금을 납부하도록 하는 경우에는 입찰 마감일부터 5일 이전까지 입찰보증금을 납부하도록 요구하여서는 아니 된다.

⑦ 현장설명회의 내용

- 정비구역 현황

- 입찰서 작성방법 · 제출서류 · 접수방법 및 입찰유의사항

- 계약대상자 선정 방법

- 계약에 관한 사항

- 그 밖에 입찰에 관하여 필요한 사항

⑧ 입찰서의 접수 및 개봉

- 사업시행자등은 밀봉된 상태로 입찰서(사업 참여제안서를 포함한다)를 접수하여야 한다.

- 사업시행자등이 입찰서를 개봉하고자 할 때에는 입찰서를 제출한 입찰참여자의 대표(대리인을 지정한 경우에는 그 대리인을 말한다)와 사업시행자등의 임원 등 관련자, 그 밖에 이해관계자 각 1인이 참여한 공개된 장소에서 개봉하여야 한다.

- 사업시행자등은 제2항에 따른 입찰서 개봉 시에는 일시와 장소를 입찰참여자에게 통지하여야 한다.

⑨ 입찰참여자의 홍보 등

- 사업시행자등은 토지등소유자(조합이 설립된 경우에는 조합원을 말한다.)가 쉽게 접할 수 있는

일정한 장소의 게시판에 7일 이상 공고하고 인터넷 등에 병행하여 공개하여야 한다.

- 사업시행자등은 필요한 경우 합동홍보설명회를 개최할 수 있다.
- 사업시행자등은 합동홍보설명회를 개최하는 경우에는 개최 7일 전까지 일시 및 장소를 정하여 토지등소유자에게 이를 통지하여야 한다.
- 입찰에 참여한 자는 토지등소유자 등을 상대로 개별적인 홍보(홍보관·쉼터 설치, 홍보책자 배부, 세대별 방문, 개인에 대한 정보통신망을 통한 부호·문언·음향·영상 송신행위 등을 포함한다.)를 할 수 없으며, 홍보를 목적으로 토지등소유자 등에게 사은품 등 물품·금품·재산상의 이익을 제공하거나 제공을 약속하여서는 아니 된다.

⑩ 계약체결 대상의 선정

- 사업시행자등은 「도시정비법」 제45조제1항제4호부터 제6호까지의 규정에 해당하는 계약은 총회의 의결을 거쳐야 하며, 그 외의 계약은 대의원회의 의결을 거쳐야 한다.
- 사업시행자등은 총회의 의결을 거쳐야 하는 경우 대의원회에서 총회에 상정할 4인 이상의 입찰 대상자를 선정하여야 한다. 다만, 입찰에 참가한 입찰대상자가 4인 미만인 때에는 모두 총회에 상정하여야 한다.

(2) 전자입찰계약 처리 기준

조합이 정비사업을 추진하기 위하여 체결하는 공사, 용역, 물품구매 및 제조 등 계약 중 「도시정비법」 시행령 제24조제2항에 해당하는 다음의 계약은 전자조달시스템을 이용하여 입찰하여야 한다.

---

1. 「건설산업기본법」에 따른 건설공사로서 추정가격이 6억원을 초과하는 공사의 계약
2. 「건설산업기본법」에 따른 전문공사로서 추정가격이 2억원을 초과하는 공사의 계약
3. 공사 관련 법령(「건설산업기본법」은 제외한다)에 따른 공사로서 추정가격이 2억원을 초과하는 공사의 계약
4. 추정가격 2억원을 초과하는 물품 제조·구매, 용역, 그 밖의 계약

---

① 전자입찰의 방법

- 전자입찰은 일반경쟁의 방법으로 입찰을 부쳐야 한다. 다만, 영 제24조제1항제1호가목에 해당

하는 경우 지명경쟁의 방법으로 입찰을 부칠 수 있다.

- 전자입찰을 통한 계약대상자의 선정 방법은 투찰 및 개찰 후 최저가로 입찰한 자를 선정하는 최저가방식, 입찰가격과 실적·재무상태·신인도 등 비가격요소 등을 종합적으로 심사하여 선정하는 적격심사방식, 입찰가격과 사업참여제안서 등을 평가하여 선정하는 제안서평가방식으로 할 수 있다.
- 그 외의 전자입찰의 방법에 관하여는 상기 일반계약 처리 기준을 준용한다.

② 전자입찰 공고 등

- 사업시행자등이 전자입찰을 하는 경우에는 입찰서 제출마감일 7일 전까지 전자조달시스템에 입찰을 공고하여야 한다. 다만, 입찰서 제출 전에 현장설명회를 개최하는 경우에는 현장설명회 개최일 7일 전까지 공고하여야 한다.
- 지명경쟁입찰의 경우에는 현장설명회 개최일 7일 전까지 내용증명우편으로 입찰대상자에게 통지하여야 한다.

③ 전자입찰 공고 등의 내용

- 사업계획의 개요(공사규모, 면적 등)
- 입찰의 일시 및 장소
- 입찰의 방법(경쟁입찰 방법, 공동참여 여부 등)
- 현장설명회 일시 및 장소(현장설명회를 개최하는 경우에 한한다)
- 부정당업자의 입찰 참가자격 제한에 관한 사항
- 입찰참가에 따른 준수사항 및 위반 시 자격 박탈에 관한 사항
- 그 밖에 사업시행자등이 정하는 사항
- 적격심사방식과 제안서평가방식에 따라 계약대상자를 선정하는 경우 평가항목별 배점표를 작성하여 입찰 공고 시 이를 공개하여야 한다.

④ 입찰서의 접수 및 개봉

- 사업시행자등은 전자조달시스템을 통해 입찰서를 접수하여야 한다.
- 전자조달시스템에 접수한 입찰서 이외의 입찰 부속서류는 밀봉된 상태로 접수하여야 한다.
- 입찰 부속서류를 개봉하고자 하는 경우에는 부속서류를 제출한 입찰참여자의 대표(대리인을 지정한 경우에는 그 대리인을 말한다)와 사업시행자등의 임원 등 관련자, 그 밖에 이해관계자

각 1인이 참여한 공개된 장소에서 개봉하여야 한다.

- 사업시행자등은 입찰 부속서류 개봉 시에는 일시와 장소를 입찰참여자에게 통지하여야 한다.

⑤ 전자입찰 계약의 체결

- 사업시행자등은 전자입찰을 통해 계약대상자가 선정될 경우 전자조달시스템에 따라 약을 체결할 수 있다.

- 전자입찰을 통해 계약된 사항에 대해서는 전자조달시스템에서 그 결과를 공개하여야 한다.

(3) 시공자 선정 기준

정비사업의 사업시행자등이 조합설립인가를 받은 후 조합총회에서 경쟁입찰 또는 수의계약(2회 이상 경쟁입찰이 유찰된 경우로 한정한다)의 방법으로 건설업자등을 시공자로 선정하거나 추천하는 경우에 대하여 적용한다.

① 입찰의 방법

- 사업시행자등은 일반경쟁 또는 지명경쟁의 방법으로 건설업자등을 시공자로 선정하여야 한다.

- 일반경쟁입찰이 미 응찰 또는 단독 응찰의 사유로 2회 이상 유찰된 경우에는 총회의 의결을 거쳐 수의계약의 방법으로 건설업자등을 시공자로 선정할 수 있다.

② 지명경쟁에 의한 입찰

- 사업시행자등은 지명경쟁에 의한 입찰에 부치고자 할 때에는 5인 이상의 입찰대상자를 지명하여 3인 이상의 입찰참가 신청이 있어야 한다.

- 지명경쟁에 의한 입찰을 하고자 하는 경우에는 대의원회의 의결을 거쳐야 한다.

③ 입찰 공고 등

- 사업시행자등은 시공자 선정을 위하여 입찰에 부치고자 할 때에는 현장설명회 개최일로부터 7일 전까지 전자조달시스템 또는 1회 이상 일간신문에 공고하여야 한다. 다만, 지명경쟁에 의한 입찰의 경우에는 전자조달시스템과 일간신문에 공고하는 것 외에 현장설명회 개최일로부터 7일 전까지 내용증명우편으로 통지하여야 한다.

④ 입찰 공고 등의 내용

- 사업계획의 개요(공사규모, 면적 등)

- 입찰의 일시 및 방법

- 현장설명회의 일시 및 장소(현장설명회를 개최하는 경우에 한한다)
- 부정당업자의 입찰 참가자격 제한에 관한 사항
- 입찰참가에 따른 준수사항 및 위반 시 자격 박탈에 관한 사항
- 그 밖에 사업시행자등이 정하는 사항

⑤ 준수사항

- 사업시행자등은 건설업자등에게 이사비, 이주비, 이주촉진비, 「재건축초과이익 환수에 관한 법률」 제2조제3호에 따른 재건축부담금, 그 밖에 시공과 관련이 없는 사항에 대한 금전이나 재산상 이익을 요청하여서는 아니 된다.
- 사업시행자등은 건설업자등이 설계를 제안하는 경우 제출하는 입찰서에 포함된 설계도서, 공사비 명세서, 물량산출 근거, 시공방법, 자재사용서 등 시공 내역의 적정성을 검토해야 한다.

⑥ 건설업자등의 금품 등 제공 금지 등

- 건설업자등은 시공과 관련 없는 사항으로서 다음 각 호의 어느 하나에 해당하는 사항을 제안하여서는 아니 된다.

가. 이사비, 이주비, 이주촉진비 및 그 밖에 시공과 관련 없는 금전이나 재산상 이익을 무상으로 제공하는 것

나. 이사비, 이주비, 이주촉진비 및 그 밖에 시공과 관련 없는 금전이나 재산상 이익을 무이자나 제안 시점에 「은행법」에 따라 설립된 은행 중 전국을 영업구역으로 하는 은행이 적용하는 대출금리 중 가장 낮은 금리보다 더 낮은 금리로 대여하는 것

다. 「재건축초과이익 환수에 관한 법률」에 따른 재건축부담금을 대납하는 것. 건설업자등은 금융기관의 이주비 대출에 대한 이자를 사업시행자등에 대여하는 것을 제안할 수 있다.

라. 건설업자등은 금융기관으로부터 조달하는 금리 수준으로 추가 이주비(종전 토지 또는 건축물을 담보로 한 금융기관의 이주비 대출 이외의 이주비를 말한다)를 사업시행자등에 대여하는 것을 제안할 수 있다.

⑦ 현장설명회 : 입찰서 제출마감일 20일 전까지 현장설명회를 개최하여야 하며, 비용산출내역서 및 물량산출내역서 등을 제출해야 하는 내역입찰의 경우에는 입찰서 제출마감일 45일 전까지 현장설명회를 개최하여야 한다.

- 설계도서(사업시행계획인가를 받은 경우 사업시행계획인가서를 포함하여야 한다)

- 입찰서 작성방법·제출서류·접수방법 및 입찰유의사항 등
- 건설업자등의 공동홍보방법
- 시공자 결정방법
- 계약에 관한 사항
- 기타 입찰에 관하여 필요한 사항 건

⑧ 대의원회의 의결
- 사업시행자등은 제출된 입찰서를 모두 대의원회에 상정하여야 한다.
- 대의원회는 총회에 상정할 6인 이상의 건설업자등을 선정하여야 한다. 다만, 입찰에 참가한 건설업자등이 6인 미만인 때에는 모두 총회에 상정하여야 한다.
- 대의원회 재적의원 과반수가 직접 참여한 회의에서 비밀투표의 방법으로 의결하여야 한다. 이 경우 서면결의서 또는 대리인을 통한 투표는 인정하지 아니한다.

⑨ 건설업자등의 홍보
- 사업시행자등은 총회에 상정될 건설업자등이 결정된 때에는 토지등소유자에게 이를 통지하여야 하며, 건설업자등의 합동홍보설명회를 2회 이상 개최하여야 한다. 이 경우 사업시행자등은 총회에 상정하는 건설업자등이 제출한 입찰제안서에 대하여 시공능력, 공사비 등이 포함되는 객관적인 비교표를 작성하여 토지등소유자에게 제공하여야 하며, 건설업자등이 제출한 입찰제안서 사본을 토지등소유자가 확인할 수 있도록 전자적 방식(「전자문서 및 전자거래 기본법」 제2조제2호에 따른 정보처리시스템을 사용하거나 그 밖에 정보통신기술을 이용하는 방법을 말한다)을 통해 게시할 수 있다.
- 사업시행자등은 합동홍보설명회를 개최할 때에는 개최일 7일 전까지 일시 및 장소를 정하여 토지등소유자에게 이를 통지하여야 한다.
- 건설업자등의 임직원, 시공자 선정과 관련하여 홍보 등을 위해 계약한 용역업체의 임직원 등은 토지등소유자 등을 상대로 개별적인 홍보를 할 수 없으며, 홍보를 목적으로 토지등소유자 또는 정비사업전문관리업자 등에게 사은품 등 물품·금품·재산상의 이익을 제공하거나 제공을 약속하여서는 아니 된다.
- 사업시행자등은 합동홍보설명회(최초 합동홍보설명회를 말한다) 개최 이후 건설업자등의 신청을 받아 정비구역 내 또는 인근에 개방된 형태의 홍보공간을 1개소 제공하거나, 건설업자등이

공동으로 마련하여 한시적으로 제공하고자 하는 공간 1개소를 홍보공간으로 지정할 수 있다. 이 경우 건설업자등은 제3항에도 불구하고 사업시행자등이 제공하거나 지정하는 홍보공간에서는 토지등소유자 등에게 홍보할 수 있다.

- 건설업자등은 홍보를 하려는 경우에는 미리 홍보를 수행할 직원(건설업자등의 직원을 포함한다. 이하 "홍보직원"이라 한다)의 명단을 사업시행자등에 등록하여야 하며, 홍보직원의 명단을 등록하기 이전에 홍보를 하거나, 등록하지 않은 홍보직원이 홍보를 하여서는 아니 된다. 이 경우 사업시행자등은 등록된 홍보직원의 명단을 토지등소유자에게 알릴 수 있다.

⑩ 건설업자등의 선정을 위한 총회의 의결 등

- 총회는 토지등소유자 과반수가 직접 출석하여 의결하여야 한다. 이 경우 대리인이 참석한 때에는 직접 출석한 것으로 본다.
- 조합원은 총회 직접 참석이 어려운 경우 서면으로 의결권을 행사할 수 있으나, 서면결의서를 철회하고 시공자선정 총회에 직접 출석하여 의결하지 않는 한 직접 참석자에는 포함되지 않는다.
- 서면의결권 행사는 조합에서 지정한 기간·시간 및 장소에서 서면결의서를 배부받아 제출하여야 한다.
- 조합은 제3항에 따른 조합원의 서면의결권 행사를 위해 조합원 수 등을 고려하여 서면결의서 제출기간·시간 및 장소를 정하여 운영하여야 하고, 시공자 선정을 위한 총회 개최 안내 시 서면결의서 제출요령을 충분히 고지하여야 한다.
- 조합은 총회에서 시공자 선정을 위한 투표 전에 각 건설업자등별로 조합원들에게 설명할 수 있는 기회를 부여하여야 한다.

⑪ 계약의 체결 및 계약사항의 관리

- 사업시행자등은 선정된 시공자와 계약을 체결하는 경우 계약의 목적, 이행기간, 지체상금, 실비정산방법, 기타 필요한 사유 등을 기재한 계약서를 작성하여 기명날인하여야 한다.
- 사업시행자등은 선정된 시공자가 정당한 이유 없이 3개월 이내에 계약을 체결하지 아니하는 경우에는 총회의 의결을 거쳐 해당 선정을 무효로 할 수 있다.
- 사업시행자등은 계약 체결 후 다음 각 호에 해당하게 될 경우 검증기관(공사비 검증을 수행할 기관으로서 「한국부동산원법」에 의한 한국부동산원을 말한다. 이하 같다)으로부터 공사비 검증을 요청할 수 있다.

가. 사업시행계획인가 전에 시공자를 선정한 경우에는 공사비의 10% 이상, 사업시행계획인가 이후에 시공자를 선정한 경우에는 공사비의 5% 이상이 증액되는 경우

나. 제1호에 따라 공사비 검증이 완료된 이후 공사비가 추가로 증액되는 경우

다. 토지등소유자 10분의 1 이상이 사업시행자등에 공사비 증액 검증을 요청하는 경우

라. 그 밖에 사유로 사업시행자등이 공사비 검증을 요청하는 경우

- 공사비 검증을 받고자 하는 사업시행자등은 검증비용을 예치하고, 설계도서, 공사비 명세서, 물량산출근거, 시공방법, 자재사용서 등 공사비 변동내역 등을 검증기관에 제출하여야 한다.
- 검증기관은 접수일로부터 60일 이내에 그 결과를 신청자에게 통보하여야 한다. 다만, 부득이한 경우 10일의 범위 내에서 1회 연장할 수 있으며, 서류의 보완기간은 검증기간에서 제외한다.
- 검증기관은 공사비 검증의 절차, 수수료 등을 정하기 위한 규정을 마련하여 운영할 수 있다.
- 사업시행자등은 공사비 검증이 완료된 경우 검증보고서를 총회에서 공개하고 공사비 증액을 의결받아야 한다.

2.3 입찰 준비

(1) 사전 검토

정비사업관리기술인은 조합이 합리적이고 합법적으로 협력업체를 선정할 수 있도록 협력업체 선정을 위한 입찰준비를 함에 있어 개략적인 선정분야에 대한 검토, 필요성, 관련 법령 검토, 선정사례 조사 및 분석, 입찰방식 및 선정방법 검토 등의 사전준비 업무를 지원한다.

① 선정분야에 대한 기초 검토
- 협력업체 선정을 위한 법적 근거 검토
- 선정분야에 대한 기초적인 해설 자료 작성
- 선정분야의 개략적인 과업범위
- 적정한 선정 시기 및 필요성 등 검토

② 선정분야에 사례조사 및 분석
- 유사 사업방식, 사업규모의 다양한 사례조사
- 사례조사를 통한 분석 및 선정분야의 입찰추진방향 수립

③ 관련 법령·규정·지침 등 검토

- 도시정비법, 정비사업 계약업무 처리기준 등 협력업체 선정과 관련된 법령, 지침 등 검토

④ 입찰방식 검토

- 관련 법령 및 지침에 근거한 일반경쟁입찰, 제한경쟁입찰, 지명경쟁입찰, 수의계약 등 입찰방식 검토 및 추진방향 수립
- 검토된 입찰방식에 대한 필요성 등 검토

⑤ 선정방식 검토

- 적격심사, 최저가입찰, 제안서평가방식 등 선정방식에 대한 검토
- 해당 선정분야의 기초조사 및 분석결과를 바탕으로 선정방식 결정 지원

(2) 선정분야의 추정가격 검토

정비사업관리기술인은 조합이 합리적인 금액으로 계약을 체결할 수 있도록 해당 선정분야의 입찰을 진행하기 전에 다양한 사례조사, 추정가격 검토 및 결정 기준 마련 등의 업무를 지원한다.

① 추정가격 검토 및 결정

- 정비사업관리기술인은 해당 선정분야의 예정가격 결정 및 예정가격 조서 작성의 업무를 지원한다.
- 예정가격의 검토는 다음과 같은 절차로 진행한다. 단, 추정가격이 소액이거나, 설계도서가 필요하지 않은 등 총액입찰 및 계약을 진행하는 선정분야는 예정가격 검토를 진행하지 않을 수 있다.

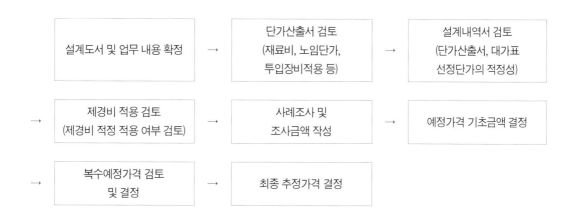

② 추정가격 검토방법

- 추정가격은 계약을 체결하고자 하는 사항의 가격 총액에 대하여 이를 검토한다. 다만, 일정한 기간 동안 계속하여 진행되는 선정분야에 대해서는 단가에 대해 추정가격을 검토할 수 있으며, 검토방법은 다음과 같다.
- 유사한 계약실례가격 조사에 의한 추정가격 검토 : 유사거래 실례가격으로 적당하다고 예상되는 5개 이상의 사례 등을 활용하여 검토
- 원가계산에 의한 추정가격 검토
- 표준시장단가에 의한 추정가격 검토
- 감정가격 또는 견적가격에 의한 검토

(3) 입찰 관련 제반서류 준비

정비사업관리기술인은 조합이 차질 없게 입찰을 진행할 수 있도록 입찰공고문 등의 다음의 각종 서류를 검토·작성하는 업무를 지원한다.

① 입찰공고문

② 입찰안내서 또는 입찰지침서

- 입찰참가신청서, 자기평가서, 참여관리자경력, 이행각서, 서약서, 종람확인서, 업무수행실적, 입찰금액제안서, 행정처분 등 조치에 대한 내용 등 관련 서식 포함

③ 자격심사기준표 또는 적격심사배점표

④ 입찰 일정표

⑤ 현장설명회 자료(필요시)

⑥ 입찰서류 접수대장 등 필요 서식 등

2.4 입찰공고 및 현장설명

(1) 입찰공고

① 입찰공고의 방법

- 정비사업관리기술인은 조합이 결정된 계약방법에 따라 경쟁입찰을 하는 경우에는 정비사업 계

약업무 처리기준에 따라 전자조달시스템을 이용하여 공고하거나, 또는 1회 이상 일간신문(전국 또는 해당 지방을 주된 보급지역으로 하는 일간신문을 말한다. 이하 같다)에 입찰을 공고할 수 있도록 지원한다.

- 정비사업관리기술인은 입찰공고 중에 내용의 오류나 법령 위반사항이 발견되어 공고사항의 정정이 필요한 경우에는 남은 공고기간에 5일 이상을 더하여 공고하도록 지원한다.
- 서울시의 경우 공공지원 정비사업 시공자 선정기준에 따라 시공자 선정 시에는 서울특별시 정비사업 종합정보관리시스템인 정보몽땅을 통해 공개하여야 한다.
- 지명경쟁에 의한 입찰의 경우에는 내용증명우편으로 입찰대상자에게 통지(도달을 말한다)하여야 한다.
- 「도시정비법」 제29조(계약의 방법 및 시공자 선정 등) 제2항 및 동법 시행령 제24조제2항에 따라 아래 규모를 초과하는 계약은 「전자조달의 이용 및 촉진에 관한 법률」 제2조제4호의 국가종합전자조달시스템(이하 "전자조달시스템"이라 한다)을 이용하여야 한다.

가. 「건설산업기본법」에 따른 건설공사로서 추정가격이 6억원을 초과하는 공사의 계약

나. 「건설산업기본법」에 따른 전문공사로서 추정가격이 2억원을 초과하는 공사의 계약

다. 공사 관련 법령(「건설산업기본법」은 제외한다)에 따른 공사로서 추정가격이 2억원을 초과하는 공사의 계약

라. 추정가격 2억원을 초과하는 물품 제조·구매, 용역, 그 밖의 계약

② 입찰공고의 시기

- 정비사업관리기술인은 조합이 정비사업 계약업무 처리기준 등에 따라 입찰공고 시기를 다음과 같이 공고하도록 지원한다.
- 현장설명을 시행하는 입찰의 경우에는 현장설명회 전일부터 기산하여 7일 전에 공고한다.
- 현장설명을 실시하지 아니하는 입찰 중 「건설산업기본법」에 따른 건설공사 및 전문공사 입찰의 경우로서 추정가격이 10억원 이상 50억원 미만인 경우에는 입찰서 제출마감일의 전일부터 기산하여 15일 전까지, 50억원 이상인 경우에는 40일 전까지 공고하여야 한다.
- 위의 규정에도 불구하고, 재입찰을 하거나 긴급한 재해예방·복구 등을 위하여 필요한 경우에는 다음 입찰의 경우에는 입찰서 제출마감일의 전일부터 기산하여 5일 전까지 공고할 수 있다.

구분	입찰공고일		현장설명일
	현설 있을 때	현설 없을 때	
10억원 미만	현장설명일 전일부터 7일 전	입찰서 제출마감일 전일부터 7일 전	입찰서 제출 마감전일부터 7일 전
10억원~50억원 미만		입찰서 제출마감일 전일부터 15일 전	입찰서 제출 마감전일부터 15일 전
50억원 이상		입찰서 제출마감일 전일부터 40일 전	입찰서 제출 마감전일부터 40일 전
시공자 선정	현장설명일 전일부터 7일 전		입찰서 제출마감전일부터 45일 전

③ 입찰공고의 내용

- 정비사업관리기술인은 조합이 정비사업 계약업무 처리기준 등에 따라 입찰공고 시 명시할 공고 내용을 공고하도록 지원한다.

구분	일반 입찰	전자 입찰	시공자 선정
공고의 내용	1. 사업계획의 개요(공사규모, 면적 등) 2. 입찰의 일시 및 장소 3. 입찰의 방법(경쟁입찰 방법, 공동참여 여부 등) 4. 현장설명회 일시 및 장소(현장설명회를 개최하는 경우에 한한다) 5. 부정당업자의 입찰 참가자격 제한에 관한 사항 6. 입찰참가에 따른 준수사항 및 위반 시 자격 박탈에 관한 사항 7. 그 밖에 사업시행자등이 정하는 사항	1. 사업계획의 개요(공사규모, 면적 등) 2. 입찰의 일시 및 장소 3. 입찰의 방법(경쟁입찰 방법, 공동참여 여부 등) 4. 현장설명회 일시 및 장소(현장설명회를 개최하는 경우에 한한다) 5. 부정당업자의 입찰 참가자격 제한에 관한 사항 6. 입찰참가에 따른 준수사항 및 위반 시 자격 박탈에 관한 사항 7. 그 밖에 사업시행자등이 정하는 사항 8. 평가항목별 배점표	1. 사업계획의 개요(공사규모, 면적 등) 2. 입찰의 일시 및 장소 3. 입찰의 방법(경쟁입찰 방법, 공동참여 여부 등) 4. 현장설명회 일시 및 장소(현장설명회를 개최하는 경우에 한한다) 5. 부정당업자의 입찰 참가자격 제한에 관한 사항 6. 입찰참가에 따른 준수사항 및 위반(제34조를 위반하는 경우를 포함한다) 시 자격 박탈에 관한 사항 7. 그 밖에 사업시행자등이 정하는 사항
기타	- 입찰참가자의 자격에 관한 사항 - 제안서에 대한 설명을 실시하는 경우에는 그 장소·일시 및 참가의무여부에 관한 사항 - 입찰참가등록 등에 관한 사항 　　 - 낙찰자 결정방법 　　 - 입찰보증금과 귀속에 관한 사항 - 계약의 착수일 및 완료일 　　 - 입찰무효에 관한 사항 - 입찰에 관한 서류를 우편으로 제출하게 하는 경우에는 그 취지와 입찰서를 송부할 주소		

(2) 현장설명회

정비사업관리기술인은 조합이 요구할 경우 입찰에 앞서 입찰자들을 대상으로 프로젝트의 요구조건, 현장여건, 기술사항 등 프로젝트 수행과 관련된 내용들의 설명을 위한 현장설명회 진행을 지원한다.

① 현장설명 시기

- 정비사업관리기술인은 조합이 정비사업 계약업무 처리기준 등에 따라 당해 입찰서 제출마감일의 전일부터 기산하여 다음의 기간 전에 현장설명회를 실시하도록 지원한다.
- 추정가격 10억원 미만인 경우 입찰마감일 전일부터 기산하여 7일 전에 실시한다.
- 추정가격 10억원 이상 50억원 미만인 경우 입찰마감일 전일부터 기산하여 15일 전에 실시한다.
- 추정가격 50억원 이상인 경우 입찰마감일 전일부터 기산하여 40일 전에 실시한다.
- 시공자 선정의 경우에는 입찰제안서 제출 마감일 전일부터 기산하여 45일 전에 실시한다.

② 현장설명 내용

구분	일반 입찰 및 전자 입찰	시공자 선정	
		정비사업 계약업무 처리 기준	서울시 공공지원 시공자 선정 기준
현장 설명의 내용	1. 정비구역 현황 2. 입찰서 작성방법·제출서류·접수방법 및 입찰유의사항 3. 계약대상자 선정 방법 4. 계약에 관한 사항 5. 그 밖에 입찰에 관하여 필요한 사항	1. 설계도서(사업시행계획인가를 받은 경우 사업시행계획인가서를 포함하여야 한다) 2. 입찰서 작성방법·제출서류·접수방법 및 입찰유의사항 등 3. 건설업자등의 공동홍보방법 4. 시공자 결정방법 5. 계약에 관한 사항 6. 기타 입찰에 관하여 필요한 사항	1. 정비계획 내용을 반영한 다음 각 목의 설계도서 가. 정비계획 결정 및 정비구역 지정 도서 나. 설계도면 다. 공사시방서 라. 물량내역서(필요시) 마. 공동주택성능요구서 바. 공사비총괄내역서, 물량내역서 또는 산출내역서 작성방법 및 설계도서 열람방법(도면과 시방서 등은 현장설명회 참여자에게 정보저장매체로 제공할 것) 2. 입찰에 필요한 다음 각 목의 내용이 포함된 입찰안내서 가. 입찰제안서 작성방법·제출서류·접수방법 및 입찰유의사항 등 나. 입찰보증금의 납부 및 예입조치에 관한 사항 다. 입찰의 참가자격 제한 및 무효에 관한 사항

		라. 건설업자등의 공동홍보방법 및 위반 시 제재사항
		마. 시공자 선정방법 및 일정에 관한 사항
		3. 공사도급계약서 작성에 관한 사항
		가. 공사도급계약서(안)
		나. 공사도급계약조건 및 특수조건 (안)
		다. 공사도급 계약금액의 조정에 관한 사항
		라. 기타 공사도급 계약조건에 관한 사항
		4. 기타 입찰에 관하여 필요한 사항
기타	- 계약도서와 현장에 대한 검토 및 조사에 대한 응찰자의 책임사항 - 입찰방식에 따른 요구사항과 조건 - 입찰보증에 관한 사항 - 이행보증에 관한 사항 - 입찰서류 수정 및 철회에 관한 사항 - 계약체결의 기본조건 및 입찰거부 권리 - 계약도서의 준비, 검토, 서명 등 계약실행을 위한 요건 및 조건 - 개찰일시, 장소 및 방법 - 기타 준수해야 할 관련 법규 등에 관한 사항 등	

③ 현장설명 실시

- 정비사업관리기술인은 현장설명 시행 시 참석자들로 하여금 현장설명 참가 등록서를 작성토록 하며, 현장설명서에 따라 현장설명 참가자에게 사업 내용, 입찰방법 등 필요한 사항을 자세히 설명하고, 다음의 현장설명서, 입찰서류 등을 열람 또는 배포할 수 있다.
- 입찰공고문
- 입찰안내서 또는 입찰지침서
- 입찰참가신청서, 입찰서 및 계약서 서식
- 계약일반조건 및 계약특수조건
- 설계서(설계도면, 현장설명서 등)
- 용역내역서
- 적격심사 세부심사 기준, 심사에 필요한 증빙서류의 작성요령 및 제출방법, 기타 필요사항

- 이행보증 요건
- 입찰서류 접수에 관한 사항
- 입찰서류 수정 및 철회에 관한 사항
- 응찰자 자격에 관한 사항
- 개찰일시, 장소 및 방법
- 기타 참고사항을 기재한 서류 등

2.5 입찰서 접수, 개찰

(1) 입찰서 접수

정비사업관리기술인은 정비사업 계약업무 처리기준 및 입찰안내서 등에 따라 조합이 해당 분야의 입찰서를 접수하는 데 지원한다.

① 접수업무 지원

- 정비사업관리기술인은 입찰자에게 입찰서에 입찰총액을 기재하여 봉인 후 제출토록 한다.
- 입찰자가 입찰서를 제출하는 경우 전자조달시스템을 이용하여 입찰서를 제출토록 한다.
- 정비사업관리기술인은 입찰서를 접수한 경우 조합이 당해 입찰서에 확인 인을 날인하고, 개찰 시까지 개봉하지 않고 보관하며, 제출한 입찰서는 교환·변경·취소하지 못하도록 지원한다.
- 정비사업관리기술인은 입찰자가 입찰에서 사용하는 인감이 입찰참가신청서에 제출한 인감과 같은지를 확인하여야 하며, 부적격할 경우 그 사실을 조합에 보고한다.
- 정비사업관리기술인은 내역입찰인 경우에는 입찰자에게 물량내역서에 단가를 기재한 입찰금액 산출내역서를 입찰서에 첨부토록 한다.
- 정비사업관리기술인은 입찰자에게 공동수급체를 구성하여 입찰하는 경우에는 조합에 공동수급협정서를 제출토록 한다.

② 입찰보증금

- 입찰보증금을 납부하는 입찰의 경우 정비사업관리기술인은 입찰자에게 입찰신청 마감일까시 입찰보증금을 조합에 납부하도록 한다.
- 입찰보증금은 현금 또는 「국가를 당사자로 하는 계약에 관한 법률」 또는 「지방자치단체를 당사

자로 하는 계약에 관한 법률」에서 정하는 보증서로 납부하게 할 수 있다.

- 정비사업관리기술인은 입찰에 참가하려는 자에게 입찰보증금을 납부하도록 하는 경우에는 입찰 마감일부터 5일 이전까지 입찰보증금을 납부하도록 요구하여서는 아니 된다.

- 정비사업관리기술인은 해당 용역 및 관련 법령에 의하여 국가기관 등으로부터 전문면허·허가 등을 받거나 등록·신고를 하고, 해당 용역분야 관련 사업을 입찰참가신청 마감일 현재 1년 이상 영위하고 있는 법인이 입찰에 참가하는 경우와 계약체결을 기피할 우려가 없다고 인정되는 경우에는 입찰보증금을 납부하지 않도록 할 수 있다.

- 낙찰자가 정당한 이유 없이 계약을 체결하지 않을 경우에는 해당 입찰보증금을 조합에 귀속시켜야 한다.

- 정비사업관리기술인은 낙찰자 결정 후 낙찰되지 않은 입찰참가자의 입찰보증금이 즉시 반환될 수 있도록 지원한다.

- 낙찰자의 입찰보증금은 계약보증으로 대체할 수 있다.

(2) 개찰·개봉, 입찰의 무효

정비사업관리기술인은 정비사업 계약업무 처리기준 및 입찰안내서 등에 따라 조합이 해당 분야의 입찰서를 개봉하는 데 지원한다.

① 개찰업무 지원

- 정비사업관리기술은 조합이 요구할 경우 입찰제안서를 밀봉하여 미리 개찰장소에 두어야 하며 누설되지 않도록 지원한다.

- 정비사업관리기술인은 접수한 입찰서를 개봉하고자 할 때에는 입찰서를 제출한 입찰참여자의 대표(대리인을 지정한 경우에는 그 대리인을 말한다)와 사업시행자등의 임원 등 관련자, 그 밖에 이해관계자 각 1인이 참여한 공개된 장소에서 개봉하여야 한다.

- 정비사업관리기술인은 입찰서 개봉 시에는 조합이 일시와 장소를 입찰참여자에게 통지할 수 있도록 지원한다.

- 개찰은 입찰공고 시에 표시한 장소와 일시에 입찰자들의 앞에서 이를 행하여야 한다. 다만, 입찰자로서 출석하지 아니한 자가 있을 때에는 대리자로 하여금 개찰에 입회하게 할 수 있다.

- 입찰자 중 개찰 또는 입찰서 개봉에 참석하지 못하는 입찰자에 대해서는 불참확인서를 조합이

받아둘 수 있도록 한다.

② 입찰의 무효

- 입찰참가자격이 없는 자가 한 입찰
- 입찰보증금의 납부일까지 납부하지 아니하고 한 입찰
- 입찰서가 그 도착일시까지 소정의 입찰 장소에 도착하지 아니한 입찰
- 입찰서와 함께 제출해야 하는 부속서류를 제출하지 아니한 입찰
- 금품, 향응 또는 그 밖의 재산상 이익을 제공하거나 제공의사를 표시하거나 제공을 약속하여 처벌을 받았거나, 입찰 또는 선정이 무효 또는 취소된 자(소속 임직원을 포함한다)의 입찰
- 입찰신청서류가 거짓 또는 부정한 방법으로 작성되어 선정 또는 계약이 취소된 자
- 상호 또는 법인의 명칭, 대표자의 성명에 해당되는 등록사항을 변경등록하지 아니하고 입찰서를 제출한 입찰
- 전자조달시스템에 입찰서를 제출하는 경우 해당 규정에 따른 방식에 의하지 아니하고 입찰서를 제출한 입찰
- 제안설명이 필요한 입찰의 경우 제안요청서 설명에 참가한 자에 한하여 참여할 수 있음을 입찰공고에 명시한 경우로서 입찰에 참가한 자 중 제안설명에 참가하지 아니한 자의 입찰
- 공동계약의 방법에 위반한 입찰
- 기타 입찰유의서 또는 안내서에 위반된 입찰

2.6 심사 및 평가

정비사업관리기술인은 조합이 각 계약방법에 따른 평가 기준 및 방법에 따라 입찰참가자를 평가 또는 필요시 내·외부 전문가로 구성하여 평가하도록 하여 낙찰자를 선정하는 것을 지원한다.

(1) 적격심사

적격심사방식은 입찰가격과 실적·재무상태·신인도 등 비가격요소 등을 종합적으로 심사하여 선정하는 방식으로 정비사업관리기술인은 해당 선정분야의 특성, 현장 여건 등을 고려하여 조합이 합리적으로 심사를 위한 기준을 마련할 수 있도록 지원한다.

① 적격심사의 평가 항목 사례

항목	세부항목	평가 내용
사업관리자	책임관리자	• 책임관리자는 해당 분야의 업무를 책임질 관리자로 필요한 자격을 갖춘 후 해당 분야 경력을 산정하여 평가
	보조관리자	• 해당 분야의 업무를 현장에서 보조할 인력으로 해당분야 업무를 수행한 경력년수에 대하여 평가
유사용역 수행실적	용역실적-1	• 해당 분야의 특성을 고려하여 단일화하여 실적평가를 할 수도 있으며, 보다 여러 개로 세분화하여 실적평가를 할 수도 있음
	용역실적-2	
	용역실적-3	
경영상태	유동비율	• 최근년도 한국은행 발행 "기업경영분석" 자료에서 전체 건축기술 및 엔지니어링서비스업에 대한 평균 유동비율을 기준 적용(유동비율/평균유동비율)
	자기자본비율	• 최근년도 한국은행 발행 "기업경영분석" 자료에서 전체 건축기술 및 엔지니어링서비스업에 대한 평균 자기자본비율을 적용(자기자본비율/평균자기자본비율)
	신용평가	• 신용평가등급 기준 • 신용평가등급 : AAA, AA, A, BBB, BB, B, CCC 등
입찰참가제한, 업무정지 등		• 입찰자가 최근 1년간 관계 법령에 따라 입찰참가제한을 받은 기간을 합산하여 합산기간 1월마다 감점 • 참여관리자가 최근 1년간 관계 법령에 따라 자격정지 또는 업무정지를 받은 기간을 합산하여 합산기간 1월마다 감점
가격평가	입찰가격 평가	• 가격배점에 예정가격을 기준으로 상·하 감점 처리 • 해당 분야의 입찰가격이 예정가격보다 2배를 초과할 경우에는 2배에 해당하는 입찰가격 적용
기술제안서 평가	기술제안 평가	• 입찰자가 제출한 기술제안서에 대해 전문심사위원의 평가

• 사업관리자의 평가의 입증서류는 관련 협회의 기술경력 증명서, 정부기관·공공기관 등의 기관에 근무한 자는 각 기관에서 발행하는 해당 분야 근무경력 증명서, 4대보험(산재, 건강, 고용, 국민건강) 중 어느 하나의 처리내역서, 4대보험 자격취득·상실을 신고한 신고서 사본(접수인이 날인된 것에 한함), 근로소득원천징수영수증(세무사가 발행한 것에 한함) 또는 부가가치세 표준증명원 등이 될 수 있다.

• 유동비율의 평가를 위해 해당 업체의 결산서에 따라 공인회계사 또는 세무사가 관계 법령에 의거 작성·확인한 기업진단 보고서 또는 재정상태 검토 보고서를 제출하게 해야 한다.

• 재정상태 건실도 평가는 연말 또는 반기의 기업진단 보고서 또는 재정상태 검토 보고서에 의한다.

- 신규·합병·분할·사업양수·양도를 한 사업자의 재정상태 건실도 평가는 신규사업자는 최초 결산서, 합병·분할·사업양수·양도를 한 사업자는 그에 따른 신고수리일 기준으로 작성된 결산서 또는 등기일이나 신고수리일로부터 1월이 경과한 날이 속하는 월말을 기준으로 작성된 결산서를 적용한다. 다만, 합병·분할·사업양수·양도전의 연말 또는 반기 기업진단 보고서 또는 재정상태 검토 보고서에 의한다.
- 자기자본비율 평가를 위해 해당 업체의 결산서에 따라 공인회계사 또는 세무사가 관계 법령에 의거 작성·확인한 기업진단 보고서 또는 재정상태 검토 보고서를 제출하게 해야 한다.
- 신용평가 평가를 위해「신용정보의 이용 및 보호에 관한 법률」또는「자본시장과 금융투자업에 관한 법률」에 따른 신용정보업자[디앤비코리아, 서울신용평가정보(주), 한국기업데이타(주), 한국기업평가(주), 한국신용정보(주), 한국신용평가(주), 한국신용평가정보(주) 등]가 평가한 '신용평가등급확인서'로써 유효기간 이내의 것으로 평가한다.
- 가격평가를 위한 예정가격은 입찰참가업체의 제안가격 합계금액을 입찰참가 업체수로 나눈 입찰참여자의 평균가격으로 하며, 최고금액과 최저금액은 예정가격 산출에서 제외한다. 다만, 입찰참가자 수가 5개 업체 미만인 경우에는 포함시킬 수 있다. 가격점수는 아래와 같은 산식에 의해 점수를 산정한다.

※ 가격점수 = 가격배점 × (1-∣1-입찰가격/예정가격∣, ∣ ∣ 절대값)

② 동점자 처리 기준
- 적격심사 합산점수가 동일한 자가 2인 이상일 경우에는 업체현황평가 분야 점수가 높은 자를 선순위자로 하고, 업체현황분야 평가점수도 동일한 경우에는 업체현황분야의 기술인력 보유상태 → 경영상태 → 유사용역 수행실적의 평가분야 점수가 높은 자를 선순위자로 한다.
- 입찰가격 평가에서도 동일한 경우에는 추첨에 의한다.

③ 기술제안서 평가 항목 사례
- 과업 내용에 대한 이해 : 과업의 목적 및 추진 기본방침, 사업현황 및 여건 분석 등
- 관련 계획 검토 및 과업수행 시 적용방안 : 상위 및 관련계획 검토의 타당성, 관련계획의 과업수행 시 적용 여부, 과업수행의 실효성 확보방안 등
- 자료수집·조사 및 과업수행 시 적용방안 : 조사항목의 선정, 조사방법 및 결과활용 방안, 과업수행 시 적용방안 등

- 예상문제점 및 해결방안 적정성 : 과업수행 시 예상문제 분석 및 대안 제시
- 조직구성의 적정성 : 해당 업무를 수행하기 위한 조직구성 및 업무분장의 적정성 평가, 업무추진 단계별 인력투입계획 및 운영방안 제시
- 과업수행계획의 적정성 : 과업수행을 위한 업무추진계획의 구체적인 내용에 대한 평가. 기타업무 지원사항의 적정성 등
- 과업수행 지원체계 : 과업수행을 위한 지원체계 및 각 주체와의 협력방안, 민원발생 시 대응방안, 효율적인 과업수행을 위한 노하우 등 기술지원방안, 사후관리방안 등

(2) 평가를 위한 실무

① 심사 자료 요구
- 정비사업관리기술인은 조합을 지원하여 제출된 서류가 누락 또는 불명확한 경우 기한을 정하여 보완을 요구하며, 보완서류가 제출되지 않으면 당초 서류만으로 심사하도록 하되, 심사하기 곤란한 경우에는 심사에서 제외되도록 요청한다.

② 심사 기준
- 정비사업관리기술인은 조합이 요구할 경우 제출된 서류를 심사 기준, 심사방법, 분야별 심사항목 및 배점기준에 의거하여 작성하고, 입찰공고 시 제시한 해당 프로젝트의 적격심사 기준에 따라 종합심사를 시행하도록 지원한다.
- 정비사업관리기술인은 조합이 요구할 경우 적격심사 기준 작성 시 용역의 특성·목적 및 내용, 시장상황 등을 종합적으로 고려하여 필요하다고 인정할 경우에는 각 분야별 배점한도를 일정 범위 내에서 가·감 조정할 수 있도록 하며, 항목별 세부사항을 추가하거나 제외하도록 지원한다.

② 심사방법
- 평가 기준에 따른 수행능력, 신인도, 입찰금액점수 등을 합산하여 종합심사 점수를 산정한다.
- 정비사업관리기술인은 조합의 요구에 의하여 심사를 하는 때에는 제출한 서류를 적격심사기준에 따라 제출마감일로부터 7일 이내에 심사한다.
- 공동계약의 경우 공동수급체에 대한 심사 시 공동수급체의 구성원별로 각각 기술능력, 신인도를 참여 지분율로 곱하여 산정한 후 이를 합산토록 한다.

③ 재심사

- 정비사업관리기술인은 입찰자가 심사결과에 대한 재심사를 요청하였을 때에는 특별한 사유가 없는 한 재심사요청서 접수일로부터 3일 이내에 재심사하여야 한다.
- 재심사요청서를 접수할 때에는 적격심사에 필요한 추가서류를 접수할 수 없다.
- 공동계약을 허용한 경우로서, 공동수급체 일부 구성원이 입찰서 제출마감일 이후 낙찰자 결정 이전에 부도, 부정당업자 제재, 영업정지, 입찰무효 등의 결격사유가 발생한 경우에는 해당 구성원을 제외하고 잔존구성원의 출자비율 또는 분담 내용을 변경하게 하여 재심사하여야 한다. 다만, 공동수급체 대표자가 부도, 부정당업자 제재, 영업정지, 입찰무효 등의 결격사유가 발생한 경우에는 공동수급체를 제외하여야 한다.

④ 평가결과 기록
- 정비사업관리기술인은 조합의 입찰참가자격 심사, 사업수행능력 평가, 적격심사, 종합심사 등 평가에 의한 업체선정을 지원하는 경우 평가 후 평가결과보고서를 작성하여 평가결과를 기록·유지하여야 한다.

(3) 수의계약

정비사업관리기술인은 수의계약으로 입찰하는 경우에는 2인 이상으로부터 견적서를 제출받아 추정가격 범위 내에서 낙찰자를 결정하도록 조합에 지원하고, 견적가격이 추정가격 범위 안에 들지 않을 경우에는 다시 견적서를 제출받아 처리한다.

2.7 재입찰 공고 및 재입찰

- 정비사업관리기술인은 경쟁입찰의 경우 2인 이상의 유효한 입찰자가 없거나 낙찰자가 없는 경우에는 이를 조합에 보고하여 조합이 재입찰 또는 재입찰 공고에 부치도록 하고, 낙찰자가 계약을 체결하지 아니하는 경우에도 재입찰 공고에 부치도록 한다.
- 재입찰 및 재입찰 공고 시에는 기한을 제외하고는 최초의 입찰에 부칠 때에 정한 가격 및 기타 조건을 변경하지 않는다.
- 재입찰 공고를 할 경우에는 입찰서 제출마감일 5일 전까지 공고할 수 있다.
- 재입찰 또는 재입찰 공고를 하였으나, 입찰자 또는 낙찰자가 없거나 입찰자가 1인뿐인 경우, 낙

찰자가 계약을 체결하지 아니하는 경우에는 조합에게 추정금액 내에서 수의계약을 체결토록
한다.

2.8 계약 체결

(1) 낙찰자 면담 및 낙찰
① 정비사업관리기술인은 조합이 최종적인 낙찰자를 결정하기 전에 낙찰 예정자와 인터뷰를 가진
후 그가 프로젝트의 범위 및 계약 내용을 바로 이해하고 있는지, 제출된 서류에 누락사항이 없는
지 등을 확인할 수 있도록 지원하며, 이 과정에서 협의된 내용은 모두 문서화할 수 있도록 한다.
② 정비사업관리기술인은 조합이 평가결과를 바탕으로 미리 정한 낙찰자 결정방식에 의해 낙찰자
를 결정하는 업무를 지원한다.

(2) 낙찰자 결정 통지
① 정비사업관리기술인은 조합의 결정에 따라 입찰무효의 사유가 없는 자로서 낙찰자 결정기준에
적합한 자를 낙찰자로 결정하여 통지한다.
② 정비사업관리기술인은 낙찰자를 결정하기 전에 해당 입찰자의 입찰서, 법인등기사항서류, 공동
수급표준협정서 등 관계 서류를 검토하여 해당 낙찰예정자의 입찰에 무효입찰에 해당하는지의
여부를 확인하여야 한다.

(3) 계약문서의 검토
① 정비사업관리기술인은 조합과 낙찰자 간의 계약체결 전에 계약자가 조합에게 제출한 견적내역
서 등의 계약 관련 서류의 적정성 여부를 검토 및 확인한다.
• 계약문서는 계약서, 유의서, 일반조건, 특별조건 및 산출내역서로 구성되고 상호보완의 효력을
가질 수 있도록 한다. 다만, 산출내역서는 이 조건에 규정하는 계약금액의 조정 및 기성부분에
대한 대가 지급 시에 적용할 기준으로 계약문서의 효력을 가진다.
• 정비사업관리기술인은 조합이 계약 특별조건을 정함에 있어서는 계약상대자의 계약상 이익을
부당하게 제한하지 않는 범위 내에서 당해 공사계약의 특성상 필요하다고 인정되는 사항에 한

하여 명시토록 한다.

- 정비사업관리기술인은 계약당사자 간에 행한 통지문서 등은 계약문서로서의 효력을 가짐을 명시할 수 있도록 한다.

② 정비사업관리기술인은 일반적인 계약서를 작성할 경우 다음의 내용이 명시되도록 한다.

- 용역 내용
- 용역금액과 노임에 해당하는 금액
- 용역착수 시기와 용역완료의 시기
- 용역금액의 선급금이나 기성금의 지급에 관하여 약정을 한 경우에는 각각 그 지급의 시기·방법 및 금액
- 용역의 중지, 계약의 해제나 천재지변의 경우 발생하는 손해의 부담에 관한 사항
- 설계변경·물가변동 등에 기인한 용역금액 또는 용역 내용의 변경에 관한 사항
- 하도급이 있는 용역의 경우 하도급대금지급보증서의 교부에 관한 사항과 하도급대금의 직접 지급사유와 그 절차
- 표준안전관리비 지급 및 건설근로자퇴직공제가입에 소요되는 금액과 부담방법에 관한 사항, 산업재해보상보험료, 고용보험료 등 해당 용역과 관련하여 법령에 의하여 부담하는 각종 부담금의 금액과 부담방법에 관한 사항(필요시)
- 성과품 검사 및 그 시기
- 계약이행지체의 경우 위약금·지연이자의 지급 등 손해배상에 관한 사항
- 하자담보책임기간 및 담보방법(필요시)
- 분쟁발생 시 분쟁의 해결방법에 관한 사항
- 고용 관련 편의방안 등에 관한 사항(필요시)

③ 정비사업관리기술인은 조합과 협의하여 계약자에게 불리하지 않는 내용으로 해당 계약에 필요한 계약 특약사항을 명시하도록 한다.

- 조합의 대리인 및 대리인의 권한
- 사업조건에 따른 공사대가의 지불조건
- 공종별 기성산출 및 지급 기준
- 사업 관리를 위한 계약상대자의 정보제공 기준

- 사업기간 관리를 위한 계약상대자의 의무사항
- 사업기간의 변경 기준 및 변경절차 기준
- 설계변경 등 유형별 변경기준의 세부사항 및 계약상대자 의무사항
- 계약금액조정 등의 세부사항 및 계약상대자 의무사항
- 과업범위에 따른 계약의 종류별 특별조건
- 계약의 해석상 이견에 대한 계약당사자 간의 협의 절차

계약서 작성 준비서류

서류 목록	내역입찰	총액입찰	비고
1. 계약서	○	○	
2. 용역계약특수조건	○	○	
3. 용역계약일반조건	○	○	
4. 공동계약표준협정서	필요시	필요시	※ 공동이행, 분담이행
5. 산출내역서	○	×	※ 입찰 시 제출한 내역서와 동일한 내역서
6. 적격심사서류	○	○	※ 종합심사를 시행한 해당 용역
7. 계약자의 자격 관련 서류	○	○	※ 해당 분야 업무수행을 위해 필요한 자격증 등
8. 계약보증금 납부영수증 또는 보증서 등	○	○	

(4) 계약 체결

① 정비사업관리기술인은 낙찰자가 낙찰통지를 받은 후 10일 이내에 소정서식의 계약서에 의하여 계약을 체결토록 하며 용역계약일반조건에서 정한 불가항력의 사유로 인하여 계약을 체결할 수 없는 경우에는 그 사유가 존속하는 기간은 이를 산입하지 아니한다.

② 정비사업관리기술인은 계약을 체결하고자 할 경우 관계 법령의 규정에 의한 필요한 관계 서류를 검토한다.

③ 장기계속용역계약의 경우 총 용역금액을 부기하고 당해 연도 예산의 범위 안에서 제1차 용역에

대하여 계약을 체결한다. 이 경우 제2차 용역이후의 계약은 총 용역금액에서 이미 계약된 금액을 공제한 금액의 범위 안에서 계약을 체결할 것을 부관으로 약정한다.

④ 정비사업관리기술인은 표준계약서가 있는 용역의 경우 기재된 계약일반사항 외에 해당 계약의 적정한 이행을 위하여 필요한 경우 공사계약특수조건을 정하여 계약을 체결할 수 있다.

⑤ 정비사업관리기술인은 서식에 의하기가 곤란하다고 인정될 때에는 따로 이와 다른 양식에 의한 계약서에 의하여 계약을 체결할 수 있다.

⑥ 정비사업관리기술인은 낙찰자가 정당한 이유 없이 일정기한 내 계약을 체결하지 않을 경우에는 조합에게 낙찰을 취소할 수 있다는 사실을 보고하고, 통지할 수 있도록 지원한다.

(5) 계약의 이행보증

① 정비사업관리기술인은 계약을 체결할 경우 계약상대자에게 계약체결일까지 계약이행보증을 다음과 같이 하도록 할 수 있다.

- 계약금액의 100분의 15 이상 납부하는 방법
- 계약보증금을 납부하지 아니하고 계약이행보증서(해당용역의 계약상의 의무를 이행할 것을 보증한 기관이 계약상대자를 대신하여 계약상의 의무를 이행하지 아니하는 경우에는 일정 부분 이상을 납부할 것으로 보증하는 것)를 제출하는 방법

② 정비사업관리기술인은 계약이행을 보증한 경우로서 계약상대자가 계약이행보증방법의 변경을 요청하는 경우에는 변경하게 할 수 있다.

③ 정비사업관리기술인은 보증이행업체의 적격성 여부를 검토하여 부적격하다고 인정되는 때에는 낙찰자에게 보증이행업체의 변경을 요구할 수 있다.

④ 정비사업관리기술인은 계약상대자에게 계약보증금을 계약체결 전까지 계약보증금 납부서에 따라 조합에 납부토록 한다.

⑤ 정비사업관리기술인은 계약상대자가 입찰 시 납부한 입찰보증금을 계약보증금으로 대체하고자 하는 경우에는 입찰보증금의 계약보증 대체납부신청서를 조합에 제출하여 이를 대체함으로써 정리·처리토록 한다.

⑥ 용역계약금액 5천만원 이하인 계약을 체결하거나, 일반적으로 계약보증금 징수가 적합하지 아니한 경우 조합이 계약보증금의 전부 또는 일부를 면제할 수 있도록 한다.

⑦ 정비사업관리기술인은 계약보증금의 전부 또는 일부의 납부를 면제하는 경우에는 계약서에 그 사유 및 면제금액을 기재하고 계약보증금지급각서를 제출하게 하여 이를 첨부하여야 한다.

⑧ 정비사업관리기술인은 계약상대자가 계약의무를 이행하지 않아 보증서발급기관이 지정한 보증이행업체가 그 의무를 이행한 경우 계약금액 중 보증이행업체가 이행한 부분의 금액은 그들에게 지급한다는 사항을 조합이 계약서상에 명시하도록 한다.

3 협력사 분야(WT : WorkType) 해설

정비사업을 추진하기 위해서는 많은 기술협력업체의 협조가 필요하기 때문에 조합 업무의 상당부분을 협력업체 선정 및 계약이 차지하고 있다. 따라서, 정비사업관리기술인은 조합의 정비사업 추진에 차질이 없도록 적시에 협력업체를 선정할 수 있도록 입찰 및 계약 관련 업무를 지원해야 한다.

3.1 정비사업의 추진 단계 및 단계별 필요 협력업체

(1) 정비사업 추진 단계

정비사업은 크게 정비계획 단계, 사업시행 단계, 관리처분 단계로 구분될 수 있고, 각 단계별로 좀 더 세분화하여 살펴보면 다음과 같다.

구분	사업추진 단계 대분류	사업추진 단계 소분류	비고
내용	정비계획 단계	도시 및 주거환경정비 기본계획 ↓ (안전진단 : 재건축정비사업만 해당) ↓ 정비계획 수립 ↓ 정비구역 입안 및 지정	
	사업시행 단계	조합설립추진위원회 구성 및 승인 ↓ 창립총회 ↓ 조합설립인가 ↓ 시공자 선정 ↓ 각종 심의 및 영향평가 등 ↓ 사업시행계획수립 및 인가	

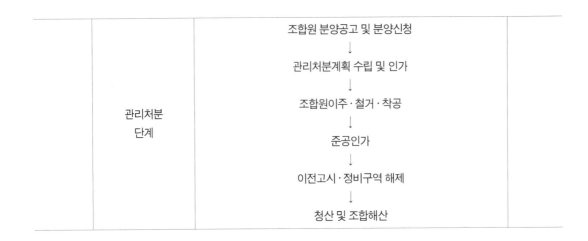

| 관리처분
단계 | 조합원 분양공고 및 분양신청
↓
관리처분계획 수립 및 인가
↓
조합원이주 · 철거 · 착공
↓
준공인가
↓
이전고시 · 정비구역 해제
↓
청산 및 조합해산 | |

(2) 사업시행 단계에서의 시기별 필요 협력업체

정비사업을 추진함에 있어 가장 많은 협력업체를 선정해야 하는 시기는 사업시행계획을 수립하는 시점이다. 「도시정비법」 제52조(사업시행계획서의 작성), 동법 시행령 제47조(사업시행계획서의 작성) 등 관련 법령에 따라 많은 내용의 계획을 수립해야 하고 이를 위해서는 전문기술협력업체의 협조가 필요하기 때문이다.

사업시행 단계 소분류	필요 협력업체 분야	비고
조합설립추진위원회 구성 및 승인	• 설계업자 • 정비사업전문관리업자 • 도시계획업체 • 세무회계	
창립총회	• 총회대행업체 등	
조합설립인가	• 감정평가법인	
시공자 선정	• 총회대행업체 등	
각종 심의 및 영향평가 등	• 설계업자 • 도시계획업체 • 경관계획 수립 및 심의 • 교통영향평가 • 소방설계 · 심의	
사업시행계획수립 및 인가	• 측량 • 문화재지표조사 • 지반조사 • 교육환경영향평가	

	• 환경영향평가
	• 재해영향평가
	• 지하안전영향평가
	• 흙막이설계 및 흙막이계측관리분석
	• 지장물조사
	• 정비기반시설 설계 및 공사비 산정
	• 친환경 인증 관련
	• 소음측정 및 소음영향평가
	• 일조분석
	• 석면조사 및 측정
	• 수질오염총량검토
	• 세입자조사
	• 물건 및 영업권조사
	• 풍동실험
	• 범죄예방대책 수립
	• 분양가적정성 검토

(3) 관리처분 단계에서의 시기별 필요 협력업체

관리처분 단계 소분류	필요 협력업체 분야	비고
조합원 분양공고 및 분양신청	• 감정평가법인(종전 · 종후자산감정평가 등)	
관리처분계획 수립 및 인가	• 임대주택 매각 검토 • 공사비검증 및 관리처분타당성검토 • HUG보증대행	
조합원 이주 · 철거 · 착공	• 범죄예방 • 이주 관리 • 명도소송 • 수용재결 및 보상행정대행 • 국공유지 무상양여협의 및 소유권이전 • 철거(석면해체 포함) • 지장물이설공사 • 정비기반시설공사 • 건축 · 전기 · 소방 · 통신 · 철거(건축물해체) · 석면 · 정비 기반시설 등 감리 • 일반분양 보증승인 대행 • 미술장식품 설치	
준공인가	• 건축물대장생성 등 법무용역	
이전고시 · 정비구역해제	• 이전고시업무대행	
청산 및 조합해산		

3.2 협력업체 분야별 개요 및 주요 업무 내용

정비사업관리기술인은 조합이 정비사업을 추진하기 위하여 필요한 각각의 전문기술분야에 대한 개요, 필요성 등에 대해 조사하고, 개별 분야의 주요 업무 내용을 파악하여 조합이 원활하게 협력업체를 선정할 수 있도록 지원한다.

(1) 정비사업전문관리업자

가. 법적 근거 : 「도시정비법」 제32조(추진위원회의 기능), 제45조(총회의 의결), 제102조(정비사업 전문관리업의 등록) 등, 국토교통부 고시 정비사업 계약업무 처리기준, 서울특별시 공공지원 정비사업전문관리업자 선정 기준

나. 개요 : 추진위원회 또는 조합 등 사업시행자로부터 정비사업과 관련한 아래 주요 업무를 위탁 받거나 이와 관련한 자문을 하려는 자

다. 주요 업무
- 조합설립의 동의 및 정비사업의 동의에 관한 업무의 대행
- 조합설립인가의 신청에 관한 업무의 대행
- 사업성 검토 및 정비사업의 시행계획서의 작성
- 설계자 및 시공자 선정에 관한 업무의 지원
- 사업시행계획인가의 신청에 관한 업무의 대행
- 관리처분계획의 수립에 관한 업무의 대행

라. 선정 시기 : 조합설립추진위원회 승인 이후

마. 선정 방법 : 추진위원회 승인을 받은 후 경쟁입찰 또는 수의계약(2회 이상 유찰된 경우로 한정한다)의 방법으로 선정하며, 총회의 의결을 거쳐야 한다.

1. 심사 등

추진위원회 등은 공공지원 정비사업의 규모, 여건 등을 고려하여 자격심사 - Ⅰ 또는 Ⅱ 중에서 선택하여 선정.

(1) 자격심사 - Ⅰ

업체현황(객관적 평가)평가								가격평가
20~30%								70~80%
기술인력 보유상태		유사용역수행실적			경영상태			입찰가격 평점산식 참조
책임사업 관리자	보조사업 관리자	조합 설립인가	사업 시행인가	관리 처분인가	유동 비율	자기자본 비율	신용 평가	
20점	20점	10점	5점	5점	15점	15점	10점	

※ 가격점수 = 가격배점 × (1-｜1-입찰가격/예정가격｜, ｜ ｜절대값)

〔정비사업규모별 업체현황평가 · 가격평가 비율〕

토지등소유자수	500인 미만	500인 이상	비고
업체평가 비율	20%	30%	
가격평가 비율	80%	70%	
계	100%	100%	

(2) 자격심사 - Ⅱ

업체현황(객관적 평가)평가								기술제안서 (주관적 평가) 평가	가격 평가
20%								60%	20%
기술인력 보유상태		유사용역수행실적			경영상태			별첨 평가 내용 배점 참조	입찰가격 평점산식 참조
책임사업 관리자	보조사업 관리자	조합 설립인가	사업 시행인가	관리 처분인가	유동 비율	자기자본 비율	신용 평가		
20점	20점	10점	5점	5점	15점	15점	10점		

〔기술제안서 평가(주관적 평가) 항목 및 배점〕

대분류	중분류	평가 내용	배점
1. 과업 내용 이해도	과업 내용에 대한 이해	• 과업수행의 목적 및 추진 기본방침 • 현황 및 여건분석	5
	관련 계획 검토 및 과업수행 시 적용방안	• 상위 및 관련 계획 검토의 타당성 • 관련 계획의 과업수행 시 적용여부 • 과업수행의 실효성 확보방안	5
	자료수집·조사 및 과업수행 시 적용방안	• 조사항목의 선정 • 조사방법 및 결과활용 방안 • 과업수행 시 적용방안	5
	예상문제점 및 해결방안	• 과업수행 시 예상문제 분석 및 대안 제시	5
2. 과업수행 조직구성	조직구성의 적정성	• 조직구성 및 업무분장의 적정성 평가	10
	인원투입계획의 적정성	• 단계별 인력투입계획 및 운영방안 제시	10
3. 과업수행 세부계획	조합설립인가 업무 및 지원의 적정성	• 조합설립인가 추진계획의 적정성 평가 • 조합설립동의서 징구 방안 제시 • 조합임원 및 대의원 구성을 위한 합리적인 방안 제시 • 창립총회의 성공적인 개최방안	10
	사업시행인가 업무 및 지원의 적정성	• 사업시행인가 추진계획의 적정성 평가 • 사업시행인가를 위한 성공적인 총회 개최방안	10
	관리처분계획인가 업무 및 지원의 적정성	• 관리처분계획인가 이후 추진계획의 적정성 평가 • 관리처분계획 총회의 성공적인 개최방안	10
	기타업무 지원사항의 적정성	• 관리처분계획인가 이후 추진계획의 적정성 평가 • 협력업체 선정 시 효율적인 지원 및 자문방안	10
4. 과업수행 지원체계	과업수행을 위한 지원체계 및 각 주체와의 협력방안	• 공공지원자, 추진위원회(조합), 유관기관의 협조 체계 구축방안의 적정성 평가	10
	민원발생 시 대응방안의 적정성	• 과업수행 중 발생하는 민원 유형분석 및 대응방안의 적정성 평가	5
	기술지원 방안	• 효율적인 과업수행을 위한 노하우 등 제안의 적정성 평가	5

2. 입찰의 방법

추진위원회 등은 정비사업전문관리업자를 선정하고자 할 때에는 계약업무 처리기준에 의한 방법으로 선정한다.

3. 지명경쟁 입찰

입찰대상자를 지명하고자 하는 경우에는 추진위원회 또는 대의원회 의결을 거쳐야 한다.

4. 입찰공고 등

입찰을 하고자 할 때에는 현장설명회 개최일로부터 7일 전까지 전자조달시스템 및 1회 이상 전국 또는 서울특별시를 주된 보급지역으로 하는 일간신문에 공고하고 e-조합시스템 및 클린업시스템을 통하여 공개하여야 한다.

지명경쟁 입찰의 경우에는 현장설명회 개최일로부터 7일 전에 등기우편으로 입찰대상자에게 발송하고 e-조합시스템 및 클린업시스템을 통하여 공개하여야 하며, 반송된 경우에는 반송된 다음 날에 1회 등기우편으로 재발송하여야 한다.

5. 현장설명회

추진위원회등은 입찰일로부터 10일 이전에 현장설명회를 개최하여야 한다.

현장설명에는 다음 각 호의 사항이 포함되어야 한다.

- 정비구역 현황(사업추진경위, 정비계획 수립 또는 기본계획 현황 등)
- 입찰서 작성방법·제출서류·접수방법 및 입찰유의사항 등
- 사업참여제안서 작성방법
- 정비사업전문관리업자 선정방법
- 계약에 관한 사항
- 그 밖에 입찰에 관하여 필요한 사항

6. 입찰보증금

추진위원회 등은 계약업무 처리기준에 따른 입찰시 입찰보증금을 미리 납입하게 할 수 있다.

입찰보증금은 입찰금액의 100분의 5 이내에서 「지방자치단체를 당사자로 하는 계약에 관한 법률 시행령」 제37조제2항 각 호의 보증서로 납부하게 하여야 하며, 보증기간은 입찰서 접수일로부터 120일 이상으로 한다.

7. 홍보

추진위원회 등은 합동홍보 설명회를 개최하지 않을 경우 총회에서 상정된 정비사업전문관리업자와 협의를 거쳐 총회개최 7일 전까지 토지등소유자에게 합동홍보물을 통지 할 수 있다.

8. 총회상정 업체 선정

추진위원회 등은 추진위원회 또는 대의원회 의결을 거쳐 입찰에 참가한 자 중에서 자격심사 기준에 따라 총회에 상정할 상위 4인 이상의 정비사업전문관리업자를 선정하여야 하며, 다만, 4인 미만인 때에는 모두 총회에 상정하여야 한다.

추진위원회 등은 정비사업전문관리업자의 평가결과 비교표를 토지등소유자에게 제시하여야 한다.

9. 사실확인

추진위원회 등은 입찰신청서의 내용 또는 행정처분 및 책임사업관리자의 업무중첩도 등 업체평가에 필요한 사항에 대하여 관계기관에 사실을 조회할 수 있다.

10. 책임 또는 보조사업관리자의 배치

입찰서의 책임 또는 보조사업관리자를 공공지원 정비사업에 배치하여야 하며, 관리처분계획인가를 기준으로 3건을 초과하여 다른 공공지원 정비사업의 책임사업관리자로 중복하여 배치할 수 없다.

11. 자료제출 등

추진위원회 위원장 또는 조합장은 정비사업전문관리업자 선정에 관하여 다음 각 호에 따라 관련자료를 공공지원자에게 제출하여야 한다.

- 선정계획은 추진위원회 또는 조합의 대의원회 소집 공고 전
- 입찰 공고는 관련 기관에 공고 의뢰 전(지명경쟁입찰은 등기우편발송)
- 추진위원회·주민총회·조합총회 및 조합의 이사회·대의원회개최는 소집 공고 전에, 그 결과는 개최 후 지체 없이
- 현장설명회, 자격심사 및 계약은 그 행위가 있은 후 지체 없이

12. 정비사업전문관리업자 평가결과 비교표(자격심사 - Ⅰ, Ⅱ) 사례

구분	참여업체현황			
	기호 1 (1위 업체)	기호 2 (2위 업체)	기호 3 (3위 업체)	기호 4 (4위 업체)
업체명				
등록소재지 주소				
주요용역 수행실적(3건)	1. 2. 3.	1. 2. 3.	1. 2. 3.	1. 2. 3.
용역입찰 가격(㎡당 가격)				

구분	평가항목 및 점수	참여업체현황(점수)			
	평가 내용	기호 1 (1위 업체)	기호 2 (2위 업체)	기호 3 (3위 업체)	기호 4 (4위 업체)
평가 항목	• 업체현황 평가	점	점	점	점
	• 기술제안 평가	점	점	점	점
	• 입찰가격 평가	점	점	점	점
합계(100점)		**점**	**점**	**점**	**점**
가점	• 교육훈련(최근 3년간 정비사업 관련 교육) 점수	점	점	점	점
감점	• 업무중첩도(책임사업관리자) 점수	점	점	점	점
	• 행정처분(업무정지) 점수	점	점	점	점
총점(100점, +2점, -6점)		**점**	**점**	**점**	**점**

(2) 설계자

가. 법적 근거 : 「도시정비법」 제32조(추진위원회의 기능), 제45조(총회의 의결) 등, 국토교통부 고시 정비사업 계약업무 처리기준, 서울특별시 공공지원 설계자 선정 기준

나. 개요 : 추진위원회 또는 조합 등 사업시행자로부터 설계업무를 위탁받거나 이와 관련한 자문을 하려는 자로서 「건축사법」 제23조에 따라 업무신고를 한 자("법인"을 포함한다)로서 같은 법 제28조에 따른 결격 사유가 없는 자

다. 주요 업무
- 건축물의 건축을 위한 계획설계, 기본설계, 중간설계, 실시설계 등 각 공정의 도서 작성(설계지침, 건축설계, 구조설계 및 구조계산서, 기계설비설계 및 계산서, 전기설비설계 및 계산서, 토목설계 및 수리계산서, 조경설계, 부대시설 설계, 공사착공과 수행에 필요한 설계도서작성)
- 각종 측량결과에 따라 수반되는 설계안의 확정업무
- 제반설계도서(공사비내역서, 일위대가, 산출근거, 구조계산서, 시방서 등) 작성
- 정비사업 시행의 설계에 대한 인허가 및 심의 관련 신청 도서의 작성제출 및 이에 따른 대관업무(심의, 사업시행인가, 착공, 사용승인 업무)
- 단지 조감도, 투시도 등 작성(분양용 제외)
- 측량 및 교통영향평가 등 각종 영향평가의 심의, 인·허가 업무 지원 및 자문
- 건축심의 신청용 도서 작성 및 건축위원회심의 제반 업무(심의용 단지모형 제작 포함)
- 사업시행계획인가 신청용 도서 작성 및 사업시행인가 관련 제반 업무
- 사업시행계획인가 승인조건에 관계되는 설계 및 자료조사
- 색채심의 신청용 도서 작성 및 사업시행인가 관련 제반 업무
- 굴토계획 및 흙막이 도서 작성
- 구조안전심의, 범죄예방환경설계 포함
- 평형별 단위세대 내부 인테리어설계(기본 및 실시설계, 사용자재리스트)
- 각 동 외관디자인 설계(기본 및 실시설계)

- 물량산출조서(건축·기계·전기·토목·조경 등) 및 내역작성

- 정비계획 및 정비구역지정 건축계획 관련 업무 협조

- 카탈로그 제작용 설계도서

- 조합이 요청하는 업무에 대한 협조

- 계약기간 중 경미한 설계변경 업무

- 준공도면 작성 업무

- 건축물 대장 작성에 필요한 도서 작성 업무

- 기타 설계자가 해야 할 제반 업무

라. 선정 시기 : 조합설립추진위원회 승인 이후

마. 선정 방법 : 경쟁입찰 또는 수의계약(2회 이상 유찰된 경우로 한정한다)의 방법으로 선정하며, 총회의 의결을 거쳐야 한다.

1. 선정방법

- 추진위원회 등은 적격심사 또는 설계공모 중 하나를 설계자 선정방법으로 추진위원회 또는 대의원회의 의결로 선택할 수 있다.
- 추진위원회 등은 입찰에 참여한 업체 중에서 총회에 상정할 상위 4인 이상을 추진위원회 또는 대의원회 의결을 거쳐 결정하여야 하며, 다만, 입찰에 참가한 설계자가 4인 미만인 때에는 모두 총회에 상정하여야 한다.
- 추진위원회 등은 설계자 선정을 총회에서 의결하며, 입찰참여업체의 선정방법 및 절차 등은「설계자 적격심사 기준」또는「설계공모 운영 기준」에 따른다.
- 추진위원회 등은 평가결과비교표를 토지등소유자 또는 조합원에게 통지하여야 한다.

2. 입찰방법

추진위원회 등은 설계자를 선정하고자 할 때에는「계약업무 처리기준에 의한 방법」으로 선정한다.

3. 입찰공고 등

입찰을 하고자 할 때에는 현장설명회 개최일로부터 7일 전까지 전자조달시스템 및 1회 이상 전국 또는 서울특별시를 주된 보급지역으로 하는 일간신문에 공고하고 e-조합시스템 및 클린업시스템을 통하여 공개하여야 한다.

지명경쟁 입찰의 경우에는 현장설명회 개최일로부터 7일 전에 등기우편으로 입찰대상자에게 발송하고 e-조합시스템 및 클린업시스템을 통하여 공개하여야 하며, 반송된 경우에는 반송된 다음 날에 1회 등기우편으로 재발송하여야 한다.

4. 현장설명회

추진위원회등은 입찰일로부터 10일 이전에 현장설명회를 개최하여야 한다.

현장설명에는 다음 각 호의 사항이 포함되어야 한다.

- 정비계획도서

- 입찰서 작성방법·제출서류·접수방법 및 입찰유의사항 등
- 설계자 선정 방법
- 계약에 관한 사항
- 그 밖에 입찰에 관하여 필요한 사항

5. 입찰보증금

추진위원회 등은 계약업무 처리기준에 따른 입찰 시 입찰보증금을 미리 납입하게 할 수 있다.

입찰보증금은 입찰금액의 100분의 5 이내에서 「지방자치단체를 당사자로 하는 계약에 관한 법률 시행령」 제37조제2항 각 호의 보증서로 납부하게 하여야 하며, 보증기간은 입찰서 접수일로부터 120 일 이상으로 한다.

6. 홍보

추진위원회 등은 합동홍보 설명회를 개최하지 않을 경우 총회에 상정된 설계자와 협의를 거쳐 총 회개최 7일 전까지 토지등소유자에게 합동홍보물을 통지할 수 있다.

7. 설계자의 업무범위

설계자는 국토교통부에서 고시하는 「주택의 설계도서 작성기준」을 준용하여 설계도서를 작성하여 야 한다.

설계자는 다음 각 호의 업무를 수행하여야 한다.

- 설계도서 작성을 위한 기초조사(지반조사, 현황측량)
- 일조분석, 경관분석 및 예정공사비(산출내역서 포함) 산정 등 과업내용서의 업무
- 각종 영향평가 등 업무협의

8. 자료제출 등

추진위원회 위원장 또는 조합장은 설계자 선정에 관하여 다음 각 호에 따라 관련 자료를 공공지원 자에게 제출하여야 한다.

- 선정계획은 추진위원회 또는 조합의 대의원회 소집 공고 전

- 입찰 공고는 관련 기관에 공고 의뢰 전(지명경쟁입찰은 등기우편발송)
- 추진위원회·주민총회·조합총회 및 조합의 이사회·대의원회개최는 소집 공고 전에, 그 결과는 개최 후 지체 없이
- 현장설명회, 적격심사, 설계경기 및 계약은 그 행위가 있은 후 지체 없이

9. 적격심사 기준

(1) 정비사업의 종류 및 규모에 따른 평가점수 반영비율

건립예정 세대수	500 미만	500 이상~1,500 미만	1,500 이상
사업수행능력평가	20%	30%	40%
가격평가	80%	70%	60%
계	100%	100%	100%

※ 가격점수 = 가격배점 × (1-｜1-입찰가격/예정가격｜, ｜ ｜ 절대값)

(2) 사업수행능력 평가 항목별 세부 배점 기준

참여기술자		유사용역수행실적		신용도	
사업책임건축사	참여기술자	실적건수	실적세대	입찰참가제한업무 정지, 부실벌점 등	재정상태 건실도
경력, 유사용역실적	자격, 경력, 유사용역실적			지정기간	신용평가등급
30점	20점	20점	20점	7점	3점

(3) 사업수행능력 평가를 위한 제출서류

- 사업수행능력평가서
- 용역 관련 등록증사본
- 공동수급표준협정서
- 참여기술자 자격사항
- 참여기술자 경력사항
- 기술자보유현황 확인서
- 사업책임건축사 경력확인서

- 참여기술자 경력확인서
- 참여기술자 유사용역수행실적
- 회사 유사용역사업수행실적
- 관련 기관(협회)발행 실적증명서
- 업체 입찰참가자격제한 및 기술자자격·업무정지 등
- 업무정지 및 제재현황확인서
- 신용평가등급 확인서
- 부실벌점 관련 사항
- 기술자격정지 또는 업무정지처분확인서

10. 설계자 평가결과 비교표(자격심사 - Ⅰ, Ⅱ) 사례

구분	참여업체현황			
	기호 1 (1위 업체)	기호 2 (2위 업체)	기호 3 (3위 업체)	기호 4 (4위 업체)
업체명				
등록소재지 주소				
평가대상 주요용역 수행실적(3건)	1. 2. 3.	1. 2. 3.	1. 2. 3.	1. 2. 3.
용역입찰 가격 (㎡당 가격)				

구분	평가항목 및 점수		참여업체현황(점수)			
		평가내용	기호 1 (1위 업체)	기호 2 (2위 업체)	기호 3 (3위 업체)	기호 4 (4위 업체)
수행능력 평가	• 참여기술자		점	점	점	점
	• 유사용역수행실적		점	점	점	점
	• 신용도		점	점	점	점
소계(100점)			점	점	점	점
환산점수(1)						

가격	· 입찰가격 평가	점	점	점	점
소계(100점)		**점**	**점**	**점**	**점**
환산점수(2)					
합계((1)+(2))					

11. 설계공모 운영

(1) 설계공모 등의 시행공고

- 용역명

- 용역시행자

- 용역의 주요 내용

- 예정설계금액

- 입찰예정시기

- 설계공모의 단계·등록절차 및 일정

- 설계 시 고려하여야 할 조건

- 질의응답의 기간·절차 및 그 공개방법

- 제출도서의 종류 및 규격

- 설계심사위원 및 심사방법

- 입상작품의 종류 및 그 권리·보상의 내용

- 응모작의 전시 및 반환요령

- 기타 설계공모의 시행에 특별히 필요하다고 인정하는 사항

참고 ## 설계공모(현상설계) 응모공고 사례

용역명	○○○정비사업 설계용역
위치	○○시 ○○구 ○○동 ○○번지
용역개요	• 부지면적 : • 연 면 적 :　　　　　　　　　(공동주택 000세대 및 부대복리시설) • 층　 수 : • 용역기간 : 착수일로부터 • 과업범위 : 과업내용서 참조
예정설계금액	
방식	○○ (일반공개, 지명초청) 공모
응모자격	1) 건축사법에 의한 건축사자격을 소지하고 같은 법에 의하여 건축사업무신고를 필한 자로서 건축사법 제9조의 결격 사유가 없는 자이어야 한다. 2) 등록일 현재 해당관청으로부터 업무정지 중인 업체(자)는 등록할 수 없음. 3) 기타
현장설명	• 일시 : • 장소 :
응모신청 등록	• 접수기한 : • 장　　소 : ※ 전자입찰의 경우 　- 입찰서 접수 : 국가종합전자조달시스템(누리장터)에 접수 　- 부속서류 제출 : ○○○정비사업　　　　　사무실/밀봉제출
등록서류	1. 설계공모응모신청서 1부. 2. 위임장, 재직증명서 각 1부. (대리인이 접수 등록할 경우에 한함) 3. 대표자선임계(법인건축사사무소 대표 2인 이상) 4. 건축사 사무소등록증 사본 1부. 5. 건축사 면허증 사본 1부.
심사방법 및 구성	• 설계공모심사위원회를 구성, 작품심사 • 위원명단 공개(작품마감 후 심사 0시간 전)
응모작품 접수	
작품선정 및 보상	• 응모작품을 대상으로 4개의 우수작 선정(심사위원회) • 당선작은 우수작(4개 작품)을 대상으로 주민총회(조합총회)에서 선정 　- 당선작 : 1점(기본 및 실시설계권 부여) 　- 우수작(2위~4위) : 각 1점(　　　　원 상금)
우수작의 전시 및 반환	• 전시방법 : 필요시 우수작(4개 작품) 전시 • 반환방법 : 응모업체 개별 반환

기타	• 참가자는 설계공모에 필요한 모든 사항을 열람 및 완전히 숙지하고 입찰에 참가하여야 하며, 이를 숙지하지 못한 책임은 참가자에게 있습니다. • 기타 공고에 관한 자세한 사항은 ~~~로 문의(확인)하시기 바랍니다.
문의처	• 주소 : • 전화 :

(2) 설계공모의 일정

• 설계공모의 계획을 공고하는 경우에는 설명회개최일시, 등록기간, 질의응답 기간, 응보제출기 간, 심사일 및 결과발표일 등을 구체적으로 명시하여야 한다.

(3) 등록

• 설계자 등은 공고한 절차에 따라 등록함으로써 당해설계공모에 응모작품을 제출할 수 있다.

• 추진위원회 또는 조합은 등록한 자에 대하여 구체적인 설계지침서 및 설계에 필요한 자료 등을 교부(열람)하여야 한다.

(4) 설계지침서

• 설계지침서는 설계공모응모에 참여하는 설계자가 설계 시 고려하거나 준수하여야 하는 사항을 구체적으로 빠짐없이 기술하여 자의적으로 설계공모 응모조건을 설정하지 않도록 하여야 한다.

(5) 심사위원의 자격

건축설계공모 심사위원의 자격은 다음과 같다.

• 당해분야의 「국가기술자격법」에 의한 기술사 또는 「건축사법」에 의한 건축사자격을 취득한 후 당해분야에 실무경험이 있는 자

• 지방공사 및 공단에 소속된 당해전문분야의 임원

• 당해분야대학의 조교수급 이상인 자

• 건축업무와 관련된 5급 이상 공무원

• 기타 추진위원회 또는 조합에서 설정한 자

(6) 심사위원회의 구성·운영 등

• 응모작품을 심사하기 위하여 설계공모심사위원회를 구성·운영하여야 한다.

• 심사위원회는 7인 이상 9인 이하의 심사위원으로 구성하되, 70% 이상을 건축설계 등의 전문분 야에 경험이 풍부한 자로 선정하여야 한다.

후보 구성	구성 인원 수	비고
대한건축사협회에서 추천한 건축사	3~5인	
(사)새건축사협의회에서 추천한 건축사	3~5인	
(사)한국건축사협회에서 추천한 건축사 또는 기술사	3~5인	
기술사협회에서 추천한 당해분야 기술사	3~5인	
당해분야 대학의 조교수급 이상	3~5인	
당해업무와 관련된 5급 이상 공무원	3~5인	
추진위원회 또는 조합에서 선정한 자	3~5인	

구성 인원	계획분야	구조분야	추진위원회등
7	5	1	1
8	6	1	1
9	6	2	1

(7) 설계 평가 기준

평가분야	평가항목 및 세부사항
건축계획	○ 배치계획 • 효율적인 토지이용과 자연조건의 환경 친화적 활용 • 건물배치의 적정성 • 개성 있는 경관 연출을 위한 건축물의 외관 ○ 주거동계획 • 주거동의 구성과 특화계획 • 주택평면의 차별화
평면계획	• 공간계획의 효율성 • 입주자 선호도 반영 • 실별 거주공간의 쾌적성
조경계획	• 조경계획의 적합성 - 조경시설의 다양성과 기능의 조화 - 놀이터 및 휴게공간의 시설계획
디자인계획	○ 평면의 다양한 디자인계획 • 평면계획 및 경관디자인의 다양성 ○ 입면의 다양한 디자인계획 • 입면디자인의 다양화 및 독창성 • 전체 디자인에 대한 창의성

○ 토탈 디자인계획의 우수성
• 주차장, 도로, 조경시설 등 상관되는 디자인의 조화로운 계획

(8) 우수작 및 당선작

• 심사점수 순위에 따라 우수작(4개)을 선정한다.

• 당선작은 우수작을 대상으로 총회에서 선정한다.

• 우수작에 대해서는 공고한 내용에 따라 제작비 및 상금을 지급할 수 있다.

(9) 공모안의 전시

• 우수작에 대해서는 심사결과를 발표한 후 일정기간 전시할 수 있다.

(3) 도시계획업체

가. 법적 근거 :「도시정비법」제8조(정비구역의 지정), 제16조(정비계획의 결정 및 정비구역의 지정·고시)와 각 지자체의 도시계획조례 및 도시 및 주거환경정비조례에 따라 정비사업 시행에 필요한 정비계획수립 및 정비구역 지정(변경 포함)을 위한 전문기술분야

나. 개요 : 정비계획이란 노후·불량건축물이 밀집되어 있는 지역에 대해서 주거지로서의 기능을 회복하고자 계획적이고 체계적으로 정비하기 위하여 수립하는 것으로 크게 정비구역, 용도지역, 토지이용계획, 건축물계획 등이 포함되어 있다. 따라서, 추진위원회 또는 조합 등 사업시행자로부터 정비계획 및 정비구역지정과 변경에 관련된 아래 주요 업무를 위탁받거나 이와 관련한 자문을 하려는 자가 도시계획업체라 할 수 있다.

다. 주요 업무
- 정비계획수립 및 정비구역 지정과 변경을 위한 보고서 작성 및 도시계획위원회 심의 등 관련 행정절차 이행업무
- 지형도면 고시 및 KLIS 등재 업무
- 업무수행을 위한 기초현황조사 : 토지이용현황, 건물현황, 인구 및 산업현황, 도시시설설치현황, 교통관계조사, 공급처리시설관계조사, 사회경제여건조사, 토지 및 건축물 조서 작성, 호수밀도·주택접도율·과소필지·건축물노후불량현황 등 조서 작성, 현황 정비계획시설 검토 및 도시관리계획 현황 검토 및 보완 등
- 토지이용계획 검토 : 건축·도시·교통·환경분야 상호협력 및 토지이용계획(안) 수정보완 및 확정
- 상위계획 검토 및 도서 작성 : 정비 및 관리계획, 토지이용계획, 기반시설설치계획, 용도계획, 밀도계획 등
- 교통성 검토 : 개요작성, 교통환경조사분석(가로망현황, 교차로 기하구조 현황, 신호체계현황, 주변교통소통현황 등), 교통수요예측변화(사업미시행 시 교통수요예측, 사업시행 시 교통수요예측, 접근방법, 법정주차대수 산정, 주차수요예측 및 종합검토 등), 사업시행에 따른 문제점 및

개선방안(신호운영체계 개선방안, 신설교차로 기하구조 개선안 등), 교통처리종합계획수립(진출입동선 개선방안, 주차시설 개선방안, 교통안전 및 기타 개선방안 등)

- 환경성 검토 : 개요작성, 현장조사 및 환경질 조사(토양포장·우수유출·녹지및비오톱 등 자연환경분야, 일조·바람·에너지·경관·휴식 및 여가공간 등 생활환경분야), 영양예측 및 저감방안 분석(정비사업시행 중 예상되는 문제점 및 해결방안, 폐기물, 소음·진동, 먼지 등)

- 건축부문 검토 : 건축대안 검토, 건축계획안 협의 및 확정, 건축세부 계획도면 검토(건축개요, 배치도, 층별평면도, 인동거리배치도, 종횡단면도 등)

라. 선정 시기 : 조합설립추진위원회 승인 이후

마. 선정 방법 : 추진위원회 승인을 받은 후 일반경쟁입찰에 부쳐야 하며, 「도시정비법」 시행령 제24조제1항에 해당하는 경우에는 지명경쟁이나 수의계약으로 할 수 있으며, 예산으로 정한 사항에 해당하는 경우에는 대의원회의 의결을 거쳐 계약을 체결할 수 있다.

「도시 및 주거환경정비법」 시행령 제24조제1항	
지명경쟁 가능 대상	수의계약 가능 대상
입찰 참가자를 지명(指名)하여 경쟁에 부치려는 경우 : 다음 각 목의 어느 하나에 해당하여야 한다. 가. 계약의 성질 또는 목적에 비추어 특수한 설비·기술·자재·물품 또는 실적이 있는 자가 아니면 계약의 목적을 달성하기 곤란한 경우로서 입찰대상자가 10인 이내인 경우 나. 「건설산업기본법」에 따른 건설공사(전문공사를 제외한다. 이하 이 조에서 같다)로서 추정가격이 3억원 이하인 공사인 경우 다. 「건설산업기본법」에 따른 전문공사로서 추정가격이 1억원 이하인 공사인 경우 라. 공사관련 법령(「건설산업기본법」은 제외한다)에 따른 공사로서 추정가격이 1억원 이하인 공사인 경우 마. 추정가격 1억원 이하의 물품 제조·구매, 용역, 그 밖의 계약인 경우	수의계약을 하려는 경우 : 다음 각 목의 어느 하나에 해당하여야 한다. 가. 「건설산업기본법」에 따른 건설공사로서 추정가격이 2억원 이하인 공사인 경우 나. 「건설산업기본법」에 따른 전문공사로서 추정가격이 1억원 이하인 공사인 경우 다. 공사관련 법령(「건설산업기본법」은 제외한다)에 따른 공사로서 추정가격이 8천만원 이하인 공사인 경우 라. 추정가격 5천만원 이하인 물품의 제조·구매, 용역, 그 밖의 계약인 경우 마. 소송, 재난복구 등 예측하지 못한 긴급한 상황에 대응하기 위하여 경쟁에 부칠 여유가 없는 경우 바. 일반경쟁입찰이 입찰자가 없거나 단독 응찰의 사유로 2회 이상 유찰된 경우

바. 정비계획의 내용

「도시 및 주거환경정비법」 제9조	동법 시행령
1. 정비사업의 명칭 2. 정비구역 및 그 면적 2의 2. 토지등소유자별 분담금 추산액 및 산출근거 3. 도시·군계획시설의 설치에 관한 계획 4. 공동이용시설 설치계획 5. 건축물의 주용도·건폐율·용적률·높이에 관한 계획 6. 환경보전 및 재난방지에 관한 계획 7. 정비구역 주변의 교육환경 보호에 관한 계획 8. 세입자 주거대책 9. 정비사업시행 예정시기 10. 정비사업을 통한 공공지원민간임대주택 공급, 주택임 대관리업자에게 임대할 목적으로 주택을 위탁하려는 경우의 관련 내용 11. 「국토의 계획 및 이용에 관한 법률」 제52조제1항 각 호의 사항에 관한 계획(필요한 경우로 한정한다) 12. 그 밖에 정비사업의 시행을 위하여 필요한 사항으로서 대통령령으로 정하는 사항	1. 법 제17조제4항에 따른 현금납부에 관한 사항 2. 법 제18조에 따라 정비구역을 분할, 통합 또는 결합하여 지정하려는 경우 그 계획 3. 법 제23조제1항제2호에 따른 방법으로 시행하는 주거환 경개선사업의 경우 법 제24조에 따른 사업시행자로 예 정된 자 4. 정비사업의 시행방법 5. 기존 건축물의 정비·개량에 관한 계획 6. 정비기반시설의 설치계획 7. 건축물의 건축선에 관한 계획 8. 홍수 등 재해에 대한 취약요인에 관한 검토 결과 9. 정비구역 및 주변지역의 주택수급에 관한 사항 10. 안전 및 범죄예방에 관한 사항 11. 그 밖에 정비사업의 원활한 추진을 위하여 시·도조례 로 정하는 사항

- 용도지역 : 용도지역지정을 통해 해당 지역의 건축물의 용도, 건폐율, 용적률 등을 제한
- 토지이용계획 : 토지이용계획에 따라 도로, 공원, 근린생활시설 혹은 종교시설이나 공공청사시설 등이 결정됨. 즉, 현황 을 분석하여 필요한 정비기반시설과 주거시설 등이 포함된 정비계획을 수립하고 한눈에 볼 수 있게 표현한 것이 토지 이용계획
- 건축계획 : 아파트의 세대수, 층수, 높이 등이 건축계획에 포함

사. 정비구역지정 절차

정비계획 및 구역지정 절차	정비계획(안) 수립	
	▼	
	접수	
	▼	
	주민설명회	주민에 대한 서면통보 후
	▼	
	주민공람 및 의견 청취	30일 이상
	▼	
	관련실과 협의	(구 도시계획위원회 자문)
	▼	
	지방의회의견 청취	60일 이내 의견 제시
	▼	
	정비구역지정 신청	구청장 → 특별·광역시장 등
	▼	
	관련부서 협의	
	▼	
	지방도시계획위원회 심의	
	▼	
	정비구역 지정 및 고시	구역지정 지형도면 고시
	▼	
	국토교통부장관 보고	

※ 경미한 사항을 변경하는 경우에는 주민에 대한 서면통보, 주민설명회, 주민공람 및 지방의회의 의견청취, 지방도시계획위원회 심의 절차 생략 가능

(4) 경관심의업체

가. 법적 근거 : 경관심의와 관련된 법령을 정리해 보면 다음과 같다.

구분	법, 조례	대상
경관 심의	「경관법」 제30조	제12조에 따른 경관계획의 수립 또는 변경 제13조에 따른 경관계획의 승인 제16조에 따른 경관사업 시행의 승인 제21조에 따른 경관협정의 인가 제26조에 따른 사회기반시설 사업의 경관 심의 제27조에 따른 개발사업의 경관 심의 제28조에 따른 건축물의 경관 심의 그 밖에 경관에 중요한 영향을 미치는 사항으로서 대통령령으로 정하는 사항
	「경관법」 시행령 제24조	법제25조제2항에 따라 비용 등을 지원받는 경관협정의 결정 다른 법령에서 경관위원회의 심의를 받도록 규정한 사항 그 밖에 해당 지방자치단체의 조례로 정하는 사항
	「市경관조례」 사례	제25조(건축물의 경관심의 대상) ① 법 제28조에 따라 경관위원회의 심의를 거쳐야 하는 건축물은 다음 각 호와 같다. 〈개정 2018. 4. 1., 2019. 1. 1.〉 1. 경관지구의 건축물(다만, 2층 이하의 건축물, 3층 이상의 건축물로서 층수를 증가하지 않는 증축 건축물 및 「건축법」 제14조제1항에 따른 건축신고 대상 건축물은 제외한다.) 2. 지방자치단체, 「공공기관의 운영에 관한 법률」에 따른 공공기관 또는 「지방공기업법」에 따른 지방공기업이 건축하는 건축물로서 「건축법」 제11조에 따른 건축허가 대상 건축물 및 야간경관사업의 대상인 공공건축물(다만, 층수를 증가하지 않는 증축 건축물과 설계 공모 방식으로 결정된 건축물은 제외한다.) 3. 경관관리를 위하여 필요한 건축물로서 다음 각 호의 어느 하나에 해당하는 건축물(다만, 층수를 증가하지 않는 증축 건축물은 제외한다.) 가. 「지자체 건축 조례」 제8조제1항제1호다목에 따른 시장의 건축허가 대상 건축물 나. 「지자체 건축 조례」 제8조제1항제2호다목에 따른 구청장의 건축허가 대상 건축물 〈개정 2019. 5. 15.〉 다. 「건축법 시행령」 제2조제15호의 건축물 ② 제1항제2호의 건축물에 대한 경관위원회의 심의는 지자체 공공디자인 위원회의 심의로 갈음한다. 〈신설 2018. 4. 1.〉, 〈개정 2019. 1. 1.〉 ③ 제1항 각 호의 어느 하나에 해당하는 건축물을 건축하려는 자는 「건축법」 제11조에 따른 건축허가를 받기 전에 그 허가권자 소속으로 설치하는 경관위원회의 심의를 거쳐야 한다. 다만, 경관위원회를 설치·운영하기 어려운 경우에는 영 제22조제2호 각 목의 어느 하나에 해당하는 위원회가 그 기능을 수행할 수 있다. 〈신설 2018. 4. 1.〉, 〈개정 2019. 1. 1.〉 ④ 시장은 구청장이 법 제29조제2항에 따라 경관지구 내 10층 이상의 건축물에 대하여 경관심의를 요청하는 경우 제3항에도 불구하고 지자체 경관위원회가 심의하도록 할 수 있다. 〈신설 2018. 4. 1.〉, 〈개정 2019. 1. 1.〉

나. 개요

- 경관계획은 해당 사업장이 속한 지역의 고유한 자연경관, 역사·문화경관, 도시·농산어촌의 우수한 경관을 보전하고, 훼손된 경관을 개선·복원하는 동시에 새로운 경관을 개성 있게 창출하는 것을 목적으로 하며, 경관심의는 건축물이 신축되거나 외관이 크게 변경되는 리모델링을 하는 경우 받게 되는 심의로 건축물이나 시설물이 주위와 조화롭고 아름답게 조성되도록 사전에 디자인이나 건축물의 배치, 스카이라인 등을 검토하는 제도라 할 수 있다. 일반적으로 사업부지의 건폐율, 용적율, 높이 등을 결정하는 도시계획위원회의 심의와 건축물 배치, 공간조성, 동선 및 가로구성, 스카이라인 등을 결정하는 경관심의를 거쳐야만 건축허가를 받을 수 있다.

다. 주요 업무

- 경관 심의 총괄 및 심의도서 작성
- 색채/환경 특화 디자인
- 조경디자인 컨셉 및 경관계획
- 경관조명 기본계획의 기본방향 및 목표
- 조감도 등 CG 작성
- 기타 심의를 위해 필요하다고 요구되는 사항

※ 사례 : 기본설계 완료 후 입면 디자인, 평입단, 3D Modeling, 조감도, 투시도, 평입단 리터칭 등의 작업 진행

※ 사례

- 경관심의도서 일반사항	- 그 외 색채 계획 관련
- 현황분석(드론촬영 및 현장조사)	- 조명계획 방향 및 전략
- 스카이라인 계획	- 건축조명계획
- 통경축 분석 동선계획	- 조경조명계획
- 주변현황사진	- 조도 시뮬레이션
- 경관기본구상 및 전략	- 옥외시설물 야간 경관 디자인(조경과 협의) 포함
- 조망점 선정 및 시뮬레이션	- 옥외 광고물 계획
- 주변색채 현황 분석	- 공사가림막 계획
- 색채계획 방향설정	- 그 외 기타 필요한 계획안

- 주변경관현황분석
- 외부색채 계획(대표타입 정/배/좌/우)
- 외부사진물 계획
- CG(조감도, 배치도, 투시도, 맥락도)
- 기타 심의에 필요한 CG 작성

라. 경관심의 절차

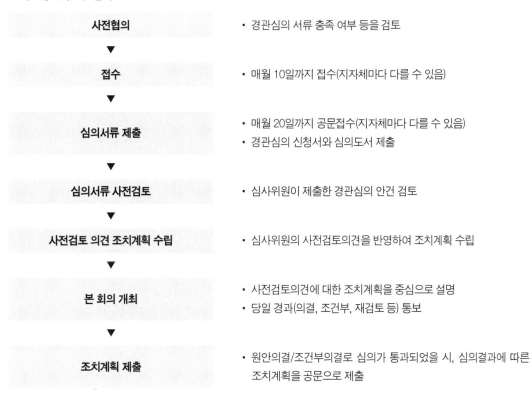

사전협의	• 경관심의 서류 충족 여부 등을 검토
▼	
접수	• 매월 10일까지 접수(지자체마다 다를 수 있음)
▼	
심의서류 제출	• 매월 20일까지 공문접수(지자체마다 다를 수 있음) • 경관심의 신청서와 심의도서 제출
▼	
심의서류 사전검토	• 심사위원이 제출한 경관심의 안건 검토
▼	
사전검토 의견 조치계획 수립	• 심사위원의 사전검토의견을 반영하여 조치계획 수립
▼	
본 회의 개최	• 사전검토의견에 대한 조치계획을 중심으로 설명 • 당일 경과(의결, 조건부, 재검토 등) 통보
▼	
조치계획 제출	• 원안의결/조건부의결로 심의가 통과되었을 시, 심의결과에 따른 조치계획을 공문으로 제출

마. 건축물의 경관심의 주요 기준

① 현황 분석

- 상위계획 및 관련 계획의 검토
- 주변의 건축물 및 경관자원의 특성에 대한 조사 등

② 배치, 규모, 형태 계획

- 주변 경관 및 인접 건축물을 고려한 건축물 배치, 규모, 형태, 입면 등 계획
- 구릉지 등 지형에 따른 배치 계획

③ 외부공간 계획

- 인접 가로 특성에 적합한 외부공간 계획
- 가로, 외부공간 및 건축물의 통합적 계획

④ 옥외광고물 계획(해당하는 경우엔 한함)

- 건축물과의 조화 및 주변 지역 특성을 감안한 계획

⑤ 외부조명 계획(해당하는 경우에 한함)

- 건축물과의 조화 및 주변 지역 특성을 감안한 계획

바. 선정 시기 : 건축심의 준비 이전

사. 선정 방법

- 추진위원회 승인을 받은 후 일반경쟁입찰에 부쳐야 하며, 「도시정비법」 시행령 제24조제1항에 해당하는 경우에는 지명경쟁이나 수의계약으로 할 수 있으며, 예산으로 정한 사항에 해당하는 경우에는 대의원회의 의결을 거쳐 계약을 체결할 수 있다.

(5) 교통영향평가업체

가. 법적 근거 : 경관심의와 관련된 법령을 정리해 보면 다음과 같다.

구분	법	내용
교통 영향 평가	「도시교통정비 촉진법」 제15조	제15조(교통영향평가의 실시대상 지역 및 사업) ① 도시교통정비지역 또는 도시교통정비지역의 교통권역에서 다음 각 호의 사업(이하 "대상사업"이라 한다)을 하려는 자(국가와 지방자치단체를 포함하며, 이하 "사업자"라 한다)는 교통영향평가를 실시하여야 한다. 〈개정 2015. 7. 24.〉 1. 도시의 개발 2. 산업입지와 산업단지의 조성 3. 에너지 개발 4. 항만의 건설 5. 도로의 건설 6. 철도(도시철도를 포함한다)의 건설

<table>
<tr><td></td><td></td><td>

7. 공항의 건설

8. 관광단지의 개발

9. 특정지역의 개발

10. 체육시설의 설치

11. 「건축법」에 따른 건축물 중 대통령령으로 정하는 건축물의 건축, 대수선, 리모델링 및 용도변경

12. 그 밖에 교통에 영향을 미치는 사업으로서 대통령령으로 정하는 사업

② 제1항에도 불구하고 다음 각 호의 어느 하나에 해당하는 사업에 대하여는 교통영향평가를 실시하지 아니할 수 있다. 〈개정 2013. 3. 23., 2015. 7. 24.〉

1. 「재난 및 안전 관리기본법」 제37조에 따른 응급조치를 위한 사업

2. 국방부장관이 군사상의 기밀보호가 필요하거나 군사작전의 긴급한 수행을 위하여 필요하다고 인정하여 국토교통부장관과 협의한 사업

3. 국가정보원장이 국가안보를 위하여 필요하다고 인정하여 국토교통부장관과 협의한 사업

③ 대상사업의 구체적 범위, 교통영향평가의 평가항목 및 내용 등 세부기준과 그 밖에 필요한 사항은 대통령령으로 정한다. 〈개정 2015. 7. 24.〉

④ 특별시·광역시·특별자치시·도 또는 특별자치도(이하 "시·도"라 한다)는 도시교통정비지역 또는 도시교통정비지역의 교통권역에서 제1항이나 제3항에 따른 대상사업 또는 그 범위 기준에 해당하지 아니하는 경우에도 지역의 특수성 등을 고려하여 교통영향평가를 실시하게 할 필요가 있는 때에는 대통령령으로 정하는 범위에서 해당 시·도의 조례로 대상사업 또는 그 범위를 달리 정할 수 있다. 〈개정 2013. 5. 22., 2015. 7. 24.〉

</td></tr>
<tr><td></td><td>

「도시교통정비
촉진법」
시행령
제24조

</td><td>

제13조의2(교통영향평가 대상사업 등) ① 법 제15제1항제11호에서 "대통령령으로 정하는 건축물"이란 다음 각 호의 건축물을 말한다. 〈개정 2017. 2. 3.〉

1. 공동주택

2. 제1종 근린생활시설

3. 제2종 근린생활시설

4. 문화 및 집회시설

5. 종교시설

6. 판매시설

7. 운수시설

8. 의료시설

9. 교육연구시설

10. 운동시설

11. 업무시설

12. 숙박시설

13. 위락시설

14. 공장

15. 창고시설

16. 자동차 관련 시설(건설기계 관련 시설을 포함한다)

17. 방송통신시설(제1종 근린생활시설에 해당하는 것은 제외한다)

18. 묘지 관련 시설

</td></tr>
</table>

		19. 관광휴게시설
		20. 장례시설
		② 법 제15조제1항제12호에서 "대통령령으로 정하는 사업"이란 다음 각 호의 사업을 말한다. 〈개정 2012. 7. 26.〉
		1. 「연구개발특구 등의 육성에 관한 특별법」 제6조의2제2항제4호에 따른 특구개발사업
		2. 「사회기반시설에 대한 민간투자법」 제2조제5호에 따른 민간투자사업
		③ 법 제15조제1항에 따라 교통영향평가를 실시하여야 하는 대상사업의 범위는 별표 1과 같다. 〈개정 2016. 1. 22.〉
		④ 교통영향평가의 평가항목 및 내용은 다음 각 호와 같다. 〈개정 2016. 1. 22.〉
		1. 대상사업의 시행으로 교통에 미치는 영향의 시간적·공간적 범위
		2. 대상사업별 교통의 문제점에 대한 교통개선대책(이하 "교통개선대책"이라 한다)에 관한 사항
		3. 교통개선대책의 수립사항을 반영한 사업계획의 내용
		⑤ 제4항에 따른 교통영향평가의 평가항목 및 내용의 세부적인 사항과 그 밖에 교통영향평가의 실시에 필요한 사항은 국토교통부장관이 정하여 고시한다. 다만, 제6항제1호의 사항에 관하여는 지역 특성을 고려하여 해당 시·도의 조례로 다르게 정할 수 있다. 〈개정 2013. 3. 23., 2016. 1. 22.〉
		⑥ 제5항에 따른 고시에는 다음 각 호의 사항이 포함되어야 한다. 〈개정 2016. 1. 22.〉
		1. 교통영향평가가 필요한 지역적 범위의 설정
		2. 현황 조사에 관한 사항
		3. 교통영향의 예측 및 분석
		4. 교통개선대책의 변경 허용 인정 범위에 관한 사항 등
		⑦ 법 제15조제4항에서 "대통령령으로 정하는 범위"란 다음 각 호의 범위를 말한다. 〈개정 2013. 3. 23.〉
		1. 별표 1에서 정한 규모의 100분의 50 이상
		2. 별표 1에서 정하지 아니한 사업으로서 시·도지사가 미리 국토교통부장관과 협의한 범위

나. 개요

- 일정 규모 이상의 건축물을 신축, 증축 또는 용도 변경하는 경우나 사업지역의 주변 가로에 미치는 영향과 동선처리주차 등과 같이 대량의 교통수요를 유발할 우려가 있는 사업을 시행하는 경우, 미리 당해 사업의 시행으로 인하여 발생할 교통장해 등 각종 교통상의 문제점을 검토·분석하고 이에 대한 대책을 강구하는 것을 말한다.

다. 주요 업무(교통영향평가 주요 내용)

구분	내용
서론	• 사업의 개요 • 교통영향평가 사유 및 시기의 적정성 • 교통영향평가 범위(시간적, 공간적 범위 및 중점분석 항목) • 교통영향평가 결과 요약 - 중점분석 항복별 분석결과, 교통영향분석 및 문제점, 종합개선안
교통환경조사 분석	• 교통시설 및 교통소통현황 • 토지이용현황, 토지이용계획 및 주변지역개발 계획 • 교통시설의 설치계획 및 교통관련 계획
사업지구 및 주변지역의 장래 교통수요	• 사업 미시행 시 수요예측 • 사업시행 시 수요예측 • 주차수요예측
사업의 시행에 따른 문제점 및 개선대책	• 주변가로 및 교차로 • 진출입 동선 • 대중교통 • 자전거 및 보행 • 주차 • 교통안전 및 기타 • 사업지구의 외부 및 내부 교통개선 등

라. 교통영향평가 절차

건축계획 검토, 인접구역 교통영향평가 계획 검토 등　　• 설계사무소, 교평업체 등

▼

교통영향평가보고서 작성　　• 사업시행자, 교평업체 등

▼

교통영향평가 접수　　• 사업시행자 → 구청장

▼

구청 사전검토 및 협의, 심의도서 수정　　• 구청 유관부서

▼

교통영향평가 심의 접수　　• 구청장 → 관할시청

▼

관할시청 유관부서 협의 및 검토　　• 특별시, 광역시 유관부서

▼

사전검토 보완서 작성 및 접수　　• 사업시행자

▼

| 교통영향평가 심의 | • 교통영향평가심의위원회 |

▼

| 심의의결보완서(이행조치계획 수립) 작성 및 제출 | • 사업시행자 → 구청장 |

마. 교통영향평가에 포함되는 내용

- 서론
- 사업시행에 의한 교통영향 및 문제점
- 사업의 개요
- 사업지 주변의 토지이용 및 교통현황
- 관련 계획 및 주변지역 여건
- 분석
- 결론 및 건의
- 교통수요예측
- 참고 자료.

바. 선정 시기 : 건축심의 준비 이전

사. 선정 방법

- 추진위원회 승인을 받은 후 일반경쟁입찰에 부쳐야 하며, 「도시정비법」 시행령 제24조제1항에 해당하는 경우에는 지명경쟁이나 수의계약으로 할 수 있으며, 예산으로 정한 사항에 해당하는 경우에는 대의원회의 의결을 거쳐 계약을 체결할 수 있다.

아. 유의사항

- 「도시교통촉진법」 제25조제2항에 따라 교통영향평가의 실시 또는 변경을 대행하게 하기 위하여 계약을 체결하는 경우에는 대상사업의 공사에 관한 설계 등 다른 계약과 분리하여 별도로 계약을 체결하여야 하며, 이를 위반할 경우 교통영향평가의 실시·변경에 관한 대행계약을 체결한

사업자는 1천만원 이하의 과태료가 부과됨으로 유의해야 한다.

(6) 소방성능위주 설계

가. 법적 근거
- 「화재예방, 소방시설 설치·유지 및 안전관리에 관한 법률」제9조의3, 같은 법 시행령 제15조의 3
- 소방청 고시 제2017-1호 소방시설 등의 성능위주설계 방법 및 기준
- 소방시설등 성능위주설계 평가운영 표준 가이드라인 등

나. 적용대상 및 범위 : 「소방시설법」시행령 제15조의3
- 연면적 20만㎡ 이상인 특정소방대상물, 다만, 「소방시설법」시행령 별표2 제1호에 따른 공동주택 중 주택으로 쓰이는 층수가 5층 이상인 주택(아파트 등)은 제외
- 50층 이상(지하층은 제외한다)이거나 지상으로부터 높이가 200미터 이상인 아파트 등
- 30층 이상(지하층을 포함한다)이거나 지상으로부터 높이가 120미터 이상인 특정소방대상물(아파트 등은 제외한다)
- 연면적 3만㎡ 이상인 특정소방대상물(철도 및 도시철도 시설, 공항시설)
- 「하나의 건축물에 영화 및 비디오물의 진흥에 관한 법률」제2조제10호에 따른 영화상영관이 10개 이상인 특정소방대상물
- 「초고층 및 지하연계 복합건축물 재난관리에 관한 특별법」제2조제2호에 따른 지하연계 복합건축물에 해당하는 특정소방대상물

다. 개요
- 화재의 위험 및 피해가 높은 특정 규모 및 용도의 건축물을 대상으로 설계 단계부터 화재예방을 위해 소방 관련 법규를 강화 또는 유연하게 적용하게 하는 제도이다.

라. 주요 업무
- 소방(기계, 전기, 성능)설계

- 계산서 및 내역서 작성
- 시방서 작성
- 내진설계(인허가 필요시)

마. 소방성능위주 설계 심의 절차 : 소방시설 등의 성능위주설계 방법 및 기준 제5조 등

- 건축심의 전(1단계 사전검토)

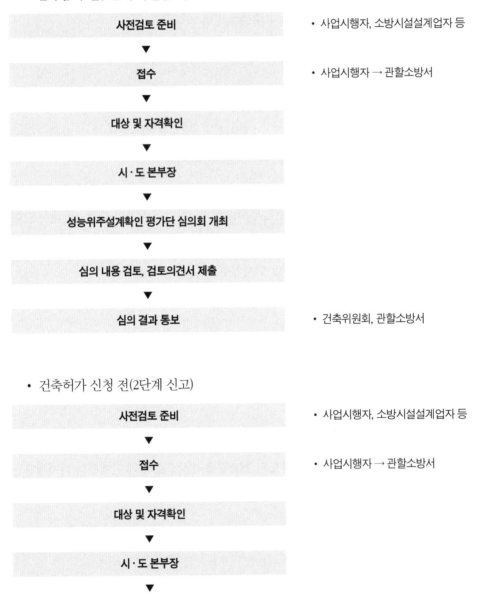

사전검토 준비	• 사업시행자, 소방시설설계업자 등
접수	• 사업시행자 → 관할소방서
대상 및 자격확인	
시·도 본부장	
성능위주설계확인 평가단 심의회 개최	
심의 내용 검토, 검토의견서 제출	
심의 결과 통보	• 건축위원회, 관할소방서

- 건축허가 신청 전(2단계 신고)

사전검토 준비	• 사업시행자, 소방시설설계업자 등
접수	• 사업시행자 → 관할소방서
대상 및 자격확인	
시·도 본부장	

성능위주설계확인 평가단 심의회 개최	
▼	
심의 내용 검토, 검토의견서 제출	• 20일 이내
▼	
심의 결과 통보	• 관할소방서, 사업시행자
▼	
건축허가 동의 갈음	• 관할소방서 → 구청

바. 소방성능위주 설계 심의 제출 도서

사전검토 단계	신고 단계
• 건물의 개요(위치, 규모, 구조, 용도)	• 건물의 개요(위치, 규모, 구조, 용도)
• 부지 및 도로 계획(소방차량 진입동선을 포함) (단지 내 조경 및 조형물 등 칼라 표시)	• 부지 및 도로 계획(소방차량 진입동선을 포함) - 단지 내 조경 및 조형물 등 칼라 표시
• 화재안전계획의 기본방침	• 화재안전기준과 성능위주설계에 따라 소방시설을 설치하였을 경우의 화재안전성능 비교표
• 건축물의 기본 설계도면(주 단면도, 입면도, 용도별 기준층 평면도 및 창호도 등을 말한다)	• 화재안전계획의 기본방침
• 건축물의 구조설계에 따른 피난계획 및 피난동선도	• 건축물 계획·설계도면
• 건축물 내·외장재료 마감계획	- 주 단면도 및 입면도
• 방화구획 계획도 및 화재확대 방지계획(연기의 제어방법을 포함)	- 건축물 내장재료 마감계획
• 수계소화설비 수리 흐름도	- 용도별 기준층 평면도 및 창호도
• 제연설비 D·A 위치 평면도	- 방화구획 계획도 및 화재확대 방지계획(연기의 제어방법 포함)
• 종합방재실 장비 배치 평면도	- 피난계획 및 피난동선도
• 소방시설 계통도 및 용도별 기준층 평면도	- 소방시설의 설치계획 및 설계 설명서
• 소방시설의 설치계획 및 설계 설명서	• 소방시설 계획·설계도면
• 시나리오에 따른 화재 및 피난 시뮬레이션	- 수계소화설비 수리 흐름도
• 성능위주설계 심의 가이드라인 반영 상세검토서	- 소방시설 계통도 및 용도별 기준층 평면도 소화용수설비 및 연결송수구 설치위치 평면도
	- 종합방재실의 운영 및 설치계획(종합방재실 장비 배치 평면도)
	- 상용전원 및 비상전원의 설치계획
	- 제연설비 D·A 위치 평면도
	• 소방시설에 대한 부하 및 용량계산서
	• 적용된 성능위주설계 요소 개요
	• 성능위주설계 요소 설계 설명서
	• 성능위주설계 요소의 성능 평가(시나리오에 따른 화재 및 피난시뮬레이션 포함)

사. 선정 시기 : 건축심의 준비 이전

아. 선정 방법
- 추진위원회 승인을 받은 후 일반경쟁입찰에 부쳐야 하며, 「도시정비법」 시행령 제24조제1항에 해당하는 경우에는 지명경쟁이나 수의계약으로 할 수 있으며, 예산으로 정한 사항에 해당하는 경우에는 대의원회의 의결을 거쳐 계약을 체결할 수 있다.

(7) 측량

가. 법적 근거
- 「공간정보의 구축 및 관리 등에 관한 법률」(약칭 : 「공간정보관리법」) 및 같은 법시행령, 시행규칙

나. 측량의 종류

구분	내용
1) 기초측량	1필지의 관계를 측정하는 것으로 지적측량기준점의 설치 또는 세부측량을 위하여 필요한 경우에 실시하며, 지적삼각측량, 지적삼각보조측량, 지적도근측량 및 지적위성기준측량으로 구분
2) 지적삼각측량	삼각점과 지적삼각점을 기초로 하여 지적측량의 기초가 되는 지적삼각점을 영구적으로 보존할 수 있는 장소에 설치하기 위하여 삼각법에 의하여 평면직각 종횡선 좌표를 구하는 측량
3) 지적도근측량	지적삼각측량에 의해 설치된 지적삼감보조점을 기준으로 세부측량을 실시하기 적합한 위치에 지적측량기준점을 새로이 설치하는 측량
4) 세부측량	신규등록측량 지적공부에 등록되지 않은 토지를 새로이 등록하기 위하여 실시하는 측량
5) 등록전환측량	임야대장 및 임야도에 등록된 토지를 토지대장 및 지적도에 등록하기 위한 측량으로, 임야대장에 등록된 토지가 관계 법령 등에 의하여 형질이 변경된 경우 토지대장에 등록하고자 할 때 주로 하는 측량
6) 분할측량	지적공부에 등록된 한필지의 토지를 두 필지 이상으로 나누기 위하여 실시하는 측량
7) 경계복원측량	지적도 또는 임야도에 등록된 경계 또는 경계점좌표등록부에 등록된 좌표를 지표상에 복원하는 측량 - 건축물을 신축, 증축, 개축하거나 인접한 토지와의 경계를 확인하고자 할 때 주로 하는 측량

8) 현황측량	지상구조물 또는 지형, 지물이 점유하는 위치현황을 실측하여 지적도 또는 임야도에 등록된 경계와 대비하여 그 관계위치를 표시하기 위한 측량, 건축물을 신축하고 준공검사를 신청할 때 주로 하는 측량
9) 확정측량	도시개발사업 등으로 인하여 토지를 구획하고 환지를 완료한 토지의 지번, 지목, 면적 및 경계 또는 좌표를 지적공부에 새로이 등록하기 위하여 실시하는 측량
10) 택지예정좌표도작성측량	택지개발등 지역개발 사업 시 개발계획으로 구획된 토지를 예정지번으로 공급하는 현행 제도를 수치지적에 의한 정확한 개발예정도의 작성방법으로 하는 측량

다. 측량 수수료

- 측량수수료는 매년 국토교통부에서 고시되는 지적측량 수수료를 기준으로 책정이 되나, 조달청을 통한 공개경쟁입찰에 따라 선정된 업체의 용역비가 수수료로 책정이 되기도 함.

라. 주요 업무

일반적으로 재개발 사업에 있어 시행하는 측량의 종류는 다음과 같다.

- 지적삼각측량
- 지적도근측량
- 분할측량
- 경계복원측량
- 현황측량
- 확정측량
- 택지예정좌표도작성측량
- 도로대안선(도로현황)측량
- 지형현황측량 등

〔도로대안선(도로현황) 측량 및 지형현황 측량의 필요성〕

구분	필요성
도로대안선 (도로현황) 측량	교통영향평가 및 건축심의, 사업시행(변경)인가, 도로실시계획인가 등의 인·허가를 통해 구역 외곽에 도시계획도로가 개설될 예정이며, 측량의 범위는 통상적으로 구역경계까지만 하게 되어 있어 이를 기준으로 인·허가를 진행할 경우, 우리 구역 맞은편 건물의 침범 등으로 인해 확보되어야 하는 도로 폭을 확보하지 못하는 경우가 발생할 수 있어 최근에는 교통영향평가 등의 인·허가 진행시에 신설도로를 기준으로 우리 구역 맞은편에 대한 측량(도로대안선측량 또는 도로현황측량)을 진행하고 있음 예를 들어, 수년 전에는 많은 재개발단지에서 신설도로를 기준으로 우리 구역 맞은편, 즉 구역 밖에 있는 건물 등에 대한 현황측량을 시행하지 않고 신설도로를 개설하다 보니 일부 구간은 구역 밖, 맞은편 건물 등의 침해로 인해 도로 폭을 확보하지 못하는 경우가 발생하였고 이로 인해 큰 문제가 발생되었음. 따라서 수년 전부터는 인·허가 진행시에 신설도로 기준으로 우리 구역 맞은편 건물 등에 대한 측량을 요구하고 있으며, 이것이 도로대안선(도로현황)측량이라고 함
지형현황 측량	지형현황측량은 기본 및 실시설계에 필요한 자료를 제공하는 측량으로 설계사무소와 시공사에서 요청하고 있는 측량이며, 여러 측량업체의 자문 및 다른 구역의 사례 등을 검토해 본 결과 필요한 측량으로 보임. 또한, 도로 등 정비기반시설 설계를 위해서도 필요하고, 향후 시공 준비 시 토공량 산출에도 필요한 측량임 지형현황 측량의 주요 내용은 높낮이(레벨)측량, 우·오수 등 지하매설물 측량, 지장물측량 등이며, 사업시행계획승인을 위한 설계도서 준비 및 도로 등 정비기반시설 설계 등에 지형현황측량 결과가 반영될 필요가 있음

마. 선정 시기 : 건축심의 준비 이전

바. 선정 방법
- 추진위원회 승인을 받은 후 일반경쟁입찰에 부쳐야 하며, 「도시정비법」 시행령 제24조제1항에 해당하는 경우에는 지명경쟁이나 수의계약으로 할 수 있으며, 예산으로 정한 사항에 해당하는 경우에는 대의원회의 의결을 거쳐 계약을 체결할 수 있다.

사. 유의사항
- 민간측량업체가 상기 측량의 유형 대부분을 시행할 수 있으나, 택지예정좌표도측량과 분할측량 등은 LX(한국국토정보공사)만이 수행 가능함으로 유의해야 한다.

(8) 문화재지표조사

가. 법적 근거

「매장문화재 보호 및 조사에 관한 법률」 및 같은 법 시행령, 시행규칙 등

【매장문화재 보호 및 조사에 관한 법률 시행령】

제4조(지표조사의 대상 사업 등) ① 법 제6조제1항에서 "대통령령으로 정하는 건설공사"란 다음 각 호의 어느 하나에 해당하는 건설공사를 말한다. 이 경우 동일한 목적으로 분할하여 연차적으로 개발하거나 연접하여 개발함으로써 사업의 전체 면적이 제1호 또는 제2호에서 정하는 규모 이상인 건설공사를 포함한다. 〈개정 2012. 7. 26., 2015. 8. 3., 2016. 6. 8., 2019. 8. 27., 2020. 11. 3.〉

1. 토지에서 시행하는 건설공사로서 사업 면적(매장문화재 유존지역과 제6항제1호 및 제2호에 해당하는 지역의 면적은 제외한다. 이하 이 조에서 같다)이 3만 제곱미터 이상인 경우

2. 「내수면어업법」 제2조제1호에 따른 내수면에서 시행하는 건설공사로서 사업 면적이 3만 제곱미터 이상인 경우. 다만, 내수면에서 이루어지는 골재 채취 사업의 경우에는 사업 면적이 15만 제곱미터 이상인 경우로 한다.

3. 「연안관리법」 제2조제1호에 따른 연안에서 시행하는 건설공사로서 사업 면적이 3만 제곱미터 이상인 경우. 다만, 연안에서 이루어지는 골재 채취 사업의 경우에는 사업 면적이 15만 제곱미터 이상인 경우로 한다.

4. 제1호부터 제3호까지의 규정에서 정한 사업 면적 미만이면서 다음 각 목의 어느 하나에 해당하는 건설공사로서 지방자치단체의 장이 법 제6조제1항에 따른 매장문화재 지표조사(이하 "지표조사"라 한다)가 필요하다고 인정하는 경우

가. 과거에 매장문화재가 출토되었거나 발견된 지역에서 시행되는 건설공사

나. 다음의 어느 하나에 해당하는 지역에서 시행되는 건설공사

1) 역사서, 고증된 기록, 관련 학계의 연구결과 등을 검토한 결과 문화재가 매장되어 있을 가능성이 높은 지역

2) 매장문화재 관련 전문가 2명 이상이 문화재가 매장되어 있을 가능성이 높다는 의견을 제시한 지역. 이 경우 기관에 소속되어 있는 매장문화재 관련 전문가로부터 의견을 듣는 경우에는 각각 다른 기관에 소속된 사람으로부터 의견을 들어야 한다.

다. 가목 또는 나목에 준하는 지역으로서 지방자치단체의 조례로 정하는 구역에서 시행되는 건설공사

라. 삭제〈2015. 8. 3.〉

마. 삭제〈2015. 8. 3.〉

나. 개요

「문화재 보호법」에 의거 대통령령이 정하는 일정규모 이상의 건설공사를 시행하는 경우, 시행자는 건설공사의 사업계획 수행 시 당해공사 지역에 대한 유적의 매장 및 분포여부를 확인하기 위해 문화재 지표조사를 실시하여야 한다.

다. 문화재 지표조사 절차

문화재 지표조사 의뢰/계약	• 사업시행자 → 조사기관
▼	
착수신고서 제출	• 조사기관 → 구청
▼	
지표조사 및 보고서 납품	• 조사기관 → 사업시행자
▼	
지표조사 보고서 제출	• 사업시행자 → 구청, 문화재청
▼	
지표조사에 대한 의견 제출	• 구청 → 문화재청

라. 문화재 지표조사 기관

문화재청장이 문화재 지표조사기관으로 지정·고시한 기관.

- 매장문화재 발굴 관련 사업의 목적으로 설립된 법인
- 국가 또는 지방자치단체가 설립·운영하는 매장문화재 발굴 관련 기관
- 매장문화재 발굴을 위하여 설립된 부설 연구시설
- 「박물관 및 미술관 진흥법」 제3조제1항에 따른 박물
- 「문화재보호법」 제9조에 따른 한국문화재단

마. 문화재 지표조사의 주요 내용

- 조사지역 및 범위
- 조사 기간
- 조사단 구성(각 인원별 조사분야 명시)

- 문헌조사 내용

- 주변 문화재 내용

- 역사, 고고, 민속(탐문조사 포함), 고유지명 조사

- 조사에서 확인된 유물산포지 등 문화유적과 사업목적물과의 관계(이격거리, 사업시행으로 인한 영향 등)

- 조사기관 의견(원형보존, 이전복원, 발굴조사 등)

- 조사지역 현황 및 유구, 유물사진(칼라 3*5사이즈 기준)

- 도면(조사지역 및 범위와 유물산포지 등이 표시된 도면)

- 기타 사업 및 지역의 특성에 따른 조사 내용(필수사항 아님)

바. 선정 시기 : 사업시행계획 수립 준비 이전

사. 선정 방법

추진위원회 승인을 받은 후 일반경쟁입찰에 부쳐야 하며, 「도시정비법」 시행령 제24조제1항에 해당하는 경우에는 지명경쟁이나 수의계약으로 할 수 있으며, 예산으로 정한 사항에 해당하는 경우에는 대의원회의 의결을 거쳐 계약을 체결할 수 있다.

(9) 교육환경영향평가

가. 법적 근거

2016년 2월 「교육환경 보호에 관한 법률」의 제정을 통해 2017년 4월부터 시행할 교육환경평가를 법제화함.

나. 교육환경영향평가의 대상

> 제6조(교육환경평가서의 승인 등)
> ① 다음 각 호의 자는 교육환경에 미치는 영향에 관한 평가서(이하 "교육환경평가서"라 한다)를 대통령령으로 정하는 바에 따라 관할 교육감에게 제출하고 그 승인을 받아야 한다.

1. 학교를 설립하려는 자

2. 국토의 계획 및 이용에 관한 법률 제24조에 따른 도시·군관리계획의 입안자

3. 학교용지 확보 등에 관한 특례법 제3조제1항에 따른 개발사업시행자

4. 학교(고등교육법 제2조 각 호에 따른 학교는 제외한다) 또는 제8조제1항에 따라 설정·고시된 교육환경보호구역이 도시 및 주거환경정비법 제2조제1에 따른 정비구역으로 지정·고시되어 해당 구역에서 신축사업을 시행하려는 자

5. 제8조제1항에 따라 설정·고시된 교육환경보호구역에서 건축법 제11조제1항 단서에 따른 규모의 건축을 하려는 자

② 제1항에 따른 교육환경 평가 대상은 학교용지 예정지 또는 신축사업 예정지 등의 위치, 크기·외형, 지형·토양환경, 대기환경, 주변 유해환경, 공공시설을 포함한다.

③ 교육감은 교육환경평가서를 승인하기 위해서는 시·도위원회의 심의를 거쳐야 하며, 이를 위하여 제13조에 따른 교육환경 보호를 위한 전문기관 또는 대통령령으로 지정하는 기관의 검토의견을 함께 제공하여야 한다.

④ 제3항에도 불구하고 다음 각 호의 어느 하나에 해당하는 경우에는 지역위원회의 심의를 거쳐 교육환경평가서를 승인할 수 있다. 이 경우 제13조에 따른 교육환경 보호를 위한 전문기관 또는 대통령령으로 지정하는 기관의 검토의견을 생략할 수 있다.

「건축법」에 "21층 이상이거나 연면적 연면적 10만㎡ 이상"인 건축물의 건축허가를 받기 전 교육환경영향평가를 반드시 받게끔 명시되어 있으며, 「교육환경 보호에 관한 법률」에 따라 학교경계로부터 직선거리 200m의 범위 안의 지역을 교육환경보호구역으로 설정·고시하고 교육환경보호구역에서 「건축법」 제11조제1항 단서에 따른 규모의 건축을 하려는 자는 교육환경평가 대상이 된다.

다. 교육환경영향평가의 절차

평가서 제출 및 협의·보완	• 사업시행자 → 교육감
자체 조사	• 교육감
검토요청 및 검토결과 통보	• 교육감 → 전문기관

| | 교육환경영향평가 심의 | • 교육환경보호위원회 |

교육환경영향평가 심의   • 교육환경보호위원회

▼

승인결과 통보 및 반영결과 제출   • 사업시행자 ↔ 교육감

▼

승인내용 이행사항 확인 및
사후 교육환경평가서 제출(피해 발생 시)   • 사업시행자 ↔ 교육감

라. 교육환경영향평가의 주요 내용

구분		내용
위치	일반사항	• 교지가 공원 및 녹지축과 연계할 것 • 교지와 도서관, 문화시설 및 체육시설 등이 인접될 것 • 유치원 및 초중등학교는 해당 교육청의 학생 및 학교배치계획 부합
	통학범위	• 학생의 거주분포를 고려하여 교지가 단위 통학권의 중심에 배치될 것 • 초등학교 학생의 통학 거리는 도보 30분, 중고등학교는 대중교통 30분 정도로 적정한 거리일 것
	통학안전	• 교지가 대형판매시설, 문화 및 집회시설 등 교통유발도가 높은 시설과 인접되지 않을 것 • 교지 인접도로가 접산도로 또는 국지도로일 것 • 학교통학로가 주간선도로 및 보조간선도로를 횡단하지 않을 것 • 학교통학로가 자전거보행자겸용도로 또는 보행자전용도로와 연계되고, 2미터 이상의 유효 보도폭이 확보될 것 • 인근 아파트단지 출입구와 학교 교문의 거리가 최소화될 수 있도록 • 해당 계획 또는 사업 등을 위한 공사로 학생의 통학에 지장 또는 위험이 발생하지 않을 것
	통풍, 조망 및 일조	• 통풍 및 조망에 장애가 없을 것 • 교지에 동짓날을 기준으로 다음의 일조시간이 확보될 것
크기 및 외형	교지면적	• 교지가 단위 학교별로 규정된 법정 기준면적 이상일 것
	교지형태	• 교지가 정형의 형태이고, 남향 중심의 교사 배치가 가능할 것
지형 및 토양환경	지형 및 경사도	• 교지는 학습활동 등에 지장이 없도록 경사도가 심하지 아니하고 교사의 설치 등 공사가 용이한 부지일 것
	풍수해	• 교지는 풍수해 등 자연재해가 우려되는 지역에 위치하지 않을 것
	교지의 과거 이용상황 등	• 유해화학물질 취급공장, 정유공장, 석면취급 공장 또는 제련소 등으로 사용되지 않았을 것 • 폐기물 처리장, 폐기물 매립장 또는 광산 등의 용도로 사용되지 않았을 것 • 그 밖에 오염물질이나 독성물질이 배출되어 토양이나 지하수가 오염되었던 지역이 아닐 것

	토양환경 등	• 교지의 토양오염 정도가 우려기준 이하일 것 • 지표수는 환경기준에 적합할 것
대기환경	대기질	• 교지 내 대기가 「환경정책기본법」에 따른 환경기준에 적합할 것 • 해당 계획 또는 사업 등을 위한 공사로 발생하는 악취가 악취방지법에 따른 악취배출 허용기준 이내일 것
	소음 및 진동	• 교지 내 소음진동이 「환경정책기본법」에 따른 환경기준과 「소음진동관리법」에 따른 규제기준에 적합하고, 교사 내 소음이 55dB 이하
주변 유해환경	보호구역 내 금지행위 및 시설	• 해당 학교의 보호구역 내에 「교육환경보호에관한법률」에 따른 금지행위 및 시설이 없을 것
	위험시설 등	• 교지 경계선 기준 300미터 이내에 「교육환경보호에관한법률시행규칙」 별표 1에 따른 시설이 가급적 없을 것
공공시설	기반시설 등	• 학교의 상하수도, 전기 및 도시가스 등 기반시설의 이용에 장애가 없을 것 • 그 밖에 학교의 교육 및 연구 등에 필요한 공공시설의 이용에 장애가 없을 것

마. 선정 시기 : 건축심의 및 사업시행계획 수립 준비 이전

바. 선정 방법

추진위원회 승인을 받은 후 일반경쟁입찰에 부쳐야 하며, 「도시정비법」 시행령 제24조제1항에 해당하는 경우에는 지명경쟁이나 수의계약으로 할 수 있으며, 예산으로 정한 사항에 해당하는 경우에는 대의원회의 의결을 거쳐 계약을 체결할 수 있다.

(10) 환경영향평가

가. 법적 근거
• 「환경영향평가법」 및 동법 시행령, 시행규칙 등

나. 개요

「환경영향평가법」, 「환경영향평가서등 작성 등에 관한 규정」 등 관련 규정에 의거 소규모환경영향평가를 실시하며, 주변 환경에 대한 실측자료와 기초조사 자료의 분석을 통해 환경영향을 파악하고, 사업시행에 따른 환경영향을 예측하여 악영향에 대한 저감대책을 수립함으로써 환경영향을 최소화

하는 데 그 목적이 있다.

다. 소규모 환경영향평가 대상사업의 종류, 범위 및 협의 요청시기(「환경영향평가법」제43조, 시행
령 제59조 및 제61조 제2항, 별표 4)

구분	소규모 환경영향평가 대상사업의 종류·규모	협의 요청시기
1. 「국토의 계획 및 이용에 관한 법률」적용지역	가. 「국토의 계획 및 이용에 관한 법률」제6조제1호에 따른 **도시지역의 경우 사업계획 면적이 6만제곱미터(녹지지역의 경우 1만제곱미터) 이상**인 다음의 어느 하나에 해당하는 사업 1) 「체육시설의 설치·이용에 관한 법률」제12조에 따른 사업계획에 따라 시행하는 체육시설의 설치사업 2) 「골재채취법」제21조의2에 따른 골재채취 예정지에서 골재를 채취하는 사업 3) 「어촌·어항법」제19조제2항제1호에 따른 어항시설기본계획에 따라 시행하는 개발사업 4) 「국토의 계획 및 이용에 관한 법률」제2조제4호다목에 따른 기반시설 설치·정비 또는 개량에 관한 계획에 따라 시행하는 사업 5) 「국토의 계획 및 이용에 관한 법률」제2조제5호의 지구단위계획에 따라 시행하는 사업	사업의 허가·인가·승인·면허·결정 또는 지정 등(이하 이 표에서 "승인등"이라 한다) 전
	나. 「국토의 계획 및 이용에 관한 법률」제6조제2호에 따른 관리지역의 경우 사업계획 면적이 다음의 면적 이상인 것 1) 보전관리지역 : 5,000제곱미터 2) 생산관리지역 : 7,500제곱미터 3) 계획관리지역 : 10,000제곱미터	사업의 승인등 전
	다. 「국토의 계획 및 이용에 관한 법률」제6조제3호에 따른 농림지역의 경우 사업계획 면적이 7,500제곱미터 이상인 것	사업의 승인등 전
	라. 「국토의 계획 및 이용에 관한 법률」제6조제4호에 따른 자연환경보전지역의 경우 사업계획 면적이 5,000제곱미터 이상인 것	사업의 승인등 전
2. 「개발제한구역의 지정 및 관리에 관한 특별조치법」적용지역	「개발제한구역의 지정 및 관리에 관한 특별조치법」제3조에 따른 개발제한구역의 경우 사업계획 면적이 5,000제곱미터 이상인 것	사업의 승인등 전
3. 「자연환경보전법」 및 「야생생물 보호 및 관리에 관한 법률」적용지역	가. 「자연환경보전법」제2조제12호 및 제12조에 따른 생태·경관보전지역(같은 법 제23조에 따른 시·도 생태·경관보전지역을 포함한다)의 경우 사업계획 면적이 다음의 면적 이상인 것 1) 생태·경관핵심보전구역 : 5,000제곱미터 2) 생태·경관완충보전구역 : 7,500제곱미터 3) 생태·경관전이보전구역 : 10,000제곱미터	사업의 승인등 전

	나. 「자연환경보전법」제2조제13호 및 제22조에 따른 자연유보지역의 경우 사업계획 면적이 5,000제곱미터 이상인 것	사업의 승인등 전
	다. 「야생생물 보호 및 관리에 관한 법률」 제27조에 따른 야생생물 특별보호구역 및 같은 법 제33조에 따른 야생생물 보호구역의 경우 사업계획 면적이 5,000제곱미터 이상인 것	사업의 승인등 전
4. 「산지관리법」 적용지역	가. 「산지관리법」 제4조제1항제1호 나목에 따른 공익용산지의 경우 사업계획 면적이 10,000제곱미터 이상인 것	사업의 승인등 전
	나. 「산지관리법」 제4조제1항제1호 나목에 따른 공익용산지 외의 산지의 경우 사업계획 면적이 30,000제곱미터 이상인 것	사업의 승인등 전
5. 「자연공원법」 적용지역	가. 「자연공원법」 제18조제1항제1호에 따른 공원자연보존지구의 경우 사업계획 면적이 5,000제곱미터 이상인 것	사업의 승인등 전
	나. 「자연공원법」 제18조제1항제2호, 제3호 또는 제6호에 따른 공원자연환경지구, 공원마을지구 또는 공원문화유산지구의 경우 사업계획 면적이 7,500제곱미터 이상인 것	사업의 승인등 전
6. 「습지보전법」 적용지역	가. 「습지보전법」 제8조제1항에 따른 습지보호지역의 경우 사업계획 면적이 5,000제곱미터 이상인 것	사업의 승인등 전
	나. 「습지보전법」 제8조제1항에 따른 습지주변관리지역의 경우 사업계획 면적이 7,500제곱미터 이상인 것	사업의 승인등 전
	다. 「습지보전법」 제8조제2항에 따른 습지개선지역의 경우 사업계획 면적이 7,500제곱미터 이상인 것	사업의 승인등 전
7. 「수도법」, 「하천법」, 「소하천정비법」 및 「지하수법」 적용지역	가. 「수도법」 제3조제7호에 따른 광역상수도가 설치된 호소(湖沼)의 경계면(계획홍수위를 기준으로 한다)으로부터 상류로 1킬로미터 이내인 지역(팔당댐 상류의 남한강·북한강의 경우에는 환경정책기본법 제38조제1항에 따라 지정된 특별대책지역 Ⅰ권역으로서 「한강수계 상수원 수질개선 및 주민지원 등에 관한 법률」 제4조제1항제1호에 따른 수변구역의 지정대상이 되는 지역의 경계선 이내의 지역으로 한다)의 경우 사업계획 면적이 7,500제곱미터(「주택법」 제2조제2호에 따른 공동주택의 경우에는 5,000제곱미터) 이상인 것	사업의 승인등 전
	나. 「하천법」 제2조제2호에 따른 하천구역의 경우 사업계획 면적이 10,000제곱미터 이상인 것	사업의 승인등 전
	다. 「소하천정비법」 제2조제2호에 따른 소하천구역의 경우 사업계획 면적이 7,500제곱미터 이상인 것	사업의 승인등 전
	라. 「소하천정비법」 제8조제1항에 따라 관리청이 소하천정비시행계획을 수립하여 소하천정비사업을 시행하는 경우 사업계획 면적이 7,500제곱미터 이상인 것	「소하천정비법」 제8조제3항에 따라 관리청이 지방환경관서의 장과 협의하는 때

	마.「지하수법」제2조제3호에 따른 지하수보전구역의 경우 사업계획 면적이 5,000제곱미터 이상인 것	사업의 승인등 전
8.「초지법」적용지역	「초지법」제5조제1항에 따른 초지조성허가 신청의 경우 사업계획 면적이 30,000제곱미터 이상인 것	사업의 승인등 전
9. 그 밖의 개발사업	사업계획 면적이 제1호부터 제8호까지의 규정에 따른 최소 소규모 환경영향평가 대상 면적의 60퍼센트 이상인 개발사업 중 환경오염, 자연환경훼손 등으로 지역균형발전과 생활환경이 파괴될 우려가 있는 사업으로서 시·도 또는 시·군·구의 조례로 정하는 사업과 관계행정기관의 장이 미리 시·도 또는 시·군·구 환경정책위원회의 의견을 들어 소규모 환경영향평가가 필요하다고 인정한 사업	사업의 승인등 전

라. 환경영향평가의 절차

현황조사 및 평가서 작성 및 제출	• 사업시행자 → 승인기관
▼	
평가서 검토 요청	• 승인기관 ↔ 환경부, 지방환경청
▼	
평가서 검토	• 환경부, 지방환경청 : 전문가 자문, 현장조사 등
▼	
협의의견 통보(30일~40일)	• 협의기관 → 승인기관 → 사업시행자
▼	
협의의견 조치계획 통보 **(승인일로부터 30일 이내)**	• 사업시행자 → 승인기관 → 협의기관
▼	
협의 내용 이행 관리·감독	• 승인기관, 협의기관

마. 소규모 환경영향평가서의 주요 내용

• 「자연재해대책법」 및 동법 시행령, 시행규칙 등

구분	내용
사업의 개요	배경과 목적 및 필요성, 대상사업의 종류, 범위 및 협의요청시기 등
지역 개황	
대상 사업의 지역적 범위 및 대상 지역 주변 지역에 대한 토지이용 현황	
환경 현황	자연생태환경, 생활환경 및 사회 · 경제환경
입지의 타당성	전략환경영향평가 협의를 거친 경우는 제외한다
환경에 미치는 영향의 조사 · 예측 · 평가 및 환경 보전 방안	가. 자연생태환경(동 · 식물상 등) : 동식물상 등에 미치는 영향 예측 및 저감대책수립 나. 대기질, 악취 : 대기질 영향 예측 및 저감대책 수립 다. 수질(지표, 지하), 해양환경 : 수질에 미치는 영향 예측 및 저감대책 수립 라. 토지이용, 토양, 지형 · 지질 : 영향 예측 및 평가, 저감대책 수립 마. 친환경적 자원순환, 소음 · 진동 : 폐기물 이용 및 처리 현황, 소음진동 현황 등을 바탕으로 영향예측 및 저감대책 수립 바. 경관 : 토지용 현황, 자연 및 인공 경관 현황 등을 바탕으로 영향 예측 및 저감대책 수립 사. 전파장해, 일조장해 : 전파장해 및 일조장해 발생 시설물 현황 등을 바탕으로 영향 예측 및 저감대책 수립 아. 인구, 주거, 산업
부록	가. 인용 문헌 및 참고 자료 나. 환경영향평가서 작성에 참여한 사람의 인적사항 다. 용어 해설 등 라. 소규모 환경영향평가 대행계약서 사본 등 대행 대행금액이 표시된 서류(별지 제3호서식에 따른다)

바. 선정 시기 : 사업시행계획 수립 준비 이전

사. 선정 방법

추진위원회 승인을 받은 후 일반경쟁입찰에 부쳐야 하며, 「도시정비법」 시행령 제24조제1항에 해당하는 경우에는 지명경쟁이나 수의계약으로 할 수 있으며, 예산으로 정한 사항에 해당하는 경우에는 대의원회의 의결을 거쳐 계약을 체결할 수 있다.

(11) 재해영향평가

가. 법적 근거

제4조(재해영향평가등의 협의) ① 관계 중앙행정기관의 장, 시·도지사, 시장·군수·구청장 및 특별지방행정기관의 장(이하 "관계행정기관의 장"이라 한다)은 자연재해에 영향을 미치는 행정계획을 수립·확정(지역·지구·단지 등의 지정을 포함한다. 이하 같다)하거나 개발사업의 허가·인가·승인·면허·결정·지정 등(이하 "허가등"이라 한다)을 하려는 경우에는 그 행정계획 또는 개발사업(이하 "개발계획등"이라 한다)의 확정·허가등을 하기 전에 행정안전부장관과 재해영향성검토 및 재해영향평가(이하 "재해영향평가등"이라 한다)에 관한 협의(이하 "재해영향평가등의 협의"라 한다)를 하여야 한다. 〈개정 2013. 8. 6., 2016. 1. 27., 2017. 7. 26., 2017. 10. 24.〉

나. 개요

자연재해에 영향을 미치는 각종 행정계획 및 개발사업으로 인한 재해유발요인을 예측, 분석하고 이에 대한 대책을 강구하는 것으로 개발계획수립 초기 단계에서 재해영향성에 대한 검토를 받는 절차를 거치도록 하여 개발로 인하여 발생할 수 있는 재해를 예방하는 것이다.

다. 사전재해영향 등의 협의에 포함되는 내용

- 사업의 목적, 필요성, 추진 배경, 추진 절차 등 사업계획에 관한 내용(관계 법령에 따라 해당 계획에 포함하여야 하는 내용을 포함한다)
- 배수처리계획도, 침수흔적도, 사면경사 현황도 등 재해 영향의 검토에 필요한 도면(행정계획의 수립·확정 등 상세 검토가 필요 없는 경우는 제외한다)
- 행정계획 수립 시 재해 예방에 관한 사항
- 개발사업 시행으로 인한 재해 영향의 예측 및 저감대책에 관한 사항
- 제6조제2항에 따른 고시 내용에 대한 검토 사항

라. 사전재해영향평가 보고서 작성 주요 내용

구분	내용
제1장 협의대상의 개요 및 검토항목	○ 사업의 배경 및 목적 ○ 사전재해영향성검토협의 실시 근거 ○ 사업의 내용 ○ 사업의 추진경위 ○ 사업의 협의대상 및 협의절차 ○ 검토항목
제2장 사전재해영향성검토 대상지역의 설정	○ 현지조사(사진 포함) ○ 입지여건 및 토지이용현황 ○ 관리자료 및 계획조사 ○ 유형별 개념의 범위 설정 ○ 예상재해유형별 검토대상지역 설정
제3장 기초현황조사	○ 하천 및 수계현황 ○ 수문관측소현황 ○ 기상개황 ○ 조위특성 ○ 토지이용현황 및 계획 ○ 지질 및 토질 특성 ○ 하천시설현황, 우수배제시설, 저수지 및 댐, 기타시설 ○ 자연재해위험지구, 수해상습지구, 산사태위험지구, 고립위험지구, 노후시설지구 등의 　　지정현황도 작성 ○ 재해발생현황, 주요재해 상세이력, 재해유형별 특성조사, 주민탐문조사 ○ 방재관련계획, 토지이용계획관련, 시설정비관련계획
제4장 재해영향 예측 및 평가	○ 예상 재해유형별 검토의 범위 및 방향설정 ○ 설정된 재해유형별로 정성적 분석 ○ 설정된 재해유형별로 공학적 검토를 통한 정량적 분석
제5장 예상재해저감대책	○ 사업지구 및 주변지역에 대한 재해유형별 기본방향을 표 및 그림으로 제시 ○ 설정된 재해유형별 저감대책 제시 ○ 실시설계에 제시된 배수처리계획에 대한 수리검토서 및 근거 제시 ○ 사업지구의 재해저감대책의 적정성 검토 ○ 예상재해에 대한 재해대책 총괄표 및 종합도 제시

마. 재해영향평가의 절차

절차	내용
평가서(초안) 제출	• 사업시행자 → 관계기관
▼	
평가서(초안) 기본요건 검토 요청 및 회신	• 접수 후 14일 이내 회신 • 관계기관 → 협의기관 → 국립재난안전연구원 → 협의기관 → 관계기관 → 사업시행자
▼	
평가서(수정초안) 협의 요청	• 사업시행자 → 관계기관 → 협의기관
▼	
재해영향평가 심의	• 협의기관
▼	
심의 결과 및 보완 내용 통보	• 협의기관 → 관계기관 → 사업시행자
▼	
평가서(수정보안) 제출 및 최종협의	• 사업시행자 → 관계기관 → 협의기관 및 심의위원
▼	
최종협의 결과 통보(승인)	• 협의기관 → 관계기관 → 사업시행자
▼	
평가서(최종) 작성 및 제출	• 사업시행자 → 관계기관 및 협의기관
▼	
협의 내용 이행계획서 제출	• 협의결과 통보 후 30일 이내 • 사업시행자 → 관계기관 → 협의기관
▼	
실시설계 반영	• 사업시행자
▼	
공사 중 협의 내용 이행	• 사업시행자

바. 재해영향평가 협의 종류

재해영향평가등의 협의 종류		협의 대상	규모
행정계획	재해영향성 검토	47개 종류 (37개 법령)	규모에 관계없음
개발사업	재해영향평가	59개 종류 (47개 법령)	(면적) 5만㎡ 이상이거나 (길이) 10km 이상
	소규모재해영향평가		(면적) 5만㎡ 이상 5만㎡ 미만이거나 (길이) 2km 이상 10㎞ 미만

사. 선정 시기 : 사업시행계획 수립 준비 이전

아. 선정 방법

추진위원회 승인을 받은 후 일반경쟁입찰에 부쳐야 하며, 「도시정비법」 시행령 제24조제1항에 해당하는 경우에는 지명경쟁이나 수의계약으로 할 수 있으며, 예산으로 정한 사항에 해당하는 경우에는 대의원회의 의결을 거쳐 계약을 체결할 수 있다.

(12) 지하안전영향평가

가. 법적 근거

「지하안전관리에 관한 특별법」(약칭 : 지하안전법) 및 동법 시행령, 시행규칙

나. 개요

지하안전영향평가는 지하개발사업이 지하안전에 미치는 영향을 미리 조사·예측하여 지반침하 예방 방안을 마련하는 평가로 사업시행인가 전 사전 영향평가, 착공 후 사후 영향조사를 실시하고, 국토교통부(지방청)와 협의된 결과를 사업계획에 반영해야 한다. (「지하안전에 관한 특별법」)

다. 지하안전영향평가 대상

구분	대상
지하안전평가	굴착깊이 20m 이상 굴착공사 또는 터널공사 포함 사업
소규모지하안전평가	굴착깊이 10m 이상 20m 미만 굴착공사 포함 사업
사후지하안전영향조사	지하안전영향평가 대상사업을 착공한 사업

라. 평가주체

- 전문기관 : 지하안전 영향평가서를 대행·작성하는 기관

- 검토기관 : 한국시설안전공단, 한국토지주택공사

- 협의기관 : 국토교통부 권역별 지방국토관리청

마. 지하안전영향평가의 주요 내용

구분	내용
사업 승인 단계	지반상황을 확인하기 위한 시추조사의 위치와 간격 기준을 규정하고, 굴착공사가 지하안전에 영향을 미치는 정도를 예측하기 위해 굴착으로 인한 지하수의 흐름 변화를 수치적으로 해석하는 방법 제시
착공 이후 단계	영향평가서의 예측 결과대로 지하수위나 지반침하량이 관리되는지 확인할 수 있도록 협의 내용 이행여부, 현장계측 결과를 작성하고, 관리 기준치를 초과한 경우 이행된 현장 조치방안의 적정성을 검토하는 방법 등을 규정
점검 항목	국토교통부 지방청, 시설안전공단 등 검토·협의기관에서 영향평가서를 신속하고 객관적으로 검토할 수 있도록 영향평가의 해석범위나 시추조사의 적정성, 지하수흐름 및 지반안전성 해석결과의 수록여부 등 검토해야 할 항목을 정리한 점검항목 제시

바. 지하안전영향평가서의 주요 내용

구분	내용
요약문	• 사업의 내용 • 지반 및 지질현황 • 지하수 변화에 의한 영향 • 지반안전성 • 지하안전확보방안

대상사업의 개요	• 사업의 배경 및 목적 • 사업현황(개요, 구조물개요, 굴착계획현황, 최대 굴착깊이 산정)
대상지역의 설정	• 평가대상 지역 설정 • 평가대상 시설물(일반, 구조물, 지하매설물)
지반 및 지질 현황	• 조사현황(지반조사 위치 선정, 현장조사 및 시험) • 조사결과(문헌조사, 시추조사, 현장 및 실내시험 결과, 인근시추 자료 분석, 구지형 분석) • 설계지반정수 • 설계사례
지하수 변화에 의한 영향 검토	• 지하수 수리특성 분석 • 침투해석에 의한 지하수 흐름 분석
지반안전성 검토	• 수치해석에 의한 지반안전성 • 경험식에 의한 지반안전성 • 탄·소성보 해석에 의한 지반안전성
지하안전확보방안 수립	• 계측계획, 지반침하 취약구간 보강 및 차수방안(지반침하 취약구간 선정, 보강 및 차수방안) • 현장 안전관리 방안(공사장 지하수 및 토사 유출 관리 방안, 공동 보강 및 관리방안, 시공 중 추가 지반조사 계획(필요시), 중점 현장 안전관리 방안)

사. 지하안전영향평가의 절차

평가서 작성 및 제출	• 사업시행자 → 승인기관
▼	
평가서 협의 요청	• 승인기관 ↔ 협의기관
▼	
평가서 검토(14일)	• 검토기관 : 한국토지주택공사, 국토안전관리원
▼	
협의 내용 통보(30일)	• 협의기관 → 승인기관 → 사업시행자
▼	
협의 내용 반영 확인·통보(30일)	• 승인기관 → 협의기관
▼	
시공 단계 : 협의내용 이행, 관리감독	• 사업시행자, 승인기관, 협의기관

아. 사후지하안전영향조사의 협의 절차

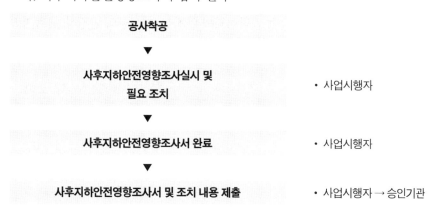

공사착공

▼

**사후지하안전영향조사실시 및
필요 조치**　　　　　　　　・사업시행자

▼

사후지하안전영향조사서 완료　　　　　・사업시행자

▼

사후지하안전영향조사서 및 조치 내용 제출　・사업시행자 → 승인기관

자. 지하안전영향평가의 주요 업무

정비사업관리기술인은 지하안전영향평가의 원활한 업무추진을 위해 필요한 지반조사, 지하매설물조사, 흙막이설계 등의 업무를 포함하여 업체를 선정할 수 있다.

차. 선정 시기 : 사업시행계획 수립 준비 이전

카. 선정 방법

추진위원회 승인을 받은 후 일반경쟁입찰에 부쳐야 하며, 「도시정비법」 시행령 제24조제1항에 해당하는 경우에는 지명경쟁이나 수의계약으로 할 수 있으며, 예산으로 정한 사항에 해당하는 경우에는 대의원회의 의결을 거쳐 계약을 체결할 수 있다.

(13) 흙막이 설계 및 흙막이 계측 관리 분석

가. 개요

지반굴착으로 인한 굴착지반 및 주변구조물의 안정성 확보와 피해를 방지하기 위하여 지반굴착 시공 중에 설치되는 가설흙막이의 설계를 말하며, 국토교통부의 가설흙막이 설계 기준을 따라야 한다.

흙막이벽과 지지구조의 형식에 대한 설계 시 굴착면의 붕괴를 유발시키는 인자인 지형, 지반조건, 지하수 처리, 교통하중, 인접 건물하중, 작업 장비하중 등에 대한 것과 지반변형에 의해 야기될 수 있는 주변 구조물, 지하 매술물의 피해 가능성 및 공사비, 공기 등의 경제성, 시공 가능성, 환경이나 민원발생 가능성 등을 종합적으로 고려하여야 함. 즉, 흙막이벽의 안정성, 지보공의 안정성, 굴착지면의 안정성에 대한 검토는 필수항목이고, 주변 구조물에 대한 안정성 검토와 지하수 처리에 관한 문제도 반드시 고려하여야 한다.

나. 흙막이 설계의 주요 내용
- 흙막이 구조물
- 안정성 검토
- 가시설 구조물 설계(재료의 허용 응력, 부재단면의 설계, 중간말뚝의 설계, 흙막이판의 설계, 띠장의 설계, 버팀대의 설계, 경사고임대의 설계, 지반앵커의 설계, 그 외의 흙막이 구조물 등)

다. 흙막이 설계 용역의 주요 업무 내용
- 흙막이 설계 : 굴착에 따른 흙막이 도면 및 구조계산서의 작성, 인접지반 침하 안정성 검토 등
- 굴토심의 : 해당 지자체 굴토심의에 따른 심의자료 및 도서 작성, 심의 발표 및 자문의견 반영 등

라. 선정 시기 : 사업시행계획 수립 준비 이전

마. 선정 방법
추진위원회 승인을 받은 후 일반경쟁입찰에 부쳐야 하며, 「도시정비법」 시행령 제24조제1항에 해당하는 경우에는 지명경쟁이나 수의계약으로 할 수 있으며, 예산으로 정한 사항에 해당하는 경우에는 대의원회의 의결을 거쳐 계약을 체결할 수 있다.

정비사업관리기술인은 지하안전영향평가 업체가 흙막이 설계 등도 포함하여 업무를 수행할 수 있는지 검토하여 관련 업무추진의 효율성을 위하여 지하안전영향평가 수행업체 선정 시 상기 업무를 포함하여 발주하는 것에 대해 조합과 협의한다.

(14) 지장물조사

가. 법적 근거

「도시정비법」시행령 제47조(사업시행계획서의 작성) 제2항제7호 정비사업의 시행에 지장이 있다고 인정되는 정비구역의 건축물 또는 공작물 등의 명세를 작성하기 위한 분야.

나. 개략적인 지장물 조사 내용
- 전기시설 : 한전주, 한전맨홀 등(전력망도 작성)
- 정보·통신시설 : 통신주, 통신맨홀 등(통신망도 작성)
- 상수도시설 : 상수맨홀, 상수관로, 제수변, 소화전 등(상수관망도 작성)
- 하수도시설 : 하수맨홀, 하수관로, RC박스, 빗물받이 등(우·오수 관망도 작성)
- 도시가스시설 : 가스맨홀, 가스관로, 측정박스 등(도시가스 배관망도 작성)
- 방범등 관련 : 가로등(방범등 현황도 작성)
- 도로포장 관련 : 포장현황

다. 선정 시기 : 사업시행계획 수립 준비 이전

라. 선정 방법

추진위원회 승인을 받은 후 일반경쟁입찰에 부쳐야 하며, 「도시정비법」시행령 제24조제1항에 해당하는 경우에는 지명경쟁이나 수의계약으로 할 수 있으며, 예산으로 정한 사항에 해당하는 경우에는 대의원회의 의결을 거쳐 계약을 체결할 수 있다.

(15) 정비기반시설 설계 및 공사비 산정

가. 법적 근거

「도시정비법」시행령 제47조(사업시행계획서의 작성) 제1항제11호 정비사업의 시행으로 새로 설치할 정비기반시설의 조서·도면 및 그 설치비용 계산서를 작성하기 위한 분야.

나. 개요

정비기반시설이란 「도시정비법」 제2조(정의)에 도로·상하수도·구거·공원·공용주차장·공동구, 그 밖에 주민의 생활에 필요한 열·가스 등의 공급시설로서 대통령령으로 정하는 사항(녹지·하천·공공공지·광장·소방용수시설·비상대피시설·가스공급시설·지역난방시설)을 말하며, 동법 제95조(정비기반시설의 설치)에 사업시행자가 지방자치단체의 장과의 협의를 거쳐 정비기반시설을 설치해야 하기 때문에 이러한 정비기반시설을 만들기 위해 설계를 하고 사업시행계획서 작성을 위한 협력업체 분야이다.

다. 도시계획도로 개설에 따른 실시설계 및 실시계획인가 절차

지형현황측량	• 7일 이내
▼	
정비구역변경 신청 및 고시	• 승인기관 ↔ 협의기관
▼	
계획(안) 작성 및 협의	• 해당실과 사전협의
▼	
도시계획도로 실시설계	• 설계도서 1식
▼	
도시계획도로 실시계획인가 서류 작성	• 중토위 및 관계기관 협의 서류
▼	
도시계획도로 사업시행자지정 및 실시계획인가 접수	• 사업시행자 → 구청, 광역시
▼	
사업시행자 지정 및 실시계획인가 신청	• 사업시행자 → 구청, 광역시 • 처리기간 60일 이내
▼	
주민열람공고	• 구보 및 시보 • 14일 이상
▼	
중토위 협의 요청	• 구청 → 중토위 • 30일
▼	

| 관계기관(부서)협의 | • 구청, 시청, 관계기관 등
• 15일 |

▼

| 도시계획도로 사업시행자지정 및
실시계획인가 고시 | |

라. 소공원 공원조성계획 결정고시 및 실시계획인가 절차

| 지형현황측량 | • 7일 이내 |

▼

| 정비구역변경 신청 및 고시 | • 승인기관 ↔ 협의기관 |

▼

| 소공원 조성계획(안) 작성 및 협의 | • 해당실과 사전협의
• 30일 이내 |

▼

| 소공원 조성계획(안) 입안 신청 | • 구청 해당실과
• 60일 이내 |

▼

| 주민의견청취 공람공고 | • 일간지 2개 이상, 구보 게재
• 소공원 조성계획 결정조서 및 도면 |

▼

| 도시계획위원회 심의 | • 구청 |

▼

| 소공원 조성계획 결정 고시 | • 구청 |

▼

| 소공원 실시설계 | • 30일 이내 |

▼

| 소공원 실시계획인가 서류작성 | • 관계기관 협의 서류 |

▼

| 소공원 사업시행자지정 및 실시계획인가 접수 | • 구청
• 처리기간 60일 이내 |

▼

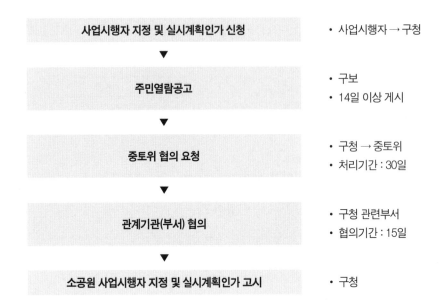

사업시행자 지정 및 실시계획인가 신청	• 사업시행자 → 구청
주민열람공고	• 구보 • 14일 이상 게시
중토위 협의 요청	• 구청 → 중토위 • 처리기간 : 30일
관계기관(부서) 협의	• 구청 관련부서 • 협의기간 : 15일
소공원 사업시행자 지정 및 실시계획인가 고시	• 구청

마. 주요 업무 내용

- 공원(실시) 설계 및 대관업무 협의, 각종 심의 및 보고서, 계산서 작성 등
- 도로(실시) 설계(오·우수, 상수도 설계 포함) 및 대관업무 협의, 각종 심의 및 보고서, 계산서 작성 등
- 정비기반시설(공원, 도로) 수량산출 및 조서 작성
- 정비기반시설 설치비용 및 원가계산서 작성
- 기타 조합에서 요청한 업무 등

바. 선정 시기 : 사업시행계획 수립 준비 이전

사. 선정 방법

추진위원회 승인을 받은 후 일반경쟁입찰에 부쳐야 하며, 「도시정비법」 시행령 제24조제1항에 해당하는 경우에는 지명경쟁이나 수의계약으로 할 수 있으며, 예산으로 정한 사항에 해당하는 경우에는 대의원회의 의결을 거쳐 계약을 체결할 수 있다.

(16) 친환경 인증 등

가. 주요 업무분야 개요

분야	개요	관계 법령
녹색건축 인증제도	지속 가능한 개발의 실현을 목표로 인간과 자연이 서로 친화하며 공생할 수 있도록 계획도시나 건축물의 입지, 자재선정 및 시공, 유지관리, 폐기 등 건축의 전 생애(Life Cycle)를 대상으로 환경에 영향을 미치는 요소에 대한 평가를 통하여 건축물의 환경성능을 인증하는 제도.	「녹색건축물 조성 지원법」 녹색건축 인증에 관한 규칙 녹색건축 인증 기준
건물에너지 효율등급	건물소유자가 자발적으로 정부에 건물에너지이용효율등급 인증을 신청하면 정부에서 에너지절감 성능을 점검하여 에너지절약성능을 인정하는 제도로서 건물소유자는 건물의 에너지절약 성능에 대한 대외신인도를 높일 수 있어 건물가치가 상승되며 건물사용자는 저렴한 에너지비용으로 쾌적한 삶의 질을 확보할 수 있고 국가적으로는 제도 운영의 효율성만으로 상당한 에너지절감효과를 거둘 수 있는 제도.	「녹색건축물 조성지원법」 건물에너지효율등급 인증에 관한 규정 에너지용합리화사업을 위한 자금지원지침
친환경주택 성능평가	쾌적하고 안락한 주거환경을 제공하기 위하여 사전에 성능에 대한 정보를 제공하여 고객에게 주택선택의 기준을 제공함으로써 주택에 대한 하자 및 분쟁을 예방하고 아울러 우수한 품질의 주택생산 유도와 주택의 건설기술 및 부품산업의 발전을 촉직함에 그 목적이 있다.	「주택법」 제21조의 2(주택성능등급의 표시) 1천 세대 이상의 주택 주택성능등급 표시 의무화
에너지소비총량제 (BESS)	서울시 에너지소비량의 60% 차지하고 있는 건물부문의 에너지 수요 감축 및 저탄소녹색성장 기본법에 따른 녹색건축물 활성화를 위하여 에너지저소비형건축물 설계기반을 구축하기 위해 「건축물 에너지소비총량제」를 시행.	
장애물 없는 생활환경 인증(BF)	장애인, 고령자, 임산부 등이 각종 시설물에 접근 이동하는 데 불편함이 없도록 하는 취지로 시행되는 제도. 인증분야는 도시·구역인증과 개별시설물인증으로 구분되며 개별시설물인증은 도로, 공원, 여객시설, 건축물, 교통수단으로 세분화된다.	「교통약자이용편의증진법」 서울시 도시재정비촉진을 위한 조례 장애물 없는 생활환경 인증 제도 시행지침
범죄예상환경설계 (CPTED)	셉테드(CPTED)는 Crime Prevention Through Environment Design의 약어로 건축 환경 [built environment] 설계를 이용해 범죄를 예방하려는 연구 분야로서 셉테드(CPTED)라고도 하며, 범죄학, 건축학, 도시공학 등 학문 응용 분야. 셉테드는 범죄가 범죄자와 피해자, 취약한 공간구조의 3가지 조건이 갖추어질 때 발생한다는 사실에 입각해 범죄 유발요인을 감소시키는 전략을 사용하는 데 초점을 둡니다. 범죄에 취약한 환경을 개선함으로써 범죄자가 범행를 저지를 수 있는 여건을 최소화시키고 시민들이 범죄자로부터 피해를 입을 가능성을 줄이는 것이다.	서울시 재정비촉진(뉴타운) 사업 범죄예방환경설계지침 한국셉테드학회규정 제1호 범죄예방 환경설계 인증에 관한 규정 서울특별시 균형발전본부 범죄예방환경설계지침

청정건강주택	새집증후군 문제를 개선시킴으로써, 거주자에게(화학적, 물리적, 생물학적으로) 건강하고 안전한 실내환경을 제공할 수 있도록 일정 수준 이상의 실내공기 질 및 환기 성능을 확보한 주택을 말한다.	국토교통부 고시 청정건강주택 건설기준

나. 기타 주요 업무분야 및 법적 근거

연번	주요 업무	근거
1	야간경관조명 계획	• 빛공해 방지 및 좋은 빛 형성 관리 조례
2	에너지절약계획서	• 「녹색건축물조성지원법」제14조
3	에너지소비총량제	• 건축물의 에너지절약설계 기준
4	에너지절약형친환경주택	• 「주택건설 기준 등에 관한 규정」제64조 • 에너지절약형 친환경주택의 건설 기준
5	소음보고서(예측, 실측)	• 「주택법」제42조 • 「주택건설기준 등에 관한 규정」제9조 • 공동주택 소음측정 기준
6	건강친화형주택	• 「주택건설 기준 등에 관한 규정」제65조 • 건강친화형 주택 건설 기준
7	장수명주택인증	• 「주택법」제38조 • 「주택건설 기준 등에 관한 규정」제65조의2 • 장수명 주택 건설 인증 기준
8	수질오염총량제	• 「수질 및 수생태계 보전에 관한 법률」제4조의2 • 「오염총량 관리 기본방침」제27조
9	범죄예방환경설계	• 「건축법」제53조의2/시행령 제63조의2 • 범죄예방 건축 기준 고시
10	결로방지성능평가	• 「주택건설 기준 등에 관한 규정」제14조의3 • 공동주택 결로방지를 위한 설계 기준
11	일조분석	• 「건축법」제61조 • 「주택건설 기준 등에 관한 규정」제64조
12	녹색건축물 인증(예비인증, 본인증) 주택성능등급 포함	• 「녹색건축물 조성 지원법」제16조 • 녹색건축 인증에 관한 규칙
13	녹색건축물 인증 LCA 보고서	• 녹색건축 인증 기준 • 「주택건설 기준 등에 관한 규정」제58조
14	건축물에너지 효율등급(예비인증, 본인증)	• 「녹색건축물 조성 지원법」제17조 • 건축물 에너지효율등급 인증 및 제로에너지건축물 인증에 관한 규칙 및 기준

다. 관련 주요 업무의 준비시기 등

준비시기	친환경 관련 주요 업무	대상, 등급
사업시행인가 단계	• 에너지절약계획서(건축부문)	비주거 500㎡ 이상
	• 에너지절약형친환경주택	공동주택
	• 교통소음예측평가(「주택법」)	「주택법」
	• 건강친화형주택	500세대 이상
	• 장수명주택인증	1000세대 이상
	• 연안오염총량제	수영만
	• 범죄예방건축설계기준	공동주택
사업시행인가 이후	• 결로방지성능평가	500세대 이상
	• 녹색건축예비인증	우수등급
	• 건축물에너지효율등급예비인증	1+등급
사용승인(준공) 단계	• 녹색건축본인증	우수등급
	• 건축물에너지효율등급인증	1+등급
	• 교통소음실측평가(「주택법」)	「주택법」

라. 선정 시기 : 사업시행계획 수립 준비 이전

마. 선정 방법

추진위원회 승인을 받은 후 일반경쟁입찰에 부쳐야 하며, 「도시정비법」 시행령 제24조제1항에 해당하는 경우에는 지명경쟁이나 수의계약으로 할 수 있으며, 예산으로 정한 사항에 해당하는 경우에는 대의원회의 의결을 거쳐 계약을 체결할 수 있다.

(17) 석면조사 및 측정

가. 법적 근거

- 「산업안전보건법」 제119조(석면조사)

제119조(석면조사) ① 건축물이나 설비를 철거하거나 해체하려는 경우에 해당 건축물이나 설비의 소유주 또는 임차인 등(이하 "건축물·설비소유주등"이라 한다)은 다음 각 호의 사항을 고용노동부령으로 정하는 바에 따라 조사(이하 "일반석면조사"라 한다)한 후 그 결과를 기록하여 보존하여야 한다. 〈개정 2020. 5. 26.〉
1. 해당 건축물이나 설비에 석면이 포함되어 있는지 여부
2. 해당 건축물이나 설비 중 석면이 포함된 자재의 종류, 위치 및 면적

- 「석면안전관리법」 제21조(건축물석면조사)

제21조(건축물석면조사) ① 대통령령으로 정하는 건축물의 소유자「유아교육법」 제7조에 따른 유치원, 「초·중등교육법」 제2조에 따른 학교(이하 "학교등"이라 한다)의 경우에는 학교등의 건축물을 관리하는 자를 말하며, 이하 "건축물소유자"라 한다는 「건축법」 제22조제2항에 따른 사용승인서를 받은 날(「건축법」 제19조제5항에 따라 준용되는 경우를 포함하며, 같은 법 제29조제1항에 따른 협의를 하는 건축물의 경우에는 같은 조 제3항 단서에 따라 통보한 날을 말한다)부터 1년 이내에 석면조사기관으로 하여금 석면조사(이하 "건축물석면조사"라 한다)를 하도록 한 후 그 결과를 기록·보존하여야 한다. 다만, 다음 각 호의 어느 하나에 해당하는 건축물의 경우에는 그러하지 아니하다. 〈개정 2017. 11. 28., 2019. 1. 15., 2020. 5. 26.〉
1. 「녹색건축물 조성 지원법」 제16조에 따라 녹색건축의 인증을 받은 건축물로서 대통령령으로 정하는 바에 따라 석면건축자재가 사용되지 아니한 것으로 확인된 건축물
2. 「산업안전보건법」 제119조제2항 각 호 외의 부분 본문에 따라 기관석면조사를 받았거나 받고 있는 건축물(건축물의 일부만 조사를 받은 경우에는 그 부분만 해당한다) 및 같은 항 단서에 따라 기관석면조사를 생략하는 건축물
3. 건축물 또는 건축물에 사용된 자재에 석면을 포함하고 있지 않음이 명백한 경우 등 대통령령으로 정하는 사유에 해당하는 건축물
② 석면조사기관은 건축물석면조사를 할 때에는 「산업안전보건법」 제119조제5항에 따른 건축물석면조사의 조사방법 등을 따라야 한다. 〈개정 2017. 11. 28., 2019. 1. 15.〉
③ 건축물석면조사 결과의 기록 및 보존 등에 필요한 사항은 환경부령으로 정한다.

나. 개요

해당 건축물에 쓰인 자재에 석면이 함유되어 있는지 여부, 석면건축자재의 위치 및 물량, 석면의 종류 및 함유량 등에 대해 조사하고, 위해성평가를 실시한 후 그 결과를 토대로 석면조사 결과서 및 석면지도를 작성하여 제공하는 것을 말한다.

다. 주요 업무 내용

- 석면조사 : 석면함유자재 조사
- 석면분석 : 석면 정량, 정성분석
- 석면농도측정 : 공기 중 석면농도 측정
- 석면지도작성 : 석면의 위치, 종류 표시

라. 석면조사 비용의 공사비 포함 검토

「도시정비법」제29조(계약의 방법 및 시공자 선정 등) 제9항에 '사업시행자는 사업시행자(사업대행자를 포함한다)는 제4항부터 제8항까지의 규정에 따라 선정된 시공자와 공사에 관한 계약을 체결할 때에는 기존 건축물의 철거 공사(「석면안전관리법」에 따른 석면조사ㆍ해체ㆍ제거를 포함한다)에 관한 사항을 포함시켜야 한다.'라고 명시되어 있어 시공사의 공사범위에 포함되어야 한다.

마. 선정 시기 : 사업시행계획 수립 준비 이전

바. 선정 방법

추진위원회 승인을 받은 후 일반경쟁입찰에 부쳐야 하며, 「도시정비법」 시행령 제24조제1항에 해당하는 경우에는 지명경쟁이나 수의계약으로 할 수 있으며, 예산으로 정한 사항에 해당하는 경우에는 대의원회의 의결을 거쳐 계약을 체결할 수 있다.

(18) 세입자 조사

가. 법적 근거

「도시정비법」제52조(사업시행계획서의 작성) 제1항제4호에서 사업시행계획서의 내용 중 세입자의 주거 및 이주대책이 명시되어 있는 세입자의 현황조사가 필요하다.

나. 개요

세입자 조사는 세입자의 주거 및 이주대책 수립을 위해 실시하며, 향후 세입자별 손실보상을 위한 권리명세 및 그 평가를 위해 세입자 조사를 시행한다.

다. 주요 업무 내용

- 전입세대 열람신청
- 실거주자 방문신청 및 거주세대별 상황파악
- 조합원 미거주 세입자 퇴거조치 지원
- 거주자 실태조사 및 보고서 제출
- 세입 세대주 및 세대원의 현황 조사 및 조서 작성(안내문, 공고문, 현수막제작 등 포함)
- 주거이전비 신청 및 임대주택공급 대상자 자격 심사자료 작성 및 자격요건 확인(세입자 및 세대원 전원 무주택 여부 확인 등)
- 주거이전비 신청 및 임대주택공급 신청서와 그에 따른 첨부서류 징구(해당자에 한함)
- 기타 세입자조사 관련 업무 일체
- 사업시행인가 관련 세입자 현황 조서 등 필요한 관련 도서 일체 작성

〔세입자조사 서식 사례〕

조합원 번호	지번	소유자			취득일자	거주자수		연락처		토지 권리내역			건축물 권리내역				지상별
		성명	주민번호	접촉 주소		전입일자	세대원수	일반전화	휴대폰	지목	소유면적	공유지분	공동주택	동호수	연면적	공유지분	

세입자		대상세대주			거주주택의 가옥주명	주민등록상전입 일자	가족구성				건축물용도	제출서류			신청여부	판정	지급액	지급유무	비고
연번	성명	소재	지번				성명	주민등록번호	세대주와관계	세대원수		계약서	등본	임대신청서					

조합설립동의		대표자	주요사항	세입자 거주현황								
동의				세입자 거주여부	세대원수	계약일자	본인거주	미신청	대상	주거대책비 신청서	임대주택 신청서	비대책

라. 선정 시기 : 사업시행계획 수립 준비 이전

마. 선정 방법

추진위원회 승인을 받은 후 일반경쟁입찰에 부쳐야 하며, 「도시정비법」 시행령 제24조제1항에 해당하는 경우에는 지명경쟁이나 수의계약으로 할 수 있으며, 예산으로 정한 사항에 해당하는 경우에는 대의원회의 의결을 거쳐 계약을 체결할 수 있다.

(19) 물건 및 영업권 조사

가. 법적 근거

• 「도시정비법」 시행령

> 제72조(물건조서 등의 작성) ① 사업시행자는 법 제81조제3항에 따라 건축물을 철거하기 전에 관리처분계획의 수립을 위하여 기존 건축물에 대한 물건조서와 사진 또는 영상자료를 만들어 이를 착공 전까지 보관하여야 한다.
> ② 제1항에 따른 물건조서를 작성할 때에는 법 제74조제1항제5호에 따른 종전 건축물의 가격산정을 위하여 건축물의 연면적, 그 실측평면도, 주요마감재료 등을 첨부하여야 한다. 다만, 실측한 면적이 건축물대장에 첨부된 건축물현황도와 일치하는 경우에는 건축물현황도로 실측평면도를 갈음할 수 있다.

• 「공익사업을 위한 토지 등의 취득 및 보상에 관한 법률」

> 제14조(토지조서 및 물건조서의 작성) ① 사업시행자는 공익사업의 수행을 위하여 제20조에 따른 사업인정 전에 협의에 의한 토지등의 취득 또는 사용이 필요할 때에는 토지조서와 물건조서를 작성하여 서명 또는 날인을 하고 토지소유자와 관계인의 서명 또는 날인을 받아야 한다. 다만, 다음 각 호의 어느 하나에 해당하는 경우에는 그러하지 아니하다. 이 경우 사업시행자는 해당 토지조서와 물건조서에 그 사유를 적어야 한다.
> 1. 토지소유자 및 관계인이 정당한 사유 없이 서명 또는 날인을 거부하는 경우
> 2. 토지소유자 및 관계인을 알 수 없거나 그 주소·거소를 알 수 없는 등의 사유로 서명 또는 날인을 받을 수 없는 경우
> ② 토지와 물건의 소재지, 토지소유자 및 관계인 등 토지조서 및 물건조서의 기재사항과 그 작성에 필요한 사항은 대통령령으로 정한다.

• 「공익사업을 위한 토지 등의 취득 및 보상에 관한 법률」 시행령

제7조(토지조서 및 물건조서 등의 작성) ① 사업시행자는 공익사업의 계획이 확정되었을 때에는 「공간정보의 구축 및 관리 등에 관한 법률」에 따른 지적도 또는 임야도에 대상 물건인 토지를 표시한 용지도(用地圖)를 작성하여야 한다. 〈개정 2015. 6. 1.〉

② 사업시행자는 제1항에 따라 작성된 용지도를 기본으로 하여 법 제14조제1항에 따른 토지조서(이하 "토지조서"라 한다) 및 물건조서(이하 "물건조서"라 한다)를 작성하여야 한다.

③ 토지조서에는 다음 각 호의 사항이 포함되어야 한다.

1. 토지의 소재지·지번·지목·전체면적 및 편입면적과 현실적인 이용상황

2. 토지소유자의 성명 또는 명칭 및 주소

3. 토지에 관하여 소유권 외의 권리를 가진 자의 성명 또는 명칭 및 주소와 그 권리의 종류 및 내용

4. 작성일

5. 그 밖에 토지에 관한 보상금 산정에 필요한 사항

④ 물건조서에는 다음 각 호의 사항이 포함되어야 한다. 〈개정 2020. 8. 26.〉

1. 물건(광업권·어업권·양식업권 또는 물의 사용에 관한 권리를 포함한다. 이하 같다)이 있는 토지의 소재지 및 지번

2. 물건의 종류·구조·규격 및 수량

3. 물건소유자의 성명 또는 명칭 및 주소

4. 물건에 관하여 소유권 외의 권리를 가진 자의 성명 또는 명칭 및 주소와 그 권리의 종류 및 내용

5. 작성일

6. 그 밖에 물건에 관한 보상금 산정에 필요한 사항

⑤ 물건조서를 작성할 때 그 물건이 건축물인 경우에는 제4항 각 호의 사항 외에 건축물의 연면적과 편입면적을 적고, 그 실측평면도를 첨부하여야 한다. 다만, 실측한 편입면적이 건축물대장에 첨부된 건축물현황도에 따른 편입면적과 일치하는 경우에는 건축물현황도로 실측평면도를 갈음할 수 있다.

⑥ 토지조서와 물건조서의 서식은 국토교통부령으로 정한다.

나. 개요 및 필요성

• 정확한 토지등소유자 파악(향후 분양신청대상자 검토와 연계됨)

• 영업현황 및 주택현황(무허가건축물, 건축물대장과 상이한 증축, 개축 등) 등에 대한 구체적이고 세부적인 사전파악을 통해 향후 분쟁 등 방지

- 향후 관리처분인가 후 청산 및 영업보상, 주거이전비 보상 등에 대한 구체적인 업무 파악 가능
- 사업시행인가 시 종전자산평가를 위한 세부적인 기초 자료 확보를 통해 평가액에 대한 신뢰 및 협의 수월

다. 주요 업무 내용

- 물건 및 영업권 조사 및 조서 작성(안내문, 공고문, 현수막 제작 등 포함)
- 조합원별 권리면적 확정을 위한 건축물 등의 실측
- 종전자산평가를 위한 건축물 등에 대한 현황조사
- 정비구역 내 무허가 건축물의 현황조사
- 영업 현황 조사
- 사업시행인가 관련 건축물 명세 등 필요한 관련 도서 일체 작성

〔물건 및 영업권조사 서식 사례〕

순번	권리자				권리의 소재지		도시계획시설저촉사항	지목	토지소유권					이용상황	공유지분
	성명	주민등록번호	주	소	소재	지번			면적(㎡)					
									공부상면적(1필지)	구역편입	동의면적	소유			

건축물소유권																				
유허가											무허가							건물소유자수
구조	건물동수	총수	용도및형태	면적	1동의연면적(㎡)	소유면적	공유지분	집합건물	소유자수	건축년도	건물동수	면적	비고	용도및형태	1동의연면적(㎡)	소유면적	소유자수	

국·공유토지점유권			지상권		소유권이외의물건	소유권이외의물건			비고
관리청	1필지의공부상면적	점유면적(㎡)	목적	내용	근저당권	종류	내용		
					권리관계		설정금액	해당은행	

라. 선정 시기 : 사업시행계획 수립 준비 이전

마. 선정 방법

추진위원회 승인을 받은 후 일반경쟁입찰에 부쳐야 하며, 「도시정비법」 시행령 제24조제1항에 해당하는 경우에는 지명경쟁이나 수의계약으로 할 수 있으며, 예산으로 정한 사항에 해당하는 경우에는 대의원회의 의결을 거쳐 계약을 체결할 수 있다.

■ 도시 및 주거환경정비법

제62조(임시거주시설·임시상가의 설치 등에 따른 손실보상) ① 사업시행자는 제61조에 따라 공공단체(지방자치단체는 제외한다) 또는 개인의 시설이나 토지를 일시 사용함으로써 손실을 입은 자가 있는 경우에는 손실을 보상하여야 하며, 손실을 보상하는 경우에는 손실을 입은 자와 협의하여야 한다.

② 사업시행자 또는 손실을 입은 자는 제1항에 따른 손실보상에 관한 협의가 성립되지 아니하거나 협의할 수 없는 경우에는 「공익사업을 위한 토지 등의 취득 및 보상에 관한 법률」 제49조에 따라 설치되는 관할 토지수용위원회에 재결을 신청할 수 있다.

③ 제1항 또는 제2항에 따른 손실보상은 이 법에 규정된 사항을 제외하고는 「공익사업을 위한 토지 등의 취득 및 보상에 관한 법률」을 준용한다.

제65조(「공익사업을 위한 토지 등의 취득 및 보상에 관한 법률」의 준용) ① 정비구역에서 정비사업의 시행을 위한 토지 또는 건축물의 소유권과 그 밖의 권리에 대한 수용 또는 사용은 이 법에 규정된 사항을 제외하고는 **「공익사업을 위한 토지 등의 취득 및 보상에 관한 법률」을 준용한다. 다만, 정비사업의 시행에 따른 손실보상의 기준 및 절차는 대통령령으로 정할 수 있다.**

② 제1항에 따라 「공익사업을 위한 토지 등의 취득 및 보상에 관한 법률」을 준용하는 경우 사업시행계획인가 고시(시장·군수등이 직접 정비사업을 시행하는 경우에는 제50조제7항에 따른 사업시행계획서의 고시를 말한다. 이하 이 조에서 같다)가 있은 때에는 같은 법 제20조제1항 및 제22조제1항에 따른 사업인정 및 그 고시가 있은 것으로 본다.

③ 제1항에 따른 수용 또는 사용에 대한 재결의 신청은 「공익사업을 위한 토지 등의 취득 및 보상에 관한 법률」 제23조 및 같은 법 제28조제1항에도 불구하고 사업시행계획인가(사업시행계획변경인가를 포함한다)를 할 때 정한 사업시행기간 이내에 하여야 한다.

④ 대지 또는 건축물을 현물보상하는 경우에는 「공익사업을 위한 토지 등의 취득 및 보상에 관한 법률」 제42조에도 불구하고 제83조에 따른 준공인가 이후에도 할 수 있다.

■ 도시 및 주거환경정비법 시행령

제54조(손실보상 등) ① 제13조제1항에 따른 공람공고일부터 계약체결일 또는 수용재결일까지 계속하여 거주하고 있지 아니한 건축물의 소유자는「공익사업을 위한 토지 등의 취득 및 보상에 관한 법률 시행령」제40조제5항제2호에 따라 이주대책대상자에서 제외한다. 다만, 같은 호 단서(같은 호 마목은 제외한다)에 해당하는 경우에는 그러하지 아니하다. 〈개정 2018. 4. 17.〉

② 정비사업으로 인한 영업의 폐지 또는 휴업에 대하여 손실을 평가하는 경우 영업의 휴업기간은 4개월 이내로 한다. 다만, 다음 각 호의 어느 하나에 해당하는 경우에는 실제 휴업기간으로 하되, 그 휴업기간은 2년을 초과할 수 없다.

1. 해당 정비사업을 위한 영업의 금지 또는 제한으로 인하여 4개월 이상의 기간동안 영업을 할 수 없는 경우

2. 영업시설의 규모가 크거나 이전에 고도의 정밀성을 요구하는 등 해당 영업의 고유한 특수성으로 인하여 4개월 이내에 다른 장소로 이전하는 것이 어렵다고 객관적으로 인정되는 경우

③ 제2항에 따라 영업손실을 보상하는 경우 보상대상자의 인정시점은 제13조제1항에 따른 공람공고일로 본다.

④ 주거이전비를 보상하는 경우 보상대상자의 인정시점은 제13조제1항에 따른 공람공고일로 본다.

■ 공익사업을 위한 토지 등의 취득 및 보상에 관한 법률

제77조(영업의 손실 등에 대한 보상) ① 영업을 폐업하거나 휴업함에 따른 영업손실에 대하여는 영업이익과 시설의 이전비용 등을 고려하여 보상하여야 한다. 〈개정 2020. 6. 9.〉

② 농업의 손실에 대하여는 농지의 단위면적당 소득 등을 고려하여 실제 경작자에게 보상하여야 한다. 다만, 농지소유자가 해당 지역에 거주하는 농민인 경우에는 농지소유자와 실제 경작자가 협의하는 바에 따라 보상할 수 있다.

③ 휴직하거나 실직하는 근로자의 임금손실에 대하여는「근로기준법」에 따른 평균임금 등을 고려하여 보상하여야 한다.

④ 제1항부터 제3항까지의 규정에 따른 보상액의 구체적인 산정 및 평가 방법과 보상기준, 제2항에 따른 실제 경작자 인정기준에 관한 사항은 국토교통부령으로 정한다. 〈개정 2013. 3. 23.〉 [전문개정 2011. 8. 4.]

제78조(이주대책의 수립 등) ① 사업시행자는 공익사업의 시행으로 인하여 주거용 건축물을 제공함에 따라 생활의 근거를 상실하게 되는 자(이하 "이주대책대상자"라 한다)를 위하여 대통령령으로 정하는 바에 따라 이주대책을 수립·실시하거나 이주정착금을 지급하여야 한다.

② 사업시행자는 제1항에 따라 이주대책을 수립하려면 미리 관할 지방자치단체의 장과 협의하여야 한다.

③ 국가나 지방자치단체는 이주대책의 실시에 따른 주택지의 조성 및 주택의 건설에 대하여는 「주택도시기금법」에 따른 주택도시기금을 우선적으로 지원하여야 한다. 〈개정 2015. 1. 6.〉

④ 이주대책의 내용에는 이주정착지(이주대책의 실시로 건설하는 주택단지를 포함한다)에 대한 도로, 급수시설, 배수시설, 그 밖의 공공시설 등 통상적인 수준의 생활기본시설이 포함되어야 하며, 이에 필요한 비용은 사업시행자가 부담한다. 다만, 행정청이 아닌 사업시행자가 이주대책을 수립·실시하는 경우에 지방자치단체는 비용의 일부를 보조할 수 있다.

⑤ **주거용 건물의 거주자에 대하여는 주거 이전에 필요한 비용과 가재도구 등 동산의 운반에 필요한 비용을 산정하여 보상하여야 한다.**

⑥ 공익사업의 시행으로 인하여 영위하던 농업·어업을 계속할 수 없게 되어 다른 지역으로 이주하는 농민·어민이 받을 보상금이 없거나 그 총액이 국토교통부령으로 정하는 금액에 미치지 못하는 경우에는 그 금액 또는 그 차액을 보상하여야 한다. 〈개정 2013. 3. 23.〉

⑦ 사업시행자는 해당 공익사업이 시행되는 지역에 거주하고 있는 「국민기초생활 보장법」 제2조제1호·제11호에 따른 수급권자 및 차상위계층이 취업을 희망하는 경우에는 그 공익사업과 관련된 업무에 우선적으로 고용할 수 있으며, 이들의 취업 알선을 위하여 노력하여야 한다.

⑧ 제4항에 따른 생활기본시설에 필요한 비용의 기준은 대통령령으로 정한다.

⑨ 제5항 및 제6항에 따른 보상에 대하여는 국토교통부령으로 정하는 기준에 따른다. 〈개정 2013. 3. 23.〉 [전문개정 2011. 8. 4.]

■ 공익사업을 위한 토지 등의 취득 및 보상에 관한 법률 시행규칙

- 영업보상비 관련 -

제45조(영업손실의 보상대상인 영업) 법 제77조제1항에 따라 영업손실을 보상하여야 하는 영업은 다음 각 호 모두에 해당하는 영업으로 한다. 〈개정 2007. 4. 12., 2009. 11. 13., 2015. 4. 28.〉

1. 사업인정고시일등 전부터 적법한 장소(무허가건축물등, 불법형질변경토지, 그 밖에 다른 법령에서 물건을 쌓아놓는 행위가 금지되는 장소가 아닌 곳을 말한다)에서 인적·물적시설을 갖추고 계속적으로 행하고 있는 영업. 다만, 무허가건축물등에서 임차인이 영업하는 경우에는 그 임차인이 사업인정고시일등 1년 이전부터 「부가가치세법」 제8조에 따른 사업자등록을 하고 행하고 있는 영업을 말한다.

2. 영업을 행함에 있어서 관계법령에 의한 허가등을 필요로 하는 경우에는 사업인정고시일등 전에 허가등을 받아 그 내용대로 행하고 있는 영업

제46조(영업의 폐지에 대한 손실의 평가 등) ① 공익사업의 시행으로 인하여 영업을 폐지하는 경우의 영업손실은 2년간의 영업이익(개인영업인 경우에는 소득을 말한다. 이하 같다)에 영업용 고정자산·원재료·제품 및 상품 등의 매각손실액을 더한 금액으로 평가한다.

② 제1항에 따른 영업의 폐지는 다음 각 호의 어느 하나에 해당하는 경우로 한다. 〈개정 2007. 4. 12., 2008. 4. 18.〉

1. 영업장소 또는 배후지(당해 영업의 고객이 소재하는 지역을 말한다. 이하 같다)의 특수성으로 인하여 당해 영업소가 소재하고 있는 시·군·구(자치구를 말한다. 이하 같다) 또는 인접하고 있는 시·군·구의 지역 안의 다른 장소에 이전하여서는 당해 영업을 할 수 없는 경우

2. 당해 영업소가 소재하고 있는 시·군·구 또는 인접하고 있는 시·군·구의 지역안의 다른 장소에서는 당해 영업의 허가등을 받을 수 없는 경우

3. 도축장 등 악취 등이 심하여 인근주민에게 혐오감을 주는 영업시설로서 해당 영업소가 소재하고 있는 시·군·구 또는 인접하고 있는 시·군·구의 지역안의 다른 장소로 이전하는 것이 현저히 곤란하다고 특별자치도지사·시장·군수 또는 구청장(자치구의 구청장을 말한다)이 객관적인 사실에 근거하여 인정하는 경우

③ 제1항에 따른 영업이익은 해당 영업의 최근 3년간(특별한 사정으로 인하여 정상적인 영업이 이루어지지 아니한 연도를 제외한다)의 평균 영업이익을 기준으로 하여 이를 평가하되, 공익사업의 계획 또는 시행이 공고 또는 고시됨으로 인하여 영업이익이 감소된 경우에는 해당 공고 또는 고시일전 3년간의 평균 영업이익을 기준으로 평가한다. 이 경우 개인영업으로서 최근 3년간의 평균 영업이익이 다음 산식에 의하여 산정한 연간 영업이익에 미달하는 경우에는 그 연간 영업이익을 최근 3년간의 평균 영업이익으로 본다. 〈개정 2005. 2. 5., 2008. 4. 18.〉

연간 영업이익 =「통계법」제3조제3호에 따른 통계작성기관이 같은 법 제18조에 따른 승인을 받아 작성·공표한 제조부문 보통인부의 노임단가×25(일)× 12(월)

④ 제2항에 불구하고 사업시행자는 영업자가 영업의 폐지 후 2년 이내에 해당 영업소가 소재하고 있는 시·군·구 또는 인접하고 있는 시·군·구의 지역 안에서 동일한 영업을 하는 경우에는 영업의 폐지에 대한 보상금을 환수하고 제47조에 따른 영업의 휴업 등에 대한 손실을 보상하여야 한다. 〈신설 2007. 4. 12.〉

⑤ 제45조제1호 단서에 따른 임차인의 영업에 대한 보상액 중 영업용 고정자산·원재료·제품 및 상품 등의 매각손실액을 제외한 금액은 제1항에 불구하고 1천만원을 초과하지 못한다. 〈신설 2007. 4. 12., 2008. 4. 18.〉

제47조(영업의 휴업 등에 대한 손실의 평가) ① 공익사업의 시행으로 인하여 영업장소를 이전하여야 하는 경우의 영업손실은 휴업기간에 해당하는 영업이익과 영업장소 이전 후 발생하는 영업이익감소액에 다음 각호의 비용을 합한 금액으로 평가한다. 〈개정 2014. 10. 22.〉

1. 휴업기간 중의 영업용 자산에 대한 감가상각비·유지관리비와 휴업기간 중에도 정상적으로 근무하여야 하는 최소인원에 대한 인건비 등 고정적 비용

2. 영업시설·원재료·제품 및 상품의 이전에 소요되는 비용 및 그 이전에 따른 감손상당액

3. 이전광고비 및 개업비 등 영업장소를 이전함으로 인하여 소요되는 부대비용

② 제1항의 규정에 의한 휴업기간은 4개월 이내로 한다. 다만, 다음 각 호의 어느 하나에 해당하는 경우에는 실제 휴업기간으로 하되, 그 휴업기간은 2년을 초과할 수 없다. 〈개정 2014. 10. 22.〉

1. 당해 공익사업을 위한 영업의 금지 또는 제한으로 인하여 4개월 이상의 기간동안 영업을 할 수 없는 경우

2. 영업시설의 규모가 크거나 이전에 고도의 정밀성을 요구하는 등 당해 영업의 고유한 특수성으로 인하여 4개월 이내에 다른 장소로 이전하는 것이 어렵다고 객관적으로 인정되는 경우

③ 공익사업에 영업시설의 일부가 편입됨으로 인하여 잔여시설에 그 시설을 새로이 설치하거나 잔여시설을 보수하지 아니하고는 그 영업을 계속할 수 없는 경우의 영업손실 및 영업규모의 축소에 따른 영업손실은 다음 각 호에 해당하는 금액을 더한 금액으로 평가한다. 이 경우 보상액은 제1항에 따른 평가액을 초과하지 못한다. 〈개정 2007. 4. 12.〉

1. 해당 시설의 설치 등에 소요되는 기간의 영업이익

2. 해당 시설의 설치 등에 통상 소요되는 비용

3. 영업규모의 축소에 따른 영업용 고정자산·원재료·제품 및 상품 등의 매각손실액

④ 영업을 휴업하지 아니하고 임시영업소를 설치하여 영업을 계속하는 경우의 영업손실은 임시영업소의 설치비용으로 평가한다. 이 경우 보상액은 제1항의 규정에 의한 평가액을 초과하지 못한다.

⑤ 제46조제3항 전단은 이 조에 따른 영업이익의 평가에 관하여 이를 준용한다. 이 경우 개인영업으로서 휴업기간에 해당하는 영업이익이 「통계법」 제3조제3호에 따른 통계작성기관이 조사·발표하는 가계조사통계의 도시근로자가구 월평균 가계지출비를 기준으로 산정한 3인 가구의 휴업기간 동안의 가계지출비(휴업기간이 4개월을 초과하는 경우에는 4개월분의 가계지출비를 기준으로 한다)에 미달하는 경우에는 그 가계지출비를 휴업기간에 해당하는 영업이익으로 본다. 〈개정 2007. 4. 12., 2008. 4. 18., 2014. 10. 22.〉

⑥ 제45조제1호 단서에 따른 임차인의 영업에 대한 보상액 중 제1항제2호의 비용을 제외한 금액은 제1항에 불구하고 1천만원을 초과하지 못한다. 〈신설 2007. 4. 12., 2008. 4. 18.〉

⑦ 제1항 각 호 외의 부분에서 영업장소 이전 후 발생하는 영업이익 감소액은 제1항 각 호 외의 부분의 휴업기간에 해당하는 영업이익(제5항 후단에 따른 개인영업의 경우에는 가계지출비를 말한다)의 100분의 20으로 하되, 그 금액은 1천만원을 초과하지 못한다. 〈신설 2014. 10. 22.〉

■ 영업보상 기준일

「도시정비법」 시행령 제54조제3항에 영업보상 기준일이 정비구역지정 공람공고일로 본다라고 명시되어 있으나, 이 법령개정이 2012년도에 이루어졌기 때문에 법령개정 전에는 영업보상 기준일이 명시되어 있지 않았고, 공익사업을 위한 토지 등의 취득 및 보상에 관한 법률에 따라 사업시행인가 고시일이 기준이었기 때문에 법령개정 전에 정비구역지정 공람공고가 이루어진 사업장은 사업시행인가 고시일 기준이다.

정비구역지정 공람공고일	기준일
2012년 8월 2일 이전	**사업시행인가 고시일**
2012년 8월 2일 이후	정비구역지정 공람공고일

▶ 2012년 8월 2일 이전에 정비구역지정 공람공고가 이루어진 경우 영업보상 기준일은 사업시행인가 고시일임

■ 영업보상 평가 사례

【영업보상 산출근거】

일련번호	상호	영업권리종류	영업이익	고정적 비용			영업시설 이전비용			감손상당액	부대비용	합계	영업이익	시설이전비용
				임차료	기타(보험료등)	소계	시설이전비	인테리어	소계		개업비등			
1	윤성해크(홍성구)	영업보상	13,707,180	3,464,000	1,200,000	4,664,000	23,462,000	900,000	24,360,000		2,000,000	44,731,000	13,707,180	31,024,000
2	페이지통화정비공업(주식회사진영조)	이전보상					7,923,400		7,920,000		1,500,000	9,420,000	-	9,420,000
3	미앤비기기(신영진)	영업보상	13,707,180	4,000,000	1,000,000	5,000,000	18,574,000	2,400,000	20,970,000		2,000,000	41,677,000	13,707,180	27,970,000
4	루진기계(강석이)	이전보상	-				7,974,000		7,970,000		2,000,000	9,970,000	-	9,970,000
5	하나컨셉(이용철)	영업보상		1,500,000		1,500,000	6,630,000	3,200,000	9,830,000	2,000,000	2,000,000	15,330,000	-	15,330,000
6	진영철강(오성이)	이전보상	-				400,000		400,000			400,000	-	400,000
7	동회산업(김경화)	영업보상	13,707,180	1,500,000		1,500,000	13,667,200	1,500,000	15,160,000		2,000,000	32,367,000	13,707,180	18,660,000
8	골열이앤씨(김병철)	영업보상	13,707,180	3,000,000	600,000	3,600,000	21,756,000	12,000,000	33,760,000		3,000,000	54,067,000	13,707,180	40,980,000
9	천천자될(김흥숙)	이전보상					6,110,000		6,110,000		1,500,000	7,610,000	-	7,610,000
10	리더스산업(서윤자)	영업보상	13,707,180	1,500,000		1,500,000	6,170,000		6,170,000		1,500,000	22,877,000	13,707,180	9,170,000
11	덕형벤지(너어링)(문병훈)	가설건축물내 영업	-											

〔영업보상 평가의 주요 항목〕

법령 조항		주요 내용
1항	영업이익과 영업감소액	휴업기간에 해당하는 영업이익과 이전 후 발생하는 영업이익감소액 ◆ 영업이익 : 해당 영업의 최근 3년간의 평균 영업이익을 기준으로 평가 ◆ 영업이익 감소액 : 휴업기간에 해당하는 영업이익의 100분의 20으로 하되, 1천만원을 초과하지 못한다
	제1호 고정적 비용	감가상각비 · 유지관리비, 최소인원에 대한 인건비 등 고정적 비용
	제2호 이전비용	이전에 소요되는 비용 및 그 이전에 따른 감손상당액
	제3호 부대비용	이전광고비 및 개업비 등 이전함으로 인하여 소요되는 부대비용
2항 휴업기간		4개월 이내

※ 참고) 영업 폐지에 대한 손실의 평가가 이루어지는 경우는 전혀 없음. 다른 장소에 이전해서는 영업을 할 수 없는 경우나, 다른 지역에서는 영업허가를 받을 수 없는 경우 등이 해당되는데 이에 해당하는 업종이 없기 때문이다.

제54조(주거이전비의 보상) ① 공익사업시행지구에 편입되는 주거용 건축물의 소유자에 대하여는 해당 건축물에 대한 보상을 하는 때에 가구원수에 따라 2개월분의 주거이전비를 보상하여야 한다. 다만, 건축물의 소유자가 해당 건축물 또는 공익사업시행지구 내 타인의 건축물에 실제 거주하고 있지 아니하거나 해당 건축물이 무허가건축물등인 경우에는 그러하지 아니하다. 〈개정 2016. 1. 6.〉

② 공익사업의 시행으로 인하여 이주하게 되는 주거용 건축물의 세입자(법 제78조제1항에 따른 이주대책대상자인 세입자는 제외한다)로서 사업인정고시일등 당시 또는 공익사업을 위한 관계법령에 의한 고시 등이 있은 당시 해당 공익사업시행지구안에서 3개월 이상 거주한 자에 대하여는 가구원수에 따라 4개월분의 주거이전비를 보상하여야 한다. 다만, 무허가건축물등에 입주한 세입자로서 사업인정고시일등 당시 또는 공익사업을 위한 관계법령에 의한 고시 등이 있은 당시 그 공익사업지구 안에서 1년 이상 거주한 세입자에 대하여는 본문에 따라 주거이전비를 보상하여야 한다. 〈개정 2007. 4. 12., 2016. 1. 6.〉

③ 제1항 및 제2항에 따른 주거이전비는 「통계법」 제3조제3호에 따른 통계작성기관이 조사·발표하는 가계조사통계의 도시근로자가구의 가구원수별 월평균 명목 가계지출비(이하 이 항에서 "월평균 가계지출비"라 한다)를 기준으로 산정한다. 이 경우 가구원수가 5인인 경우에는 5인 이상 기준의 월평균 가계지출비를 적용하며, 가구원수가 6인 이상인 경우에는 5인 이상 기준의 월평균 가계지출비에 5인을 초과하는 가구원수에 다음의 산식에 의하여 산정한 1인당 평균비용을 곱한 금액을 더한 금액으로 산정한다. 〈개정 2009. 11. 13., 2012. 1. 2.〉

1인당 평균비용 = (5인 이상 기준의 도시근로자가구 월평균 가계지출비 - 2인 기준의 도시근로자가구 월평균 가계지출비) ÷ 3

제55조(동산의 이전비 보상 등) ① 토지등의 취득 또는 사용에 따라 이전하여야 하는 동산(제2항에 따른 이사비의 보상대상인 동산을 제외한다)에 대하여는 이전에 소요되는 비용 및 그 이전에 따른 감손상당액을 보상하여야 한다. 〈개정 2007. 4. 12.〉

② 공익사업시행지구에 편입되는 주거용 건축물의 거주자가 해당 공익사업시행지구 밖으로 이사를 하는 경우에는 별표 4의 기준에 의하여 산정한 이사비(가재도구 등 동산의 운반에 필요한 비용을 말한다. 이하 이 조에서 같다)를 보상하여야 한다. 〈개정 2012. 1. 2.〉

③ 이사비의 보상을 받은 자가 당해 공익사업시행지구안의 지역으로 이사하는 경우에는 이사비를 보상하지 아니한다.

■ 주거이전비 및 동산이전비 지급 기준

1. 주거이전비 산정(한국감정원 산정액 계산 참조, 2019년 기준)

가구원 수	1인	2인	3인	4인
주거이전비	4,765,592	6,457,786	8,695,568	10,830,966

※ 산출식 : 도시근로자가구의 가구원수별 명목 가계지출비 × 4개월분

2. 동산이전비 산정

(한국감정원 산정액 계산 참조, 2020년 상반기 기준, 「토지보상법」 시행규칙 별표 4의 기준)

주택연면적	33㎡ 미만	33㎡~ 49.5㎡ 미만	49.5㎡~ 66㎡ 미만	66㎡~ 99㎡ 미만	99㎡ 이상
주거이전비	697,900	1,077,734	1,347,167	1,616,601	2,155,468

〔공익사업을 위한 토지 등의 취득 및 보상에 관한 법률 시행규칙(별표 4)〕

주택연면적기준	이사비			비고
	노임	차량 운임	포장비	
1. 33제곱미터 미만	3명분	1대분	(노임 + 차량운임) × 0.15	1. 노임은 「통계법」 제3조제3호에 따른 통계작성기관이 같은 법 제18조에 따른 승인을 받아 작성·공표한 공사부문 보통인부의 노임을 기준으로 한다.
2. 33제곱미터 이상 49.5제곱미터 미만	4명분	2대분	(노임 + 차량운임) × 0.15	
3. 49.5제곱미터 이상 66제곱미터 미만	5명분	2.5대분	(노임 + 차량운임) × 0.15	2. 차량운임은 한국교통연구원이 발표하는 최대적재량이 5톤인 화물자동차의 1일 8시간 운임을 기준으로 한다.
4. 66제곱미터 이상 99제곱미터 미만	6명분	3대분	(노임 + 차량운임) × 0.15	3. 한 주택에서 여러 세대가 거주하는 경우 주택연면적기준은 세대별 점유면적에 따라 각 세대별로 계산·적용한다.
5. 99제곱미터 이상	8명분	4대분	(노임 + 차량운임) × 0.15	

(20) 풍동실험

가. 법적 근거
- 건축물의 구조기준 등에 관한 규칙(약칭 : 건축물구조기준규칙)
- 건축구조기준
- 국토교통부 발행 풍환경 분석 및 빌딩풍 저감 가이드라인 등

나. 개요
건축물의 축조로 인하여 생기는 풍환경의 변화를 미리 예측하고 기존 건물 및 보행자에 대한 영향 등을 파악하기 위하여 실시하며, 신축하고자 하는 건물과 주변 조건을 동일하게 축소 모형을 제작하여 시험함으로써 건물 서로 간의 영향을 고려하여 보다 정확한 풍력계수 및 풍하중을 구체적으로 유추하고자 하는 것이다.

다. 풍동실험의 대상
- 건축물 또는 공작물이 KDS 41 10 15(5.1.3 특별풍하중)의 조건에 해당하는 경우 : 풍진동의 영향을 고려해야 하는 건축물, 특수한 지붕골조로 이루어진 건축물, 골바람 효과가 발생되는 지점, 인접효과가 우려되는 건축물, 비정형적 형상의 건축물에 대하여 수행
- 건축물안전영향평가 대상 혹은 풍환경의 변화가 발생할 우려가 있는 경우 : 건축물 안전영향평가 고시개정에 따라 기존 건축물과 신축되는 고층 건축물의 상호작용에 의해 빌딩풍 영향이 우려되고, 그에 따라 외장재의 파손과 주변 풍환경의 변화가 발생할 가능성이 큰 건축물에 대해 적용한다.
- 건축구조기준에 의해 특별풍하중을 가질 때 풍동실험 진행
1. 형상의 비가 크고 유연하여 풍진동의 영향을 고려하여야 할 경우
2. 원형인 경우 : $H/d \geq 7$
3. 원형이 아닌 경우 : $H/\sqrt{BD} \geq 3$
4. 경량이며 감성이 낮아 공기력불안전진동거동을 하는 특수한 지붕 골조
5. 골바람효과가 발생하는 지점에 건설되는 경우

6. 집단으로 건축물이 지어질 경우 바람에 의한 진동증가로 인접효과가 우려되는 건축물

7. 비정형 건축물

- 풍동실험 보고서를 작성, 납품해야 하는 경우

라. 풍동실험의 종류

- 풍력실험 : 설계대상 건축물의 구조골조설계용 풍하중, 풍하중에 의한 진동변위 등을 평가하기 위해 실시한다.
- 풍압실험 : 건축물의 외장재설계용 풍하중의 산정 또는 건축물 일부에 작용하는 부분하중의 산정을 위하여 실시한다.
- 공기력진동실험 : 설계대상 건축물의 거주성, 안정성 검토를 위하여 공기력의 평가 또는 동적 응답 및 하중평가 등을 실시한다. 이때 건축물의 진동특성을 재현한 탄성모형을 이용하여 풍속에 따른 건축물의 거동을 재현한다.
- 풍환경실험 : 풍환경실험은 고층건물이 건설되는 경우에 건설지점 주변의 풍환경 평가를 위해 실시한다. 풍환경 실험의 목적은 대상건축물 부지 내 또는 그 구변 지표면 부근에서 생기는 강풍에 의한 일반적인 보행·주행장애·저층건축물 지역의 풍환경 악화와 이에 수반되는 주변 건축물 이용자, 주변도로 이용자의 불쾌감의 증폭 등을 검토하는 것이다.

마. 풍동실험 방법 사례

1) 반경500m 내의 건물 주변의 상황을 1/200~1/800 등으로 축소 모형을 제작하여 회전테이블에 설치한다.
2) 건물의 RIGID MODEL을 제작하여 주변 모델의 중앙부에 설치한다.
3) RIGID MODEL에는 필요 부위에 Sensor를 설치한다.
4) 제작된 모형이 실제 건물 주변 여건과 상이한 점이 없는지 검토한다.
5) 건물을 10도씩 360도 회전시키며 FAN을 가동한다.
6) 풍동 모델 표면에 설치된 Sensor로부터 측정한 외장재용 풍압계수 데이터를 프로그램을 이용하여 분석한다.
7) 분석된 데이터를 산정된 설계속도압과 곱하여 설계풍압을 산정, 건물의 입면에 Zoning한다.

바. 풍동실험 모형(풍압 테스트)

1) 모형의 외부 타공된 홀에 튜브를 연결하고, 튜브로 들어오는 풍압을 Sensor를 통해 측정한다.

2) 모형과 축적과 크기에 따라 다르지만 건물 내부에 모든 측정공에 연결된 튜브가 건물 내부에 삽입되어야 하므로 측정공의 개수가 제한적이다.

사. 선정 시기 : 사업시행계획 수립 준비 이전

아. 선정 방법

　해당 사업장이 풍동실험 대상인지를 먼저 확인하고, 추진위원회 승인을 받은 후 일반경쟁입찰에 부쳐야 하며, 「도시정비법」 시행령 제24조제1항에 해당하는 경우에는 지명경쟁이나 수의계약으로 할 수 있으며, 예산으로 정한 사항에 해당하는 경우에는 대의원회의 의결을 거쳐 계약을 체결할 수 있다.

(21) 임대주택 매각 검토

가. 재개발 임대주택의 개요

구분	내용	비고
근거법률	• 「도시 및 주거환경정비법」 제10조, 시행령 제9조 • 시행령 별표 3(임대주택의 공급조건 등)	
건립목적	• 세입자의 주거안정	
건립규모	• 전용면적 40㎡ 이하	「도시정비법」 시행령 제9조
건립비율	• 주택 전체 세대수의 100분의 20 이하 • 각 지자체별 정비사업의 임대주택 및 주택규모별 건설비율 고시	「도시정비법」 시행령 제9조 국토교통부 고시 제2020-528호(2020.07.22.)
인수자	• 국토교통부장관, 시도지사, 구청장 또는 토지주택공사 등 • 시도지사 도는 시장, 군수, 구청장이 우선하여 인수하여야 하며, 어려운 경우 국토교통부장관에게 토지주택공사등을 인수자로 지정할 것을 요청할 수 있음	「도시정비법」 제79조제5항 「도시정비법」 시행령 제68조 (재개발임대주택 인수방법 및 절차 등)제1항
인수가격	• 공동주택 특별법 시행령 제54조제5항에 따라 정해진 분양전환가격의 산정 기준 중 건축비에 부속토지의 가격을 합한 금액으로 함	「도시정비법」 시행령 제68조 (재개발임대주택 인수방법 및 절차 등)제2항

나. 임대주택의 공급가격 산정방법(「공공주택 특별법」 시행규칙 별표 7 참조)

재개발 임대주택의 공급가격은 표준건축비를 기준으로 한 건축비에 토지가격과 택지조성비를 가산하여 산정함

1) 건축비 - 표준건축비를 상한으로 하며, 가산항목은 다음과 같다.

• 철근콘크리트 라멘구조, 철골철근콘크리트구조, 철골조로 건축하는 주택

• 시공 및 분양에 필요하여 납부한 보증수수료

• 최초 입주자모집공고에 포함하여 승인을 받은 지하층 면적

• 발코니새시를 한 번에 시공하는 주택인 경우 100분의 5 이내에서 드는 비용

• 음식물류 폐기물 공동 처리시설의 설치비

• 발코니 확장주택인 경우 발코니 확장비용 등

2) 택지비 - 공공택지의 공급가격을 기준으로 하며, 가산항목은 다음과 같다.

- 택지대금에 대한 기간이자
- 제세공과금, 등기수수료 등 필요적 경비
- 그 밖에 택지와 관련된 것임을 증명할 수 있는 비용 등

다. 임대주택 매각 절차

구청, 시청 협의
- 관련 법률에 따라 구청장 또는 시장에게 인수요청 및 매각협의 진행

▼

인수자 지정
- 구청장 또는 시장이 인수가 불가능할 경우 국토교통부에 인수자로 토지주택공사 등일 지정할 수 있도록 협의진행하여 인수자 지정

▼

매각금액 결정
- 인수자와 관리처분인가시 결정된 매각금액을 기준으로 협의, 협의에 따라 변경될 수 있음

▼

매매계약 체결
- 매각대금 지급시기 및 비율 등을 최종 결정하여 인수자와 매매계약 체결

라. 임대주택의 부지명세와 부지가액·처분방법 사례 - 서울시 시준

대지	소재지 (또는 부호)	지목	용도	면적(㎡) 공유의 경우 1필지전체면적	임대부지면적	주택규모별 세대 당 지분면적(㎡) 59A	59B	임대부지 총 추산가액	처분방법
	계			9,824.0000	942.6320	20.4400	20.6200	5,642,906,000	서울특별시장 에게 매각
	남가좌동	대	임대주택부지	9,824.0000	942.6320	20.4400	20.6200	5,642,906,000	

주택	주택규모별(㎡)				소재지 (또는 부호)	동·층·호	세대수	처분가액		지분대지포함 처분가액		처분방법
	계	전용	주거 공용	기타 공용				세대 당	총 가액	세대 당	총 가액	
					계		46	-	5,181,372,000		10,824,278,000	
	122.4274	59.8108	20.0745	42.5420	남가좌동	102동/3~9 층/7.호수 103동/6~14 층/27.호수	34	112,384,559	3,821,075,000	234,779,853	7,982,515,000	서울특별시장 에게 매각
	123.1750	59.8890	20.6884	42.5976	남가좌동	102동/3~9 층/12.호수	12	113,358,083	1,360,297,000	236,813,583	2,841,763,000	

부대복리시설	분양대상	종류	명칭		소재지 (또는 부호)	시설		대지		대지포함 총 가액	
						면적	총 가액	면적	총 가액		
	분양제외	종류				규모					

기타시설	종류	명칭	소재지 (또는 부호)		시설		대지		대지포함 추산가액	분양대상 여부
					면적	추산가액	면적	추산가액		

총괄조서	처분대상자	대지		주택		부대복리시설		기타		총 추산가액
		면적	추산가액	세대수	추산가액	면적	추산가액	면적	추산가액	
	서울특별시장	942.6320	5,642,906,000	46	5,181,372,000					10,824,278,000

※ 첨부서류 : 대지 및 건축시설별 위치도면 1부.

(22) 범죄예방대책수립 및 범죄예방

가. 법적 근거

「도시정비법」제50조 사업시행계획 작성 내용 중 '사업시행기간 동안 정비구역 내 가로등 설치, 폐쇄회로 텔레비전 설치 등 범죄예방대책'이 명시되어 있어 사업시행계획인가 신청 시에 범죄예방대책이 작성되어야 한다.

또한, 사업시행자인 조합은 조합원 이주 시에 범죄예방을 철저히 해야 한다.

나. 개요

정비사업 구역 내 조합원 이주 등으로 발생된 공가발생 지역의 슬럼화/우범지대화 됨에 따라 이에 대한 관리를 강화하고 빈틈없는 사회안전망을 구축하고자 정비사업 구역 내 주민의 안전과 주거권 확보를 위한 공가관리, 폐쇄회로 텔레비전 설치, 가로등 설치 및 범죄예방 종합대책을 수립하여 시행하는 데 목적이 있다.

다. 범죄예방 주요 업무

- 이주완료가옥(공가) 내 외부인 출입 감시 및 관리
- 정비사업구역 내 우범 지대 및 범죄 발생 예상구역, 불량 가로등 확인 및 관리 업무
- 범죄예방 업무와 관련하여 인근 경찰서 및 소방등 유관부서 협의 및 대관업무
- 구역 내 가로등, 폐쇄회로(CCTV) 텔레비전 등 범죄예방 시설물 설치 및 관리업무
- 범죄예방 업무 실행과 관련하여 홍보안내문 등 작성 및 관련 부대 업무
- 구역 내 중앙감시센터 설치 및 24시간 운영
- 벽보, 현수막, 안내문 등을 통한 감시활동 및 범죄예방 홍보
- 구역 내 순찰 및 긴급출동 시스템 구축
- 구역 내 보안시스템과 관할 경찰서와의 연계시스템 구축
- 구역 내 거주민 및 유동인구의 동선파악
- 기타 범죄예방 용역과 관련하여 수행이 요구되는 일체의 업무

라. 선정 시기 : 사업시행계획 수립 준비 이전

마. 선정 방법

추진위원회 승인을 받은 후 일반경쟁입찰에 부쳐야 하며, 「도시정비법」 시행령 제24조제1항에 해당하는 경우에는 지명경쟁이나 수의계약으로 할 수 있으며, 예산으로 정한 사항에 해당하는 경우에는 대의원회의 의결을 거쳐 계약을 체결할 수 있다.

(23) 분양가 적정성 검토

가. 배경

일반분양예정가 분석은 사업초기 조합설립추진위원회에서 조합설립동의를 받기 전 추정분담금을 산출하고 토지등소유자에게 제공하기 위해 필요하고, 이를 시작으로 사업시행계획 수립 시, 조합원 분양신청 시, 관리처분계획 수립 시, 최종 일반분양 시행 전 등 여러 차례 검토하게 된다.

그러나, 조합에서는 일반분양가에 대한 적정성 검토를 의뢰하지 않고 시공사 등의 의견을 참고하여 임의적으로 결정하다 보니 검토할 때마다 일반분양예정가가 바뀔 수밖에 없고, 따라서, 추정비례율과 추정분담금도 바뀌어 토지등소유자로부터 신뢰를 얻지 못하는 경우가 많다. 일반분양가가 종전 검토할 때보다 올라간다면 수입이 증대되어 좋은 영향이 미쳐질 수 있으나, 부동산경기 불황기에는 오히려 분양가가 떨어져 그만큼 추정비례율이 낮아져 사업에 대한 불신 증대를 초래함은 물론, 최악의 경우에는 이로 인해 사업이 무산되는 경우도 없지 않다.

나. 필요성
- 정비사업에서 가장 큰 영향을 미치는 것이 일반분양수입이며, 일반분양예정가가 기준이 된다.
- 일반분양수입이 산정되면 이를 기준으로 정비사업에 소요되는 총사업비가 예정이 되고, 이러한 분석이 향후 종전 및 종후자산감정평가의 기준이 된다.
- 예상되는 일반분양수입을 기준으로 향후 사업추진방향에 대한 수립이 가능해진다.
- 조합원분양예정가의 기준이 되는 것이 일반분양예정가이다.
- 일반분양예정가를 기준으로 개략적인 조합원분양예정가가 산정이 되고, 나아가 이를 바탕으로

종후자산감정평가가 이루어진다.

- 조합원 이익과 직결되는 추정비례율과 추정분담금에 가장 직접적인 영향을 미친다.

- 정비사업에 소요되는 총사업비는 적정 범위 내에서 거의 확정이 되기 때문에(예 : 공사비나 각종 용역비 등은 당사자 간의 계약에 의거하여 확정되었기 때문에 변동될 가능성이 낮음) 일반분양예정가가 추정비례율과 추정분담금에 직접적인 영향을 미치는 유일한 요인이 된다.

- 조합이 시공사와의 분양가 협의과정에서나 대외적으로 공표할 수 있는 분양예정가에 대한 확실한 근거 마련이 필요하다.

- 비전문가인 조합에서 일반분양예정가에 대해 확신을 가지기 어렵기 때문에 전문가인 시공사의 의견을 수렴할 수밖에 없고, 조합원에게도 자신 있는 분양예정가를 공표하기 매우 어렵다. 따라서, 본 용역을 통해 분양가 협상의 기준을 마련하고 최종 결정권자인 조합의 의사결정의 확실한 근거가 된다.

- 추정비례율, 추정분담금 등 해당 사업장의 사업성 분석 내용의 불변성, 이를 통한 사업의 신뢰성이 확보된다.

- 일반분양예정가가 검토시마다 큰 변화를 가져오게 되면 계속되는 추정비례율 등의 사업성 변화로 인해 조합원의 불신이 증가할 수 있기 때문에 일관된 사업성 유지에 있어 가장 큰 요인인 일반분양예정가에 대한 정확한 검토와 분석이 필요하다.

다. 주요 업무

1) 대상 사업장 현황 분석

- 인·허가(정비계획, 건축심의 등) 진행사항 및 관련 자료, 건축계획 관련 도면, 조합원 현황, 추정분담금 관련 자료, 사업시행계획 관련 자료(자금계획서 등), 조합원 분양신청 관련 자료(완료한 현장 해당), 관리처분계획 관련 자료(완료한 현장 해당), 각종 총회자료 등 조합이 제공한 자료를 통한 사업장 현황 분석

- 현지 실사 및 인터뷰 등

2) 해당 사업장 특장점 분석

- 향후 일반분양 시 홍보마케팅에 활용될 수 있는 특장점 등 분석, 정리

- 해당 사업장의 POWER 분석 : 입지적 특권 분석, 희소성, 대표성, 잠재성, 개발 가능성, 규모/브

랜드/품질 등 비교·분석, 발전 가능성 등

- 신축아파트의 장점 분석 : 마감수준, 커뮤니티시설, 설계 등

3) 분양가 적정성 검토 업무 추진방향 수립

4) 해당 사업장의 인문·사회환경 분석

- 인구변화 추이, 구별·동별 인구환경 분석, 인구 전·출입 분석, 사업체현황 분석 등

5) 부동산 시장환경 분석

- 미분양 현황 분석, 주택거래량 추이 분석, 국내·외 경제 전망, 아파트분양시장 전망 등

6) 주택환경 분석

- 주택보급 현황, 구별 주택보급 현황, 아파트 공급 분석, 평균분양율 분석, 인근 지역 아파트 공급 분석, 신규 분양아파트 현황 분석 등

7) 부동산 정책 변화

- 주택시장 정책 요약, 최근 부동산정책 변화의 방향성 분석, 부동산정책 변화 및 시사점, 정비사업 관련 제도 주요 변화 등

8) 분양가 적정성 검토

- 인근단지 비교를 통한 분양가 적정성 검토
- 인근단지 가격구조에 따른 Positioning
- 사례비교를 통한 분양가 적정성 검토
- 최근 분양사례 비교를 위한 배점 기준 수립
- 최근 분양사례 Section별 비교·분석
- 최근 분양사례 비교를 통한 분양가 적정성 검토 등

라. 선정 시기 : 사업시행계획 수립 준비 이전

마. 선정 방법

추진위원회 승인을 받은 후 일반경쟁입찰에 부쳐야 하며, 「도시정비법」 시행령 제24조제1항에 해당하는 경우에는 지명경쟁이나 수의계약으로 할 수 있으며, 예산으로 정한 사항에 해당하는 경우에는 대의원회의 의결을 거쳐 계약을 체결할 수 있다.

(24) 감정평가

가. 정비사업 관련 감정평가의 종류

구분	내용		
1) 정비기반시설 (도로, 공원 등) 감정평가	사업시행인가를 위한 사업시행계획서의 작성 시에는「도시 및 주거환경정비법」시행령 제47조(사업시행계획서의 작성) 제1항 제11호에 따라 용도가 폐지되는 정비기반시설의 조서·도면 및 그 정비기반시설에 대한 둘 이상의 감정평가업자의 감정평가서와 새로 설치할 정비기반시설의 조서·도면 및 그 설치비용 계산서가 필요함으로 사업시행인가 전에 실시해야 하는 감정평가		
2) 종전자산감정평가	조합원 정산과 관련하여 조합원 개인별로 종전 토지 및 건물의 가격을 산정하는 것으로 관리처분계획수립을 위한 기준가격이 됨 가격시점(평가시점)은 사업시행인가고시일임		
3) 종후자산감정평가	분양예정인 토지와 건물, 아파트 등의 추산액을 산정하는 것으로, 종전자산감정평가액과 함께 관리처분계획수립을 위한 기준가격이 됨		
4) 보상평가 (협의보상, 수용재결, 이의재결)	분양신청을 하지 아니한 자에 대해 부동산을 강제 수용하기 위한 평가 공익사업을 위한 토지등의 취득 및 손실보상에 관한 법률을 적용		
	현금청산자 보상 평가	수용재결을 위한 보상평가, 이의재결 시 보상평가 등	
	영업보상평가	4개월분 영업이익 + 감가상각비 + 고정적비용 + 영업시설이전비 등 평가	
	세입자보상	주거세입자 : 주거이전비(가구원수, 4개월분의 가계지출비) + 이사비 등 평가 상가세입자 : 4개월분 휴업보상비 + 영업시설 이전비 + 이사비 등 평가	
5) 일반분양아파트 분양가 평가	조합원에게 분양하고 남은 아파트와 상가 등의 일반분양가를 결정하기 위한 평가로서 적정한 가격산정과 원활한 분양을 위해 하는 평가로 꼭 해야 하는 평가는 아님		

나. 종전·종후자산감정평가의 역할 및 의미

- 조합원 권리가액의 형평성 확보, 조합원 분양가격(종후자산감정평가)의 적정성 및 형평성 확보를 통해 관리처분기준의 타당성이 부여됨.
- 종전자산감정평가는 재개발사업으로 인한 발생한 개발이익을 조합원별 평가액 비율로 배분하는 역할을 하며, 종후자산감정평가는 정비사업비를 평가액 비율에 의하여 분담하는 역할을 함.
- 종전자산감정평가가 가지는 의미는 다음의 3가지가 있다.

1. 조합원 상호 간의 상대적 출자비율을 산정

2. 분양 제외자 청산금 기준가격

3. 조합원의 분양 우선순위 결정

• 종전·종후자산감정평가의 가격 시점은 사업시행인가고시 일자 기준

다. 종전자산감정평가의 이해

• 평가의 면적 및 소유권 기준

면적 기준	토지	토지대장, 임야대장, 공유자연명부, 대지권등록부
	건물	건축물관리대장(무허가 제외) 다만, 정관에 의해 재산세과세대장 또는 측량성과를 기준으로 할 수 있음
소유권 기준	토지	등기부등본(국·공유지는 인정된 점유연고권자 기준)
	건물	등기부등본(무허가건축물은 무허가건축물확인원)

• 평가 기준

구분	내용
객관적 기준 평가	소유자가 생각하고 있는 주관적 가치, 특별한 용도로 사용할 것을 전제로 한 이용가치 등은 고려하지 않고 객관적이며 일반적인 이용상태에 따라 평가
현황 기준 평가	지적공부상 지목에 불구하고 객관적이고, 일반적이며, 실제로 이용되고 있는 지목에 의한 현황평가를 하며, 일시적 이용상태는 고려하지 아니함
나지상정 평가	재개발정비구역 지정고시일로부터 건물의 증축과 개축의 금지 등 각종 행위제한을 받게 되어 제한을 받지 않는 인근 건물보다 노후, 불량하여 최유효 이용이 되지 못하는 등 건부감가 요인이 작용하게 됨. 그러나, 이를 소유자의 부담으로 하면 공평·정당원칙에 반하므로, 이를 배제하고 나지 상태로 평가
개발이익 및 제한손실 배제	시행절차의 각 단계별로 상당수준의 가격상승이 이루어지나 재개발정비사업의 시행으로 인한 개발이익(아파트 대지로의 용도지역 등의 변경, 프리미엄 등)을 배제한 가격으로 평가하고, 당해 사업으로 인한 상권의 쇠퇴 등 제한손실 또한 배제 단, 재건축정비사업은 개발이익을 포함하여 평가

- 건물의 평가

구분	내용
일반건물 (단독주택, 사무실 등)	평가방법은 구조, 용재, 시공상태, 관리상태, 이용상황, 부대설비, 개수, 보수의 정도 등 제현상을 참작하여 원가법으로 평가 "건물의 평가는 원가법에 의한다. 다만, 「원가법」에 의한 평가가 적정하지 아니한 경우에는 「거래사례비교법」 또는 「수익환원법」에 의할 수 있다"(감정평가에 관한 규칙)
구분건물 (아파트, 연립주택, 다세대주택)	일반건물과 달리 토지와 건물을 일체로 하여 「거래사례비교법」으로 평가 구분건물과 단독주택이 혼재되어 있는 경우에는 가격결정에 대한 민원의 소지 많으므로 양자 간에 적정한 가격 균형이 이루어지도록 평가
무허가건물	"기존무허가 건축물"과 "신발생 무허가 건축물"로 구분 기존무허가 건축물의 감정평가액은 권리가액 산정 시 포함되나, 신발생무허가건축물은 권리가액 산정대상에서 제외됨 기존무허가 건축물의 판정기준 : 1989년 1월 24일 당시의 무허가 건축물을 말하며, 그 외의 무허가 건축물은 "신발생무허가건축물"이라 한다(「도시및주거환경정비조례」 제2조)

라. 종후자산감정평가의 이해

- 종후자산감정평가액의 의미

신축되는 아파트 및 상가의 조합원 분양가격을 평가

- 평가 방법

1. 조합에서 제시하는 정비사업비 추산액을 기준으로 조성완료 후의 토지가격과 완공후의 건축물 가격으로 결정하되, 토지·건물을 일체로 평가

2. 택지비(종전자산평가액)에 조합에서 제시한 정비사업비 추산액을 가산하여 산출한 분양예정대지 및 건물의 추산액을 신축건물의 전유부분에 따른 층별, 위치별 가중치(효용지수)를 참작하여 각 구분건물에 배분하여 개별세대의 가격을 평가

- 가중치(효용지수) 산정의 요소(개별요인별)

1. 평형별, 층별, 향별, 타입별 전용비율 및 발코니 확장면적, 구조(판상형 또는 탑상형 중앙, 날개)

2. 탑상형의 코어형식(코아식 또는 계단식)

3. 세대별 평균 주차대수

4. 동 또는 라인별 승강기 이용 세대수, 일조량, 조망의 정도, 소음도, 프라이버시 침해정도

5. 단지별 점유 토지의 차이

6. 펜트하우스 여부

마. 정비기반시설 감정평가(무상귀속 및 무상양도 평가)

- 정비기반시설의 종류

도로, 공원, 상·하수도, 공용주차장, 공동구, 녹지, 하천, 공공공지, 광장, 소방용수시설, 비상대피시설, 가스공급시설, 사업시행계획서에서 당해 시장·군수 등이 관리하는 것으로 포함된 것.

- 가격시점 : 사업시행인가 고시일

- 정비기반시설 감정평가의 의미

1. 「도시정비법」 제97조(정비기반시설 및 토지 등의 귀속) 제2항에는 시장·군수등 또는 토지주택공사등이 아닌 사업시행자가 정비사업의 시행으로 새로 설치한 정비기반시설은 그 시설을 관리할 국가 또는 지방자치단체에 무상으로 귀속되고, 정비사업의 시행으로 용도가 폐지되는 국가 또는 지방자치단체 소유의 정비기반시설은 사업시행자가 새로 설치한 정비기반시설의 설치비용에 상당하는 범위에서 그에게 무상으로 양도된다라고 규정하고 있음.

2. 정비기반시설의 무상귀속 및 무상양도를 위한 평가는 용도폐지되는 정비기반시설과 새로이 설치한 정비기반시설에 대한 감정평가로 국·공유지와 사유지에 대한 일종의 교환평가 할 수 있음.

- 평가 기준

구분	내용
용도폐지되는 정비기반시설의 평가	국공유지의 처분평가와 동일한 기준 적용 사업시행인가 고시가 있는 날부터 종전의 용도가 폐지되는 것으로 봄 가격시점 당시의 이용상황인 도로, 구거의 상태로 평가
새로이 설치되는 정비기반시설의 평가	정비기반시설의 설치 전 이용상황을 기준으로 평가 표준지 공시지가를 기준으로 개별 필지별로 평가

바. 감정평가 수수료 기준

- 국토교통부 공고 '감정평가업자의 보수에 관한 기준'에서 정한 감정평가수수료 체계표를 기준으로 추정.

- 국토교통부에서 2018. 12. 26.자로 「감정평가 및 감정평가사에 관한 법률」 제23조에 따라 감정평가액을 기준으로 가격산출 근거자료, 가치형성요인 분석, 적용 감정평가기법 등을 고려하여 감

정평가액 구간별로 계산된 금액으로 산정하고, 최종적으로 감정평가업자의 보수는 이 기준에서 정한 감정평가수수료와 실비를 합산하여 산출한 감정평가수수료 기준표 참조.

(25) 이주 관리

가. 개요
- 관리처분인가 후 HUG(주택도시보증공사)의 이주비 및 사업비 대출보증과 금융기관 선정을 마치면 조합원 이주가 개시하게 되는데 이주 및 이주비대출신청 서류에 대한 안내 및 접수부터 이주관리업체가 업무를 수행하게 됨.
- 조합원 이주는 정해진 이주기간에 이주를 완료해야 할 뿐만 아니라 100% 이주가 완료되어야만 착공할 수 있어 재개발사업 추진 단계에서 가장 중요하게 여겨지고 있어 이주관리업체 선정이 매우 중요함.
- 일반적으로 이주관리업체는 구역 내에 사무실을 마련하여 활동하며, 이주안내 및 이주비 신청 서류를 접수받는 초기에는 많은 인원의 홍보요원이 활동하며 이주비 접수가 100% 완료된 이후에는 고정된 인력 수명이 이주가 완료될 때까지 상주하며 업무를 수행함.
- 조합원 이주 개시 후에는 이주관리업체, 범죄예방업체, 수용·재결업체, 명도소송 등 소송변호사, 근저당설정, 이전등기 등을 담당하는 법무사, 이렇게 4~5개 업체가 서로 협력하여 업무를 수행하는 것이 매우 중요함.

나. 주요 업무
① 이주안내문 작성 및 이주 통지 업무
② 조합원 이주비 신청 접수 및 전산관리, 은행연계 기표업무
③ 세입자 주거이전비 신청접수 및 전산관리
④ 구역 내 실거주자(조합원 및 세입자) 실태조사
⑤ 조합원 및 세입자 이주성향파악 및 설문조사
⑥ 원활한 이주를 위한 거주자의 체계적 이사계획 수립 및 실행확인 업무
⑦ 일일, 주간, 월간 이주계획 및 현황파악 및 보고

⑧ 이주거부자(조합원 및 세입자), 불능자에 대한 조합분석 및 법률행정대책 수립, 면담 및 이주설득

⑨ 명도소송 대상자 파악 업무 및 명도소송 진행에 따른 처리 업무 일체

⑩ 이주세대 공과금 체납액 파악 및 정산 업무 지원

⑪ 과다채무자 대책수립 및 현황조사 등 원활한 이주비 지급을 위한 조사 및 지원

⑫ 거주자의 이주 시 관리비, 전기, 수도, 전화 등 제세공과금 등의 완납여부 확인 및 미납금 징수 지원

⑬ 거주자 이주완료 시 당해 건물에 대한 상하수도, 전기, 가스 사용과 관련하여 관계 기관에 공급 중단 조치하고 건물에 대한 창문 및 출입문을 폐쇄하는 등의 조치

⑭ 이주완료(공가) 후 재입주 방비 업무

⑮ 폐기물 비용 징수 관리 및 폐기물 투기, 적치행위 방지와 단속

⑯ 이주 관리와 관련한 각종 민원 및 기타 제반 업무

〔이주 관리 업무편람 사례〕

구분	내용	업무편람
대상자 파악	대상자 파악	조합원, 세입자, 불법거주자 등의 전체 이주관리 대상자 파악
명부 작성	이주대상자 명부	이주 관리 대상자 명부 작성
이주 통보	이주계획안내문	이주계획수립, 안내문작성, 제본, 우편발송 등
	홍보물 제작	안내문, 대자보, 현수막 등 홍보물 제작
이주비 지급	서류접수	서류접수 기간 운영
		서류접수 홍보(필요시 홍보인원투입)
	이주비 지급	이주비지급 신청서 접수
		이주비지급은행 기표관리 및 현황정리
		일자별이주비 지급 관리
	이사비용 지급	이사비용 지급 관리
보상비 지급 (세입자, 영업권 등)	서류접수	서류접수 기간 운영
	세입자보상비지급	보상비 산출 및 지급신청서 접수
		보상비 지급 관리
이주확인	공과금완납 확인	수도, 전기, 도시가스, 정화조 등
	열쇠회수	열쇠관리

이주독려 등	이주독려 및 민원상담	유형별 상담 실시 및 이주독려
이주사무실	사무실 운영	상담인원 상시 거주
관련 업체 업무협의	이주비지급 금융기관	이지비지급은행 기표요청관리
	변호사, 법무사	명도소송(집행) 등에 필요한 정보제공
	토지수용(매도청구)	토지수용(매도청구)업체 업무연계
	부동산, 이사업체	부동산정보 및 이사업체 연계 관리
	폐기물처리 업체	생활폐기물 처리업체 연계 관리
	범죄예방 업체	업무연계
	철거업체	공가관리, 석면조사, 지장물처리 등의 철거업무 연계

다. 선정 시기 : 조합원 이주 이전

라. 선정 방법

추진위원회 승인을 받은 후 일반경쟁입찰에 부쳐야 하며, 「도시정비법」 시행령 제24조제1항에 해당하는 경우에는 지명경쟁이나 수의계약으로 할 수 있으며, 예산으로 정한 사항에 해당하는 경우에는 대의원회의 의결을 거쳐 계약을 체결할 수 있다.

(26) 수용재결

가. 법적 근거

• 「도시정비법」 제63조 토지등의 수용 또는 사용

> 사업시행자는 정비구역에서 정비사업(재건축사업의 경우에는 제26조제1항제1호 및 제27조제1항제1호에 해당하는 사업으로 한정한다)을 시행하기 위하여 「공익사업을 위한 토지 등의 취득 및 보상에 관한 법률」 제3조에 따른 토지·물건 또는 그 밖의 권리를 취득하거나 사용할 수 있다.

• 동법 제65조 공익사업을 위한 토지 등의 취득 및 보상에 관한 법률의 준용 등

① 정비구역에서 정비사업의 시행을 위한 토지 또는 건축물의 소유권과 그 밖의 권리에 대한 수용 또는 사용은 이 법에 규정된 사항을 제외하고는 「공익사업을 위한 토지 등의 취득 및 보상에 관한 법률」을 준용한다. 다만, 정비사업의 시행에 따른 손실보상의 기준 및 절차는 대통령령으로 정할 수 있다.

② 제1항에 따라 「공익사업을 위한 토지 등의 취득 및 보상에 관한 법률」을 준용하는 경우 사업시행계획인가 고시(시장·군수등이 직접 정비사업을 시행하는 경우에는 제50조제9항에 따른 사업시행계획서의 고시를 말한다. 이하 이 조에서 같다)가 있은 때에는 같은 법 제20조제1항 및 제22조제1항에 따른 사업인정 및 그 고시가 있은 것으로 본다. 〈개정 2021. 3. 16.〉

③ 제1항에 따른 수용 또는 사용에 대한 재결의 신청은 「공익사업을 위한 토지 등의 취득 및 보상에 관한 법률」 제23조 및 같은 법 제28조제1항에도 불구하고 사업시행계획인가(사업시행계획변경인가를 포함한다)를 할 때 정한 사업시행기간 이내에 하여야 한다.

④ 대지 또는 건축물을 현물보상하는 경우에는 「공익사업을 위한 토지 등의 취득 및 보상에 관한 법률」 제42조에도 불구하고 제83조에 따른 준공인가 이후에도 할 수 있다.

• 동법 시행령 제54조 손실보상 등

① 제13조제1항에 따른 공람공고일부터 계약체결일 또는 수용재결일까지 계속하여 거주하고 있지 아니한 건축물의 소유자는 「공익사업을 위한 토지 등의 취득 및 보상에 관한 법률 시행령」 제40조제5항제2호에 따라 이주대책대상자에서 제외한다. 다만, 같은 호 단서(같은 호 마목은 제외한다)에 해당하는 경우에는 그러하지 아니하다. 〈개정 2018. 4. 17.〉

② 정비사업으로 인한 영업의 폐지 또는 휴업에 대하여 손실을 평가하는 경우 영업의 휴업기간은 4개월 이내로 한다. 다만, 다음 각 호의 어느 하나에 해당하는 경우에는 실제 휴업기간으로 하되, 그 휴업기간은 2년을 초과할 수 없다.

1. 해당 정비사업을 위한 영업의 금지 또는 제한으로 인하여 4개월 이상의 기간 동안 영업을 할 수 없는 경우

2. 영업시설의 규모가 크거나 이전에 고도의 정밀성을 요구하는 등 해당 영업의 고유한 특수성으로 인하여 4개월 이내에 다른 장소로 이전하는 것이 어렵다고 객관적으로 인정되는 경우

③ 제2항에 따라 영업손실을 보상하는 경우 보상대상자의 인정시점은 제13조제1항에 따른 공람공고일로 본다.

④ 주거이전비를 보상하는 경우 보상대상자의 인정시점은 제13조제1항에 따른 공람공고일로 본다.

• 공익사업을 위한 토지 등의 취득 및 보상에 관한 법률 제3조 등

나. 수용·재결 절차

대상자 확정	• 미분양신청자 등을 대상자로 선정하는데 최초 선정에서 그 대상이 누락되는 사안이 발생하지 않도록 유의
▼	
세목고시	• 소유권 및 그 외의 권리를 관보 또는 시보에 게시하여야만 수용을 할 수 있는 법적 근거가 발생
▼	
토지, 물건조서 작성	• 수용대상자들의 토지, 물건에 대한 조서를 작성하여 보상계획 열람 시 조합과 인허가관청에 비치하여야 함
▼	
일간신문보상계획공고 및 열람	• 보상대상자는 일간신문에 보상계획을 공고하고 그 내용을 일반인에게 14일 이상 열람하게 함
▼	
손실보상 감정평가	• 공고기간이 끝나는 시점 이후로 보상감정평가서를 작성하여 감정평가를 의뢰하여야 함. 토지수용위원회에서는 보상감정의뢰서 조합발송날짜까지 검토 • 수용대상자등의 감정평가사 선정 요청이 있을 경우, 그 추천받은 감정평가사에게도 보상감정 의뢰
▼	
보상협의(1차, 2차, 3차)	• 대상자에게 보상가 및 보상방법 등을 통보하고 3회 이상의 협의를 하도록 하고 있음
▼	
협의경위서 작성 및 통보	• 그간의 협의에 대한 내역을 작성하여 대상자에게 통보토록 하고, 서명날인을 거부할 시 그 사유를 기재토록 함
▼	
재결신청서 작성	• 초기 절차부터 행해 왔던 자료를 모두 취합하여 토지수용위원회 업무양식에 의거하여 작성, 제출
▼	
재결신청서 검토	• 토지수용위원회의 업무담당자가 신청서를 검토. 사업장이 많을 경우 검토하는데 수개월 소요될 수 있음으로 관리 필요
▼	

관할구청 재결신청서 열람	• 조합이 제출한 재결신청서를 관할구청에 송부하여 대상자 및 일반인에게 14일 이상 열람토록 하고, 이의제기 및 의견을 수렴

▼

토지수용위원회 재감정	• 토지수용위원회 직권으로 감정평가사를 선정하여 감정 실시, 이때 감정평가수수료는 조합이 부담 • 재감정 시 의도적으로 감정을 거부함으로써 감정평가 지연으로 재결심의 일정을 놓쳐 한 달 이상 지연이 되는 일이 많음으로 유의

▼

재결심의 및 확정	• 토지수용위원회 재감정결과와 조합에서 책정한 보상가를 각 항목별 대비를 통하여 많은 금액을 보상가로 산정하여 심의의원 8명 이상이 재결을 확정 • 재결은 서면으로 하며 대상자 및 이해관계인에 통보하지 않음

▼

재결서정보 작성/송달	• 심의 확정 후 각각 개인별로 재결서 정본을 작성하여 대상자에게 발송 • 행불자의 재결서 정본은 별도로 구청에 공시송달의뢰를 하여야 함

▼

보상금 공탁	• 재결서 정본에 명시된 수용의 시기 이전에 관할법원에 재결에 의한 공탁을 하며, 행불자의 경우는 불확지 공탁으로 진행하여, 공탁과 동시에 그 소유권은 조합에 넘어오며 소유권이외의 권리는 소멸됨

▼

소유권 이전	• 공탁 후 법무사를 통하여 조합으로 소유권 이전

〔협의보상, 수용재결, 명도소송 연계 절차 및 소요기간 검토 사례〕

구분	소요기간	명도집행	
보상계획열람 공고	15일 이상	명도집행 접수	10일
감정평가업체 추천	30일		
보상협의 감정평가	25일	송달(1~3차)	3~4 개월
개인별 보상협의 (3회차 이상)	30일 이상		
협의경위서 서명날인	10일		
재결 신청	1개월		
서류검토 및 보완	1개월		
수용재결 열람공고	15일 이상	변론(1~3차)	3~4 개월
수용재결 감정평가	20일		
토지수용위원회 심의	2개월		
재결보상금 협의 및 공탁		판결	1개월
소유권 이전		강제집행	1개월

※ 원활한 이주완료를 위해 상기와 같이 수용재결과 함께 명도소송을 진행하여 이주기간 내에 강제집행이 실행되도록 하여 지연되지 않도록 해야 함.

※ 상기 절차표에는 현금청산 대상 소유자의 구제절차(행정소송)는 생략함.

다. 수용재결 및 보상행정업무 대행 용역 주요 업무

① 토지보상법에 규정된 공익사업의 준비 지원

② 보상계획의 수립, 공고 및 열람에 관한 업무

③ 토지대장 및 건축물대장 등 공부의 조사

④ 토지 등의 소유권 및 소유권외의 권리 관련사항의 조사

⑤ 지적분할 및 현황측량과 지적등록에 관한 업무지원

⑥ 토지조서 및 물건조서의 기재사항에 관한 조사

⑦ 잔여지 및 공익사업지구 밖의 토지 등의 보상에 관한 조사

⑧ 영업, 농업, 어업 및 관업의 손실에 관한 조사

⑨ 보상액의 산정(감정평가업무 제외)

⑩ 보상협의, 계약체결 서류 작성

⑪ 토지등의 수용을 위한 재결신청서류 작성

⑫ 토지등의 취득 및 보상금 지급 업무와 관련된 민원처리 업무지원

⑬ 토지등의 등기관련 업무지원(법무사 용역)

⑭ 그 밖에 보상과 관련된 부대업무(이주대책업무 제외)

라. 선정 시기 : 조합원 이주 이전

마. 선정 방법

추진위원회 승인을 받은 후 일반경쟁입찰에 부쳐야 하며, 「도시정비법」 시행령 제24조제1항에 해당하는 경우에는 지명경쟁이나 수의계약으로 할 수 있으며, 예산으로 정한 사항에 해당하는 경우에는 대의원회의 의결을 거쳐 계약을 체결할 수 있다.

(27) 지장물 이설공사(지장물철거 · 폐쇄 · 처리)

가. 개요

• 지장물이란, 사업시행지구 안의 토지에 정착한 건물, 공작물, 시설, 입죽목, 농작물 기타 물건 중

에서 당해 사업수행을 위하여 직접적으로 필요하지 않은 물건을 통칭하며, 지하매설물, 가스관, 상하수도관, 전력구, 통신관로, 공동구, 고압선, 전신주, 철탑, 노후주택 등이 해당됨.

- 지장물 이설(철거)공사란 정비사업구역내 지장물(상수도, 전기, 도시가스)차단 및 폐공·폐전·폐관공사와 관리권자(상수도사업소, 한전, 도시가스공사 등)와의 업무협의 및 제반 업무를 주 내용으로 함.

- 공사도급계약 상 조합은 시공사가 철거공사에 들어갈 수 있도록 상기 지장물에 대해 완전히 정리(하단 지장물 이설공사 주요 범위 참조)한 상태로 인계해야 하기 때문에 건축물 철거공사와 분리하여 조합이 수행해야 함.

나. 지장물 이설공사(지장물철거·폐쇄·처리)의 주요 업무 내용 사례

항목	세부 내용
지장물 관리권자 협의	• 상수도시설, 소방시설, 전기시설, 도시가스시설, 정보·통신시설 등의 관리권자와 협의
상수도시설 처리	• 상수도 기존관 분기점(새들분수전) 폐쇄 및 정비공사 • 상수도 기존관 분기점 직관 부설공사 • 상수도 가정인입관 폐쇄 및 정비공사 • 상수도 메인관 분지관로 정비공사 • 상수도 폐전관련 업무 지원 • 이설공사 사전협의 및 관리권자 협의업무 대행 등
소방용수시설 이설공사	• 소방용수시설(지상식, 지하식) 정비 및 이설공사 • 비상소화 장치함 정비 및 이설공사 • 관할 소방서 업무대행 • 이설공사 사전협의 및 관리권자 협의업무 대행 등
전기시설 처리	• 전신주 이설 및 원인자부담금 관련 업무대행 • 가로등/보안등 해체 후 수거 및 반납 • 전기 폐전 관련 업무 지원 • 이설공사 사전협의 및 관리권자 협의업무 대행 등
도시가스시설 처리	• 도시가스 기존관 분기점(SERVICE TEE) 폐쇄 및 정비공사 • 도시가스 가정인입관 폐쇄 및 정비공사 • 도시가스 폐전 관련 업무 지원 • 이설공사 사전협의 및 관리권자 협의업무 대행 등

가) 공가 및 철거대상 세대의 기존수도 인입관(선) 폐쇄 및 폐공공사
나) 사업구역 내 수도관 폐쇄 및 폐공공사
다) 철거대상 공가 건축물의 수도에 대한 사전 안전조치

라) 사업 구역 내 가스 분지관, 공급관 굴착 폐쇄 및 폐공공사

마) 철거대상 공가 건축물의 도시가스에 대한 사전 안전조치

바) 계량기 및 가로등(보안등) 해체, 반납업무 지원

사) 철거대상 공가 건축물의 전기에 대한 사전 안전조치

아) 철거대상 전신주에 대한 폐기물 처리공사

자) 통신사 유무선 기지국 및 통신시설, 통신인입선 폐전공사

차) 사업구역 내 건축물 철거 공사를 위한 이설공사

카) 철거 및 이설공사에 필요한 인허가 사항 등 행정업무 일체

타) 사업구역 내 지장물 현황조사 보고서 작성 제출

파) 본 용역 관련 손실보상금(원인자부담금, 잔존가치비 등) 제외

하) 공사수행 중 발생하는 각종민원에 대한 처리

거) 상수도 비상 소화장치 및 소화전 이설 및 차단, 해체용역

너) 공사 개시일로부터 공사 완료일까지 현장관리자 현장 내 상주

더) 안전사고 예방 및 안전사고 발생 시 즉각 조치

러) 업종별 공사과정에서 발생한 폐기물은 업체에서 처리

머) 특정 폐기물인 경우는 법적 사항에 준수하여 처리

버) 공사 작업장 주변에 접근할 수 없도록 조치하고 폐쇄 및 철거작업 진행

서) 폐쇄 시 업종별 규정에 맞게 안전요원 입회하여 작업

어) 현황조사 및 지장물탐사 포함

저) 철거 등 이설공사 일정계획서 제출

처) 철거상황 사무실 운영 및 일일보고서 작성 등

커) 기타 지잘물 현황조사 및 상하수도, 전기, 가스, 통신 등의 폐공, 폐전, 폐관, 이설용역과 관련하여 수행이 요구되는 일체의 업무 등

다. 지장물 이설공사비에 대한 부가가치세 면세대상 여부 검토

재개발조합의 경우, 공익사업시행자에 속하기 때문에 지장물 이설공사비용은 부가가치세법상 과세대상이 아니라 손실보상금에 해당되기 때문에 2012년 감사원이 공익사업 시행현장의 지장물 이설공사비는 면세대상이라고 결정함. 따라서, 보다 자세한 사항은 조합의 회계세무사와 구체적인 협의가 필요하다.

라. 선정 시기 : 조합원 이주 이전

마. 선정 방법

추진위원회 승인을 받은 후 일반경쟁입찰에 부쳐야 하며, 「도시정비법」 시행령 제24조제1항에 해

당하는 경우에는 지명경쟁이나 수의계약으로 할 수 있으며, 예산으로 정한 사항에 해당하는 경우에는 대의원회의 의결을 거쳐 계약을 체결할 수 있다.

(28) 정비기반시설 공사

가. 개요

- 정비기반시설의 정의 :「도시정비법」제2조(정의) 제4호에 "정비기반시설"이란 도로·상하수도·공원·공용주차장·공동구, 그 밖에 주민의 생활에 필요한 열·가스 등의 공급시설로서 대통령령으로 정하는 사항을 말한다라고 규정하고 있으며, 동법 시행령 제3조(정비기반시설)에 1. 녹지, 2. 하천, 3. 공공공지, 4. 광장, 5. 소방용수시설, 6. 비상대피시설, 7. 가스공급시설, 8. 지역난방시설 등이 나열되어 있음.
- 「도시정비법」제52조(사업시행계획서의 작성) 제2항 제2호에 정비기반시설 및 공동이용시설의 설치계획을 포함하여 사업시행계획서를 작성하고, 동법 시행령 제47조(사업시행계획서의 작성) 제2항 제11호에 따라 새로 설치할 정비기반시설의 조서·도면 및 그 설치비용 계산서를 포함하여 사업시행계획서 작성.

나. 정비기반시설의 공사 내역

구분	내용
도로	• 토공사(기존 포장깨기, 절토, 성토, 토사운반 등) • 우수/오수/상수공사(우수맨홀, 우수관, 집수정, 연결관, L형측구, 오수맨홀, 오수관, 급수관, 제수변실 등) • 구조물공사(보강토옹벽 등) • 포장공사(아스콘포장, 소형고입블럭포장, 도로경계석 등) • 부대공사(표지판, 중앙선, 유도선, 주정차금지, 차선, 안전지대, 가로등, 신호등, 문자/기호 등)
공원	• 수목식재 • 시설물설치공사(계단, 장식벽, 데크, 파고라, 의자, 놀이바닥, 안내판, 음수전, 운동시설 등)

다. 선정 시기 : 철거 전

라. 선정 방법

추진위원회 승인을 받은 후 일반경쟁입찰에 부쳐야 하며, 「도시정비법」 시행령 제24조제1항에 해당하는 경우에는 지명경쟁이나 수의계약으로 할 수 있으며, 예산으로 정한 사항에 해당하는 경우에는 대의원회의 의결을 거쳐 계약을 체결할 수 있다.

(29) 감리 분야

가. 감리의 종류

구분	내용	비고
1) 건축감리 (주택건설공사 감리)	1) 「건축법」 및 「주택법」에 따른 공사감리 「건축법」 제21조(착공신고 등)에 따라 공사감리자가 착공신고서에 함께 서명해야 하며, 제22조(건축물의 사용승인)에 따라 공사감리자가 작성한 감리완료보고서와 함께 사용승인을 신청해야 함 2) 「주택법」 제44조(감리자의 업무 등) 및 동법시행령 제49조(감리자의 업무)에 따른 업무수행 - 시공자가 설계도서에 맞게 시공하는지 여부의 확인 - 시공자가 사용하는 건축자재가 관계 법령에 따른 기준에 맞는 건축자재인지 여부의 확인 - 주택건설공사에 대하여 「건설기술 진흥법」 제55조에 따른 품질시험을 하였는지 여부의 확인 - 시공자가 사용하는 마감자재 및 제품이 제54조제3항에 따라 사업주체가 시장·군수·구청장에게 제출한 마감자재 목록표 및 영상물 등과 동일한지 여부의 확인 - 설계도서가 해당 지형 등에 적합한지에 대한 확인 - 설계변경에 관한 적정성 확인 - 시공계획·예정공정표 및 시공도면 등의 검토·확인 - 국토교통부령으로 정하는 주요 공정이 예정공정표대로 완료되었는지 여부의 확인 - 예정공정표보다 공사가 지연된 경우 대책의 검토 및 이행 여부의 확인 - 방수·방음·단열시공의 적정성 확보, 재해의 예방, 시공상의 안전관리 및 그 밖에 건축공사의 질적 향상을 위하여 국토교통부장관이 정하여 고시하는 사항에 대한 검토·확인 3) 「주택법」 제43조(주택의 감리자 지정 등)에 따라 사업계획승인권자(구청장)가 감리자 지정	구청에서 선정
2) 전기감리	1) 「전력기술관리법」 제12조(공사감리 등)에 따라 공사감리를 발주 2) 「전력기술관리법」 시행령 제23조의 업무수행 - 공사계획의 검토 - 공정표의 검토	

	- 발주자 · 공사업자 및 제조자가 작성한 시공설계도서의 검토 · 확인 - 공사가 설계도서의 내용에 적합하게 시행되고 있는지에 대한 확인 - 전력시설물의 규격에 관한 검토 · 확인 - 사용자재의 규격 및 적합성에 관한 검토 · 확인 - 전력시설물의 자재 등에 대한 시험성과에 대한 검토 · 확인 - 재해예방대책 및 안전관리의 확인 - 설계 변경에 관한 사항의 검토 · 확인 - 공사 진행 부분에 대한 조사 및 검사 - 준공도서의 검토 및 준공검사 - 하도급의 타당성 검토 - 설계도서와 시공도면의 내용이 현장 조건에 적합한지 여부와 시공 가능성 등에 관한 사전 검토 - 그 밖에 공사의 질을 높이기 위하여 필요한 사항으로서 산업통상자원부령으로 정하는 사항 3) 「전력기술관리법」 제12조(공사감리 등) 제8항 및 제9항에 따라 주택건설사업계획을 승인할 때에는 주택의 감리자 지정 등)에 따라 시 · 도지사가 감리업자를 선정 (공동주택 300세대 이상)
3) 소방 · 정보통신 감리	〔**소방감리**〕 1) 「소방시설공사업법」 제17조(공사감리자의 지정 등)에 따라 특정소방대상물(공동주택 5층 이상 등, 「화재예방소방시설설치유지및안전관리에관한법률」 시행령 별표 2)은 감리자 지정 2) 「소방시설공사업법」 제16조의 업무수행 - 소방시설 등의 설치계획표의 적법성 검토 - 소방용기계, 기구 등의 위치 · 규격 및 사용자재에 대한 적합성 검토 - 피난방화시설의 적법성 검토 등 〔**정보통신감리**〕 1) 「정보통신공사업법」 제8조(감리 등)에 따라 감리 발주하여야 하며, 동법 시행령 제8조(감리대상인 공사의 범위)에 따라 6층 이상, 연면적 5천㎡ 이상의 건축물의 설치공사 대상이 됨 2) 「정보통신공사업법」 시행령 제8조의2(감리원의 업무범위)의 업무 수행 - 공사계획 및 공정표의 검토 - 공사업자가 작성한 시공상세도면의 검토 · 확인 - 설계도서와 시공도면의 내용이 현장조건에 적합한지 여부와 시공가능성 등에 관한 사전검토 - 공사가 설계도서 및 관련규정에 적합하게 행해지고 있는지에 대한 확인 - 공사 진척부분에 대한 조사 및 검사 - 사용자재의 규격 및 적합성에 관한 검토 · 확인 - 재해예방대책 및 안전 관리의 확인 - 설계변경에 관한 사항의 검토 · 확인

	- 하도급에 대한 타당성 검토 - 준공도서의 검토 및 준공확인 - 유선·무선·광선 등 전자적인 방식으로 정보를 저장·제어·처리하거나, 송·수신하기 위한 기계, 기구, 선로 등의 설비를 설치하거나 유지·보수하는 공사에 대해 감독·관리	
4) 건축물해체 (철거)감리	1) 「건축물관리법」 제31조에 따라 건축물 해체 허가권자는 해체공사감리자를 지정하여 해체공사감리를 하게 함 2) 「건축물관리법」 제32조(해체공사감리자의 업무등)에 따른 업무수행 - 해체작업순서, 해체공법 등 해체계획서에 맞게 공사하는지 여부의 확인 - 현장의 화재 및 붕괴 방지 대책, 교통안전 및 안전통로 확보, 추락 및 낙하 방지대책 등 안전관리대책에 맞게 공사하는지 여부의 확인 - 해체 후 부지정리, 인근 환경의 보수 및 보상 등 마무리 작업사항에 대한 이행 여부의 확인 - 해체공사에 의하여 발생하는 「건설폐기물의 재활용촉진에 관한 법률」 제2조제1호에 따른 건설폐기물이 적절하게 처리되는지에 대한 확인 - 그 밖에 국토교통부장관이 정하여 고시하는 해체공사의 감리에 관한 사항 ※ 2020년 5월 1일부터 「건축물관리법령」 시행이 들어감에 따라 해체공사 허가제가 도입됨	
5) 석면해체감리	1) 「석면안전관리법」 제30조(석면해체제거작업의 감리인 지정 등)에 따라 감리인을 지정해야 함 2) 「석면안전관리법」 제30조의4에 따른 업무수행 - 사업장주변석면배출허용기준 준수 여부 관리 - 「산업안전보건법」 제38조의5제1항에 따른 석면농도기준(이하 이 조에서 "석면농도기준"이라 한다) 준수 여부 관리 - 석면해체·제거작업 계획의 적절성 검토 및 계획의 이행 여부 확인 - 인근 지역 주민들에 대한 석면 노출방지 대책 검토 - 석면해체·제거업자의 관련 법령 준수 여부 확인 - 그 밖에 환경부령으로 정하는 업무	
6) 정비기반시설 감리	도로, 공원 등의 정비기반시설의 공사에 대한 감리용역 업무 일체를 수행	

나. 건축(주택건설공사감리) 및 전기감리자 지정 절차

**총사업비 산출표 작성
→ 감리대상 사업비 분류**

- 조합에서 시공사에 요청하여 관련 자료 준비
- 시공사의 총공사비 구성현황표를 기준으로 총사업비 산출한 후 감리대상 사업비를 분류

▼

감리자 지정 신청을 위한 각종 서류 준비

- 사업개요, 감리원 배치계획, 예정공정표 등
- 필요시 감리자모집 공고문 등 지원

▼

구청에서 감리자 지정 및 감리자 지정 통보

- 구청 → 조합

▼

감리용역계약 체결 및 업무수행

- 조합 ↔ 감리업체

다. 선정 시기 : 착공 전

라. 선정 방법

추진위원회 승인을 받은 후 일반경쟁입찰에 부쳐야 하며, 「도시정비법」 시행령 제24조제1항에 해당하는 경우에는 지명경쟁이나 수의계약으로 할 수 있으며, 예산으로 정한 사항에 해당하는 경우에는 대의원회의 의결을 거쳐 계약을 체결할 수 있다.

총사업비 및 공종별 총공사비 구성 현황표 사례

총사업비 산출 총괄표 (0000 정비사업)

[단위:천원]

구 분			전 체	감리대상(건축)	감리제외	타법감리
총공사비	순공사비	토목공사	555.622	555.622		
		건축공사	5.993.647	5.993.647		
		기계설비공사	430.180	430.180		
		전기공사	399.087			399.087
		정보통신공사	109.379			109.379
		소방설비공사	396.401			396.401
	소 계		7.884.315	6.979.449	0	904.867
	일반관리비		708.182	697.945	0	10.237
	이 윤		0			
	소 계		8.592.497	7.677.394	0	915.104
간 접 비	설 계 비		210.000		210.000	
	감 리 비		217.949		217.949	
	일반분양시설 경비		0		0	
	분담금 및 부담금		181.900		181.900	
	보 상 비		0		0	
	기타 사업비성 경비		2.328.000		2.328.000	
	소 계		2.937.849	0	2.937.849	0
대 지 비			0		0	
부가가치세액			0		0	
총 사 업 비 계			11.530.346	7.677.394	2.937.849	915.104

주 1 : 순공사비란 재료비, 노무비, 경비를 합한 금액임.
　2 : 일반관리비와 이윤에 대한 정의 및 산정 방법은 '원가계산에 의한 예정가격작성 준칙(회계예규)'에 따름.
　3 : 부가가치세액의 정의와 산정방법은 '부가가치세법'에 따름
　4 : 간접비란 사업비 중 총공사비를 제외한 설계비, 감리비, 일반분양시설경비 등 사업비성 경비를 말하며, 세부 비목은 다음과 같음.
　　· 일반분양시설경비 : 시공비, 운영비, 광고홍보비
　　· 분담금 및 부담금 : 인입분담금(가스, 전기, 수도, 지역난방), 진입도로, 학교용지확보 부담금
　　· 보상비 : 이주대책비, 이주 보상비
　　· 기타 사업비성 경비 : 제세공과금, 측량·교통·환경 영향평가 수수료, 취득세, 등록세, 건물보존 등기비 및 입주 관리비, 감정평가 수수료, 분양·임대보증 및 하자보증수수료 등 기타 사업비성 경비
　　· 대지비 : 대지 구입비, 대지 구입 관련 금융비용 및 제세공과금

공종별 주택건설 총공사비 구성 현황표 (0000 정비사업)

[단위 : 천원]

구분			전체	감리대상	감리제외	타법감리
공사비	토목 (13개공종)	토공사	127,879	127,879		
		흙막이공사	335,141	335,141		
		비탈면보호공사	–	–		
		옹벽공사	–	–		
		석축공사	–	–		
		우.오수공사	–	–		
		공동구공사	–	–		
		지하저수조및급수공사	–	–		
		도로포장공사	–	–		
		교통안전시설물공사	–	–		
		정화조시설공사	–	–		
		조경공사	60,800	60,800		
		부대시설공사	31,803	31,803		
		소계	555,622	555,622	–	–
	건축 (23개공종)	공통가설공사	298,931	298,931		
		가시설물공사	304,746	304,746		
		지정및기초공사	14,582	14,582		
		철골공사	–	–		
		철근콘크리트공사	2,609,714	2,609,714		
		용접공사	–	–		
		조적공사	48,831	48,831		
		미장공사	159,053	159,053		
		단열공사	–	–		
		방수.방습공사	278,670	278,670		
		목공사	614,170	614,170		
		가구공사	–	–		
		금속공사	69,655	69,655		
		지붕및홈통공사	964	964		
		창호공사	545,936	545,936		
		유리공사	–	–		
		타일공사	182,890	182,890		
		돌공사	200,826	200,826		
		도장공사	146,810	146,810		
		도배공사	–	–		
		수장공사	–	–		
		주방용구공사	–	–		
		잡공사	517,868	517,868		
		소계	5,993,647	5,993,647	–	–
	기계설비 (9개공사)	급수설비공사	45,445	45,445		
		급탕설비공사	17,166	17,166		
		오배수및통기설비공사	7,007	7,007		
		위생기구공사	217,313	217,313		
		승강기기계공사	–	–		
		난방설비공사	87,948	87,948		
		가스설비공사	55,300	55,300		
		자동제어설비공사	–	–		
		특수설비공사	–	–		
		소계	430,180	430,180	–	–
	전기(15개공사)		399,087			399,087
	정보통신(13개공사)		109,379			109,379
	소방설비(2개공사)		396,401			396,401
	일반관리비		708,182	697,945	–	10,237
	이윤		1,137,402	1,120,493		16,909
	총공사비계		9,729,900	8,797,887	–	932,013

※ 상기 내역은 사업시행인가 도서를 기반으로 감리자 선정을 위하여 작성되었으며, 추후 실시도서 작성후 변동 될수 있음.

(30) 미술장식품

가. 개요

- 지역문화발전에 기여하기 위한 일환으로 건축연면적 1만 제곱미터 이상 신·증축 건축물 중 업무시설 등 일반건축물과 공동주택은 건축비용의 일정 비율에 해당하는 금액을 회화·조각·공예 등 미술장식에 사용하는 것을 말하며, 심의를 거쳐 승인된 공공 미술작품을 건축물 사용승인 이전까지 설치하여야 함.

나. 법적 근거

- 「문화예술진흥법」 제9조 및 같은 법 시행령 제12조 내지 제15조의2
- 해당 사업장 지자체 문화예술진흥 조례

【사례 : 광주광역시 문화예술진흥 조례】

제18조(공동주택의 미술작품에 사용하는 건축비용의 비율) 영 별표2의제1호 규정에 의하여 **건축비용의 1천분의 1 비율에 해당하는 금액**으로 한다.

제19조(미술작품 설치금액 산정) ① 영 제12조제5항에 따라 미술작품 설치에 사용하여야 할 금액은 다음과 같이 산정한다. **미술작품 설치금액 = 설치대상 연면적(최종 설계변경 시점의 연면적) × 표준건축비(감정·평가 최초 신청시점 기준 당해연도, 「수도권정비계획법」 제14조제2항에 따라 국토교통부장관이 고시하는 표준건축비) × 영 별표2에 따른 시설별 적용비율** 〈개정 2015. 7. 1.〉

② 영 제12조 제6항에 따라 문화예술진흥기금에 출연해야 할 금액의 산정은 다음과 같다. 출연금액 = 설치대상 연면적(최종 설계변경 시점의 연면적) × 표준건축비(감정·평가 최초 신청시점 기준 당해연도, 「수도권정비계획법」제14조 제2항에 따라 국토교통부장관이 고시하는 표준건축비) × 영 별표2에 따른 시설별 적용비율 × 100분의 70 〈개정 2015. 7. 1.〉

다. 미술장식품 범위

- 조형예술물 : 회화, 조각, 공예, 사진, 서예
- 환경조형물 : 벽화, 분수대, 상징탑

라. 절차

건축허가, 승인 시 미술장식품 설치의무 통보	• 구청장 → 건축주 • 시청 건축허가·승인 부서 → 건축주
▼	
미술장식품 설치계획 심의 신청	• 건축주 → 구청장 → 시 문화과 • 건축주 → 시 건축허가(승인)부서 → 시 문화과 • 신청시기 : 건축물 허가(승인) 수 사용검사 이전 기간 내
▼	
건출물미술작품심의위원회 심의 회부	• 시 문화과 → 심의위원회
▼	
미술장식품 설치계획 심의결과 통보	• 위원회 → 시 문화과 → 건축주, 허가(승인)부서
▼	
승인작품은 미술장식품 설치비용 통보	• 시 문화과 → 지방국세청
▼	
설치확인 및 설치 통보	• 구청장, 시 건축허가(승인)부서 → 시 문화과
▼	
사후 관리	• 구청장

마. 미술장식품 설치업체 주요 업무
• 미술장식품 제작 및 설치를 위한 디자인 및 관련 설계도서 작성
• 미술장식품 제작 및 설치, 이를 위한 현장 관리 및 안전 관리
• 미술장식품 심의 관련 제반 업무(심의도서 작성, 미술장식품 설치 관련 인허가업무추진 등 심의 관련 제반 업무)
• 기타 관계 법령에 규정한 사항 등

바. 미술장식품 설치비용 산정방법

구분	2000.7.12. 이전허가 건축물	2000.7.13. 이후 허가신청한 건축물	비고
일반건축물 (비주거용)	○ '95.7.12 이전 허가건축물 　- 건축주가 제시하는 공사비(도급계약금액)의 1/100내지 1/1000에 해당하는 가액 ○ '95.7.13 이후 허가 건축물 　- 표준건축비용의 1/100에 해당하는 가액	○ 건축연면적 2만 제곱미터 이하인 건축물 　- 건축비용의 7/1000에 해당하는 금액 ○ 2만 제곱미터 초과 건축물 　- 연면적 2만 제곱미터에 사용되는 건축비용의 7/1000에 해당하는 금액＋2만 제곱미터를 초과하는 연면적에 대한 건축비용의 5/1000에 해당하는 금액	「문화예술진흥법」 시행령 제24조제5항 및 [별표 1의2]
공동주택 (아파트 등)	○ 건축비용의 1/1000 이상 1/100 이하의 범위 내 지방자치단체 조례로 정함 ○ **우리 시는 1/1000에 해당 하는 금액으로 정함**	○ 건축비용의 1/000 이상 7/1000 이하의 범위 안에서 지방자치단체 조례로 정하는 비율에 해당하는 금액 ○ **우리 시 현행과 같음(1/1000)**	「서울특별시 문화예술진흥에관한 조례」 제20조

※ 건축비용은 수도권정비계획법 제14조 및 동법시행령 제18조 별표 2의 규정에 의한 과밀부담금산정을 위한 단위면적당 표준건축비 적용(1㎡당 건축비에 대해 건설교통부장관이 매년 고시하는 금액)
※ 주상복합건축물인 경우에는 주거부분과 비주거부분 건축연면적의 합이 1만 제곱미터 이상이면 설치대상 건축물이며, 비용산정 시에는 주거용과 비주거용 면적을 구분하여 적용비율을 각각 적용한 가액을 산출하여 합산함.

사. 선정 시기 : 사용검사예정일 1년 이전

아. 선정 방법

추진위원회 승인을 받은 후 일반경쟁입찰에 부쳐야 하며, 「도시정비법」 시행령 제24조제1항에 해당하는 경우에는 지명경쟁이나 수의계약으로 할 수 있으며, 예산으로 정한 사항에 해당하는 경우에는 대의원회의 의결을 거쳐 계약을 체결할 수 있다.

정비사업관리기술인은 공사도급계약에 미술장식품 관련 업무가 공사도급범위에 포함되어 있는지 확인한 후에 업체 선정 관련하여 사업시행자와 협의한다.

미술장식품 신청 구비서류

1. 미술장식품설치계획심의신청서 1부(구비서류 포함)

2. 미술장식품설치계약서 사본 3부

3. 작가경력서 사본 1부

4. 미술장식품설치계획심의도서(A3용지 크기) 15부

5. 작품설명서(A4용지 크기) 15부

6. 미술장식품설치비용산출내역서 1부

7. 미술장식품 설치 비용 산출 방법

8. 미술장식품 설치 비용 산출 방법(설계변경 시)

9. 기타양식

   ○ 미술장식품설치변경심의신청서(구비서류 포함)

   ○ 미술장식품설치 관리대장

   ○ 미술장식품심의 채점표

미술장식품설치계획 심의신청서

<table>
<tr><td rowspan="9">건축개요</td><td>위　　치</td><td colspan="6"></td></tr>
<tr><td>건 축 주</td><td colspan="2">성명:</td><td colspan="4">주소:</td></tr>
<tr><td>지역·지구</td><td colspan="6"></td></tr>
<tr><td>대지 면적</td><td></td><td>건축면적</td><td></td><td>연 면 적</td><td></td></tr>
<tr><td>층　　수</td><td></td><td>최고 높이</td><td></td><td>구　　조</td><td></td></tr>
<tr><td>용　　도</td><td></td><td>외장 재료</td><td></td><td>건축종별</td><td></td></tr>
<tr><td>허가일자</td><td></td><td>사용·검사
예 정 일</td><td></td><td>총공사비</td><td></td></tr>
<tr><td rowspan="2">건축설계자</td><td>주　　소</td><td colspan="6"></td></tr>
<tr><td>사무소명</td><td></td><td>성　　명</td><td>인</td><td>전　　화</td><td></td></tr>
<tr><td rowspan="11">미술품개요</td><td>작 가 명</td><td>인</td><td>작 품 명</td><td></td><td>작품가액</td><td></td></tr>
<tr><td>전화번호</td><td></td><td>재료(색상)</td><td></td><td>규　　격</td><td></td></tr>
<tr><td>작 가 명</td><td>인</td><td>작 품 명</td><td></td><td>작품가액</td><td></td></tr>
<tr><td>전화번호</td><td></td><td>재료(색상)</td><td></td><td>규　　격</td><td></td></tr>
<tr><td>작 가 명</td><td>인</td><td>작 품 명</td><td></td><td>작품가액</td><td></td></tr>
<tr><td>전화번호</td><td></td><td>재료(색상)</td><td></td><td>규　　격</td><td></td></tr>
<tr><td>총설치수</td><td colspan="5">조각　　　점, 회화　　　점, 기타　　　점, 계　　　점</td></tr>
<tr><td>총 가 액</td><td colspan="2"></td><td>설치예정일</td><td colspan="2"></td></tr>
</table>

서울특별시문화예술진흥에관한조례시행규칙 제8조에 의거 위와 같이 미술장식품설치계획 심의를 신청합니다.

년　　　월　　　일

신 청 인 :　　　　　인

서울특별시장 귀하

※ 구비서류 : 뒷면참조

〈뒷면〉

□ 심의 절차

미술장식품 변경심의신청	→	심의신청서 접수	→	미술장식품 변경심의	→	심의결과 통보	→	• 작품설치확인 및 설치보고 • 사후 관리
• 건축주		• 구청 건축허가 (승인) 부서 • 시청 건축허가 (승인) 부서		• 심의방법 : 채 점제와 공개토 론 병행 • 판정 승인 : 평균 70 점 이상 재심 : 평균 70 점 미만 조건부승인 : 필요시		• 시청 문화과 → 건축주 (신청인), 건축허가(승 인) 부서		• 설치확인 및 사 후관리 : 건축 허가(승인) 부서 • 설치보고 : 건 축허가(승인) 부서 → 시청문화과

□ 구비서류 및 유의사항

1. 미술장식품 설치계획 심의신청서 1부(신청인은 건축주를 기재)

2. 미술장식품 설치계약서 사본 1부

  - 건축주와 작가 또는 그 대행인간 체결된 계약으로 작가와 대행인의 주민등록번호(또는 사업자
    등록번호), 주소 및 연락처 등 정확히 기재

3. 작가경력서 사본 1부

  - 성명(한글, 한자), 주민등록번호, 주소, 연락처, 현직, 주요학력, 주요경력, 주요 수상내역 및 개
    인전 횟수 등을 요약하여 1매 이내로 작성

4. 미술장식품 설치비용 산출내역서 1부

5. 작품설명서 1부(작품명, 규격, 재료, 작품설명 포함. ※ 작가의 성명, 경력 표기 금지)

6. 미술장식품 설치계획 심의도서 15부(A3 용지 규격)

  - 주위현황도, 배치도 등은 복사도면을 지양하고 선명하게 작성

  - 작가의 성명, 경력, 설계사무소명, 건축사 의견 일제 표기 금지

  - 재심인 경우, 심의도면 표지 우측 하단에 심의일자, 재심사유, 수정 또는 보완사항을 명기하고

변경 전·후 작품 사진으로 대비가 가능하도록 작성

　- 건축물과 작품크기가 정확하게 비례가 되도록 사실감 있게 작성하고 작품과 배경이 일치되게

　작성

※ 심의도면 내용

① 건축개요, ② 주위현황도, ③ 건축물투시도, ④ 미술장식품개요(1 작품인 경우 ⑥ 작품설명서에 포함작성), ⑤ 건축물 배치도 및 조경계획도(작품위치 표기), ⑥ 작품설명서, ⑦ 작품사진(정면, 배면, 우측면, 좌측면), ⑧ 작품도면(규격표시, 정면도, 배면도, 우측면도, 좌측면도), ⑨ 건축물과의 조화 (원경, 근경)

7. 공개모집 등을 통해 작품선정을 한 경우 공고문, 심사방법 등 관련서류 사본 1부

미술장식품 설치비용 산출내역

1. 위 치 : 서울특별시   구   동   번지 호

2. 건 축 주 :

3. 건축물 총연면적 :   ㎡

4. 제외시설 면적 :   ㎡

  - 주차장 :   ㎡,   전기실 :   ㎡

  - 기계실 :   ㎡,   공조실 :   ㎡

5. 설치대상 면적 :   ㎡

  〔 건축물 총연면적 - 제외시설면적 〕

6. 미술장식품 설치비용 산출 내역 :

  〔 공동주택 : 설치대상면적(㎡) × 표준건축비1) × 1/1000 〕

  〔 일반건축 : 설치대상면적(㎡) × 표준건축비1) × 1/100 이내2) 〕

  1) 표준건축비는 수도권정비계획법 제14조 및 동법시행령 제18조 별표 2의 규정에 의한 과밀부담금산정을 위한 단위면적당 표준건축비 적용(1㎡당 건축비에 대해 건설교통부장관이 매년 고시하는 금액)

  2) '95.7.13 이후 허가(승인) 건축물은 1/100

    2000.7.13 이후 허가(승인) 신청한 건축물은 7/1000(건축연면적 2만 제곱미터 초과분은 5/1000)

미술장식품 변경심의 신청서

<table>
<tr><td rowspan="7">건축개요</td><td>위　　치</td><td colspan="5"></td></tr>
<tr><td>건 축 주</td><td colspan="2">성명 :</td><td colspan="3">주소 :</td></tr>
<tr><td>지역·지구</td><td colspan="5"></td></tr>
<tr><td>대지 면적</td><td></td><td>건축면적</td><td></td><td>연 면 적</td><td></td></tr>
<tr><td>층　　수</td><td></td><td>최고 높이</td><td></td><td>구　　조</td><td></td></tr>
<tr><td rowspan="2">용　　도</td><td rowspan="2"></td><td>허가일자</td><td rowspan="2"></td><td>미술장식품</td><td rowspan="2"></td></tr>
<tr><td>(사용검사일자)</td><td>심의일자</td></tr>
<tr><td rowspan="2">건축설계자</td><td>주　　소</td><td colspan="5"></td></tr>
<tr><td>사무소명</td><td></td><td>성　　명</td><td>인</td><td>전　　화</td><td></td></tr>
<tr><td rowspan="2">변경내용
및 사유</td><td>변경내용</td><td colspan="5"></td></tr>
<tr><td>변경사유</td><td colspan="5"></td></tr>
</table>

<table>
<tr><td rowspan="14">미술품
개 요</td><td rowspan="7">변경
전</td><td>작 가 명</td><td>인</td><td>작 품 명</td><td></td><td>작품가액</td><td></td></tr>
<tr><td>전화번호</td><td></td><td>재료(색상)</td><td></td><td>규　격</td><td></td></tr>
<tr><td>작 가 명</td><td>인</td><td>작 품 명</td><td></td><td>작품가액</td><td></td></tr>
<tr><td>전화번호</td><td></td><td>재료(색상)</td><td></td><td>규　격</td><td></td></tr>
<tr><td>총설치수</td><td colspan="5">조각　　점, 회화　　점, 기타　　점, 계　　점 (총가액 :　　　　　)</td></tr>
<tr><td>총 가 액</td><td colspan="2"></td><td>설치예정일</td><td colspan="2"></td></tr>
<tr><td rowspan="6">변경
후
(작품
변경인
경우)</td><td>작 가 명</td><td>인</td><td>작 품 명</td><td></td><td>작품가액</td><td></td></tr>
<tr><td>전화번호</td><td></td><td>재료(색상)</td><td></td><td>규　격</td><td></td></tr>
<tr><td>작 가 명</td><td>인</td><td>작 품 명</td><td></td><td>작품가액</td><td></td></tr>
<tr><td>전화번호</td><td></td><td>재료(색상)</td><td></td><td>규　격</td><td></td></tr>
<tr><td>총설치수</td><td colspan="5">조각　　점, 회화　　점, 기타　　점, 계　　점</td></tr>
<tr><td>총 가 액</td><td colspan="2"></td><td>설치예정일</td><td colspan="2"></td></tr>
</table>

서울특별시문화예술진흥에관한조례시행규칙 제10조에 의거 미술장식품설치변경 심의를 위와 같이 신청합니다.

년　　　월　　　일

신 청 인 :　　　인

서울특별시장 귀 하

구비서류 : 뒷면 참조

〈뒷면〉

□ 심의 절차

| 미술장식품
변경심의신청 | → | 심의신청서
접수 | → | 미술장식품
변경심의 | → | 심의결과
통보 | → | • 작품설치확인
및 설치보고
• 사후 관리 |

• 건축주

• 구청 건축허가 (승인) 부서
• 시청 건축허가 (승인) 부서

• 심의방법 : 채점제와 공개토론 병행
• 판정
승인 : 평균 70점 이상
재심 : 평균 70점 미만
조건부승인 : 필요시

• 시청 문화과 → 건축주 (신청인), 건축허가(승인) 부서

• 설치확인 및 사후관리 : 건축허가(승인) 부서
• 설치보고 : 건축허가(승인) 부서
→ 시청문화과

□ 구비서류 및 유의사항

1. 미술장식품 변경심의 신청서 1부(신청인은 건축주를 기재)

2. 미술장식품 설치계약서 사본 1부(작품변경인 경우)

   - 건축주와 작가 또는 그 대행인간 체결된 계약으로 작가와 대행인의 주민등록번호(또는 사업자 등록번호), 주소 및 연락처 등 정확히 기재

3. 작가경력서 사본 1부(작품변경인 경우)

   - 성명(한글, 한자), 주민등록번호, 주소 연락처, 현직, 주요학력, 주요경력, 주요 수상내역 및 개인전 횟수 등을 요약하여 1매 이내로 작성

4. 미술장식품 설치비용 산출내역서 1부(필요시 작성, 별지 제4호 서식의 부표 참고)

5. 작품설명서 1부(작품변경인 경우 해당 작품명, 작품규격, 작품소재, 작품설명 표기)

6. 미술장식품 설치계획 심의도서 15부(A3 용지 규격)

   - 주위현황도, 배치도 등은 복사도면을 지양하고 선명하게 작성

   - 작가의 성명, 경력, 설계사무소명, 건축사 의견 일제 표기 금지

   - 작품변경인 경우 변경 전·후 작품 대비, 위치변경인 경우 변경 전·후 위치 대비가 가능하도록

작성

　- 건축물과 작품크기가 정확하게 비례가 되도록 사실감 있게 작성하고 작품과 배경이 일치되게
　　작성

※ 심의도면 내용

① 건축개요, ② 주위현황도, ③ 건축물투시도, ④ 미술장식품개요(1 작품인 경우 ⑥ 작품설명서에
포함작성), ⑤ 건축물 배치도 및 조경계획도(작품위치 표기), ⑥ 작품설명서, ⑦ 작품사진(정면, 배면,
우측면, 좌측면) ⑧작품도면(규격표시, 정면도, 배면도, 우측면도, 좌측면도), ⑨ 건축물과의 조화(원
경, 근경)

7. 공개모집 등을 통해 작품선정을 한 경우, 공고문, 심사위원 명단 및 심의관련 서류 사본 1부

미술장식품설치 관리대장

개 요

위 치			
건 축 주			
지 역		지 구	
대지면적		연 면 적	
층 수	지하　층, 지상　층	건물높이	
용 도		구 조	
외장재료		건축공사비	
허가일자		사용검사일자	
심의일자		미술품가액	
미술장식품 총설치수	조각　점, 회화　점, 기타　점, 총　점		

〈뒷면〉

작 품 내 용

작 품 내 용		(작품사진 부착)
작 품 명		
작 가 명		
규 격		
재 료		
색 상		
가 액		
비 고		
작품 설명(요지)		작가 주요 양력

미술장식품심의 채점표

평가기준 및 배점 / 작품명	① 예술성 (50) - 형식미(20) - 내용미(20) - 독창성(10)	② 환경 조화성 (20) - 환경과의 친화성(10) - 건축물의 조화(10)	③ 공공성, 안정성 및 보존성(20) - 도시미관 기여도(15) - 안정·보존성(5)	④ 가격의 적정성 (10)	⑤ 가점(10) ※ 공개모집 가점 등	⑥ 점수계	⑦ 판정 승인/재심	비고 (의견제시 등)

년   월   일

심의위원 :   (서명)

(31) 기타 - 상가MD계획 수립

가. 상가(상업시설)MD용역 업무 주요 사례 1

구분	대상업무	업무 추진방식	비고
1.상업시설 조합원 수요도 조사	① 상업시설 분양희망 수요도 조사	1:1 대면조사를 원칙으로 하되, 불가피한 경우 전화조사 방식으로 전환하여 조사한다.	조합에서 제시한 조합원 명부에 따른다.
	② 당 지역 시·도 조례에 따른 상업시설 분양대상 토지 등 소유자 선별작업	조합에서 제공한 토지 등 소유자 목록을 기반으로 하여 선별작업을 진행하되 소유자 변경 또는 사업자등록증 말소 등 특이사항 발생된 목록을 정리하여 실제 상업시설 분양대상이 되는 조합원을 선별한다.	
	③ 상업시설 분양대상 조합원에 대한 업종 선호도 조사	해당 조합원을 대상으로 한 선호업종을 우선적으로 조사하여 추후 사업승인 시 상업시설 설계변경 등에 사용될 유의미한 자료를 추출하여 빅데이터로 활용하는 데 목적을 두고 용역업무를 진행한다.	
	④ 전체 조합원 대상 업종 선호도 조사	전체 조합원을 대상으로 한 선호업종을 조사하여 추후 사업승인 시 상업시설 설계변경 등에 사용될 유의미한 자료를 추출하여 빅데이터로 활용하는 한편, 업종 쏠림 등을 미연에 방지하고 선호업종 유치를 위한 적정면적을 확보하기 위한 업종별 필요면적 조사작업을 실시하여 고급 프랜차이즈 브랜드 유치를 용이하게 하고 불필요한 조합원 및 일반분양자의 민원을 최소화하는 데 목적을 두고 용역업무를 진행한다.	
	⑤ 희망 분양면적 선호도 조사	희망 분양면적에 대한 선호도 조사를 통해 추후 조합원 분양 및 일반분양 시 업종별 필요면적과 상응하여 분양성 증대 및 조화로운 상업시설 MD를 위한 설계변경등에 사용될 유의미한 자료를 추출하는 것을 목적으로 한다.	
2. 상업시설 구획 및 용도제안 (MD)	① 업종조사 - 대상지 전국	전국을 대상으로 동일 및 비슷한 규모의 공동주택 상업시설(근린생활시설 포함)의 현재 입점업종을 조사하고 최근 3년 내 업종변경을 추적한다.	현장조사를 기본으로 하고 이외 "을" 이 보유한 프로그램 등을 사용한다.
	② 업종조사 - 대상지가 속한 시	해당 시를 대상으로 동일 및 비슷한 규모의 공동주택 상업시설(근린생활시설 포함)의 현재 입점업종을 조사하고 최근 5년 내 업종변경을 추적한다.	
	③ 수요도조사와 업종조사 교차유효성 검증(잔차검증)	상업시설 분양대상 조합원 및 전체조합원을 대상으로 한 업종 선호도 조사를 기반으로 전국 및 해당 시 현재 입점업종에 대한 '회귀모델 적합도 평가(교차 유효성 검증, 혼동행렬, ROC곡선 등)'를 실시하여 교차유효성을 검증한다.	

	④ 수요도조사와 업종조사 결정계수 검정	결정계수(R2)를 통한 등분산성 검정 및 피로 월크 통계량을 사용한 정규성 검정	
	⑤ 수요도조사와 업종조사 F통계량 검정	검증 모형의 유의성 지표를 확인을 위해 p-value로 계산한다.	
	⑥ 수요도조사와 업종조사 T통계량 검정	검증 모형의 주요 변수 작용여부 판단을 위해 p-value로 계산한다.	
	⑦ 필요업종 산출	잔차검증, 결정계수 검정, F통계량 검정, T통계량 검정을 통해 산출된 정보를 통해 당 사업지 상업시설에 필요한 필요업종을 산출한다.	
	⑧ 가용 테넌트 분석	브랜드 또는 브랜드 운영업체를 분석한다.	
	⑨ 가용 앵커테넌트 분석	유동인구에 대한 뛰어난 유인효과를 가질 수 있는 앵커테넌트를 분석하고 입점유인 하여 샤워효과(분수효과)를 획득할 수 있는 유의미한 빅데이터 획득을 목표로 한다.	
	⑩ MD컨셉(Concept) 설정	당 사업지의 입지가 가지는 차별화된 환경, 도입하고자 하는 시설의 특성, 건축적인 특성 및 차별화방안등을 검토하여 도출.	
	⑪ 복합용도개발(MXD) area에서의 배치 계획 설정	근린생활시설 area와 복합용도개발(MDX) area에 대해 업종분리를 통한 배치계획 고려	
	⑫ 시설(도입업종)의 수직 배치 계획 설정	Vertic Plan를 통한 입체적 배치계획 설정. 적응형시설과 목적형시설 분리 및 병합계획 설정.	
	⑬ 시설(도입업종)의 층별 계획 설정	Zone separation을 통한 상업시설 단순화계획 설정 및 Flore Plan 설정.	
	⑭ 레이아웃 및 매장배치	레이아웃을 통한 동선체계 구축	
3. 상업시설 예상 분양가 산정	① 감정평가금액 평가 계획 모델 설정	감정평가를 통해 확정된 금액의 평가 모델을 설정하여 가중치 수량을 산정한다.	조합에서 제시한 감정평가금액을 기준으로 한다.
	② 가중치 적용	위치별, 층별, 호수별 가중치를 적용하여 분양률 확보를 위한 적정분양가를 산정한다.	
	③ 거래사례비교법을 통해 시장평가 가중치 적용	해당 시를 기준으로 한 동일 및 비슷한 규모 상업시설의 거래가격을 추적하여 거래사례비교대상을 선정 후 모델링 후 시장평가 가중치를 적용하여 분양률 확보를 위한 적정분양가를 산정한다.	
	④ 수익분석법을 통한 가중치 적용	기준금리에 기초한 기회비용을 산정하고 시장평가에서 도출된 적정 금리 가중치를 합산한 기준수익률을 대상으로 수익분석법을 적용하여 가중치를 적용한다.	
4. 기타 조합에서 요청한 업무	기타 조합에서 요청한 업무의 적극적인 지원을 위해 상기 1. 및 3.의 업무 종료 후에도 조합의 주소지를 기준으로 관리인원을 선정하여 협력한다.		

나. 상가(상업시설)MD용역 업무 주요 사례 2

1) 인근시세 등 주변 상권분석 및 시장조사

2) 최근 상업시설 분양현황 조사

3) 상업시설 개발컨셉 연구

4) 도입가능시설 조사

5) 층별, 면적별, 업종별 컨셉 연구

6) 상업시설 MD구성 계획(세부컨셉 설정, 개발전략, 수평수직Zoning, 상품화전략수립, 공간세부
   계획수립, 주요테넌트 구성, MD수립에 따른 대안설계 제시 등)

7) 상업시설 건축 아이디어 제공

8) 특화 및 테마시설 조사 및 도입연구

9) 설계사무소와 사업시행인가 설계준비 협의

10) 조합원 설명회 준비 및 시행

11) 상업시설 예상분양가 제안

12) 상가조합원 설문조사 및 분양성향 조사

13) 상가조합원 이용현황 조사

14) 상가조합원 분양신청 업무 지원

15) 기타 업무

다. 선정 시기 : 사업시행계획인가 신청 이전

라. 선정 방법

　추진위원회 승인을 받은 후 일반경쟁입찰에 부쳐야 하며, 「도시정비법」 시행령 제24조제1항에 해
당하는 경우에는 지명경쟁이나 수의계약으로 할 수 있으며, 예산으로 정한 사항에 해당하는 경우에
는 대의원회의 의결을 거쳐 계약을 체결할 수 있다.

4 사업비 관리(CS : Cost)

정비사업 시작부터 준공, 조합해산 및 청산에 이르기까지 공사비 등 수십여 개 항목의 비용이 집행이 되고 이러한 비용에 대한 정확한 예측과 관리를 통하여 불필요한 비용의 집행을 방지하면서 정해진 예산범위 내에서 사업이 완료될 수 있도록 관리가 필요하다. 특히, 조합의 각종 비리와 특혜시비 등 분쟁이 끊이지 않고 있기 때문에 정비사업에 있어서 사업비 관리는 더 중요하다.

따라서, 정비사업관리기술인은 용역수행 착수 단계에서 사업타당성에 대한 조사 및 기본계획 검토를 통해 정비사업에 대한 사업성 분석 및 전체 예산을 수립하고, 각종 사례조사 등을 통해 비용의 낭비요소를 사전에 제거하고, 나아가 사업비 절감 방안 제시와 사업추진 단계별 총사업비 관리를 적극적으로 검토하여야 한다.

4.1 사업타당성 조사 및 기본계획 검토

정비사업관리기술인은 용역착수 전후 시점에 조합의 요청이 있거나, 필요하다고 판단되는 경우에는 타당성 조사 및 사업성 분석에 대한 업무를 수행한다.

(1) 목표 설정

정비사업관리기술인은 조합원 이익 극대화라는 정비사업의 목적이 최대한 실현될 수 있도록 조합의 여러 현황을 파악하여 요구되어지는 목표치를 달성하기 위한 기초적인 사업성분석이 이루어지도록 하여 정비사업의 총예산이 수립될 수 있도록 지원한다.

(2) 입지분석 검토

정비사업관리기술인은 향후 분양수입 추산에 절대적인 영향을 미치는 다음과 같은 입지분석 사항에 대한 검토를 지원한다.

① 거시적 개발환경

② 광역적 입지현황

③ 교육, 생활편의 분석

④ 주변 개발계획 검토

(3) 시장성 분석 검토

정비사업관리기술인은 다음과 같은 항목에 대한 조사를 실시하여 시장성 및 사업성 분석결과를 검토한다.

① 부동산 시장환경 분석 - 미분양현황 추이분석, 주택거래량 추이분석, 국내·외 경제전망, 아파트 분양시장 전망 등

② 주택환경 분석 - 주택 보급현황, 아파트 공급 분석, 전국 평균분양율 분석, 인근 아파트 공급 분석, 신규 분양아파트 현황 분석 등

(4) 부동산정책 변화 분석

정비사업관리기술인은 정비사업 시행에 영향을 미치고 있는 부동산 정책에 대해 조사를 실시하여 분석결과를 반영한다.

① 주택시장 정책

② 최근 부동산정책 변화와 방향성

③ 부동산정책 변화 및 정책내용을 통해 본 시사점 분석

④ 정비사업 관련 주요 제도 변화 추이 분석

(5) 개략적인 사업성 분석 및 예산수립 검토

정비사업관리기술인은 다음의 내용 등을 검토하여 해당 프로젝트의 개략적인 사업성 분석 및 지금계획을 포함한 예산 수립을 검토한다.

① 소요될 것으로 예상되는 총사업비 검토

② 종전자산 가액의 추정

③ 분양수입 추산

④ 추정비례율 산출

⑤ 현금흐름 분석

⑥ 조합의 금융조달 및 예산계획 수립

〔개략적인 사업성 분석 사례〕

구분	검토 방법	비고
총사업비 추정	• 건축공사비 검토 - 최근 시공사 선정 및 공사계약 사례 등을 조사·분석하여 적용 건축공사비 검토 • 정비사업비 추산액 검토 - 이미 계약이 완료된 용역비 등은 계약에 의거한 금액으로 결정하고, 유사 사례 현장의 관리처분계획 내용 등을 조사·분석하여 총사업비 산출	
종전자산 가액의 추정	• 추정 개요, 목적 및 추정기준 등 검토 • 보정률 및 지가변동율 반영 여부 검토 • 종전자산 가액 추정을 위한 거래시세 및 실거래 자료 조사 및 분석 • 종전자산 가액 추정	
분양수입 추정	• 추정기준 검토 및 수립 - 일반분양가 및 조합원 분양가 산출 • 인근 아파트 거래 시세 조사 및 분석 - 조사의 공간적 범위, 시간적 범위, 단지규모 등 유사사례 비교검토 • 대상 프로젝트의 입지적 특성, 인근 민영아파트 분양가 수준, 인근 아파트 시세, 일반분양가격 등을 종합 참작하여 일반분양수입 추정 • 조합원 분양수입은 일반분양예정가 대비 할인율 적용하여 산출 • 임대아파트 매각수입은 국토교통부고시 공공건설 임대주택 표준건축비 등을 고려하여 예상매각수입 산출 • 상가 분양수입은 인근지역 상가 실거래자료 등을 조사·분석하여 분양수입 추정	
비례율 산출	• 추정비례율 = (총 수입금액-총 지출금액)/종전자산 감정평가 총액	

(6) 사업성 분석 및 기본계획 적정성 검토

① 정비사업관리기술인은 관련 법규, 제반환경 등 요소의 적정 반영여부와 공사비 등 각종 지출비용에 대한 검토, 시기적 차이 및 각종 여건변화 시 검토시점에 맞춘 기술검토의견 제안 등의 업무를 지원한다.

② 정비사업관리기술인은 정비사업의 목적에 부합하는 사업추진이 가능하도록 사업의 목표 및 기본방향, 사업추진기간, 공사비 등 사업비 재원조달계획 등을 검토한다.

③ 정비사업관리기술인은 사업성 분석 및 기본계획 보고서를 작성한다.

(7) 총사업비 집행계획 수립 및 지원목표 설정

정비사업관리기술인은 정비사업의 총 사업비 집행계획 수립 지원 및 연도별 자금계획을 고려한 종합예산계획서 작성과 종합예산계획서 작성을 위한 각종 사업비의 산출내역, 조건별 대안비교 및 최적안 제안, 예산준수를 위한 방안 및 예산초과 시 대응 방안 등에 대한 검토하는 업무를 수행한다.

4.2 총사업비 산정 및 검토

정비사업관리기술인은 총사업비를 산정·검토하고, 사업비 관리계획, 사업비 중요 항목 선정, 사업비관리 세부수행방안 마련, 필요시 사업비 결과보고서 작성 등의 업무를 수행한다. 또한, 총사업비의 집행가능여부를 검토·확인하고, 변경사항에 대한 적정성 여부 등을 검토하여 총사업비에 대한 예산검증 및 관리·통제업무를 지원한다.

(1) 정비사업비 항목 검토

정비사업관리기술인은 아래의 약 80여 개 내외 항목의 정비사업비에 대한 검토를 해당 프로젝트의 여러 여건을 종합적으로 고려하여 총사업비 예산안을 검토한다.

연번	항목		해당여부		비고
	대분류	소분류	재개발	재건축	
1	조사측량비	지적측량	○	○	
2		지질조사	○	○	
3		지장물조사	○	○	
4		문화재지표조사	○	○	
5		물건 및 영업권조사	○	△	
6		세입자조사	○	△	
7	설계비	기본 및 추가설계비	○	○	
8		흙막이설계	○	○	
9	감리비	건축, 전기, 소방·통신, 철거, 석면해체, 정비기반시설	○	○	
10		정비사업전문관리업비	○	○	
11	공사비	도급공사비	○	○	

12		정비기반시설 공사	○	○	
13		사업시행인가조건 공사	△	△	
14		미술(예술)장식품 설치비	○	○	
15		지장물이설공사	○	○	
16		상하수도·전기·가스 등 인입공사	○	○	
17		방음벽 공사	△	△	
18	손실 보상비	현금청산금액	○	○	
19		영업손실보상비	○	×	
20		주거 및 동산이전비	○	×	
21		국·공유지 매입비	○	○	
22		기타 보상비(일조보상 등)	○	○	
23	관리비	조합운영비(추진위운영비포함)	○	○	
24		총회비	○	○	
25		법률자문 및 각종 소송비	○	○	
26		수용재결 등	○	×	
27		세무회계비(외부감사비 포함)	○	○	
28		기타 비용	○	○	
29	제세 공과금	각종 인허가비용(채권매입, 면허세등) 및 인증수수료 등	○	○	
30		보존등기 등 각종 등기비용	○	○	
31		재산세, 사업소세 등	○	○	
32		도시정보시스템등록비	○	○	
33		입주관리비	△	△	
34	외주 용역비	안전진단비	×	○	
35		감정평가수수료 (종전, 종후, 정비기반시설, 영업권평가, 보상평가 등)	○	○	
36		공사비검증 및 관리처분타당성 검토	○	○	
37		도시계획(정비계획수립 등)	○	○	
38		교통영향평가	○	○	
39		경관계획수립(심의)	○	○	
40		교육환경영향평가	○	○	
41		친환경 인증	○	○	

42		소음측정, 소음영향평가	○	○	
43		일조분석(시뮬레이션)	○	○	
44		지하안전영향평가	△	△	
45		재해영향평가	△	△	
46		환경영향평가	△	△	
47		정비기반시설 설계 및 공사비산정	○	○	
48		연안오염/수질오염총량검토	○	○	
49		국·공유지협의 및 소유권이전	○	○	
50		풍동실험	○	○	
51		내진소방설계	△	△	
52		성능기반설계	△	△	
53		굴토/구조(안전)심의	△	△	
54		상업시설MD	△	△	
55		임대주택매각금액 산정 및 협의	○	△	
56		조합원분양신청	△	△	
57		이주관리	○	○	
58		범죄예방	○	○	
59		건설사업관리(CM)	△	△	
60		분양가적정성 검토	△	△	
61		토지수용/보상행정대행	○	△	
62		명도소송	○	○	
63		공탁 및 집행비용	○	○	
64		건축물대장생성	△	△	
65		이전고시비용	△	△	
66	각종분·부담금	광역교통시설부담금	○	○	
67		각종 원인자부담금(상·하수도, 전기, 가스, 지역난방 등)	○	○	
68		학교용지부담금	○	○	
69	분양경비	분양보증수수료, 금융주선수수료, 사업타당성검토 등	○	○	
70		분양대행수수료	△	△	
71		M/H건립운영비	△	△	
72		광고선전비	△	△	

73		미분양 판촉비	△	△	
74		상가분양 제경비	△	△	
75	금융비용	사업비 · 이주비 대출 관련 보증료	○	○	
76		사업비 대여금 이자	○	○	
77		사업비 대출(PF) 이자	○	○	
78		조합원 무이자이주비 이자	○	○	
79		분양중도금 이자	○	○	
80		미분양대비 금융예비비	○	○	
81		민원처리비, 이주촉진비 등 기타비용	○	○	
82		법인세(법인세절감용역비 포함)	○	○	

1) 지적측량비

정비사업관리기술인은 지적측량과 관련한 예산을 수립하기 위하여 다음의 업무를 수행한다.

- 정비사업에 필요한 측량의 종류(택지예정측량, 분할측량, 확정측량, 지형측량, 현황측량 등) 파악
- 지적측량비용의 산출 기준 검토
- 인근 유사 사업장의 측량견적 내역 등의 사례를 조사 · 분석
- 측량에 필요한 총예산을 수립
- 향후 사업추진 과정에서 측량비용의 변경가능성 검토
- 측량비용과 관련한 집행시기, 관리계획 등 계획 수립

2) 지질조사비

정비사업관리기술인은 지질조사와 관련한 예산을 수립하기 위하여 다음의 업무를 수행한다.

- 정비사업에 필요한 지질조사의 종류 등 파악
- 지질조사비용의 산출 기준 검토
- 인근 유사 사업장의 지질조사비용 집행사례 조사 · 분석
- 지질조사에 필요한 총예산을 수립
- 향후 사업추진 과정에서의 변경 가능성 검토
- 지질조사비용과 관련한 집행시기, 관리계획 등 계획 수립

3) 지장물조사

정비사업관리기술인은 지장물조사와 관련한 예산을 수립하기 위하여 다음의 업무를 수행한다.

- 정비사업에 필요한 지장물조사의 내용 등 파악
- 지장물조사비용의 산출 기준 검토
- 인근 유사 사업장의 지장물조사비용 집행사례 조사·분석
- 지장물조사에 필요한 총예산을 수립
- 향후 사업추진 과정에서의 변경 가능성 검토
- 지장물조사비용과 관련한 집행시기, 관리계획 등 계획 수립

4) 문화재지표조사

정비사업관리기술인은 문화재지표조사와 관련한 예산을 수립하기 위하여 다음의 업무를 수행한다.

- 정비사업에 필요한 문화재지표조사의 내용, 법적 근거 등 파악
- 문화재지표조사 가능 기관 조사 및 검토
- 문화재지표조사비용의 산출 기준(매장문화재 조사 용역대가 기준에 준함) 및 내역(직접인건비, 직접경비, 제경 및 학술료 등) 검토
- 한국문화유산협회의 홈페이지(http://www.kaah.kr)에서 조사용역대가에 대한 계산프로그램을 참고하여 예상견적 검토
- 인근 유사 사업장의 문화재지표조사 비용 집행사례 조사·분석
- 문화재지표조사에 필요한 총예산을 수립
- 향후 사업추진 과정에서의 변경 가능성 및 문화재조사비용 추가 가능성 검토
- 문화재지표조사와 관련한 집행시기, 관리계획 등 계획 수립

5) 물건 및 영업권 조사비용

- 물건 및 영업권 조사의 내용, 법적 근거 등 파악
- 물건 및 영업권 조사비용의 산출 기준 검토
- 세입자 조사 등과 통합하여 용역수행 가능 여부 검토
- 인근 유사 사업장의 물건 및 영업권 조사비용 집행사례 조사·분석

- 물건 및 영업권 조사에 필요한 총예산을 수립
- 향후 사업추진 과정에서의 변경 가능성 검토
- 물건 및 영업권 조사비용과 관련한 집행시기, 관리계획 등 계획 수립

6) 세입자조사비용

- 세입자 조사의 내용, 법적 근거 등 파악
- 세입자 조사비용의 산출 기준 검토
- 인근 유사 사업장의 세입자 조사비용 집행사례 조사·분석
- 세입자 조사에 필요한 총예산을 수립
- 향후 사업추진 과정에서의 변경 가능성 검토
- 세입자 조사비용과 관련한 집행시기, 관리계획 등 계획 수립

7) 설계비 : 기본 및 추가설계비

- 설계비의 산출 내역 및 기준 검토
- 인근 유사 사업장의 설계비 계약현황, 집행사례 등 조사·분석
- 해당 사업장의 특성과 설계비와의 연계 검토 및 설계비에 영향을 미칠 수 있는 현장 요인 분석
- 향후 사업추진 과정에서의 추가설계비 발생 가능성 검토
- 설계비와 관련한 집행시기, 관리계획 등 계획 수립
- 설계에 필요한 총예산을 수립

8) 흙막이 설계

- 흙막이 설계의 업무 내용 등 파악
- 흙막이 설계비용의 산출 기준 검토
- 기본 설계를 수행하는 건축사사무소나 지하안전영향평가를 수행하는 엔지니어링회사 등에 포함하여 용역수행 가능 여부 검토
- 인근 유사 사업장의 흙막이 설계비용 계약현황 및 집행사례 조사·분석
- 향후 사업추진 과정에서의 변경 가능성 검토

- 흙막이 설계에 필요한 총예산을 수립
- 흙막이 설계비용과 관련한 집행시기, 관리계획 등 계획 수립

9) 감리비

- 감리의 종류(건축·전기·소방·통신·철거·석면해체·정비기반시설공사감리 등), 종류별 업무 내용, 법적 근거 등 파악
- 감리업체 선정 주체 및 감리분야별 선정시기 검토
- 감리비용의 산출 기준 검토
- 인근 유사 사업장의 감리비용 계약현황 및 집행사례 조사·분석
- 향후 사업추진 과정에서의 변경 가능성 검토
- 감리에 필요한 총예산을 수립
- 감리비용과 관련한 집행시기, 관리계획 등 계획 수립

10) 정비사업전문관리업비

- 정비사업전문관리업의 업무 내용, 법적 근거 등 파악
- 인근 유사 사업장의 정비사업전문관리업 용역비용 계약현황 및 집행사례 조사·분석
- 향후 사업추진 과정에서의 변경가능성 검토
- 정비사업전문관리업 수행에 필요한 총예산을 수립
- 정비사업전문관리업 비용과 관련한 집행시기, 관리계획 등 계획 수립

11) 도급공사비

- 시공사의 공사비 트렌드 및 추이 분석
- 공사도급계약의 조건과 연계한 공사비 상관관계 분석
- 인근 유사 사업장의 공사도급계약 및 공사비 현황 등 조사·분석
- 향후 사업추진 과정에서의 물가상승, 품질향상 등에 따른 변경 가능성 검토
- 공사비와 관련한 집행시기, 관리계획 등 계획 수립

12) 정비기반시설 공사

- 정비기반시설(도로, 공원 등) 공사의 내용 등 파악
- 정비기반시설 공사비용의 산출 기준 검토
- 인근 유사 사업장의 정비기반시설 공사 계약현황, 공사비 및 집행사례 조사 · 분석
- 향후 사업추진 과정에서의 변경가능성 검토
- 정비기반시설 공사에 필요한 총예산을 수립
- 정비기반시설 공사비용과 관련한 집행시기, 관리계획 등 계획 수립

13) 사업시행인가 조건 공사

- 사업시행인가 이행조건 내용 및 공사 내용 등 파악
- 향후 사업추진 과정에서의 변경 가능성 검토
- 사업시행인가 이행조건 공사에 대한 개략적인 견적내역 검토
- 사업시행인가 이행조건 공사에 필요한 총예산을 수립
- 사업시행인가 이행조건 관련 공사비용과 관련한 집행시기, 관리계획 등 계획 수립

14) 미술(예술)장식품 설치 공사

- 미술(예술)장식품 설치 관련 법적 근거 등 파악
- 미술(예술)장식품 설치비용의 산출 기준 검토
- 인근 유사 사업장의 미술(예술)장식품 설치 관련 계약현황, 설치비 및 집행사례 조사 · 분석
- 향후 사업추진 과정에서의 변경 가능성 검토
- 미술(예술)장식품 설치에 필요한 총예산을 수립
- 미술(예술)장식품 설치비용용과 관련한 집행시기, 관리계획 등 계획 수립

15) 지장물이설 공사

- 지장물이설(상 · 하수도, 전기, 가스 등) 공사의 내용 등 파악
- 지장물이설 공사비용의 산출 기준 검토
- 인근 유사 사업장의 지장물이설 공사 계약현황, 공사비 및 집행사례 조사 · 분석

- 향후 사업추진 과정에서의 변경 가능성 검토
- 지장물이설 공사에 필요한 총예산을 수립
- 지장물이설 공사비용과 관련한 집행시기, 관리계획 등 계획 수립

16) 상하수도·전기·가스 등 인입 공사

- 인입 공사의 내용, 공사도급계약서 해당 내용 등 파악
- 상하수도 등 인입 공사비용의 산출 기준 검토
- 상하수도 등 개략적인 원인자부담금 추산 및 연계 검토
- 인근 유사 사업장의 인입공사 계약현황, 공사비 및 집행사례 조사·분석
- 향후 사업추진 과정에서의 변경 가능성 검토
- 상하수도 등 인입공사에 필요한 총예산을 수립
- 상하수도 등 인입공사비용과 관련한 집행시기, 관리계획 등 계획 수립

17) 방음벽 공사

- 방음벽 공사의 내용, 공사도급계약서 해당 내용 등 파악
- 사업시행인가 해당 내용 및 관련 부서 협의를 통한 개략적인 공사 내역 파악
- 방음벽 공사비용의 산출 기준 검토
- 인근 유사 사업장의 방음벽 공사 계약현황, 공사비 및 집행사례 조사·분석
- 향후 사업추진 과정에서의 변경 가능성 검토
- 방음벽 공사에 필요한 총예산을 수립
- 방음벽 공사비용과 관련한 집행시기, 관리계획 등 계획 수립

18) 현금청산금액

- 토지등소유자에 대한 설문조사 등을 통해 현금청산 대상 예상자에 대한 분석
- 현금청산대상에 대한 추정 검토, 조합원, 현금청산대상자의 종전자산평가추정액, 평가액에 대한 보정률 등 현금청산금액의 산출 기준 검토
- 인근 유사 사업장의 현금청산 현황 및 관련 사례 조사·분석

- 향후 사업추진 과정에서의 변경 가능성 검토
- 현금청산에 필요한 총예산을 수립
- 현금청산비용과 관련한 집행시기, 관리계획 등 계획 수립

19) 영업손실보상비

- 영업손실보상에 대한 내용, 법적 근거 등 파악
- 영업손실보상비용의 산출 기준 검토
- 영업손실보상 대상에 대한 개략적인 검토
- 인근 유사 사업장의 영업손실보상비용 집행사례 조사 · 분석
- 영업손실보상에 필요한 총예산을 수립
- 향후 사업추진 과정에서의 변경 가능성 검토
- 영업손실보상비용과 관련한 집행시기, 관리계획 등 계획 수립

20) 주거 및 동산이전비

- 주거 및 동산이전비 보상에 대한 내용, 법적 근거 등 파악
- 주거 및 동산이전비 보상비용의 산출 기준 검토
- 주거 및 동산이전비 보상대상에 대한 개략적인 검토
- 인근 유사 사업장의 관련 보상비용 집행사례 조사 · 분석
- 주거 및 동산이전비 보상에 필요한 총예산을 수립
- 향후 사업추진 과정에서의 변경 가능성 검토
- 주거 및 동산이전비 보상과 관련한 집행시기, 관리계획 등 계획 수립

21) 국 · 공유지 매입비

- 국 · 공유지 현황, 사업시행인가 조건 내용 등 조사 · 분석
- 국 · 공유지 무상양도 가능 현황 분석
- 매입대상 국 · 공유지의 감정평가금액 추정 등 매입비용의 산출 기준 검토
- 인근 유사 사업장의 관련 국 · 공유지 매입비용 집행사례 조사 · 분석

- 국·공유지 매입에 필요한 총예산을 수립
- 향후 사업추진 과정에서의 변경 가능성 검토
- 국·공유지 매입비용과 관련한 집행시기, 관리계획 등 계획 수립

22) 기타 보상비

- 해당 사업장 현황분석, 민원조사 등을 통해 일조보상 등 기타보상 여부에 대한 개략적인 검토
- 일조보상 등 발생이 예상되는 기타 보상비에 대한 내역 및 산출 기준 검토
- 인근 유사 사업장의 관련 일조보상 등 집행사례 조사·분석
- 일조보상 등 기타보상에 필요한 총예산을 수립
- 향후 사업추진 과정에서의 변경 가능성 검토
- 일조보상 등 기타보상과 관련한 집행시기, 관리계획 등 계획 수립

23) 조합운영비

- 기 집행된 조합설립추진위원회 운영경비 분석하여 포함 검토
- 조합운영에 필요한 월 운영비 내역 및 항목별 산출기준 등 검토
- 조합운영비가 발생하게 되는 전체 사업기간에 대한 검토
- 인근 유사 사업장의 조합운영비 예산수립 및 집행사례 조사·분석
- 조합운영에 필요한 총예산 수립
- 향후 사업추진 과정에서의 변경 가능성 검토
- 조합운영비와 관련한 집행시기, 관리계획 등 계획 수립

24) 총회비

- 총회개최에 필요한 총회비용에 대한 내역, 항목별 산출기준 등 검토
- 전체 사업기간에 필요한 총회 개최에 대해 개략적인 횟수 검토
- 인근 유사 사업장의 총회개최 관련 비용 집행사례 조사·분석
- 총회개최에 필요한 총예산을 수립
- 향후 사업추진 과정에서의 변경가능성 검토

- 총회개최비용과 관련한 집행시기, 관리계획 등 계획 수립

25) 법률자문 및 각종 소송비

- 정비사업 시행과 관련한 각종 소송의 유형 및 내용 등 파악
- 법률자문 또는 고문변호사 운영과 관련한 인근 유사 사업장의 사례 조사·분석
- 각종 소송의 유형별 소송비용 산출기준 검토
- 해당 사업장의 현황 등을 고려하여 전체 사업기간을 대상으로 발생할 수 있는 소송 유형 및 소송별 예상 비용에 대한 추정
- 향후 사업추진 과정에서의 변경가능성 검토
- 법률 자문 및 각종 소송 대응에 필요한 총예산을 수립
- 법률 자문 및 소송비용과 관련한 집행시기, 관리계획 등 계획 수립

26) 수용재결 등

- 수용재결의 내용 및 절차, 법적근거 등 관련 내용 파악
- 수용재결 비용의 산출 기준 검토
- 인근 유사 사업장의 수용재결 관련 계약현황, 용역비 및 집행사례 조사·분석
- 향후 사업추진 과정에서의 변경 가능성 검토
- 수용재결 등에 필요한 총예산을 수립
- 수용재결과 관련한 비용의 집행시기, 관리계획 등 계획 수립

27) 세무회계비(외부감사비 포함)

- 외부감사에 대한 내용 및 법적근거 등 파악
- 세무회계용역의 내용 등 파악
- 세무회계용역비용의 산출 기준 검토
- 인근 유사 사업장의 회계세무용역 계약현황, 용역비 및 집행사례 조사·분석
- 향후 사업추진 과정에서의 변경 가능성 검토
- 외부감사, 세무회계와 관련한 총예산을 수립

- 외부감사, 세무회계 비용과 관련한 집행시기, 관리계획 등 계획 수립

28) 기타 비용
- 해당 사업장의 현황 등을 파악하여 항목 외에 발생이 예상되는 비용에 대한 검토
- 발생 예상되는 기타비용의 산출 기준 등 검토
- 인근 유사 사업장의 기타비용 발생현황, 집행사례 조사·분석
- 향후 사업추진 과정에서의 변경 가능성 검토
- 기타비용과 관련한 집행시기, 관리계획 등 계획 수립

29) 각종 인·허가비용 및 인증수수료
- 사업시행인가 시 발생하는 채권매입(할인)비, 면허세 등 내역 검토
- 친환경인증을 위한 인증수수료 등 사업시행에 필요한 각종 수수료 내역 검토
- 각종 인·허가 비용 및 수수료의 산출 기준 검토
- 인근 유사 사업장의 관련 예산수립 사례 등 조사·분석
- 향후 사업추진 과정에서의 변경 가능성 검토
- 각종 인허가비용 및 인증수수료 등과 관련한 총예산을 수립
- 관련 비용의 집행시기, 관리계획 등 계획 수립

30) 보존등기 등 각종 등기비용
- 정비사업 시행과 관련하여 필요한 각종 등기 유형(신탁·멸실·보존등기 등), 법적 근거 등 파악
- 각 등기유형별 비용의 산출 기준 검토
- 이전고시 등 법무대행 용역과 통합 계약 추진 여부 등 검토
- 인근 유사 사업장의 각종 등기비용 예산수립 및 계약현황, 비용 집행사례 조사·분석
- 향후 사업추진 과정에서의 변경가능성 검토
- 각종 등기에 필요한 총예산을 수립
- 각종 등기비용과 관련한 집행시기, 관리계획 등 계획 수립

31) 재산세, 사업소득세 등

- 정비사업 시행과 관련하여 발생할 수 있는 재산세, 사업소득세 등 내용 파악
- 인근 유사 사업장의 관련 제세공과금 예산 수립 현황 등 사례 조사·분석
- 향후 사업추진 과정에서의 변경 가능성 검토
- 재산세, 사업소득세 등 제세공과금 관련 총예산을 수립
- 제세공과금과 관련한 집행시기, 관리계획 등 계획 수립

32) 도시정보시스템등록비

- 정비사업 시행과 관련하여 발생할 수 있는 각종 시스템 등록에 필요한 수수료, 대행비 등 내용 파악
- 인근 유사 사업장의 관련 예산 수립 현황 등 사례 조사·분석
- 향후 사업추진 과정에서의 변경가능성 검토
- 도시정보시스템등록비에 대한 집행시기, 관리계획 등 계획 수립

33) 입주관리비

- 공사도급계약서의 해당 관련 계약 내용 등을 확인하여 공사비에 포함 여부 검토
- 입주관리에 필요한 개략적인 내역 파악
- 입주관리와 관련한 내역 및 항목별 비용의 산출 기준 검토
- 인근 유사 사업장의 입주관리비 예산수립, 계약현황, 비용 집행사례 등 조사·분석
- 향후 사업추진 과정에서의 변경 가능성 검토
- 입주관리에 필요한 총예산을 수립
- 입주관리비용과 관련한 집행시기, 관리계획 등 계획 수립

34) 안전진단비(재건축만 해당)

- 안전진단의 내용, 법적근거, 절차 등 관련 내용 분석
- 안전진단비용의 산출 기준 검토
- 인근 유사 사업장의 안전진단 관련 계약현황, 예산수립 및 집행사례 조사·분석

- 향후 사업추진 과정에서의 변경 가능성 검토

- 안전진단에 필요한 총예산을 수립

- 안전진단비용과 관련한 집행시기, 관리계획 등 계획 수립

35) 감정평가수수료

- 정비사업 시행에 필요한 감정평가의 유형(종전·종후 자산평가, 정비기반시설평가, 영업권평가, 보상평가 등), 유형별 평가내용, 법적근거, 절차 등 조사·분석

- 감정평가수수료의 산출 기준 검토

- 인근 유사 사업장의 감정평가 관련 계약현황, 예산수립 및 집행사례 조사·분석

- 향후 사업추진 과정에서의 변경가능성 검토

- 감정평가에 필요한 총예산을 수립

- 감정평가수수료와 관련한 집행시기, 관리계획 등 계획 수립

36) 공사비검증 및 관리처분타당성 검토

- 「도시정비법」에서 규정하고 있는 공사비검증 및 관리처분타당성 검토와 관련 법적근거, 절차 등 관련 내용 조사·분석

- 공사비검증 및 관리처분타당성 검토 용역비용의 산출 기준 검토

- 인근 유사 사업장의 관련 계약현황, 예산수립 및 집행사례 조사·분석

- 향후 사업추진 과정에서의 추가시행 여부 등 가능성 검토

- 공사비검증 및 관리처분타당성 검토에 필요한 총예산을 수립

- 관련 비용과 관련한 집행시기, 관리계획 등 계획 수립

37) 도시계획(정비계획변경수립 등)

- 정비사업 시행에 필요한 정비계획수립(변경) 등의 업무를 수행하는 도시계획업체의 주요 업무 내용, 법적근거, 인·허가 절차 등 조사·분석

- 도시계획 용역비의 산출 기준 검토

- 인근 유사 사업장의 도시계획 관련 계약현황, 예산수립 및 집행사례 조사·분석

- 향후 사업추진 과정에서의 추가용역 시행여부 및 변경가능성 검토
- 도시계획 관련 인·허가에 필요한 총예산을 수립
- 도시계획 용역비와 관련한 집행시기, 관리계획 등 계획 수립

38) 교통영향평가

- 정비사업 시행에 필요한 교통영향평가·심의 등의 업무를 수행하는 교통영향평가업체의 주요 업무 내용, 법적근거, 인·허가 절차 등 조사·분석
- 교통영향평가 용역비의 산출 기준 검토
- 인근 유사 사업장의 교통영향평가 관련 계약현황, 예산수립 및 집행사례 조사·분석
- 향후 사업추진 과정에서의 추가용역 시행여부 및 변경 가능성 검토
- 교통영향평가 관련 인·허가에 필요한 총예산을 수립
- 교통영향평가 용역비와 관련한 집행시기, 관리계획 등 계획 수립

39) 경관계획수립, 경관심의

- 정비사업 시행에 필요한 경관계획 수립, 관련 심의 등의 업무를 수행하는 경관심의 주요 업무 내용, 법적근거, 인·허가 절차 등 조사·분석
- 경관계획 수립 및 심의 용역비의 산출 기준 검토
- 인근 유사 사업장의 경관계획 관련 계약현황, 예산수립 및 집행사례 조사·분석
- 향후 사업추진 과정에서의 추가용역 시행여부 및 변경 가능성 검토
- 경관계획 관련 인·허가에 필요한 총예산을 수립
- 경관계획 용역비와 관련한 집행시기, 관리계획 등 계획 수립

40) 교육환경영향평가

- 정비사업 시행에 필요한 교육환경영향평가·심의 등의 업무를 수행하는 교육환경평가 관련 주요 업무 내용, 법적근거, 인·허가 절차 등 조시·분석
- 교육환경평가 및 심의 용역비의 산출 기준 검토
- 교육환경영향평가와 관련된 학교용지부담금 감면사항 검토, 인근 학교와의 협의에 따른 보상규

모 검토 등 연관 검토

- 인근 유사 사업장의 교육환경 관련 계약현황, 예산수립 및 집행사례 조사·분석
- 향후 사업추진 과정에서의 추가용역 시행여부 및 변경가능성 검토
- 교육환경 관련 인·허가에 필요한 총예산을 수립
- 교육환경평가 용역비와 관련한 집행시기, 관리계획 등 계획 수립

41) 친환경 인증 분야

- 정비사업 시행에 필요한 친환경 인증 분야의 항목별 주요 업무 내용, 법적근거, 인증 절차 등 조사·분석
- 친환경 관련 용역비의 세부 분야(항목)별 산출 기준 검토
- 인근 유사 사업장의 친환경 관련 계약현황, 예산수립 및 집행사례 조사·분석
- 향후 사업추진 과정에서의 추가용역 분야 및 변경 가능성 검토
- 친환경 관련 인증, 인·허가 등에 필요한 총예산을 수립
- 친환경 용역비와 관련한 집행시기, 관리계획 등 계획 수립

42) 소음측정, 소음영향평가

- 정비사업 시행에 필요한 소음측정, 소음영향평가·심의 등을 수행하는 관련 주요 업무 내용, 법적근거, 심의 절차 등 조사·분석
- 소음 관련 용역비의 항목별 또는 분야별 산출 기준 검토
- 인근 유사 사업장의 소음 관련 계약현황, 예산수립 및 집행사례 조사·분석
- 향후 사업추진 과정에서의 추가용역 시행여부 및 변경 가능성 검토
- 소음 관련 인·허가 진행에 필요한 총예산을 수립
- 소음 관련 용역비와 관련한 집행시기, 관리계획 등 계획 수립

43) 일조분석(일조시뮬레이션)

- 정비사업 시행에 필요한 일조분석, 시뮬레이션, 심의 등을 수행하는 관련 주요 업무 내용, 법적근거, 심의 절차 등 조사·분석

- 일조분석은 필요한 교육환경영향평가 등과의 업무 연관성 등 검토
- 일조분석 관련 용역비의 항목별 또는 분야별 산출 기준 검토
- 인근 유사 사업장의 일조분석 관련 계약현황, 예산수립 및 집행사례 조사·분석
- 향후 사업추진 과정에서의 추가용역 시행여부 및 변경 가능성 검토
- 일조분석 관련 인·허가 진행에 필요한 총예산을 수립
- 일조분석 관련 용역비와 관련한 집행시기, 관리계획 등 계획 수립

44) 지하안전영향평가

- 정비사업 시행에 필요한 지하안전영향평가, 심의, 지하안전성검토 등을 수행하는 관련 주요 업무 내용, 법적근거, 심의 절차 등 조사·분석
- 지하안전영향평가 관련 용역비의 항목별 또는 분야별 산출 기준 검토
- 지하안전영향평가에 필요한 지질조사, 흙막이설계 등 관련 분야 포함 여부 검토
- 인근 유사 사업장의 지하안전영향평가 관련 계약현황, 예산수립 및 집행사례 조사·분석
- 향후 사업추진 과정에서의 추가용역 시행여부 및 변경 가능성 검토
- 지하안전영향평가 관련 인·허가 진행에 필요한 총예산을 수립
- 지하안전영향평가 관련 용역비와 관련한 집행시기, 관리계획 등 계획 수립

45) 재해영향평가

- 정비사업 시행에 필요한 재해영향평가 등을 수행하는 관련 주요 업무 내용, 법적근거, 심의 절차 등 조사·분석
- 재해영향평가 관련 용역비의 항목별 또는 분야별 산출 기준 검토
- 인근 유사 사업장의 재행영향평가 관련 계약현황, 예산수립 및 집행사례 조사·분석
- 향후 사업추진 과정에서의 추가용역 시행여부 및 변경가능성 검토
- 재해영향평가 관련 인·허가 진행에 필요한 총예산을 수립
- 재해영향평가 관련 용역비와 관련한 집행시기, 관리계획 등 계획 수립

46) 환경영향평가

- 정비사업 시행에 필요한 환경영향평가, 심의 등을 수행하는 관련 주요 업무 내용, 법적근거, 심의 절차 등 조사·분석
- 환경영향평가 관련 용역비의 항목별 또는 분야별 산출 기준 검토
- 인근 유사 사업장의 환경영향평가 관련 계약현황, 예산수립 및 집행사례 조사·분석
- 향후 사업추진 과정에서의 추가용역 시행여부 및 변경가능성 검토
- 환경영향평가 관련 인·허가 진행에 필요한 총예산을 수립
- 환경영향평가 관련 용역비와 관련한 집행시기, 관리계획 등 계획 수립

47) 정비기반시설(도로, 공원 등) 설계 및 공사비 산정

- 정비사업 시행에 필요한 정비기반시설(도로, 공원 등)에 대한 정비계획 내용 등 검토
- 정비기반시설에 대한 실시계획인가 절차 등 조사·분석
- 정비기반시설 설계 및 공사비 산정을 위한 주요 업무 내용에 대한 검토
- 관련 용역비의 항목별 또는 분야별 산출 기준 검토
- 인근 유사 사업장의 정비기반시설 설계 및 공사비 산정 관련 계약현황, 예산수립 및 집행사례 조사·분석
- 향후 사업추진 과정에서의 추가용역 시행여부 및 변경 가능성 검토
- 정비기반시설 신설 관련 인·허가 진행 및 공사비 산정 등에 필요한 총예산을 수립
- 정비기반시설 설계 및 공사비 산정 용역비와 관련한 집행시기, 관리계획 등 계획 수립

48) 수질오염총량(연안오염총량) 검토

- 정비사업 시행에 필요한 수질오염총량 검토 등을 수행하는 관련 주요 업무 내용, 법적근거, 심의 절차 등 조사·분석
- 수질오염총량(연안오염총량) 검토 관련 용역비의 항목별 또는 분야별 산출 기준 검토
- 친환경인증 관련 업체에서 본 분야를 포함한 용역수행 가능여부 검토
- 인근 유사 사업장의 수질오염총량 검토 관련 계약현황, 예산수립 및 집행사례 조사·분석
- 향후 사업추진 과정에서의 추가용역 시행여부 및 변경 가능성 검토

- 수질오염총량 관련 인·허가 진행에 필요한 총예산을 수립
- 수질오염총량(연안오염총량) 검토 관련 용역비와 관련한 집행시기, 관리계획 등 계획 수립

49) 국·공유지 협의 및 소유권 이전

- 정비사업 시행에 필요한 국·공유지 매입 및 사업시행자로의 소유권 이전 등을 수행하는 관련 주요 업무 내용, 매입 절차 등 조사·분석
- 국·공유지 협의 및 소유권 이전 관련 용역비의 항목별 산출 기준 검토
- 인근 유사 사업장의 국·공유지 협의 및 소유권 이전 관련 용역 계약현황, 예산수립 및 집행사례 조사·분석
- 향후 사업추진 과정에서의 추가용역 시행여부 및 변경 가능성 검토
- 국·공유지 협의 및 소유권 이전 관련 절차 진행에 필요한 총예산을 수립
- 국·공유지 협의 및 소유권 이전 관련 용역비와 관련한 집행시기, 관리계획 등 계획 수립

50) 풍동실험

- 건축계획 시 필요한 풍동실험 등을 수행하는 관련 주요 업무 내용, 심의 절차, 법적 근거 등에 조사·분석
- 풍동실험 관련 용역비의 항목별 산출 기준 검토
- 인근 유사 사업장의 풍동실험 관련 용역 계약현황, 예산수립 및 집행사례 조사·분석
- 향후 사업추진 과정에서의 추가용역 시행여부 및 변경가능성 검토
- 풍동실험 관련 분야의 업무 진행에 필요한 총예산을 수립
- 풍동실험 용역비와 관련한 집행시기, 관리계획 등 계획 수립

51) 소방내진설계

- 지진과 같은 자연재해로부터 보호하기 위해 고안된 소방내진설계의 의의, 주요 업무 내용, 심의 절차, 법적 근거 등에 조사·분석
- 소방내진설계 용역비의 항목별 산출 기준 검토
- 인근 유사 사업장의 소방내진설계 관련 용역 계약현황, 예산수립 및 집행사례 조사·분석

- 향후 사업추진 과정에서의 추가용역 시행여부 및 변경가능성 검토
- 소방내진설계 관련 분야의 업무 진행에 필요한 총예산을 수립
- 소방내진설계 용역비와 관련한 집행시기, 관리계획 등 계획 수립

52) 성능기반설계

- 성능기반설계의 대상물에 대한 검토 등을 통해 대상 여부 확인
- 성능기반설계 관련 주요 업무 내용, 심의 절차, 법적 근거 등에 조사 · 분석
- 성능기반설계 관련 용역비의 항목별 산출 기준 검토
- 인근 유사 사업장의 성능기반풍동실험 관련 용역 계약현황, 예산수립 및 집행사례 조사 · 분석
- 향후 사업추진 과정에서의 추가용역 시행여부 및 변경가능성 검토
- 성능기반설계 관련 분야의 업무 진행에 필요한 총예산을 수립
- 성능기반설계 용역비와 관련한 집행시기, 관리계획 등 계획 수립

53) 굴토/구조(안전)심의

- 굴토/구조(안전)심의의 대상물에 대한 검토 등을 통해 대상 여부 확인
- 착공 전 필요한 굴토/구조(안전)심의 등을 수행하는 관련 주요 업무 내용, 심의 절차, 법적 근거 등에 조사 · 분석
- 굴토/구조(안전)심의 관련 용역비의 항목별 산출 기준 검토
- 인근 유사 사업장의 굴토/구조(안전)심의 관련 용역 계약현황, 예산수립 및 집행사례 조사 · 분석
- 향후 사업추진 과정에서의 추가용역 시행여부 및 변경가능성 검토
- 굴토/구조(안전)심의 관련 분야의 업무 진행에 필요한 총예산을 수립
- 굴토/구조(안전)심의 용역비와 관련한 집행시기, 관리계획 등 계획 수립

54) 상업시설 MD

- 해당 사업장의 건축계획 검토 등을 통해 상업시설 계획 현황 분석, 이를 통한 MD계획 수립의 타당성 검토 등
- 상업시설 MD 등을 수행하는 관련 주요 업무 내용 등에 조사 · 분석

- 상업시설 MD 관련 용역비의 항목별 산출 기준 검토
- 인근 유사 사업장의 상업시설 MD 관련 용역 계약현황, 예산수립 및 집행사례 조사·분석
- 향후 사업추진 과정에서의 추가용역 시행여부 및 변경 가능성 검토
- 상업시설 MD 관련 분야의 업무 진행에 필요한 총예산을 수립
- 상업시설 MD 용역비와 관련한 집행시기, 관리계획 등 계획 수립

55) 임대주택 매각금액 산정 및 협의 등

- 해당 사업장의 건축계획 현황분석 등을 통해 임대주택 매각금액 산정 및 협의 용역의 타당성 검토 등
- 임대주택 매각금액 산정 및 협의 등을 수행하는 관련 주요 업무 내용, 임대주택 매각 절차, 법적 근거 등에 조사·분석
- 임대주택 매각금액 산정 및 협의 용역비의 항목별 산출 기준 검토
- 인근 유사 사업장의 임대주택 매각금액 산정 및 협의 관련 용역 계약현황, 예산수립 및 집행사례 조사·분석
- 향후 사업추진 과정에서의 추가용역 시행여부 및 변경 가능성 검토
- 임대주택 매각금액 산정 및 협의·매각대행 관련 분야의 업무 진행에 필요한 총예산을 수립
- 임대주택 매각금액 산정 및 협의·매각대행 용역비와 관련한 집행시기, 관리계획 등 계획 수립

56) 조합원분양신청

- 해당 사업장의 현황분석 등을 통해 조합원분양신청 대행 용역의 타당성 검토 등
- 조합원분양신청 대행 등을 수행하는 관련 주요 업무 내용, 조합원 분양신청 절차, 법적 근거 등에 조사·분석
- 조합원분양신청 대행 용역비의 항목별 산출 기준 검토
- 인근 유사 사업장의 조합원분양신청 대행 용역 계약현황, 예산수립 및 집행사례 조사·분석
- 향후 사업추진 과정에서의 추가용역 시행여부 및 변경 가능성 검토
- 조합원분양신청 대행 관련 분야의 업무 진행에 필요한 총예산을 수립
- 조합원분양신청 대행 용역비와 관련한 집행시기, 관리계획 등 계획 수립

57) 이주 관리

- 해당 사업장의 현황분석 등을 통해 이주관리 용역의 타당성, 용역업체 선정시기, 필요성 등 검토
- 이주 관리 등을 수행하는 관련 주요 업무 내용, 법적 근거 등에 조사·분석
- 이주 관리 용역비의 항목별 산출 기준 검토
- 인근 유사 사업장의 이주 관리 관련 용역 계약현황, 예산수립 및 집행사례 조사·분석
- 향후 사업추진 과정에서의 추가용역 시행여부 및 변경 가능성 검토
- 이주 관리 관련 분야의 업무 진행에 필요한 총예산을 수립
- 이주 관리 용역비와 관련한 집행시기, 관리계획 등 계획 수립

58) 범죄예방

- 사업시행계획수립시의 범죄예방대책수립, 조합원 이주 시 범죄예방 등을 수행하는 관련 주요 업무 내용, 법적 근거 등에 조사·분석
- 범죄예방 용역비의 항목별 산출 기준 검토
- 인근 유사 사업장의 범죄예방 용역 계약현황, 예산수립 및 집행사례 조사·분석
- 향후 사업추진 과정에서의 추가용역 시행여부 및 변경가능성 검토
- 범죄예방 관련 분야의 업무 진행에 필요한 총예산을 수립
- 범죄예방 용역비와 관련한 집행시기, 관리계획 등 계획 수립

59) 건설사업 관리(CM)

- 해당 사업장의 현황분석 등을 통해 건설사업 관리 용역의 타당성, 용역업체 선정시기, 필요성, 주요 기대성과 등에 대한 검토
- 건설사업관리 관련 주요 업무 내용, 법적 근거 등에 조사·분석
- 건설사업관리 용역비의 항목별 산출 기준 검토
- 인근 유사 사업장의 건설사업 관리 관련 용역 계약현황, 예산수립 및 집행사례 조사·분석
- 향후 사업추진 과정에서의 추가용역 시행여부 및 변경가능성 검토
- 건설사업 관리 관련 분야의 업무 진행에 필요한 총예산을 수립
- 건설사업 관리 용역비와 관련한 집행시기, 관리계획 등 계획 수립

60) 분양가적정성 검토(일반분양예정가 산정)

- 해당 사업장의 현황분석 등을 통해 분양가적정성 검토 용역의 타당성, 용역업체 선정시기, 필요성, 주요 기대성과 등에 대해 검토
- 분양가적정성 검토 관련 주요 업무 내용, 법적 근거 등에 조사·분석
- 분양가적정성 검토 용역비의 항목별 산출 기준 검토
- 인근 유사 사업장의 분양가적정성 검토 관련 용역 계약현황, 예산수립 및 집행사례 조사·분석
- 향후 사업추진 과정에서의 추가용역 시행여부 및 변경가능성 검토
- 분양가적정성 검토 관련 분야의 업무 진행에 필요한 총예산을 수립
- 분양가적정성 검토 용역비와 관련한 집행시기, 관리계획 등 계획 수립

61) 토지수용/보상행정대행

- 해당 사업장의 현황분석 등을 통해 토지수용/보상행정대행 용역의 타당성, 용역업체 선정시기, 필요성, 주요 기대성과 등에 대해 검토
- 토지수용/보상행정대행 관련 주요 업무 내용, 법적 근거 등에 조사·분석
- 토지수용/보상행정대행 관련 용역비의 항목별 산출 기준 검토
- 인근 유사 사업장의 토지수용/보상행정대행 관련 용역 계약현황, 예산수립 및 집행사례 조사·분석
- 향후 사업추진 과정에서의 추가용역 시행여부 및 변경가능성 검토
- 토지수용/보상행정대행 관련 분야의 업무 진행에 필요한 총예산을 수립
- 토지수용/보상행정대행 용역비와 관련한 집행시기, 관리계획 등 계획 수립

62) 명도소송

- 명도소송비용을 법률자문 및 각종 소송비와 별개로 예산을 수립하는 여부에 대한 검토
- 해당 사업장의 현황분석 등을 통해 명도소송 대상의 규모 추정, 선정시기 등에 대해 검토
- 명도소송 관련 주요 업무 내용, 법적 근거 등에 조사·분석
- 명도소송 용역비의 항목별 산출 기준 검토
- 인근 유사 사업장의 명도소송 관련 계약현황, 예산수립 및 집행사례 조사·분석

- 향후 사업추진 과정에서의 추가용역 시행여부 및 변경 가능성 검토
- 명도소송 관련 분야의 업무 진행에 필요한 총예산을 수립
- 명도소송 용역비와 관련한 집행시기, 관리계획 등 계획 수립

63) 공탁 및 집행비용

- 공탁 및 집행비용을 명도소송 또는 각종 소송비 등의 항목에 포함하여 예산을 수립할 것인지에 대한 검토
- 해당 사업장의 현황분석 등을 통해 개략적인 공탁 및 집행비용의 규모 추정, 기타 선정시기, 필요성, 주요 기대성과 등에 대해 검토
- 공탁 및 집행 관련 주요 업무 내용, 법적 근거 등에 조사·분석
- 공탁 및 집행 용역비의 항목별 산출 기준 검토
- 인근 유사 사업장의 공탁 및 집행 관련 용역 계약현황, 예산수립 및 집행사례 조사·분석
- 향후 사업추진 과정에서의 추가용역 시행여부 및 변경 가능성 검토
- 공탁 및 집행 관련 분야의 업무 진행에 필요한 총예산을 수립
- 공탁 및 집행 용역비와 관련한 집행시기, 관리계획 등 계획 수립

64) 건축물대장생성

- 해당 사업장의 현황분석, 예산수립계획, 건축물대장생성과 관련된 법무용역현황 등을 통해 건축물대장생성의 별도 예산수립에 대한 타당성 검토
- 건축물대장생성과 관련한 주요 업무 내용, 용역의 타당성, 용역업체 선정시기, 필요성, 주요 기대성과, 관련 법규 등에 대해 검토
- 건축물대장생성 용역비의 항목별 산출 기준 검토
- 인근 유사 사업장의 건축물대장생성 관련 용역 계약현황, 예산수립 및 집행사례 조사·분석
- 향후 사업추진 과정에서의 추가용역 시행여부 및 변경 가능성 검토
- 건축물대장생성 관련 분야의 업무 진행에 필요한 총예산을 수립
- 건축물대장생성 용역비와 관련한 집행시기, 관리계획 등 계획 수립

(65) 이전고시비용

- 해당 사업장의 현황분석, 예산수립계획, 이전고시와 관련된 법무용역현황 등을 통해 이전고시 비용의 별도 예산수립에 대한 검토
- 이전고시와 관련한 주요 업무 내용, 용역의 타당성, 용역업체 선정시기, 필요성, 주요 기대성과, 관련 법규 등에 대해 검토
- 이전고시 용역비의 항목별 산출 기준 검토
- 인근 유사 사업장의 이전고시 관련 용역 계약현황, 예산수립 및 집행사례 조사·분석
- 향후 사업추진 과정에서의 추가용역 시행여부 및 변경가능성 검토
- 이전고시 관련 분야의 업무 진행에 필요한 총예산을 수립
- 이전고시 용역비와 관련한 집행시기, 관리계획 등 계획 수립

(66) 광역교통시설부담금

- 해당 사업장의 현황분석, 건축계획 등을 통해 개략적인 광역교통시설부담금 규모에 대한 검토
- 광역교통시설부담금 부과와 관련한 법적 근거, 산출 기준 및 내역 등에 대해 검토
- 개략적인 광역교통시설부담금 산출
- 인근 유사 사업장의 광역교통시설부담금 관련 예산수립 및 집행사례 조사·분석
- 향후 사업추진 과정에서의 변경 가능성 검토
- 광역교통시설부담금 예산 수립
- 광역교통시설부담금 납부와 관련한 집행시기, 관리계획 등 계획 수립

(67) 각종 원인자부담금(상·하수도, 전기, 가스, 지역난방 등)

- 해당 사업장의 현황분석, 건축계획 등을 통해 개략적인 각종 원인자부담금 규모에 대한 검토
- 각종 원인자부담금(상·하수도, 전기, 가스, 지역난방 등) 부과와 관련한 법적 근거, 산출기준 및 내역 등에 대해 검토
- 개략적인 각종 원인자부담금(상·하수도, 전기, 가스, 지역난방 등) 산출
- 인입공사비와 연관 검토, 이를 통한 이중 비용발생 방지 검토
- 인근 유사 사업장의 각종 원인자부담금(상·하수도, 전기, 가스, 지역난방 등) 관련 예산수립 및

집행사례 조사·분석

- 향후 사업추진 과정에서의 변경가능성 검토
- 각종 원인자부담금(상·하수도, 전기, 가스, 지역난방 등) 예산 수립
- 각종 원인자부담금(상·하수도, 전기, 가스, 지역난방 등) 납부와 관련한 집행시기, 관리계획 등 계획 수립

68) 학교용지부담금

- 해당 사업장의 현황분석, 건축계획 등을 통해 개략적인 학교용지부담금 규모에 대한 검토
- 학교용지부담금 부과와 관련한 법적 근거, 산출기준 및 내역 등에 대해 검토
- 개략적인 학교용지부담금 산출
- 교육환경영향평가 진행 과정에서 발생한 사업시행자 보상 내용, 인근 학교와의 협의과정에서 발생한 보상 내용 등과 연관 검토, 이를 통한 이중 학교용지부담금 감면 사항 검토
- 인근 유사 사업장의 학교용지부담금 관련 예산수립 및 집행사례 조사·분석
- 향후 사업추진 과정에서의 변경가능성 검토
- 학교용지부담금 예산 수립
- 학교용지부담금 납부와 관련한 집행시기, 관리계획 등 계획 수립

69) 분양보증수수료, 금융주선수수료, 사업타당성검토 등

- 해당 사업장의 현황분석 등을 통해 이주비사업비 대출, 일반분양을 위한 분양보증, 대출금융기관의 심사를 위한 사업타당성검토 등의 예상되는 비용에 대한 검토
- 분양보증수수료와 관련한 법적근거, 보증주체의 수수료율표에 따른 산출 기준 등에 대해 검토
- 대출 금융기관에 지급하는 금융주선수수료, 사업타당성검토 비용 등에 대한 근거, 산출기준 등 검토
- 인근 유사 사업장의 예산수립 및 집행사례 조사·분석
- 향후 사업추진 과정에서의 변경가능성 검토
- 분양보증수수료, 금융주선수수료, 사업타당성검토 등 예산 수립
- 분양보증수수료, 금융주선수수료, 사업타당성검토 등과 관련한 집행시기, 관리계획 등 계획 수립

70) 분양대행수수료

- 해당 사업장의 현황분석, 건축계획 등을 통해 분양대행수수료의 개략적인 규모 검토
- 공사도급계약서상의 분양대행수수료 지급주체와 공사범위 포함사항 등 관련 내용 검토, 이를 통한 조합의 지급 책임 여부 검토
- 분양규모 등을 고려하여 분양대행수수료의 산출 기준 및 내역 등에 대해 검토
- 개략적인 분양대행수수료 산출
- 인근 유사 사업장의 분양대행수수료 관련 예산수립 및 집행사례 조사·분석
- 미분양 예측 등을 고려하여 향후 사업추진 과정에서의 변경 가능성 검토
- 분양대행수수료 지급과 관련한 집행시기, 관리계획 등 계획 수립

71) 모델하우스 건립·운영비

- 해당 사업장의 현황분석, 건축계획, 조합원 선호 등의 검토를 통해 모델하우스 건립 규모의 개략적인 검토
- 공사도급계약서상의 모델하우스 건립·운영의 주체와 공사범위 포함사항 등 관련 내용 검토, 이를 통한 조합의 지급 책임 여부 검토
- 모델하우스 건립·운영비의 산출기준 및 내역 등에 대해 검토
- 인근 유사 사업장의 모델하우스 건립·운영 관련 예산수립 및 집행사례 조사·분석
- 모델하우스 건립·운영 관련 분야의 진행에 필요한 총예산을 수립
- 향후 사업추진 과정에서의 변경가능성 검토
- 모델하우스 건립·운영비 지급과 관련한 집행시기, 관리계획 등 계획 수립

72) 광고선전비

- 해당 사업장의 현황분석, 건축계획, 일반분양 계획 등의 검토를 통해 광고선전비 규모의 개략적인 검토
- 공사도급계약서상의 일반분양을 위한 광고선전비 지급 주체와 공사범위 포함사항 등의 관련 내용 검토, 이를 통한 조합의 지급 책임 여부 검토
- 광고선전비의 산출기준 및 내역 등에 대해 검토

- 인근 유사 사업장의 광고선전비 관련 예산수립 및 집행사례 조사·분석
- 광고선전비 관련 분야의 진행에 필요한 총예산을 수립
- 향후 사업추진 과정에서의 변경가능성 검토
- 광고선전비 지급과 관련한 집행시기, 관리계획 등 계획 수립

73) 미분양판촉비

- 해당 사업장의 현황분석, 건축계획, 일반분양 계획 등을 통해 미분양판촉비 규모의 개략적인 검토
- 공사도급계약서상의 미분양 판촉비의 지급 주체와 공사범위 포함사항 등의 관련 내용 검토, 이를 통한 조합의 책임 여부 검토
- 미분양판촉비의 산출 기준 및 내역 등에 대해 검토
- 인근 유사 사업장의 미분양판촉비 관련 예산수립 및 집행사례 조사·분석
- 미분양판촉비 관련 분야의 진행에 필요한 총예산을 수립
- 향후 사업추진 과정에서의 변경가능성 검토
- 미분양판촉비 지급과 관련한 집행시기, 관리계획 등 계획 수립

74) 상가분양 제경비

- 해당 사업장의 현황분석, 건축계획, 상가 일반분양 계획 등의 검토를 통해 상가분양 제경비 규모의 개략적인 검토
- 공사도급계약서상의 상가의 일반분양을 위한 제경비 지급 주체와 공사범위 포함사항 등의 관련 내용 검토, 이를 통한 조합의 책임 여부 검토
- 상가분양 제경비의 산출기준 및 내역 등에 대해 검토
- 인근 유사 사업장의 상가분양 제경비 관련 예산수립 및 집행사례 조사·분석
- 상가분양 제경비 관련 분야의 진행에 필요한 총예산을 수립
- 향후 사업추진 과정에서의 변경가능성 검토
- 상가분양 제경비 지급과 관련한 집행시기, 관리계획 등 계획 수립

75) 이주비·사업비 대출관련 보증료

- 해당 사업장의 현황분석, 정비사업비 추정액 등을 통해 이주비 및 사업비 대출 규모에 대한 개략적인 검토
- 이주비·사업비 대출보증 주체인 HUG(주택도시보증공사)의 보증료율표 등 보증료 산출 기준에 대해 검토
- 인근 유사 사업장의 대출 관련 보증료에 대한 예산수립 및 집행사례 조사·분석
- 이주비·사업비 대출 보증료를 포함하여 관련 분야의 진행에 필요한 총예산을 수립
- 향후 사업추진 과정에서의 변경가능성 검토
- 대출 보증료 지급과 관련한 집행시기, 관리계획 등 계획 수립

76) 사업비 대여금 이자

- 해당 사업장의 현황분석, 건축계획, 일반분양 계획, 자금계획 등의 검토를 통해 사업비 대여금 규모의 개략적인 검토
- 공사도급계약서상의 사업비 대여에 따른 무이자, 유이자 조건 등의 관련 내용 검토
- 정비사업비에 대한 CASH FLOW 작성 및 검토, 이를 통한 사업비 대여금에 대한 자금계획 검토
- 대여금 이자율, 대여 추정기간 등에 대한 검토 및 유이자 사업비에 대한 대여금 이자 예산 규모 검토
- 인근 유사 사업장의 사업비 대여금 이자 관련 예산수립 및 집행사례 조사·분석
- 향후 사업추진 과정에서의 변경가능성 검토
- 사업비 대여금 이자 지급과 관련한 집행시기, 관리계획 등 계획 수립

77) 사업비 대출(PF) 이자

- 해당 사업장의 현황분석, 건축계획, 일반분양 계획, 자금계획 등의 검토를 통해 사업비 대출 규모의 개략적인 검토
- 공사도급계약서상의 무이자, 유이자 조건 등의 사업비 대출과 관련된 내용 검토
- 정비사업비에 대한 CASH FLOW 작성 및 검토, 이를 통한 사업비 대출(PF)에 대한 자금계획 검토
- 사업비 대출(PF) 이자율, 대출 추정기간 등에 대한 검토 및 대출 이자 규모 검토

- 인근 유사 사업장의 사업비 대출(PF) 이자 관련 예산수립 및 집행사례 조사·분석
- 공사도급계약서 등을 검토하여 사업비 대출 이자 중 시공자가 부담할 이자에 대한 사업비 내역 검토
- 시공자 부담 사업비 대출 이자에 대한 정산 방안 협의
- 향후 사업추진 과정에서의 변경 가능성 검토
- 사업비 대출(PF) 이자 지급과 관련한 집행시기, 관리계획 등 계획 수립

78) 조합원 무이자 이주비 이자

- 해당 사업장의 현황분석, 건축계획, 조합원 이주계획, 자금계획, 감정평가 내역, 관련 정책 및 규제 등의 검토를 통해 조합원 무이자 이주비 규모의 개략적인 검토
- 공사도급계약서상의 조합원 무이자 이주비와 관련된 내용 검토
- 조합원 이주계획 검토, 정비사업비에 대한 CASH FLOW 작성 및 검토, 이를 통한 조합원 무이자 이주비 이자 지급계획 검토
- 조합원 무이자 이주비 대출 이자율, 대출 추정기간 등에 대한 검토 및 대출 이자 규모 검토
- 인근 유사 사업장의 조합원 무이자이주비 이자 관련 예산수립 및 집행사례 조사·분석
- 공사도급계약서상의 조합원 무이자 이주비 지급 관련 내용 검토
- 향후 사업추진 과정에서의 변경 가능성 검토
- 조합원 무이자이주비 이자에 대한 총예산 수립 및 CASH FLOW 반영
- 조합원 무이자이주비 이자 지급과 관련한 집행시기, 관리계획 등 계획 수립

79) 분양중도금 이자

- 해당 사업장의 현황분석, 건축계획, 일반분양 계획, 자금계획 등의 검토를 통해 분양중도금 규모의 개략적인 검토
- 공사도급계약서상의 분양중도금 대출에 따른 이자 부담 사항 등의 관련 내용 검토
- 정비사업비에 대한 CASH FLOW 작성 및 검토, 이를 통한 분양중도금 대출에 대한 자금계획 검토
- 분양중도금 대출 이자율, 대출 추정기간 등에 대한 검토 및 대출 이자 예산 규모 검토
- 인근 유사 사업장의 분양중도금 이자 관련 예산수립 및 집행사례 조사·분석

- 조합원 및 일반분양자 분양중도금 대출에 따른 이자 예산 수립
- 향후 사업추진 과정에서의 변경가능성 검토
- 분양중도금 이자 지급과 관련한 집행시기, 관리계획 등 계획 수립

80) 미분양대비 금융예비비

- 해당 사업장의 현황분석, 건축계획, 일반분양 계획, 자금계획 등의 검토를 통해 미분양을 대비한 금융예비비 규모의 개략적인 검토
- 공사도급계약서상의 미분양에 따른 금융예비비에 대한 내용 및 관련 이자 부담 사항 등의 내용 검토
- 정비사업비에 대한 CASH FLOW 작성 및 검토, 이를 통한 미분양발생 시 금융예비비 대출에 대한 자금계획 검토
- 미분양대비 대출 이자율, 대출 추정기간 등에 대한 검토 및 대출 이자 예산 규모 검토
- 인근 유사 사업장의 미분양대비 금융예비비 관련 예산수립 및 집행사례 조사·분석
- 향후 사업추진 과정에서의 변경가능성 검토
- 미분양대비 금융예비비 지급과 관련한 집행시기, 관리계획 등 계획 수립

81) 민원처리비, 이주촉진비 등 기타비용

- 해당 사업장의 현황분석, 현안 등의 검토를 통해 예상되는 민원에 대한 내용 검토 및 조합원 이주계획 검토 등을 통해 미이주자 발생 예상, 주요 민원 내용 등의 검토
- 공사도급계약서상의 민원처리비, 이주촉진비 관련 내용 및 부담 사항 등의 내용 검토
- 정비사업비에 대한 CASH FLOW 작성 및 검토, 이를 통한 민원처리비, 이주촉진비 등 기타비용에 대한 자금계획 검토
- 민원처리비, 이주촉진비 등 기타비용과 관련한 총예산 수립
- 인근 유사 사업장의 민원처리비, 이주촉진비 등 기타비용 관련 예산수립 및 집행사례 조사·분석
- 향후 사업추진 과정에서의 변경가능성 검토
- 민원치리비, 이주촉진비 등 기타비용 지급과 관련한 집행시기, 관리계획 등 계획 수립
- 해당 사업장의 상황 등을 고려한 기타 발생 예상되는 항목에 대한 검토

82) 법인세(법인세절감용역 포함)

- 해당 사업장의 현황분석, 건축계획, 분양계획, 감정평가 내역 등의 검토를 통해 법인세 예상 규모에 대한 검토
- 회계·세무와 함께 조합 법인세 산출기준 및 내역에 대한 검토
- 추정 법인세에 대한 절감방안 검토 및 관련 용역 진행에 대한 타당성 등 검토
- 법인세와 관련한 총예산 수립
- 인근 유사 사업장의 법인세 관련 예산수립 및 집행사례 조사·분석
- 향후 사업추진 과정에서의 변경가능성 검토
- 법인세 및 법인세 절감 용역비 지급과 관련한 집행시기, 관리계획 등 계획 수립

(2) 예산검증 및 예산통제업무 지원

① 정비사업관리기술인은 수립된 정비사업비 예산안에 대해 예산확정여부 및 계약방식 등에 따라 연도별 예산 및 연부액 등을 고려하여 사업비 집행계획을 수립하며, 외주용역비의 경우 개별 계약이 연도별 예산의 범위 내에 해당되는지, 예정공정율 및 일정을 고려하여 적정성을 검토한다.

② 정비사업관리기술인은 수립된 예산안을 바탕으로 기성 및 계약변경에 의한 예산 모니터링 및 예측 등 예산통제업무를 지원하여야 하며 다음의 내용을 포함한다.

- 예산대비 선금, 차수별 기성금액 등 그 밖의 지출비용 집행현황을 모니터링하고 분석한다.
- 설계변경 및 계약변경, 물가변동 등에 의한 계약금액 조정 시에도 예산변동사항을 모니터링하고 조합의 예산통제업무를 지원한다.

(3) 사업비 관리계획 수립

정비사업관리기술인은 다음의 내용이 포함된 사업비 관리계획을 수립한다.

① 사업비 관리절차 보고체계 확립 및 운영
② 사업비 운용계획
③ 사업비 절감 방안 수립 및 집행관리 계획
④ 사업성 확보 및 투명한 집행관리 계획

4.3 사업비 추세 분석

정비사업관리기술인은 미래의 잠재적인 사업비 추세(Trend)변화를 인식하여 예기치 못한 사업비 변동상황을 예방하고 사전정보에 의한 조합의 의사결정을 지원하는 사업비추세분석에 대한 기본적인 업무를 지원한다.

(1) 기본사업비 설정
정비사업관리기술인은 조합이 승인한 사업비를 사업비변경 추세분석의 기준인 기본사업비로 확정한다.

(2) 사업비추세 인식
① 정비사업관리기술인은 조합의 지시사항, 도면, 용역업체가 제출한 현장 실정보고, 현장조사의 결과 등의 자료를 분석하여 향후 발생할 수 있는 추세변화의 인식을 가진다.
② 조합의 지시로 인하여 사업범위, 공정, 품질 및 사업비에 대한 변화를 가져오는 항목과 사업진행 과정에서 영향을 줄 수 있는 단가, 설계변경, 물량변동, 품질변경, 물가변동, 생산선 등의 항목에 대한 추세변화를 검토한다.

(3) 기본사업비 조정
① 정비사업관리기술인은 추세를 분석하여 검토된 내용에 대해 절감대안을 모색하여 기본 사업비의 조정사항을 확인하고 추적한다.
② 인식된 추세에 의한 사업비변경 편차가 중대한 영향을 미치기 전에 조합이 조치를 취할 수 있게 한다.
③ 사업비변경 편차를 최소화하기 위하여 공정 및 사업비 대안을 분석한다.

(4) 변경 과정의 문서화
정비사업관리기술인은 사업비가 변경되는 추세인식, 사업비조정 등 사업계획 범위의 변경을 확인하고 문서화한다.

(5) 사업완료 시의 총사업비 예측

정비사업관리기술인은 추세분석 등을 통하여 해당 프로젝트의 사업완료를 위한 총사업비를 예측하고 조합에 보고하여 조합이 경제적인 재정계획을 위한 최적의 의사결정을 할 수 있도록 지원한다.

4.4 기성계획 수립 및 관리

정비사업관리기술인은 정비사업에 필요한 시공, 설계 등 용역업체에 대한 기성지불에 관련하여 검사 또는 검사조서작성 완료 후 그 기성을 지불하기 위한 절차를 수행하며, 기성지불계획을 사전에 협의하여 기성검사를 수행하는 업무를 포함한다.

(1) 기성지불계획 사전협의

정비사업관리기술인은 기성지불과 관련하여 사전에 계약당사자와 상호 간의 합의를 요청한다.

(2) 기성검사원 접수 및 기성검사

정비사업관리기술인은 용역업체들로부터 기성내역서와 성과품 등이 포함된 기성부분 검사원을 접수받아, 업무지침서 및 과업내용서, 계약서상의 약정 내용 등에 준하여 작성되었는지를 검토한 후 기성부분 검사조서를 작성한다.

(3) 기성검사자 지정요청

정비사업관리기술인은 기성부분 검사조서를 작성한 후, 조합에 기성검사자 지정을 요청할 수 있다.

(4) 기성검사 결과보고 및 기성지불

정비사업관리기술인은 조합에 검사결과를 통보하고 조합 승인 시 대가를 지급할 수 있도록 이를 통보한다.

① 용역업체가 선금을 지급받았을 경우에는 기성지불 시에 계약서상에서 정한 선금 정산액 산출방식에 따라 선금을 정산한다.

② 기성검사 또는 검사조서를 작성하여 검사를 완료한 후 용역업체의 청구를 받은 날로부터 계약

서상에 명시된 기일 이내에 기성을 지급한다.

③ 정비사업관리기술인은 기성부분 검사원을 접수받은 후 접수내용의 전부 또는 일부가 부당함을 발견한 때에는 그 사유를 명시하여 용역업체에게 당해 기성부분 검사원을 반송할 수 있다.

4.5 설계변경, 물가변동 등에 따른 계약금액 조정 검토

정비사업관리기술인은 불가피하게 야기되는 설계변경에 대해 설계변경 검토를 수행하고 문서로 관리하는 업무를 지원한다. 설계변경은 조합과 용역업체 간에 체결된 계약을 변경하는 것으로 정비사업관리기술인은 사업목적에 부합할 수 있도록 적법한 절차에 의해 체계적으로 변경관리 업무를 수행한다. 설계변경 검토는 크게 기술적인 검토와 용역비 검토부분으로 구분될 수 있으며, 기술적인 검토는 설계변경 내용에 대하여 적합성, 사업비 증감, 용역수행기간, 품질 등의 검토를 의미한다.

이에 정비사업관리기술인은 용역업체가 제출한 계약금액 조정요청서류에 대하여 검토·확인하고, 이에 대한 검토의견서를 작성하여 조합에 보고한다.

(1) 설계변경에 따른 계약금액 조정 검토

정비사업관리기술인은 용역업체 등으로부터 설계변경에 따른 계약금액 조정·요청서류가 접수되면 설계변경에 대한 사유와 책임, 기존항목인지 신규항목인지, 변경되는 항목이지 등에 대해 다음과 같이 검토한다.

① 설계변경에 따른 계약금액 조정·요청의 근거서류 적법성 확인

② 용역업체가 제출한 관련 도서 및 증감된 내용의 적정성 검토

③ 증감된 용역금액의 적정성 검토

- 증감된 용역금액의 단가는 계약단가를 기준으로 하되, 계약단가가 예정가격단가보다 높은 경우로서 물량이 증가하게 되는 때에는 그 증가된 물량에 대한 적용단가는 예정가격단가로 한다.
- 산출내역서에 없는 품목 또는 비목의 단가는 설계변경 당시를 기준으로 산정한 단가에 낙찰율(예정가격에 대한 낙찰금액 또는 계약금액의 비율을 말한다)을 곱한 금액으로 한다.
- 조합이 설계변경을 요구한 경우에는 증가된 물량 또는 신규비목의 단가는 설계변경 당시를 기준으로 하여 산정한 단가와 동 단가에 낙찰율을 곱한 금액의 범위 안에서 용역업체와 상호협의

하여 결정하되, 상호간에 협의가 이루어지지 아니하는 경우에는 설계변경 당시를 기준으로 하여 산정한 단가와 동 단가에 낙찰율을 곱한 금액을 합한 금액의 100분의 50으로 한다.

- 표준시장단가가 적용된 용역의 경우에는 증가된 공사량의 단가는 예정가격 산정 시 표준시장단가가 적용된 경우에 설계변경 당시를 기준으로 하여 산정한 표준시장단가로 하고, 신규비목의 단가는 표준시장단가를 기준으로 산정하고자 하는 경우에 설계변경 당시를 기준으로 산정한 표준시장단가로 한다.
- 용역업체가 제시한 신기술 및 신공법에 의한 설계변경의 경우에는 해당 절감액의 일정비율에 해당하는 금액을 감액하도록 검토한다.
- 계약금액의 증감분에 대한 간접노무비, 보험료 등의 비용과 일반관리비 및 이윤은 산출내역서 상의 각 비율을 기준으로 검토한다.
- 일부 공종의 단가가 세부공종별로 분류되어 작성되지 아니하고 총계방식으로 작성되어 있는 경우에는 일정비율을 기준으로 계약금액을 조정·검토한다.
- 정비사업관리기술인은 계약금액을 조정하는 경우에는 계약조정기한이 용역업체로부터 청구를 받은 날부터 일정기한 이내인 점을 감안하여 기술검토 및 조합에 검토보고서를 제출하는 일정 등을 계획하고 일정에 차질이 없도록 진행하여야 한다.
- 정비사업관리기술인은 용역업체의 계약금액조정 청구 내용이 부당함을 발견한 때에는 지체 없이 필요한 보완요구 등의 조치를 하여야 하며, 보완요구 등의 조치를 통보받은 날부터 조합이 그 보완을 완료한 사실을 통지받은 날까지의 기간은 계획일정 기간에 산입하지 아니한다.

④ 다음의 어느 하나의 방법으로 체결된 용역계약에 있어서는 설계변경으로 계약내용을 변경하는 경우에도 조합의 책임 있는 사유 또는 천재지변 등 불가항력의 사유로 인한 경우를 제외하고는 그 계약금액을 증액할 수 없다.

- 일괄입찰 및 대안입찰(대안이 채택된 부분에 한한다)
- 기술제안입찰을 실시하여 체결된 계약
- 물량내역서 또는 산출내역서를 작성하는 계약의 경우에 그 내역서의 누락사항이나 오류 등으로 설계변경하는 경우

⑤ 일괄입찰과 기술제안입찰의 경우 계약체결 이전에 적격자에게 책임이 없다는 전제하에 다음의 어느 하나에 해당하는 사유로 설계변경한 경우에는 계약체결 이후에 즉시 설계변경에 의한 계

약금액 조정을 하여야 한다.

- 민원이나 교통영향평가 등 각종 평가·심의 또는 관련 법령에 따른 인·허가 조건 등과 관련하여 설계변경이 필요한 경우
- 조합이 제시한 기본계획서·입찰안내서에 명시 또는 반영되어 있지 아니한 사항에 대하여 조합이 변경을 요구한 경우

⑥ 조합의 책임 있는 사유 또는 불가항력의 사유란 다음의 어느 하나의 경우를 말한다.

- 사업계획 변경 등 조합의 필요에 의한 경우
- 조합 외에 해당용역과 관련된 인허가기관 등의 요구가 있어 이를 조합이 수용하는 경우
- 용역 관련 법령의 제·개정이 있는 경우
- 조합 또는 용역 관련 기관이 교부한 도면과 현장상황이 상이한 경우
- 토지등소유자의 반대, 인허가 불허 등으로 용역수행이 불가능했던 부분
- 계약당사자 누구의 책임에도 속하지 않는 사유에 의한 경우

⑦ 계약금액을 증감·조정하고자 하는 경우에 증감되는 내역의 수정 전과 수정 후를 비교하여 산출한다.

⑧ 계약금액 조정과 관련하여 연차계약별로 이루어지는 장기계속용역의 경우에는 계약체결 시 전체 용역에 대한 증감 금액과 합산처리 방법, 합산잔액의 다음 연차계약으로의 이월 등 필요한 사항에 대하여 조합의 지침을 받아 검토한다.

⑨ 정비사업관리기술인은 용역업체로부터 계약금액의 조정을 위한 각종 서류를 제출받아 확인한 후 기술검토의견서를 작성하여 조합에 보고하여야 한다.

⑩ 정비사업관리기술인은 설계변경으로 인한 계약금액 조정 업무처리를 지체함으로써 사업추진에 지장을 초래하지 않도록 적기에 계약변경이 이루어 질 수 있도록 조치하고 관련 용역업체의 서류 미제출에 따른 지체 시에는 그 사유를 명시하고 정산 조치하여야 한다.

(2) 물가변동에 따른 계약금액 조정 검토

정비사업관리기술인은 시공사 등이 물가변동에 따른 계약금액 조정 요청에 대하여 적정성 검토와 계약변경 업무를 수행한다. 계약기간이 2년 이상 장기간에 걸쳐 진행되는 공사와 같은 계약의 경우 시중가격 변동이 용역수행에 중대한 영향을 미치기 때문에 물가변동에 의한 계약금액 조정이 반

영되는 수가 많으며, 관급공사의 경우에는 「국가계약법령」에 이의 수행기준과 방법을 명시하고 있고 조합과 계약당사자 간의 계약조건에 별도로 명시하고 있는 경우가 많다. 따라서, 정비사업관리기술인은 계약금액 조정의 산출근거가 적정한지를 검토하여 조합에 보고하여야 한다.

① 물가변동에 따른 계약금액 조정 · 요청서류 접수

정비사업관리기술인은 시공사 등으로부터 물가변동에 따른 계약금액 조정 · 요청을 받을 경우 다음의 서류를 작성 · 제출토록 하여야 한다.

- 물가변동 조정요청서
- 계약금액 조정요청서
- 품목조정율 또는 지수조정율 산출근거
- 계약금액 조정 산출근거
- 그 밖의 설계변경에 필요한 서류

② 정비사업관리기술인은 물가변동율 조정방법이 계약조건에 부합하는지 검토하고 품목 조정율의 경우 계약금액을 구성하고 있는 모든 품목 또는 비목의 등락폭에 수량을 곱하여 산출한 금액의 합계액이 계약금액에서 차지하는 비율과 지수 조정율의 경우 계약금액을 구성하는 비목을 유형별로 정리하여 비목군을 분류하고 당해 비목군의 순용역금액에 대한 가중치를 산정한 후 비목군별로 생산자물가 지수 등을 비교하여 산출해낸 비율로 계약산되었는지 확인한다. 물가변동에 의한 계약금액 조정 방법이 명시되어 있지 아니한 경우에는 조합과 계약당사자 간에 합의에 의하도록 한다.

③ 물가변동율이 계약금액에 대하여 100분의 3 이상 증가되었는지 확인한다.

④ 물가변동 조정대상금액이 조합으로부터 최종 승인된 조정 기준일 이후에 시행될 금액인지 확인한다.

⑤ 조정대상금액 중 기성 지급된 금액이 있을 경우 공제되었는지 확인하며, 조정 기준일 이전에 지급된 선급금이 조정대상에서 공제되었는지 확인한다.

⑥ 정비사업관리기술인은 물가변동 등으로 인한 계약금액의 조정을 위한 각종 서류를 용역업체로부터 제출받아 검토한 후 기술검토의견서를 작성하여 조합에 제출한다.

⑦ 조합으로부터 물가하락으로 인한 계약금액조정에 대한 검토요청이 있을 경우 유사공종의 타 현장 관련 정보를 수집 후 1차 검토의견서를 작성하며, 조합으로부터 변경금액 조사업부를 요청

받을 경우, 조합과의 협의를 거쳐 과업을 수행한다.

⑧ 조정금액 검토 및 조정

정비사업관리기술인은 다음의 검토사항과 관련 서류를 검토한다.

- 조정기준일 검토
- 적용 대가기준 검토
- 조정 금액에서의 공제액 검토
- 간접비 검토 등

또한, 정비사업관리기술인은 다음과 같은 내용에 대해 검토한다.

- 적용대가의 기준이 되는 세부공정표의 확인
- 각 분야별 공정율도 적용 대가에 모두 바르게 적용되었는지 확인
- 조정기준일 이전에 설계변경이 있을 경우 금액조정까지 완료된 것인지 확인
- 적용대가에 기성금 지급된 것이 포함된 것은 아닌지 확인
- 간접비 항목의 적용율이 당초 계약과 동일한지 여부 확인
- 제출된 조정기준일의 직전 월말에는 물가변동 적용 요건이 충족되지 않는지 확인
- 적용 대가기준 금액과 공정과의 상호 비교 등

4.6 사업비보고서 관리

정비사업관리기술인은 현재 진행 중인 정비사업의 사업비를 효과적으로 운영할 수 있도록 사업비 보고서를 작성한다.

(1) 사업비보고서 자료수집

정비사업관리기술인은 사업비보고서를 작성하기 위하여 다음의 사항들을 조합 또는 용역업체들로부터 수집한다.

① 사업비 예산
② 예산대비 집행 실적
③ 연간 예산

④ 연간예산 집행 실적

⑤ 용역계약 비용

⑥ 용역계약비용 집행 실적

⑦ 공사비 집행 계획

⑧ 공사비 집행 실적

⑨ 자금집행 실적

(2) 수집 자료 분석

정비사업관리기술인은 수집된 내용을 수치적으로 분석하여 검토하고 사업비 보고서를 조합에게 보고할 경우 분석된 데이터를 이용하여 보고한다.

(3) 사업비보고서 작성

정비사업관리기술인은 다음 사항들을 포함하여 사업비보고서를 작성하고 이를 조합에게 보고한다.

① 사업비보고서는 사업비 분야별로 사업비 운영에 적합하도록 구분하여 작성한다.

② 사업비보고서 작성 시에는 사업비관리계정의 상세정도, 보고서의 종류별 목적에 대한 명확성 등을 고려하여 작성한다.

③ 사업비 비교결과를 (+), (-), (▼) 등으로 표시하여 사업비 증감을 나타낸다.

(4) 사업비보고서 종류 및 보고시기

일반적인 사업비보고서의 종류 및 보고시기의 예는 다음의 표와 같다.

사업비보고서 종류	보고 시기	비고
사업예산/집행실적 보고서(예산기준/자금기준)	월 1회	
연간예산/집행실적 보고서	분기 1회	
계약/집행실적 보고서	분기 1회	
공사비 집행계획/실적 보고서	월 1회	
자금집행실적 현황보고서	월 1회	

⑸ 사업비보고서의 수정 및 추가

기존 사업비보고서의 수정과 추가를 필요로 하는 경우에는 보고서 양식 초안을 작성하여 조합과 검토·조정하여 최종 확정한다.

5 일정 관리(TM : Time)

정비사업은 조합설립추진위원회 승인 이후 준공·입주까지 약 10여 년이 소요되는 장기사업이며, 최소한 수천억원의 사업비가 지출되는 사업이기 때문에 그 어느 사업보다 일정 관리가 매우 중요하다. 그러나, 토지등소유자를 대표하는 조합장 등 조합임원이 자주 바뀌고, 처음 접해 보는 사업이다 보니 사업일정에 대해 지식이 부족해 제대로 된 일정 관리가 이루어지는 정비사업현장이 드물다.

따라서, 정비사업관리기술인은 사업시행자인 조합과 사업에 참여하는 시공사 등 모든 협력업체들이 효율적으로 정비사업을 수행할 수 있도록 일정 관리 기준을 수립하고, 사업추진에 대한 기본일정표와 주요 협력사별 일정 관리, 자칫 늦어지기 쉬운 공정에 대한 만회대책을 검토하고 수립하는 등의 역할을 수행해야 한다.

5.1 일정 관리 기준 설정

정비사업관리기술인은 일정 관리 기준을 수립하고, 사업시행자인 조합은 이를 검토 및 승인한다.

(1) 목표 설정

정비사업관리기술인은 사업의 특성에 따라 일정 관리와 관련된 업무범위와 업무흐름 등을 설정한다. 해당 사업장의 현 추진 단계, 사업유형, 규모와 복잡성, 주어진 사업기간과 필요한 인·허가 단계, 업무품질에 대한 요구조건 등에 따라 일정 관리 기준이 수립된다.

(2) 일정 관리체계 수립

① 정비사업관리기술인은 해당 정비사업의 일정 관리체계를 1. 사업기본일정표, 2. 사업추진 단계별 관리기준일정표, 3. 분야별·인허가별 세부일정표를 3가지 등급별로 나누어 다음과 같이 구성한다.

분류	명칭	내용	담당
상	사업기본일정표	해당 정비사업의 전체 사업기간 및 전체 추진단계를 대상으로 관리하는 수준의 일정표	조합/정비사업관리기술인
중	관리기준일정표	해당 정비사업의 단계별 일정 및 진도를 관리하는 수준의 일정표	정비사업관리기술인/분야별 협력업체
하	분야별·인허가별 세부일정표	분야별 협력업체들이 분야별·인허가별로 세부일정진행을 관리하는 수준의 일정표	분야별 협력업체

② 정비사업관리기술인은 일정 관리체계의 각 등급별 일정표의 장·단점, 구축 및 연계된 일정 등의 조건을 검토하고 적합한 체계를 선정하여 조합의 승인을 받는다.

③ 정비사업관리기술인은 각 등급별 일정표에 대해 작업분류체계, 문서 관리체계, 자료 관리체계 등의 기준을 수립하며, 세부 내용은 '사업관리일반'의 내용을 참조한다.

④ 정비사업관리기술인은 일정 관리체계에서 생산된 일정 관련 정보를 사업시행자인 조합과 분야별 협력업체들 모두가 공유할 수 있도록 하고 사업비 관리 등 타 분야와도 상호 공유되어 이용될 수 있도록 한다.

⑤ 정비사업관리기술인은 일정 관리체계를 관련 협력업체들과 연계하거나 분리할 것을 검토하여 일정계획을 수립한다.

(3) 일정 관리체계 운영지침 수립

정비사업관리기술인은 일정 관리체계 운영지침과 절차를 다음과 같이 수립한다.

① 일정 갱신

정비사업관리기술인은 다음과 같이 일정 관리의 기준을 세우고 일정현황을 항상 최신의 상태로 유지한다.

• 정비사업관리기술인은 분야별 협력업체들의 공정실적의 제공방법과 주기를 결정한다.

• 정비사업관리기술인은 분야별 협력업체들이 제공한 분야별·인허가별 세부일정표의 갱신 자료에 따라 관리 기준일정표 및 사업 기준일정표를 갱신하여 조합의 승인을 받아 확정한다.

② 일정 분석

정비사업관리기술인은 일정현황을 종합하여 분석하기 위해 다음과 같은 기준을 수립한다.

- 관리 단위작업의 가중치 부여 기준 및 관리 단위작업의 달성도 설정 기준 수립
- 분야별 일정지연에 대한 인지 기준 수립

③ 일정 관련 문제 조치

정비사업관리기술인은 다음의 일정 관련 문제가 발생하였거나 발생될 것으로 예상되면 조합에 보고하고 관련 분야별 협력업체에게 대책을 수립하여 보고 및 시행토록 조치를 한다.

- 일정 지연
- 분야별 협력업체 관련 클레임
- 업무수행기간 조정 등

④ 일정표 개정

정비사업관리기술인은 지연된 일정의 만회대책이 수립되었을 때, 사업계획 및 일정계획 수정에 따른 전체 사업일정 영향이 있을 때와 사업추진일정이 수정되는 경우 등과 같이 일정표 개정이 필요한 경우 다음의 절차에 따라 조합의 승인을 받아 일정표를 개정한다.

⑤ 일정표 개정 주기

일정표의 수정은 수정주기에 구애받을 필요 없이 상황 및 환경변화에 따라 수시로 수행되어야 한다.

(4) 일정 관리 관련 책임규정 수립

정비사업관리기술인은 일정 관리 기준을 수립하는 과정에서 사업시행자인 조합과 협의하여 일정 관리에 관련된 역할 분담 및 책임사항을 명확히 제시한다.

① 정비사업관리기술인의 업무

- 일정 관리시스템 운영체계 수립, 운영 및 보고
- 일정 관리지침서 및 일정표 등의 작성 및 관리
- 해당 사업장의 일정현황 종합 분석 및 보고
- 분야별 협력업체들의 예정공정표 검토
- 정기/비정기적인 공정회의 및 일정 관리업무 수행
- 분야별·인허가별 협력업체 간의 공정상 간섭관계 협의 및 조정

② 조합의 업무
- 해당 정비사업의 일정 관리 방침 결정
- 일정 관리계획 수립 및 운영에 대한 검토 및 승인
- 일정 관리지침서 검토 및 승인
- 사업기본일정표 검토 및 승인
- 관리 기준일정표 검토 및 승인
- 분야별·인허가별 세부일정표의 검토 및 승인

③ 분야별 협력업체의 업무
- 사업기본일정표에 대한 분야별 업무 수행
- 일정 관리계획서 작성 및 제출
- 분야별 세부일정표 작성을 위한 기본 자료 작성 및 제공
- 해당 분야의 사업추진일정 진도현황 분석, 문제점 검토 및 보고
- 기타 계약문서 또는 사업수행여건상 요구되는 일정 관리업무 수행

5.2 사업추진 기본일정표 작성

정비사업관리기술인은 해당 정비사업의 전체 사업추진일정을 포함하는 최상위 일정계획인 사업기본일정표를 작성하고 운영계획을 수립한다.

(1) 일정 관련 자료 수집

정비사업관리기술인은 다음의 일정 관련 자료를 수집하여 사업기본일정표에 포함하여 작성한다.

① 조합의 사업추진 계획

② 사업추진을 위한 행정절차 및 인·허가 절차(관련법 검토 포함)

③ 정비사업관리기술인의 과업수행계획서

④ 조합의 승인 및 의사결정 사항

⑤ 설계도서의 작성 및 승인 사항

⑥ 분야별·인허가별 협력업체의 입찰 및 계약 관련 사항

⑦ 기타 사업추진일정에 영향을 미칠 수 있는 해당사업장의 현황 조사 및 분석

(2) 일정표 작성 기준 설정

정비사업관리기술인은 해당 정비사업의 사업추진 기본일정표를 작성함에 있어 해당 현장의 사정 등을 고려하여 다음의 일정계획 수립 기준을 검토한다.

① 일정표 작성 형식

• Bar Chart 형식, Network 형식, 표 형식 등 검토

② 일정계획 수립 기준

• 일정계획 관련 보고서 분석

• 등급별 일정 분류

• 분야별·인허가별 일정

③ 주요 일정의 착수 및 종료 시점

(3) 사업추진일정표 작성

① 정비사업관리기술인은 관리 기준 일정계획 수립 시 총 사업기간, 공사기간, 예산조달, 각종 사업여건 등을 고려하여 최상위 등급의 일정 관리 계획을 수립하는 업무를 수행한다.

② 사업추진기본일정표는 하위 등급의 관리 기준일정표 작성 및 운영의 기준이 되므로 일정의 내용, 기간과 연관관계 등이 잘 나타나도록 검토·작성한다.

③ 사업추진일정표는 다음과 같은 절차로 작성한다.

• 사업진행 주요 일정을 조합과 협의하여 확정한다.

• 분야별·인허가별 등의 작업분류체계의 번호체계를 수립한다.

• 일정 관련 자료와 일정표 작성 기준에 따라 일정표를 작성한다.

- 일정표의 검토를 위하여 분야별 작업분류, 분야별 공기산정, 분야 간 연관관계, 관련 자료 등의 검토를 통하여 일정표 작성근거를 기록한다.

(4) 일정표 운영계획 수립

정비사업관리기술인은 작성된 사업추진기본일정표의 운영계획을 다음과 같이 검토·수립한다.

① 운영 기준 수립

- 일정현황 관리 기준(일정 관리 항목과 실적 수집방법)
- 일정표 간의 연계운영 방안
- 일정율 산정 기준
- 긴급사항발생 기준과 발생 시 조치

② 일정표 운영

정비사업관리기술인은 하위등급의 일정표 갱신에 의해 제공되는 자료에 따라 일정의 진도 현황을 관리하고 일정계획에 미치는 영향을 검토·분석한다.

- 계획
- 현황 인식
- 분석
- 주도

③ 보고서 작성

일정진도 현황과 일정의 영향 및 향후대책에 대한 주간 또는 월간보고서를 작성한다.

④ 일정표 개정

정비사업관리기술인은 정비사업 진행과정에서 다음과 같은 사안이 발생되었을 경우 사업추진기본 일정표를 개정한다.

- 해당 정비사업 목표 또는 추진방향의 변경
- 정비사업 범위의 변경
- 정비사업비의 변경
- 정비사업기간의 변경
- 해당 정비사업 관련 사업여건 및 환경의 변화
- 분야별·단위별 작업의 추가 또는 삭제, 분야별작업 범위의 변경

- 기타 변경사안 발생시

⑤ 일정표 개정절차

정비사업관리기술인은 사업추진일정표의 개정을 다음과 같은 절차로 시행한다.

- 개정계획 작성
- 수정일정표 작성 및 조합의 검토·승인 요청
- 조합의 승인여부 확인 및 관련 하위일정표 개정

(5) 일정표 검토

정비사업관리기술인은 다음의 절차에 따라 일정표를 검토한다.

① 작성된 사업추진기본일정표의 초안과 작성근거에 대하여 각 분야별 협력업체들로부터 제출된 자료의 인용 여부 등을 검토한다.

② 사업추진기본일정표의 작업분류 기준과 전체 작업분류체계 등의 적용결과를 확인한다.

③ 조합으로부터 제시된 사업일정수행과 사업추진기본일정표상 실시계획 간의 연결관계가 부합하는지 검토한다.

④ 사업추진기본일정표 작성이 사업일정 관리 운영계획에 맞게 수행되었는지를 검토한다.

(6) 일정표 확정

정비사업관리기술인은 작성된 사업추진기본일정표를 조합에 제출하여 확인·검토를 받고 수정이 필요한 사항을 조정하여 최종적으로 조합의 승인을 받아 확정한다.

(7) 일정표 배부

정비사업관리기술인은 사업수행계획에서 결정된 배부 기준 등을 기본으로 공식절차를 거쳐서 사업추진기본일정표를 배부한다.

(8) 일정표 개정

정비사업관리기술인은 사업추진기본일정표 개정이 필요할 경우, 일정표 운영계획 수립에서 작성된 개정기준에 따라 일정표를 개정한다.

〔정비사업 사업추진 절차 실무 사례〕

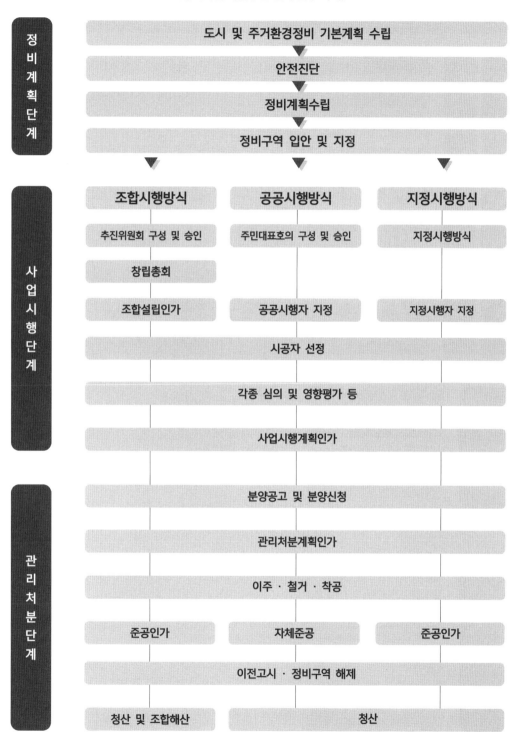

사업시행단계

① 시행 방식별 시행자 지정	조합 시행 방식	추진위원회 구성 및 승인	2.2 추진위원회 구성 및 운영
		창립총회	2.3.1 재건축사업 조합의 설립
		조합설립인가	2.3.1 재건축사업 조합의 설립
		시공자선정	2.3.5 재건축사업의 계약 및 시공자선정 등
	공공 시행 방식	주민대표회의구성	2.4 주민대표회의 구성 및 운영
		공공시행자 지정	2.5.1 공공시행자 지정
		시공자 선정	2.5.2 공공시행방식의 계약 및 시공사선정 등
	지정 시행 방식	토지등소유자전체회의	2.6 토지등소유자 전체회의 구성 및 운영
		지정시행자 지정	2.7.1 지정시행자 지정
		시공자 선정	2.7.2 지정시행방식의 계약 및 시공사선정 등

② 각종 심의 및 영향평가	각종 심의 및 영향평가	–
	관련조사	3.4 재건축사업 관련 조사
	관련심의	3.5 재건축사업 관련 심의
	관련 영향평가	3.6 재건축사업 관련 영향평가
	관련 인증˙협의˙기준 등	3.7 재건축사업 관련 인증˙협의˙기준 등

③ 사업시행 계획 인가	사업시행계획 수립	4.3 사업시행계획서 작성
	총회(사업시행계획 의결)	4.4 사업시행계획인가 신청 및 변경
	사업시행인가신청(시행자→구청장)	4.4 사업시행계획인가 신청 및 변경
	사업시행인가(구청장)	–
	사업시행인가고시(구청장)	–
	재건축사업 매도청구	4.6 재건축사업의 매도청구

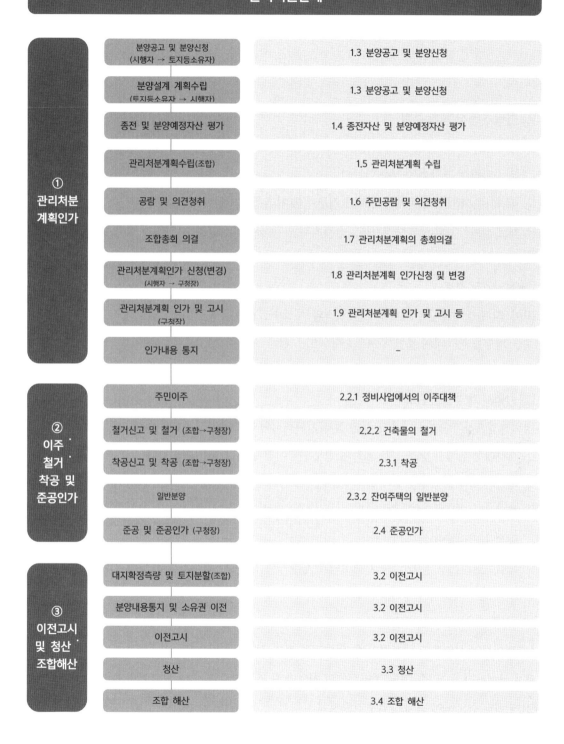

관리처분단계

① 관리처분계획인가

분양공고 및 분양신청 (시행자 → 토지등소유자)	1.3 분양공고 및 분양신청
분양설계 계획수립 (토지등소유자 → 시행자)	1.3 분양공고 및 분양신청
종전 및 분양예정자산 평가	1.4 종전자산 및 분양예정자산 평가
관리처분계획수립(조합)	1.5 관리처분계획 수립
공람 및 의견청취	1.6 주민공람 및 의견청취
조합총회 의결	1.7 관리처분계획의 총회의결
관리처분계획인가 신청(변경) (시행자 → 구청장)	1.8 관리처분계획 인가신청 및 변경
관리처분계획 인가 및 고시 (구청장)	1.9 관리처분계획 인가 및 고시 등
인가내용 통지	–

② 이주·철거·착공 및 준공인가

주민이주	2.2.1 정비사업에서의 이주대책
철거신고 및 철거 (조합→구청장)	2.2.2 건축물의 철거
착공신고 및 착공 (조합→구청장)	2.3.1 착공
일반분양	2.3.2 잔여주택의 일반분양
준공 및 준공인가 (구청장)	2.4 준공인가

③ 이전고시 및 청산·조합해산

대지확정측량 및 토지분할(조합)	3.2 이전고시
분양내용통지 및 소유권 이전	3.2 이전고시
이전고시	3.2 이전고시
청산	3.3 청산
조합 해산	3.4 조합 해산

5.3 사업추진 단계별 협력사 선정 일정 관리

정비사업관리기술인은 해당 정비사업의 전체 사업추진일정에 차질이 없도록 사업추진 단계별로 적절한 협력사 선정 일정을 수립하고, 그 계획에 따라 이루어지도록 관리하는 업무를 포함한다.

(1) 협력사 선정 계획 수립

① 정비사업관리기술인은 해당 정비사업에 필요한 분야별·인허가별 협력업체 선정에 대한 계획을 수립하여 조합의 승인을 받는다.

② 협력사별 계약형태와 계약에 따른 업무수행 기간을 파악한다.

③ 해당 정비사업의 사업추진기본일정계획과 연계하여 선정일자, 계약일자 등을 산정한다.

(2) 계약일정 검토

정비사업관리기술인은 계약된 계약일정과 사업추진기본일정을 비교·검토하고 전체 사업일정에 미치는 영향을 분석하여 조합에 보고한다.

(3) 협력사 계약일정 관리

정비사업관리기술인은 다음과 같은 절차로 협력사와의 계약일정을 관리한다.

① 계약대상 협력사 방문 등을 통하여 업무수행여건과 역량 등을 확인한다.

② 계획한 계약일정에 맞추어 협력사별 업무수행에 필요한 행정업무를 관리한다.

③ 협력사가 충분한 여유시간을 두고 업무를 수행할 수 있도록 사전준비 기간 등을 고려하여 계약일정을 관리한다.

④ 사업추진기본일정 등 일정의 개정이 발생하거나 분야별·인허가별 세부일정의 개정이 있을 경우 서로 연계하여 수정하도록 한다.

(4) 정비사업 사업추진 단계별 필요 협력업체 분야 검토

정비사업관리기술인은 해당 정비사업의 사업추진 단계별로 필요한 협력업체에 대해 아래와 같이 사전에 미리 검토하여 전체 사업추진일정에 차질이 생기지 않도록 한다.

① 조합설립인가 단계

- 설계업자, 정비사업전문관리업자, 도시계획업체, 세무회계 등
- 추정분담금 산정을 위한 감정평가업체 등

② 시공자 선정 단계

- 시공사

③ 건축심의 등 각종 심의 및 영향평가 수행 단계

- 설계업자, 도시계획업체, 경관계획 수립 및 심의 진행업체, 교통영향평가업체, 소방설계 및 심의 진행업체 등

④ 사업시행계획 수립 및 인가 단계

- 측량업체, 문화재지표조사업체, 지반조사업체, 지장물조사업체, 세입자조사업체, 물건 및 영업권조사업체 등 각종 조사업체
- 교육환경영향평가업체, 환경영향평가업체, 재해영향평가업체, 지하안전영향평가업체 등 각종 영향평가업체
- 소음측정 및 분석업체, 일조분석업체, 석면조사 및 측정업체, 수질오염총량검토업체, 풍동실험업체 등 각종 측정 · 실험 · 분석업체
- 친환경인증업체, 흙막이설계 및 계측관리분석업체, 정비기반시설 설계 및 공사비 산정업체, 범죄예방대책 수립업체, 분양가적정성 검토업체 등 관련법률 등에 따라 필요한 업체

⑤ 관리처분 단계

- 감정평가업체, 임대주택매각금액 산정 및 협의업체, 공사비검증 및 관리처분타당성 검토업체, HUG(주택도시보증공사)보증대행업체 등

⑥ 조합원 이주 · 철거 · 착공 단계

- 범죄예방업체, 이주관리업체, 명도소송업체, 수용재결 및 보상행정대행업체 등 조합원 이주를 위한 협력업체
- 국공유지 무상양여협의 및 소유권이전업체, 정비기반시설공사업체 등 사업시행인가조건 이행을 위한 협력업체
- 철거(석면해제 · 처리 포함), 지장물이설공사 등 철거를 위한 협력업체
- 건축 · 전기 · 소방 · 통신 · 철거 · 석면 · 정비기반시설 등 감리업체

- 일반분양보증승인 대행업체, 일반분양가 적정성검토 등 일반분양을 위한 협력업체

5.4 설계일정 관리

정비사업관리기술인은 해당 정비사업의 사업초기에 수립한 사업추진기본일정계획 내에서 설계와 인·허가가 진행될 수 있도록 설계자의 일정 관리를 위한 지침을 작성하고 이를 운영한다.

(1) 정비사업의 인허가 절차 검토

정비사업관리기술인은 해당 사업장의 현 추진 단계, 사업유형 등을 고려하여 향후 진행해야 할 주요 인·허가 절차에 대해 검토하여 인·허가를 담당하는 설계자의 세부업무일정을 관리한다.

(2) 설계자 선정 시 일정계획 검토

① 정비사업관리기술인은 설계자 선정을 위한 과업설명서에 사업추진기본일정표를 포함하여 설계자가 참고할 수 있도록 한다.
② 현장설명 시 사업전체일정과 설계분야 관리기준일정표 및 세부일정표 작성 지침에 대해 설명한다.
③ 설계자 선정에 관한 기타 세부사항은 협력사 선정 및 계약관리를 참고한다.

(3) 분야별 세부일정표 작성 지도

정비사업관리기술인은 설계자에게 일정기간 내에 일정표 작성 지침을 참고하여 분야별 세부공정표를 작성하게 하고, 지정된 기간 내에 제출하도록 지도한다.

(4) 설계자 일정표 검토

정비사업관리기술인은 아래의 절차에 따라 설계자가 작성한 설계분야 세부일정표를 검토한다.
① 관련 법·규정 등에 따라 시행할 심의와 각종 영향평가, 설계규모 및 설계 세부사항 등의 확정에 대한 업무 내용을 포함한다.
② 각 분야별 설계결과물의 내용을 검토한다.
③ 각종 인·허가를 위하여 처리할 법적인 업무 내용을 검토한다.

④ 조합의 사업추진기본일정표와 비교하고, 일정표 간의 연계에 대하여 검토한다.

(5) 설계자 일정표 확정 및 배부

정비사업관리기술인은 설계자의 세부일정표를 검토·조정하여 수정토록 하며, 최종 수정된 분야별 세부일정표와 검토의견서를 첨부하여 조합에 보고하고, 조합의 승인을 받아 확정한 후 기준에 따라 배부한다.

(6) 설계자 세부일정표 운영

정비사업관리기술인은 실제 진행상황과 설계자가 제출하는 실적현황 등을 대조하여 일정표의 운영상황을 검토한다.

① 정비사업관리기술인은 설계자로 하여금 매주 계획대비 실적현황을 표기하여 조합에 송부하도록 한다. 설계자는 일정지연 발생 시 지연사유를 구체적으로 기술하고 만회대책을 수립하여 일정표와 함께 제출한다.

② 정비사업관리기술인은 설계자가 작성한 일정진행현황을 다음과 같이 검토하여 설계 진도를 관리·보고한다.

- 작업진도보고 및 후속조치
- 계획의 갱신과 예측 정확성 유지
- 주요 실적에 대한 피드백

(7) 설계일정 주요 관리지침

① 기본설계 확정

정비사업관리기술인은 설계자의 설계설명서를 참조하여 기본설계를 조합과 협의하여 확정한다.

② 각종 심의 및 영향평가 등 신청

정비사업관리기술인은 해당 정비사업의 인·허가 진행을 위한 관련 법에 따른 각종 심의 및 영향평가 항목을 확정하며, 심의 및 평가 주관기관의 처리절차와 일정 등을 감안하여 충분한 여유일정을 수립한다.

③ 인·허가 신청

정비사업관리기술인은 조합이 인·허가권자의 유형 등을 고려하여 각각의 인·허가 신청시점을 조정하고, 설계관리의 인·허가 신청절차에 따라서 관리한다.

④ 설계

- 정비사업관리기술인은 설계업무 진척현황 파악을 위한 기준을 설정한다.
- 설계도서작업 진척상황에 맞추어 사업추진기본일정을 검토하여 설계관리자와 일정과 관련하여 협의한다.
- 설계도서 작성에 따른 검토가 필요한 사업비 관리 및 계약 관리 등의 자료송부 일정을 협의하여 관리한다.

⑤ 납품

정비사업관리기술인은 당초 설계용역 계약 시의 납품항목과 앞으로 필요한 항목을 비교하여 조정하고 적시에 납품될 수 있도록 관리한다.

5.5 분야별·인허가별 세부일정표 검토·운영

정비사업관리기술인은 사업초기 단계에 작성한 사업추진기본일정표와 관리기준일정표를 기준으로 하여 일정표의 전체적인 흐름을 효율적이고 합리적으로 하기 위해 분야별·인허가별 세부일정표 작성지도 및 검토하는 업무를 수행한다.

이를 위하여 정비사업관리기술인은 분야별·인허가별 세부일정표 작성기준을 제공하고, 분야별·인허가별 세부일정표를 검토하고 지도하는 업무를 수행한다.

(1) 세부분야 검토

정비사업관리기술인은 세부일정표 작성이 필요한 다음의 분야에 대해 검토하고, 조합의 승인을 받아 확정한다.

① 도시계획분야

- 정비계획 수립 및 정비구역지정 관련(변경 포함)

② 경관계획 수립 및 심의 관련 분야

③ 교통영향평가 분야

④ 건축심의 관련 세부일정

- 건축심의를 위해 필요한 관련 세부분야 포함
- 지반조사
- 소방설계 및 심의 분야

⑤ 사업시행계획인가 관련 세부일정

- 사업시행인가를 위해 필요한 각종 평가, 심의, 인증 등 관련 세부분야
- 교육환경영향평가
- 환경영향평가
- 재해영향평가
- 지하안전영향평가·흙막이설계 및 계측관리분석
- 친환경인증 분야
- 소음측정·일조분석·수질오염총량검토 등

⑥ 시공사 선정 관련 세부일정

⑦ 조합원 분양신청 관련 세부일정

- 종전 및 종후자산감정평가 세부업무일정 포함

⑧ 관리처분계획 수립 및 인가 관련 세부일정

⑨ 조합원 이주 관련 세부일정

- 조합원 이주와 연계된 관련 세부분야 포함

⑩ 수용재결 및 보상행정대행 관련 세부일정

⑪ 명도소송 관련 세부일정

⑫ 철거 관련 세부일정

- 지장물이설공사 등 관련 세부분야 포함

⑬ 정비기반시설 설치공사 관련 세부일정

⑭ 조합원분양 및 일반분양 관련 세부일정

⑮ 기타 정비사업의 원활한 진행을 위해 필요한 세부일정

(2) 분야별 세부일정표 작성 기준 설정

정비사업관리기술인은 분야별 세부일정표의 작성 기준을 다음과 같이 설정한다.

① 세부분야 분류체계 작성

② 최소 업무단위 기준 설정

- 최소 업무단위의 시간적 규모의 범위 설정
- 단위업무를 기준으로 상세한 내용으로 세분
- 분야별 협력업체의 전체 업무수행계획이 빠짐없이 반영
- 업무단위의 업무수행시간 산출근거 첨부
- 업무단위에 내역서의 명세와 수량 분개

③ 세부일정 관리기법 결정

④ 세부일정표 작성 형식 결정

⑤ 세부일정표 작성내용 기준 설정

- 업무단위 기준에 따른 단위업무별 세부일정 작성
- 업무별 연관관계 설정, 업무별 소요기간 산정
- 주일정 경로 확인 및 여유시간 분석
- 관리번호 부여

(3) 분야별 세부일정표 운영

정비사업관리기술인은 해당 정비사업의 효율적인 운영을 위하여 분야별 세부일정표를 운영하는 절차를 규정한다. 이를 위해 분야별 세부일정표의 운영, 갱신, 분석, 보고 및 개정을 적절히 수행할 수 있도록 지도·관리하며, 분야별 세부일정표의 운영을 통하여 사업추진기본일정표 및 관리기준일정표와 연계하여 운영하는 업무를 수행한다.

① 세부일정 현황 및 자료 제출

- 정비사업관리자는 각 협력업체로 하여금 매월 계획대비 실적현황을 표기하여 조합에 송부하도록 한다.
- 각 협력업체는 분야별 세부일정표에 매월 진행현황을 입력하고 초기 업무수행일정표와 비교하여 목표대비 일정지연현황을 비교·분석할 수 있도록 출력하여 조합에 제출토록 한다.

- 정비사업관리자는 각 협력업체가 작성한 일정진행현황을 검토하여 실제현황과 일치하지 않는 부분은 수정하도록 지시한다.
- 정비사업관리자는 각 협력업체들이 분야별 세부일정표의 업무단위별로 세분하여 관리하도록 지도한다.

② 업무진도 관리
- 정비사업관리기술인은 분야별 협력업체들이 업무진도보고 및 후속조치 등의 사항을 포함하여 일정관리를 수행하도록 한다.
- 일정표에 수치 자료를 입력하고, 관리점별로 가중치를 설정, 진행 단계별 진척률을 입력하여 전산처리에 의한 사업진도측정이 가능하도록 한다.
- 정비사업관리기술인은 확정 배포된 일정표를 기준으로 진행현황을 유지관리하도록 지도한다.
- 정비사업관리기술인은 각 협력업체들로부터 일정표에 의거한, 월간 주간 상세 일정표를 사전에 제출받아 검토·확인한다.
- 정비사업관리기술인은 매주 또는 매월 정기적으로 분야별 업무진도를 확인하여 분야별세부일정과 실시현황을 비교하여 부진 여부를 검토한다.

③ 일정표 개정
- 정비사업관리기술인은 분석된 업무진도현황에 따라 사업진도보고서 작성 및 분야별 세부일정표를 갱신하여 조합에 보고하고 관련 협력업체에 배포한다.
- 정비사업관리기술인은 사업추진기본일정표의 내용이 변경되었거나, 관리기준일정표상의 공정이 지연되어 회복이 불가능할 때, 관리단위업무 내용 및 진도측정 기준에 변동사항이 발생하였을 때, 조합 및 관련 협력업체가 개정을 요청한 경우 등에 세부일정표를 개정한다.
- 정비사업관리기술인은 사업일정 관리 운영 기준에 따라 관련 세부일정표를 변경하여 재발행, 배포한다.
- 조합의 요청에 의해 변경이 필요한 경우 정비사업관리기술인은 변경일정계획에 대해 검토한 후, 관련 협력업체에게 변경지시서를 발송한다.
- 관련 협력업체의 요청에 의해 변경이 필요한 경우 정비사업관리기술인은 변경일정계획에 대한 검토보고서를 작성, 조합에 보고하여 승인을 받은 후 관련 협력업체에게 변경승인을 통보한다.

(4) 분야별 세부일정표 사례

① 정비계획(변경) 수립 및 정비구역(변경)지정 세부 업무일정

분야		세부 내용	업무관할	비고
정비계획(변경) 수립 및 정비구역(변경) 지정	현황조사	토지이용현황	협력사	
		건물현황	협력사	
		인구 및 산업현황	협력사	
		도시시설설치현황	협력사	
		교통관계조사	협력사	
		공급처리시설관계조사	협력사	
		사회경제여건조사	협력사	
	사업계획	토지이용계획	협력사	
		공공용지부담계획	협력사	
		교통계획	협력사	
		건축배치구상	설계, 협력사	
		공급처리시설계획	협력사	
		단계별 시행계획	협력사	
		환경성 검토	협력사	
		경관성 검토	협력사	
	성과품 작성	보고서 작성 및 편집	협력사	
		관련도서 작성	협력사	
	주민의견 수렴	주민설명회	협력사	
		주민공람공고	협력사	
	행정절차 이행	관련실과 협의	구, 협력사	
		구 도시계획위원회 자문	구, 협력사	
		구 의회의견청취	구, 협력사	
		시 정비계획입안	시, 협력사	
		시 도시계획위원회 심의	시, 협력사	
		구역지정 지형도면 고시	시, 협력사	

② 경관계획 수립 및 심의 세부 업무일정

분야	세부 내용	업무관할	소요기간
경관계획 수립 및 심의	경관현황분석 및 상위계획 검토	협력사	40일
	경관심의 도서 작성	설계, 협력사	40일
	관련 부서 협의 도서보완	시, 협력사	20일
	경관심의 접수, 사전검토의견 조치계획	시, 협력사	30일
	경관위원회 심의	시, 협력사	
	경관심의 의결	시, 협력사	
	심의결과에 따른 조치계획서 작성	협력사	20일

③ 교통·영향평가 세부 업무일정

분야		세부 내용	업무관할	소요기간
교통영향평가	상위계획 검토	상위계획 검토(지구지정)	협력사	30일
		인접계획 및 기반시설 검토	협력사	30일
	현황조사	주변 가로 및 교통시설 현황	협력사	20일
		주변 가로 및 교차로 교통량	협력사	30일
		주변 교차로 기하구조 및 신호현황	협력사	40일
		대중교통 및 보행 교통량	협력사	20일
		조사자료 정리	협력사	20일
	보고서 작성	본보고서 작성	협력사	60일
		사전검토보완서 작성	협력사	20일
		심의의결보완서 작성	시, 협력사	20일

⑤ 건축심의 세부 업무일정

분야		세부 내용	업무관할	비고
건축심의		지질조사	관련 협력사	
		건축설계	설계	
	토목설계	굴토협의, 심의도서	설계	
		현황측량, 지반조사, 안전성검토, 흙막이 도서 등	설계	
	구조설계	구조계산서	설계	
		구조설계도서	설계	
	기계, 소방	계산서, 시방서(소방 포함)	설계	
		설계도면(소방 포함)	설계	
	전기, 소방	계산서, 시방서(소방 포함)	설계	
		설계도면(소방 포함)	설계	
		색채계획	설계	
		경관조명	설계	
		CG(배치도, 조감도)	설계	
	행정절차	유관부서 사전협의/보완	시, 설계	
		건축심의 접수/심의	시, 설계	
		건축심의 조치완료 및 승인	시, 설계	

⑥ 사업시행계획인가 세부 업무일정

분야	세부 내용			관할
사업시행계획인가	총회 결의서	조합 정관		조합, 정비
		동의총괄표		
		총회참석자명부 등 증빙서류 등		
	사업시행 계획서 (법제52조)	토지이용계획 (건축물배치포함)	토지이용계획조서 및 건축물배치도	도시계획, 설계
			토지조서	
		정비기반시설 및 공동 이용시설의 설치계획	도시관리계획 결정도	도시계획
			공동이용시설 설치계획 조서 및 도면	
		임시거주시설을 포함한 주민이주대책		조합, 정비
		세입자의 주거 및 이주대책	세입자의 주거대책조서 및 임대주택건설계획	조합, 정비, 설계
			주거대책비 지급대상자	조합, 관련 업체
			주거대책비 지급신청서 및 구비서류	
			비대상 세입자명부	
		정비구역 내 가로등설치 등 범죄예방대책		관련 업체
		임대주택의 건설계획(재건축사업 제외)		설계
		국민주택규모 주택의 건설계획(주거환경개선사업 제외)		설계
		건축물의 높이 및 용적률 등에 관한 건축계획		설계
		정비사업의 시행과정에서 발생하는 폐기물의 처리계획		관련 업체
		교육시설의 교육환경 보호에 관한 계획 (정비구역부터 200미터 이내 한정)		관련 업체
		정비사업비		조합, 정비
	사업시행 계획서 (시행령제 47조)	설계도서 (건축, 조경, 토목, 기계, 기계소방, 전기, 전기소방, 정보통신 등)		설계
		자금계획		조합, 정비
		철거할 필요 없으나 개·보수 필요 있다고 인정되는 건축물의 명세 및 개·보수계획		설계
		정비사업의 시행에 지장이 있다고 인정되는 정비구역의 건축물 또는 공작물 등의 명세		관련 업체
			철거이전대상 건축물 및 공작물명세조서	
			철거이전대상 건축물 명세도	
			철거이전대상 공작물 명세도	

		토지 또는 건축물 등에 관한 권리자 및 그 권리의 명세	조합, 정비
		공동구의 설치에 관한 사항	설계
		용도 폐지 정비기반시설의 조서·도면 및 그 정비기반시설에 대한 둘 이상의 감정평가법인등의 감정평가서와 새로 설치할 정비기반시설의 조서·도면 및 그 설치비용 계산서	감정평가, 측량 등 관련 업체
		새로이 설치할 정비계획시설 측량	
		정비계획시설 도면	
		저촉되는 국공유지 현황 파악	
		저촉되는 국공유지 감정평가 의뢰	
		국공유지 감정평가 내용 접수	
		조합원명부 추출 후 명세서 작성	
		시설별 저촉토지등의 명세서	
		새로이 설치할 정비기반시설 도면	
		설치비용 산출 및 설치비용계산서	
		사업시행자에게 무상으로 양여되는 국·공유지의 조서	관련 업체
		국공유지 관리청별 현황조서 및 도면	
		국공유지 점유현황조서 및 도면	
		무상양도요청 내역서 및 평가금액	
		무상양도요청 국공유지조서 및 도면	
		감정평가내역서	
		무상귀속 및 무상양도요청 재산현황	
		무상양도요청 국공유지 현황사진 (필지별 현장사진, 등기부등본, 지적도, 측량성과도 등)	
		빗물처리계획	설계
		기존주택의 철거계획서 (석면 건축자재 현황과 철거 및 처리계획을 포함)	관련 업체
		상가세입자에 대한 우선 분양 등에 관한 사항	조합
	수용 또는 사용할 토지 또는 건축물의 명세 및 소유권외의 권리의 명세		조합, 정비
	분양면적 산출표		설계
	소음영향평가, 재해영향평가 등		관련 업체
	건축심의 결과서 검토		설계
	도시계획시설사업 시행자지정, 실시계획인가 신청		관련 업체
	친환경 인증 관련		관련 업체

		지질조사 보고서	관련 업체
		교육환경영향평가	관련 업체
		문화재 지표조사	관련 업체
		시공사 관련서류	시공사
		설계사무소 관련서류	설계
구조 관련 서류		구조안전확인서(내진설계확인서)	설계
		사업자등록증	
		자격증 사본	
기계설비 관련 서류		소방시설설치계획표 및 설치계획서	설계
		기계소방시방서	
		기계소방장비용량계산서	
		소방시설업등록증	
		자격증 사본 등	
전기설비 관련 서류		소방시설설치계획표 및 설치계획서	설계
		전기소방시방서	
		발전기용량계산서	
		소방시설업등록증	
		자격증 사본 등	
정보통신 관련 서류		엔지니어링활동주체신고증	설계
		엔지니어링활동회원수첩사본	
		자격증 사본	
		재직증명서 등	
조경 관련 서류		사업자등록증	설계
		자격증 사본 등	
에너지절약 계획서		에너지절약계획서	설계
		사업자등록증	
		자격증 사본 등	
		배수설비 설치 및 사용개시 신청서	설계
		오수발생량 산정서	설계
		수리계산서	설계
		절수설비 설치계획서	설계
		도로교통 소음에 따른 소음평가 보고서	설계

⑦ 관리처분 관련 세부 업무일정

분야		세부 내용	업무관할
관리처분		종전·종후 자산감정평가 진행	조합, 감평
		공사비 확정을 위한 도급계약 협의 및 공사도급본계약 체결	조합, 시공사
		사업시행인가 조건(관리처분전 수행조건) 이행여부 검토 및 수행	조합
		이주비 금융기관 선정	조합
	조합원 분양신청	분양신청 안내책자 제작	조합, 정비
		분양신청 공고	
		조합원 분양신청기간	
		행불자 처리	
		무허가건물 정리	
		기초 수지분석 및 추정비례율 확정	
	분양설계	분양설계서 작성	조합, 정비
		정비사업비 추산액 작성	
		수지 분석	
		분양대상자 소유권 외의 권리명세 작성	
		세입자별 손실보상 권리명세 작성	
		보류지 등 명세작성	
		개인별 분양설계서 작성	
		조합원 문서통지(총회 개최 1개월 전 사전통지)	조합, 정비
		주민공람 및 공람의견 처리	조합, 정비
		관리처분총회 개최	조합, 정비
		관리처분인가 접수	조합, 정비
		분양설계	조합, 정비
		분양대상자의 주소 및 성명	
		분양대상자별 분양예정인 대지 또는 건축물의 추산액	
		보류지 등의 명세와 추산액 및 처분방법	
		분양대상자별 종전의 토지, 건축물 명세 및 사업시행계획인가 고시가 있은 날을 기준으로 한 가격	
		정비사업비의 추산액	
		분양대상자의 종전 토지 또는 건축물에 관한 소유권 외의 권리명세	

세입자별 손실보상을 위한 권리명세 그 평가액
현금으로 청산하여야 하는 토지등소유자별 기존 토지건축물 또는 그 밖의 권리의 명세와 이에 대한 청산방법
보류지 등의 명세와 추산가액 및 처분방법
대지 및 건축물의 분양계획과 그 비용부담의 한도 · 방법 및 시기. 이 경우 비용부담으로 분양받을 수 있는 한도는 정관등에서 따로 정하는 경우를 제외하고는 기존의 토지 또는 건축물의 가격의 비율에 따라 부담할 수 있는 비용의 50퍼센트를 기준으로 정한다
정비사업의 시행으로 인하여 새롭게 설치되는 정비기반시설의 명세와 용도가 폐지되는 정비기반시설의 명세
기존 건축물의 철거 예정시기
관리처분계획의 총회의결서 사본 및 분양신청서(권리신고사항 포함) 사본
세입자별 손실보상을 위한 권리명세 및 그 평가액과 현금으로 청산하여야 하는 토지등소유자별 권리명세 및 이에 대한 청산방법 작성 시 제67조에 따른 협의체 운영 결과 또는 법 제116조 및 제117조에 따른 도시분쟁조정위원회 조정 결과 등 토지등소유자 및 세입자와 진행된 협의 경과
현금납부액 산정을 위한 감정평가서, 납부방법 및 납부기한 등을 포함한 협약 관련 서류

⑧ 수용재결 및 협의보상 세부일정

분야	세부 내용	업무관할	소요기간
협의보상 및 수용재결	보상계획열람공고	협력사	15일
	감정평가업자 추천	협력사	30일
	보상협의 감정평가	협력사	25일
	개인별 보상협의	협력사	30일 이상
	토지물건조서, 협의경위서 서명날인	협력사	15일
	재결신청	협력사	30일
	서류검토 및 보완	협력사	30일
	수용재결 열람공고	협력사	15일 이상
	수용재결 감정평가	협력사	20일
	토지수용위원회 심의	협력사	
	재결보상금 협의 및 공탁	이주관리/법무	50일
	소유권이전	법무	5일

⑨ 매도청구판결 공탁신청, 가압류신청 및 명도집행 세부일정

분야	세부 내용	업무관할	소요기간
매도청구판결 공탁신청, 가압류신청 및 명도집행	법원 매도청구 판결문 접수	조합, 변호사	1일
	피고 등기부등본 발급	법무	1일
	피고 권리분석	법무	1일
	피고 주민등록초본 발급	법무	1일
	피고 주민등록등본 발급	법무	1일
	공탁신청서 작성 및 공탁신청	법무	8일
	공탁금 가압류 신청서 작성 및 가압류 신청	조합, 법무	8일
	공탁금 및 가압류 비용 준비	조합, 시공사	
	강제집행인력등 집행협의(법원 집달관)	조합, 법무, 법원	6일
	명도 집행신청 및 명도	조합, 법무	17일

⑩ 철거 세부 업무일정

분야	세부 내용	업무관할	소요기간
철거	비계설치 및 해체작업	관련 업체	15일
	수목철거작업	관련 업체	30일
	내부철거작업	관련 업체	30일
	건물철거작업(2층~5층)	관련 업체	30일
	활석작업 및 고철말이	관련 업체	100일
	1층 철거작업 및 지하구조물철거작업	관련 업체	100일
	폐기물집토 및 폐기물반출작업	관련 업체	140일
	정화조철거 및 아스콘철거작업	관련 업체	30일
	부지정리작업	관련 업체	20일

5.6 일정지연 만회대책 검토 및 수립

정비사업의 일정지연(Delay)은 조합과 조합원뿐만 아니라 시공사 등 많은 협력업체 모두에게 중대한 손실을 초래할 수 있고, 해당 정비사업 추진과 관련된 후속 업무추진의 계획에 차질을 가져올 수 있고, 계약자 모두에게 관리비, 금융비용 등의 간접비용을 증가시킨다. 따라서, 정비사업관리기술인은 해당 정비사업의 일정 관리 수행 시 사업추진 진척도가 일정계획과 대비하여 일정 기준을 만족하지 않을 경우에는 이에 대한 만회대책 수립 및 이행업무를 지원함으로써 일정지연에 따른 손실을 최소화하고자 노력해야 한다.

따라서, 정비사업관리기술인은 분야별 세부일정표의 운영(진도 관리) 및 개정을 위해 일정만회대책을 수립하고 분야별 세부일정표를 변경, 검토하여 만회대책을 이행하는 다음의 업무를 수행한다.

① 정비사업관리기술인은 해당 협력업체의 업무수행진도율이 기준요율 이상 지연될 시에는 일정 만회대책을 제출받아 검토·확인하고, 그 이행상태의 점검 및 평가결과를 조합에 보고한다.

② 정비사업관리기술인은 해당 협력업체로부터 수정일정계획을 제출받아 검토·승인하고 조합에 보고한다.

③ 정비사업관리기술인은 일정부진이 2개월 이상 연속 지연 시에는 실시하는 일정회의에 참여하고, 조합에 제출하는 일정표에 서명한다.

(1) 일정 만회대책 수립 기준 설정
정비사업관리기술인은 일정진도 관리 업무수행 중 다음과 같은 지연상황이 발생될 경우 관련 협력업체로 하여금 부진사유 분석 및 일정만회대책을 수립하도록 지시한다.

① 예정일정대비 월간일정실적인 20% 이상 지연될 경우
② 누계일정 실적인 10% 이상 지연될 경우
③ 지연일수가 잔여일정의 20%를 초과하는 경우 등

(2) 일정 진척도 검토
정비사업관리기술인은 해당 협력업체의 업무수행 단계에서 일정 진척도를 주기적으로 확인하여 일정이 계획과 같이 진행되도록 다음과 같이 검토한다.

① 해당 협력업체 계약자가 제출한 일정진행 실적현황과 실제현장진행 상황과 비교·검토

② 예정일정과 실제 진행실적을 비교하고 추후 일정의 영향을 예측한다.

(3) 지연 만회대책 지시

정비사업관리기술인은 일정지연이 일정 만회대책 수립 기준에 해당될 경우 해당 협력업체에게 일정지연 만회대책 수립을 지시한다. 이때 지연의 사유를 규명하고 사업일정 전체의 영향을 고려하여 클레임 등을 예방할 수 있게 하고 전체 사업일정 범위 내에서 용역수행이 완료될 수 있도록 대응책을 수립토록 한다.

(4) 대책 수립

정비사업관리기술인은 해당 협력업체가 작성한 일정 만회대책에 다음의 내용을 포함한 상세한 계획을 제출토록 지도한다.

① 업무수행 방법 변경의 생산성 검토

• 투입인원, 현장조건 대비 인원 검토

• 해당 분야의 업무수행방법 검토

• 문제협력업체의 지도방안 및 교체방안

② 업무수행 확대 검토

• 해당 협력업체의 업무수행 분야별 일정 순서 검토

• 해당 협력업체의 업무수행 분야의 동시수행 가능성 검토

• 현장조건 대비 업무량 증가영향 검토

• 필요시 추가 업무수행의 신설 상세계획

③ 돌관작업 검토

• 효율성 검토

• 휴일 및 심야작업 시의 안전 및 업무수행 적정성 검토

(5) 일정 만회대책 이행상태 점검

정비사업관리기술인은 일정만회대책에 대한 이행상태를 주간단위로 점검·평가하며, 일정추진회

의 등을 통하여 미조치 내용에 대한 필요대책 등을 수립하여 정상일정을 회복할 수 있도록 조치한다. 그리고, 검토·확인한 일정 만회대책과 그 이행상태의 점검·평가결과를 조합에 보고한다.

(6) 분야별 세부일정표 변경 검토·승인

정비사업관리기술인은 해당 협력업체의 일정지연 만회에 소요되는 기간이 일정기간 이상 소요될 경우 변경일정표를 제출하도록 하고 다음과 같이 이를 검토·승인한다.

① 정비사업관리기술인은 설계변경이나 정책변경, 현장실정 또는 해당 협력업체의 사정 등으로 인하여 업무수행 실적이 지속적으로 부진할 경우 일정계획을 재검토하여 변경 일정계획 수립의 필요성을 검토한다.

② 정비사업관리기술인은 해당 협력업체의 요청 또는 조합 자체의 판단에 의해 변경 일정계획을 수립할 때 해당 협력업체로부터 변경된 일정계획을 제출받아 제출일로부터 7일 이내에 검토하여 승인하고 조합에 보고한다.

③ 정비사업관리기술인은 변경된 일정계획을 검토할 때 수정목표 종료일이 당초 계약 종료일을 초과하지 않도록 조치하여야 하며, 초과할 경우는 그 사유를 분석하여 정비사업관리기술인의 검토(안)을 작성하고 필요시 변경된 일정계획과 함께 조합에 보고한다.

(7) 검토의견서 작성

정비사업관리기술인은 일정 만회대책에 대한 검토의견서를 작성하여 조합에 보고하여 승인을 얻는다.

① 만회대책 검토결과
② 만회대책으로 해당 협력업체의 목표업무수행 완료일 준수여부
③ 휴일 및 야간업무수행 계획
④ 돌관작업으로 인한 추가예산 수립 시 책임주체, 타당성 등 검토
⑤ 일정 변경여부에 대한 전망

5.7 공사기간 검토

(1) 건설공사 공정예정표 검토

정비사업관리기술인은 공사착수 이전에 시공자로부터 공사예정공정표를 제출받아 검토 후 보고 등의 업무를 수행한다. 시공자는 공사착수 시기에 주어진 일정에 부합하는 상세 작업일정표를 작성하고 공사를 추진해 나가며, 조합은 시공자의 상세 작업일정에 따라 조합이 제공해야 할 용역, 지급 자재구매, 용지보상 등의 일정을 결정하고 당해 공사의 예산집행계획을 수립·관리하게 된다. 이와 같은 이유로 공사도급계약서에 시공자 착공신고서에 공사예정공정표를 첨부토록 명시하고 있으며, 정비사업관리기술인은 관련 법령과 계약에 따라 공사예정공정표가 작성되었는지를 검토 후 조합에 보고한다.

따라서, 정비사업관리기술인은 시공자로부터 제출된 공정예정표에 대하여 작업 간의 선행, 동시 수행 및 완료 등 공사 전·후 간의 연관성이 명시되어 작성되고 예정공정율이 적정하게 작성되었는지를 검토·확인하고, 이에 대한 검토서를 작성하여 조합에 보고한다.

① 공정 검토

정비사업관리기술인은 설계 단계 또는 입찰 단계에 작성된 전체일정계획과 대비하여 시공사의 공종별 공사순서를 검토한다.

② 생산성 검토

정비사업관리기술인은 현장조건 대비 공종별 소요 작업시간의 타당성을 검토하고, 여유일수의 적성성, 시공자 계획 대비 이행 가능정도 등을 검토한다.

③ 일정 검토

정비사업관리기술인은 계약공기 대비 계획의 부합정도, 착공이 가능하게 되는 부지확보 계획에 대비한 공사일정 등을 검토한다.

④ 간섭관계 검토

정비사업관리기술인은 공종 간의 방해 또는 중복작업이 없는지, 정비기반시설 공사 등 주요 건설 공사 이외의 타 공사와의 간섭관계 등에 대해 검토한다.

⑤ 공사예정공정표의 승인

- 정비사업관리기술인은 시공자가 제출한 공사예정공정표에 대하여 적정성 여부를 검토하여 검

토서를 작성한다.

- 정비사업관리기술인은 최종 확정된 시공자의 공사예정공정표와 검토의견서를 첨부하여 조합에 보고한다.
- 정비사업관리기술인은 공사예정공정표의 검토·보고를 시공자의 공정 관련 최종계획 제출일로부터 7일 이내에 한다.
- 조합은 정비사업관리기술인이 제출한 공사예정공정표에 대하여 제출한 날로부터 7일 이내에 승인하고, 정비사업관리기술인은 조합으로부터 승인받은 공정계획을 첨부 문서로 하여 시공자에게 공문으로 통보한다.

⑥ 확정된 공정계획의 변경

- 확정된 공정계획이 조합의 요청이나 설계변경 등에 의해 변경이 필요할 경우 정비사업관리기술인은 변경 공정계획에 대해 검토한 후 시공자에게 변경지시서를 발송한다.
- 시공자의 요청에 의해 변경이 필요할 경우 정비사업관리기술인은 변경 공정계획에 대해 검토보고서를 작성하며, 조합에 보고하고 승인을 득한 후 시공자에게 변경승인을 통보한다.
- 정비사업관리기술인은 물가변동에 의한 계약금액 조정 시 조정대상금액은 조합이 승인한 최종 변경 공사예정공정표를 기준한다. 단, 최종 변경시점이 물가변동 조정기준일 직전이 되지 않도록 시공자를 지도한다.

(2) 공사기간 산정 검토

정비사업관리기술인은 설계 단계 중에 설계도서와 다음 내용을 참조하여 시공 단계의 공사기간을 검토한다.

① 이전에 수행한 유사건설사업의 공사 자료
② 작성된 설계도서의 내용과 공사기간에 영향을 미칠 수 있는 현장조건
③ 계약일정과 행정업무 처리일정 및 내용
④ 설계 전 단계의 일정표 작성근거
⑤ 각종 자원 배정계획 등

(3) 사업기본일정표 구체화

정비사업관리기술인은 설계가 확정됨에 따라 사업기본일정표 작성을 참고하여 시공 등에 대한 사업기본일정표를 보완하여 구체화한다.

① 공정표 작성 자료 수집

② 공정표 작성 기준 설정

③ 공정표 변경작성 및 검토

④ 공정표 승인 및 배부

⑤ 공정표 운영계획 수정

⑥ 분야별 세부일정표 작성 기준 수정

(4) 공사기간 연장 검토

정비사업관리기술인은 정비사업의 일정 관리 수행 시 계획된 준공기일까지 공사가 완료되지 않을 경우 공사기간 연장업무 및 공지연장 사후조치의 방법과 절차를 검토한다. 따라서, 정비사업관리기술인은 공사기간 영향요인을 분석하고 공기지연 사유와 책임소재의 검토, 근거확인 및 공사기간 연장 사후조치 등의 업무를 수행한다.

① 공사기간 영향요인 분석

정비사업관리기술인은 다음의 업무를 수행하며, 공기연장 요청, 공기연장 승인 및 미결정, 그리고 공기연장 거절에 관한 정보를 명확히 문서화한다.

- 정비사업관리기술인은 계획된 공정수행에 중대한 영향을 미치거나, 미치게 될 문제점에 대해 관련 협력업체 및 조합과 협의하여 원인 분석 후 대책을 수립한다.
- 공기영향요인이 발생할 경우 공기에 대한 영향을 정량화한다. 각각의 상황은 관련 계약조항, 계약도면 및 시방서, 서면지시서나 구두지시, 그리고 경험 등을 고려하여 분석한다.
- 각각의 공기에 대한 영향분석은 주일정표, 현행 작업조건, 주요공종의 지연 발생 시에 달성된 실제 작업진도, 그리고 각종 자원의 이용성에 근거를 둔다.
- 중요 문제점의 식별은 설계변경으로 인한 사업지연사항, 필요한 자원 확보상의 문제점, 사업수행 중 간섭에 의한 공정 변경사항 등의 조건들을 고려하여 협의한 후 결정한다.

② 수정 공정계획 수립

정비사업관리기술인은 다음의 사유 등으로 인하여 공사 진척실적이 지속적으로 부진할 경우 공정계획을 재검토하여 수정 공정계획수립의 필요성을 검토한다.

- 설계변경, 사업계획 변경
- 공법변경, 공사 중 재해 발생
- 천재지변 등 불가항력에 의한 공사중지
- 지급자재의 공급지연
- 공사용지 제공의 지연
- 문화재 발굴 등의 현장실정 또는 시공자의 사정

③ 정비사업관리기술인은 시공자로부터 수정 공정계획을 제출받아 제출일로부터 7일 이내에 검토하여 조합에 보고하고 승인을 받는다. 수정 공정계획을 검토할 때 수정목표 종료일이 당초 계약 종료일을 초과하지 않도록 조치한다.

④ 다양한 공사지연 요인 및 지연기간의 검토

정비사업관리기술인은 다음의 다양한 공기지연 요인과 지연기간에 대해 검토한다.

- 교통민원, 환경보전민원 등에 의한 작업시간 제한일수와 공기연장 일수
- 작업일시 중지 지시에 의한 중지일수 대비 공기연장 일수
- 공사용지 제공의 지연
- 공사를 위한 관련 협력업체의 업무수행 완료 지연
- 설계변경에 따른 인·허가 지연
- 공법변경으로 인한 작업일수 지연
- 현장조건 변경으로 인한 공사량 변경
- 지진, 수해, 화재 등으로 인한 피해복구 등의 기간 소요
- 노사분규 등으로 인한 작업 중단
- 법률적 중지사안의 적부 검토

5.8 공사일정 관리

정비사업관리기술인은 해당 공사가 정해진 공기 내에 시방서, 도면 등에 따른 품질을 갖추어 완성될 수 있도록 공정 관리의 계획수립, 운영, 평가에 있어서 공사일정 관리와 기성관리기 동일한 기준으로 이루어질 수 있도록 한다.

공사일정의 계획대비 실적에 대한 현황파악은 관련자 모두에게 필요한 정보이며, 이러한 관리업무 중 가장 일반적인 방법은 정기적인 회의인 월간·주간 공사일정회의이다. 정비사업관리기술인은 월간·주간 공정회의가 효율적으로 수행될 수 있도록 지원하여 최적의 공사일정 관리수단이 되도록 한다.

(1) 공정회의 주관
정비사업관리기술인은 월간 및 주간 공사일정회의를 주관하며 회의록을 작성 배포하고, 추진계획과 실적을 정기 정비사업관리보고서에 포함하여 조합에 보고한다.

(2) 공사일정 관리
① 정비사업관리기술인은 시공자로부터 전체 실시공정표에 따른 월간, 주간 상세공정표를 사전에 제출받아 검토·확인한다.
 • 월간상세공정표 : 작업착수 1주 전 제출
 • 주간상세공정표 : 작업착수 2일 전 제출
② 정비사업관리기술인은 매주 또는 매월 정기적으로 공사진도를 확인하여 예정공정과 실시공정을 비교하고, 공사의 부진여부를 검토한다.
③ 정비사업관리기술인은 현장여건, 기상조건, 지장물 이설, 정비기반시설 공사 등에 따른 관련 협력업체 협의사항이 정상적으로 추진되는지를 검토·확인한다.
④ 정비사업관리기술인은 공정진척도 현황을 최근 1주 전의 자료가 유지될 수 있도록 관리하고, 공정지연을 방지하기 위하여 주 공정 중심의 일정 관리가 될 수 있도록 시공자를 관리한다.

(3) 월간 및 주간 공사일정회의 주관
① 정비사업관리기술인은 공사착공 초기에 회의의 빈도, 절차 및 참석자의 범위 등을 조합의 승인

을 얻어 확정하여 월간 및 주간 공사일정회의를 주관한다.

② 정비사업관리기술인은 월간, 주간 공사일정회의를 주관하는 동안 회의록을 작성하여야 하며, 회의록을 작성한 후 참석자의 서명을 받아 회의 자료를 첨부하여 참석자에게 배포한다.

(4) 주간 공사일정회의

① 정비사업관리기술인은 주간단위의 공정계획 및 실적을 시공자로부터 제출받아 이를 검토·확인하며, 필요한 경우 시공자 측 현장책임자를 포함한 관계직원 합동으로 금주 작업에 대한 실적을 분석·평가한 후 공사추진에 지장을 초래하는 문제점, 잘못 시공된 부분의 지적 및 재시공 등의 지시와 재해방지대책, 공정진도의 평가, 그 밖에 공사추진상 필요한 내용의 협의를 위한 주간 또는 월간 공사 일정회의를 주관하여 실시하고, 그 회의록을 관리한다.

② 주간공정회의는 회의소집통보를 회의 2일 전까지 회의일시 및 참석대상범위에 대하여 구두 또는 서면으로 통보하도록 한다. 단, 공사착수 시에는 정기적인 회의일정을 정하여 진행할 수 있다. 회의 자료는 시공자가 준비하며, 주간단위의 공정계획 및 실적, 현장작업현황, 작업변경사항, 장비, 인력동원현황, 다음 주 작업 계획, 그 밖에 공사추진상 필요한 내용을 기록한다.

③ 정비사업관리기술인은 주간 공정회의를 통하여 시공자가 다음 사항을 확인·조치토록 요청한다.
- 시공계획 대비 작업방법 비교 검토 및 보완 요청
- 예정 작업진도 대비 현재진도 비교 검토 및 독려
- 품질관리시방 대비 진행사항 비교 검토 및 수정 지시
- 안전, 환경보전 등 민원사항 통보 및 조치 요청
- 기타 조합 요청 전달사항 등

(5) 월간 공사일정회의

① 정비사업관리기술인은 회의소집 7일 전까지 회의일시 및 참석대상범위에 대하여 구두 또는 서면으로 통보하도록 한다. 단, 공사착수 시에 정기적인 회의일정을 정하여 진행할 수 있다. 회의 자료는 시공자가 준비하며, 상세공정표 대비 실적현황, 장비, 인력, 자재 투입현황, 금월 시공기록 사진 및 비디오, 다음 달 예정공사추진계획, 다음 달 예정소요자재 견본, 기타 문제점, 또는 요청사항 등을 기록한다.

② 정비사업관리기술인은 월간 공정회의를 통하여, 다음 사항을 확인 후 시공사에 통보한다.

- 공정계획 변경(일정변경 등) 사항
- 공사추진에 지장을 초래하는 문제점 유무파악 및 대책
- 정비사업관리기술인이 제기한 문제점에 대한 조치계획
- 진행 중인 설계변경에 대한 전망
- 시공자 요청사항에 대한 조정 계획
- 다음 달 예정 공정에 대한 시공사 조치사항 통보

6 설계 관리(DS : Design)

정비사업에서 설계는 매우 중요한 분야이다. 사업초기에 사업타당성 검토를 위해 개략적인 건축계획을 검토하는 것을 시작으로 각종 영향평가와 심의에 기본이 되는 것이 설계이며, 사업시행계획인가 등 중요한 인허가 절차를 거치는 과정에서 설계자가 가장 중요한 역할을 수행하기 때문이다. 그러나, 사업시행자인 조합이나 정비사업관리기술인이 알지 못하는 분야라는 이유로 관리를 소홀히 한다면 의도하지 않는 방향으로 사업이 추진될 수도 있으며, 설계자의 능력 부족 등으로 인해 인허가가 지연될 수 있기 때문에 철저한 관리가 필요하다. 또한, 설계는 사업추진방향을 설정하는 기초가 되면서 수많은 인허가 단계를 거치면서 수십 번 이상 변경이 될 수도 있으며, 현장실정으로 인해 어쩔 수 없이 변경이 될 수도 있어 설계자를 선정·계약하는 시점부터 공사가 완료되는 순간까지 지속적인 관리가 필요하다.

6.1 설계지침서 및 설계도서 작성 기준 수립

정비사업관리기술인은 계약에 의해 시행되는 설계업무에 사용되는 설계 기준, 기초 자료 등을 규정하는 설계지침서의 작성과 설계업무에 적용되는 관련 법규, 규격, 표준, 참고 자료 등의 적용방법 및 관리절차를 작성한다.

작성된 설계지침서는 설계자의 설계업무 수행을 위한 기준이 되는 지침으로 설계 기준의 적용, 설계업무 수행을 위한 기초 자료, 관련 법규 및 규정의 적용범위와 내용을 해당 정비사업의 특성에 맞게 조합이 제시하여야 하며, 정비사업관리기술인은 설계지침서 작성을 지원한다.

또한, 설계자 선정에 필요한 과업지시서와 설계자가 수행하는 설계 단계별 업무 및 성과품 작성 기준 등을 해당 정비사업의 특성을 반영하여 조합이 작성하는 설계도서 작성 기준 수립업무를 정비사업관리기술인이 지원한다.

(1) 설계 기준 설정 및 문서화

정비사업관리기술인은 해당 업무의 책임 범위 내에서 관련 법규, 표준 및 참고 자료 등을 포함한 설계 기준, 요건 등을 설정하며 설계지침서로 문서화한다.

(2) 설계지침서의 일반적인 내용

설계지침서에는 일반적으로 다음과 같은 내용을 포함하며, 해당 정비사업의 특성에 따라 내용의 일부를 수정 및 보완할 수 있다.

① 설계종합 기준

정비사업에 대한 일반사항 및 설계개요, 각 시설 등에 공통으로 적용되는 설계 기준을 기술한다.

② 상세 설계 기준

건축, 토목, 기계, 전기, 통신 및 전자 등의 분야로 상세 설계 기준을 구분하고 필요에 따라 추가할 수 있다.

③ 기타 자료

관련 법규, 표준 및 참고 자료 등

(3) 설계지침서의 관리

정비사업관리기술인은 설계지침서(안)을 조합에 제출하고, 승인을 얻어 확정하며, 설계지침서의 개정은 최초의 작성 시와 동일한 방법으로 수행한다.

정비사업관리기술인은 정확한 요건이 설계업무에 반영 또는 인용될 수 있도록 해당 설계업무에 적용되는 관련 법규, 규격, 표준 및 참고 자료 등의 최신판이 설계계획서에 포함되도록 계약서에 명시한다.

(4) 설계도서 작성 기준의 준비

정비사업사업관리기술인은 설계도서 작성을 위하여 사전에 다음과 같은 사항에 대해 검토한다.

① 정비사업 목표

② 예산 및 사업기간 등 주요 사업조건

③ 사업추진계획서, 사업성분석 보고서 등 사업 관련 문서

④ 정비계획 내용, 각종 영향평가서 등 사업 인·허가 관련 사항

⑤ 시설별 요구 성능, 마감재의 품질 및 성능

⑥ 시설별 관련 법규 및 규제사항

⑦ 대상 부지여건 및 환경조건

⑧ 설계지침서

⑨ 각종 설계 관련 법령, 설계 기준, 표준, 고시, 지침

⑩ 유사 프로젝트의 사례 자료

⑪ 기타 참고 자료

(5) 설계도서 작성 기준의 수립

정비사업사업관리기술인은 설계도서 작성 기준 규정을 준용하여 다음과 같은 사항을 포함하는 설계도서 작성 기준을 수립한다.

① 설계과업명, 과업목적, 과업 대상지역, 수행업무범위, 설계기간

② 용어의 정의 및 적용범위

③ 설계변경 사항 또는 조건, 설계업무 승인 절차

④ 과업수행계획서의 작성 방법 및 승인 절차, 설계 공정 관리 및 보고 방법

⑤ 흙막이 구조도면의 작성

⑥ 재표의 표기

⑦ 공사시방서의 작성

⑧ 설계도서 해석의 우선순위

⑨ 설계하도급 사항, 설계 참여기술인 관리 방법, 측량 및 지반조사의 기준

⑩ 성능 요구조건, 해당사업이 갖는 사업특별조건, 조합의 요구사항

⑪ 구조계산서의 작성

⑫ 관계전문기술자와의 협력

⑬ 수량산출조서의 작성

⑭ 건축제도 총칙의 적용

⑮ 설계도서 작성자의 서명날인 등

6.2 기본설계 관리

정비사업관리기술인이 설계와 관련하여 조합의 요구사항 충족과 설계기술 향상, 설계품질의 확보를 위한 업무절차와 기준을 규정하며, 설계용역 관리, 설계계획수립, 설계입력사항, 설계출력사항의 문서화, 설계검토회의 절차수립, 설계검토, 설계검증, 설계유효성 확인, 인·허가확인 및 설계공정보고서 작성 및 제출 업무를 수행한다.

---

1. 설계입력사항이란 설계를 위한 기초자료로 활용되는 각종 관련 법규, 계약조건, 과업지시서, 표준도 및 설계 기준 등 규정된 요구사항을 말한다.
2. 설계성과품이란 설계수행 결과로 출력된 보고문서 및 설계도서 등의 출력물을 말한다.
3. 설계유효성 확인이란 설계출력 성과품이 원래 의도된 목적과 부합되는지 그 유효성을 확인하는 것을 말한다.

---

(1) 업무수행지침
① 정비사업관리기술인은 설계가 진행되는 동안 계획대비 진행현황을 조합에 보고한다.
② 정비사업관리기술인은 설계자와의 유기적인 협조체계를 유지하고 기술적 전문지식을 통한 설계검토와 가치분석 등을 수행한다.
③ 설계행위 일부 또는 전부가 용역업체에 의하여 시행될 경우 용역업체의 조직체계, 인력구조, 설계품질 등의 평가를 통한 용역업체를 관리한다.
④ 설계문서(설계기본계획, 설계과업 수행계획서, 설계도서 등)는 설계업무 수행기간 동안 최상의 상태로 유지 관리한다.
⑤ 설계업무는 문서화된 절차, 법규에 따라 수행한다.
⑥ 준공도서에 대한 설계품질, 부실여부 측정 등을 실시한다.
⑦ 설계지침서에 따라 설계입력사항을 파악하여 적정성을 검토하며, 필요한 경우 자문을 조합에 요청한다. 또한, 설계입력사항은 설계의 적정성과 객관성을 보장하기 위하여 사업의 규모와 성격에 부합되도록 기술되어야 한다.
⑧ 설계 입력요구사항에 대한 설계검토, 설계검증 및 유효성 확인이 될 수 있도록 설계성과품을 문

서화하며, 설계성과품 문서는 설계 기준과 품질관리 기준에 따라 작성 및 관리되어야 한다.

⑨ 정비사업관리기술인은 해당 정비사업의 진행상황을 점검하고 사업관리계획서대로 진행되고 있는가를 파악하기 위해 정기적인 회의를 주관하며 예산과 설계도서에 따른 비용분석, 사업기본일정표와 관리기준일정표의 검토 등을 수행하고, 이전 회의에서 발견된 문제점이 있다면 그에 대한 조치결과를 토론하도록 한다.

⑩ 정비사업관리기술인은 설계 각 단계별(계획설계, 기본설계, 실시설계)로 설계결과의 유효성을 확인하기 위한 기본적인 검토를 한다.

⑪ 사업기본일정표와 설계세부일정표가 준비되면, 해당 정비사업의 일정을 감독하고 예정된 진도와 실제의 진도를 보고하기 위해 먼저 설계공정보고서를 다음과 같은 내용을 포함하여 작성해야 한다.

- 각 단계별 작업개시일, 종료일
- 설계업무 투입인원
- 설계검토 및 승인 일정
- 인허가 사항
- 당초 계획이나 조정된 계획에서 발생할 수 있는 지연된 사항을 정정하거나 수정된 사항을 반영하기 위한 건의 내용 등

(2) 과업수행계획서 검토

① 과업수행계획서의 주요 내용
- 과업의 이해(과업의 명칭, 개요, 목적, 범위, 기간)
- 과업수행 추진계획(주요방향, 분야별 과업, 주요 공정)
- 과업수행조직 및 운영계획 : 수행조직 및 설계 분야별 조직, 설계자 내부 설계인터페이스(조직관리 및 협력방안, 통합설계실 등), 분야별 책임기술인 및 하도급 현황 등
- 과업수행계획 : 업무분장 및 처리, 문서처리절차, 설계 기준 및 표준, 분야별 설계 기본방향, 설계품질 관리계획, 설계 성과품의 검토를 위한 세부 절차
- 과업수행 세부공정표
- 기타사항(조합 요구사항, 현황조사 등)

② 정비사업관리기술인은 설계과업수행계획서의 내용을 검토하고, 조합은 이를 승인한다.

③ 설계과정 중 조합 및 정비사업관리기술인에 의하여 추가로 설계기준에 포함된 사항은 설계자에게 통보하고, 설계자는 추가사항을 설계과업수행계획서에 반영하며, 정비사업관리기술인의 검토 후 조합은 이를 승인한다.

④ 정비사업관리기술인은 확정된 설계과업수행계획서에 따라, 설계자가 제출하는 설계과업 수행계획을 근거로 하여 설계자의 업무진행사항 및 성과품을 확인한다.

(3) 기본설계 조정 및 연계성 검토

정비사업관리기술인은 해당 설계 용역과 관련된 설계의 경제성 등을 검토하고, 설계용역 성과검토 업무가 유기적으로 연계될 수 있도록 기술적인 연계성 검토 및 조정업무를 수행하며, 각종 회의 등을 통해 분야별 설계자 간의 업무협의 또는 의견조정 등이 원활하게 이루어질 수 있도록 지원한다.

다수의 설계자로 구성된 협업형태의 용역이 수행되는 경우에는 협업 수행자들 간의 조직 및 기술적 상호관계와 연계성을 명확히 하고, 필요한 각종 설계정보와 자료에 대한 의사교환을 원활히 하고, 최적의 설계품질을 확보하기 위하여 계약상대자 간의 간섭사항 및 공종 간 연계성을 사전에 조정하는 설계인터페이스 관리업무를 수행한다.

① 설계조정회의

• 설계 단계에서 정비사업관리기술인은 설계조정회의 안건범위, 회의 일정 및 장소, 회의 참석자, 회의 책임사항, 회의 진행방법, 회의 후속조치 업무 등을 수행한다.

• 정비사업관리기술인은 해결이 곤란한 사항이 발생할 경우에는 설계조정회의를 통하여 처리하며, 최적의 설계품질을 확보하기 위하여 설계협력업체를 포함한 계약상대자 간의 설계조정회의 운영 및 절차를 규정할 수 있다.

• 설계조정회의의 주요 안건 사례로는 설계인터페이스 관리절차에 의하여 해결이 곤란한 사항, 설계 관련 장기간 미해결 사항 및 보류된 설계인터페이스 문제, 설계자 및 계약 상대자 간의 복합적인 문제해결 및 조정을 요하는 사항, 각 분야 공통 적용 기술사항 중 그 시행을 위한 방침이 필요한 사항, 조합 및 정비사업관리기술의 필요에 의한 사항 등이다.

• 설계조정회의 참석자 및 책임

참석자	책임
조합	설계조정회의의 최종 의사결정과 검토 지시
정비사업관리기술인	설계조정회의 운영의 전반에 대한 진행 및 관리 계약상대자 간의 분쟁 또는 미결사항에 대한 조정
설계자	설계조정회의 안건준비, 소집, 진행, 의견조정 회의결과 및 후속 조치사항 등의 관리 설계 협력업체의 관리 업무
기타 관련책임자	각종 회의 자료의 작성 및 제출 회의결과 및 후속조치사항 등의 이행 결과보고

- 설계조정회의 참석자 및 책임 설계조정회의는 정비사업관리기술인이 주관하여 다음의 순서에 따라 진행한다.

가. 상정안건 보고

나. 이전 회의 의결사항 시행여부 확인

다. 이전 회의 미결사항 처리방안 토의 및 의결

라. 상정안건 처리

마. 기타 토의사항

- 정비사업관리기술인은 의결된 사항이 미결되거나 후속조치가 필요한 경우 설계자로 하여금 별도로 관리 항목을 만들어 관리하고, 지정기한 내 처리·완료하도록 한다.
- 정비사업관리기술인은 의결사항 및 조치사항이 신속히 처리될 수 있도록 관련 계약상대자를 지도·관리해야 하며, 정당한 사유 없이 지연되는 사항은 특별 조치를 취하여 전체 사업운영에 영향을 미치지 않도록 한다.

② 설계인터페이스 검토

- 정비사업관리기술인은 해당 설계에 대한 설계인터페이스 검토의 필요성 여부를 설계자와 협의하여 결정한다.
- 정비사업관리기술인은 필요한 경우 설계 검토팀을 별도로 구성하여 수행할 수 있도록 한다.
- 설계인터페이스 검토가 필요하다고 결정되면, 설계자로 하여금 검토기한 지정 및 필요한 설계 문서를 첨부하여 설계인터페이스 검토요청서를 작성하도록 하고, 관련 설계협력업체 및 계약상대자에게 배부하여 검토하도록 한다.

- 정비사업관리기술인은 설계자, 설계협력업체 및 기타 계약상대자가 설계인터페이스 검토를 다음과 같이 수행하도록 관리한다.

가. 검토의뢰를 받은 계약상대자는 담당 책임범위 내에서 설계문서의 인터페이스에 대한 적합성을 검토하여 검토확인서에 검토의견 여부를 표시하고, 해당란에 서명 및 날짜를 기입하여 설계자에게 검토결과를 제출하도록 한다.

나. 검토의견은 수정 및 변경 요구사항, 유효한 자료 등을 명확히 서술해야 한다. 다만, 편집상 오류나 질문사항은 제외한다.

다. 관련 설계협력업체 계약상대자는 제시된 검토의견의 근거가 변경 또는 개정되었을 경우에는 즉시 설계자에게 통보토록 한다.

- 설계자는 제시된 검토결과를 해결하도록 하고, 사업참여자 간 합의 또는 해결되지 않는 문제는 정비사업관리기술인에게 통보하여 해결하도록 한다.
- 정비사업관리기술인은 설계자가 검토결과를 설계문서에 반영할 것인지 여부를 결정하도록 하고, 검토결과를 반영한 후에는 관련 설계협력업체 및 계약상대자로부터 동의서명을 받도록 한다.
- 설계자는 모든 검토결과가 해결되어 설계문서에 반영되었음을 확인한 후 설계인터페이스 검토확인서에 최종 서명하도록 한다.
- 설계도서를 개정하는 경우, 정비사업관리기술인은 설계자 및 계약상대자와 협의하여 전체 설계에 미치는 영향을 검토하고, 설계인터페이스 재검토 여부를 결정토록 한다.

(4) 기본설계 성과 검토

정비사업관리기술인은 설계 검토팀의 구성, 설계검토 방법의 결정 및 설계검토 계획서의 작성, 설계검토 체크리스트 작성, 단계별 설계검토 실시, 검토보고서 작성 및 보고 등의 업무를 수행한다.

① 정비사업관리기술인의 검토 사항
- 사업기획 및 타당성 조사 등 전 단계 용역수행 내용의 검토
- 현장조사(측량, 현지여건, 지반상태 등) 내용의 타당성 및 조사결과에 대한 설계적용의 적정성 검토
- 관련 계획 및 각종 기준 적용의 적합성 검토
- 각종 심의결과 및 관계기관 협의 내용에 대한 반영여부 검토

- 주요 설계용역 업무에 대한 자문

- 설계도서의 누락, 오류, 불명확한 부분에 대한 추가 및 정정 확인

- 도면작성의 적정성 검토

② 설계검토팀 구성

정비사업관리기술인은 설계자가 제출한 설계도서의 검토업무를 주관하며, 전문적인 설계기술능력을 보유하고 설계기준 및 기술시방서 등을 작성한 경험이 있는 인력으로 설계검토팀을 구성할 수 있다.

③ 설계검토방법 설정 및 수행계획서 작성

정비사업관리기술인은 설계검토 목적 및 검토대상 선정, 설계 기준 및 관련 문서, 설계검토 방법, 설계검토업무 수행일정 등을 포함하여 설계검토수행계획서를 작성한다.

④ 설계검토 주요 체크리스트 작성

공통사항 체크리스트	기본설계 체크리스트
가. 설계입력사항의 적정성 나. 설계요건, 설계 기준, 설계입찰서류 검토 다. 설계인터페이스사항 검토 라. 설계도서의 문서번호체계 검토 마. 유사 정비사업 경험 반영 바. 시공자와 시공성 검토 등	가. 기본계획 및 기본설계에 필요한 설계 기준 적용 나. 관련 법규 등에서 규정하는 사항에 대한 적정성 검토 다. 시설규모, 배치, 형태의 적정성 라. 예산대비 공사의 수준 마. 시공성 검토 바. 설계의 경제성 등 검토 사. 관련 문서 및 정보 아. 측량 및 현장조건, 지반상태 등에 대한 검토 자. 사업타당성 및 수익성 연계 검토

(5) 기본설계 도서 승인절차

① 설계도서 등급 부여

정비사업관리기술인은 설계도서의 승인에 필요한 등급부여 기준을 설정하고, 설계자의 성과물에 대한 등급을 부여한다.

- 등급 A : 승인

설계자의 성과물이 모든 기준 및 계약요건을 만족하며, 문제점이 없다고 판단될 경우에 부여, 설계자는 후속 업무를 진행할 수 있음.

- 등급 B : 조건부 승인/보완 후 제출

성과물이 전반적인 기술적 적합성은 인정되나, 일부 경미한 지적사항이나 오류가 있어 이를 시정 및 보완할 필요가 있는 경우에 부여.

성과물의 검토 시점에서는 주어진 기술 및 사업요건을 만족하지만, 향후 재평가 및 확인 필요한 보류사항이나 잠재적인 문제점을 내포하고 있다고 판단되는 경우에 부여.

제한된 범위 내에서 관련 후속 작업이 이루어질 수 있도록 조건을 제시.

설계자는 후속업무를 우선 진행할 수 있으나, 본 성과물에 제시된 검토의견 및 조건을 반영하여 보완 후 제출 필요.

- 등급 C : 승인불가/재제출

검토결과 관련 기술 및 사업요건을 만족하지 못하며, 중대한 불일치 사항, 결함 및 문제점을 포함하고 있어 관련 후속 업무에 적용 및 사용이 불가능한 경우에 부여.

설계자가 제출한 성과물의 상태가 불량하거나 전자화일 등과 같은 기록보존매체를 제작하는데 부적합한 경우 또는 복제, 복사 및 재생산이 불가능한 경우에 부여.

설계자는 후속 업무를 진행할 수 없고, 본 성과물에 제시된 검토의견을 반영하여 재제출 필요.

② 설계도서 등급 결과의 처리

- 설계도서 등급 A의 경우 정비사업관리기술인은 설계검토통보서를 이용하여 해당 설계검토 등급을 명시하고, 설계검토의견 및 관련 자료를 첨부하여 설계자와 조합에게 송부한다.
- 설계도서 등급 B 또는 C의 경우 정비사업관리기술인은 설계검토통보서에 해당 설계검토 등급과 보완제출 또는 재제출 기한을 명시하고, 설계검토의견서 및 관련 자료를 첨부하여 설계자에게 송부한다.
- 정비사업관리기술인은 설계성과품의 재제출을 통보하는 경우에 설계자가 지정된 기한 내에 최초 제출과 동일한 방법으로 제출토록 시정·조치한다.
- 정비사업관리기술인은 설계검토의견서, 검토등급부여 여부, 설계결함 관련 설계조건, 결함 내용, 결함발생부분 또는 문서, 발견일자, 설계결함의 경중여부 결정사항, 시정조치 방안, 조치기한 등을 상세히 기재한다.

⑹ 기본설계 타당성 및 경제성 검토

정비사업관리기술인은 설계 단계에서 해당 프로젝트의 목표달성의 기회를 증진시키기 위해 경험이 많은 전문가의 지식과 현장경험을 최적으로 활용하여 타당성 검토를 수행한다.

① 정비사업관리기술인은 계획설계 및 기본설계 단계에서 수집된 자료와 설계도서를 사용하여 다음의 내용을 포함한 타당성 검토를 실시한다.

- 프로젝트 목표 설정 및 측정방법 검토
- 유사 프로젝트 자료 수집 및 검토
- 해당 프로젝트 관련 자료 수집
- 현장조건 대비 설계 실행가능 정도
- 배치계획, 시설계획, 평면계획 등의 조합원 선호도 적합성 검토
- 현장조건의 적용 검토
- 사업성 분석과 연계한 기본설계 검토 및 시뮬레이션 분석

② 정비사업관리기술인은 기본설계에 따른 VE(Value Engineering)의 구체적인 업무를 수행할 경우 다음의 내용을 검토한다.

- 준비 단계 : 기본설계 VE수행계획서(목적, 시행방안, VE추진일정, 실무반원 업무분장, 예산 관련 사항 등)를 수립하고 VE실무반을 구성하여 프로젝트 범위를 설정하고, 현장조사 및 관련 자료를 수집하며, VE검토대상을 선정한다.

- 분석 단계 : VE대상분야에 대하여 기능정의·정리·평가의 세 단계로 기능분석을 하며, 정보단계에서 수집된 정보와 기능 분석을 통하여 선정된 개선대상 기능들을 달성할 수 있는 아이디어(개인 브레인스토밍, 집단 브레인스토밍, 모든 아이디어 기록 및 분류)를 창출한다. 아이디어 창출 단계에서 고안된 수많은 아이디어들 중 개발 및 시행이 가능한 것들을 스크린하며, 평가 단계에서 성능평가 기준의 설정, 개략평가(성능/비용), 모든 아이디어의 우선순위 선정을 통하여 대안들에 대한 구체화 조사 및 분석(대안의 설명 및 이미지, 대안의 장단점 파악 등)을 통하여 제안서를 작성한다. 분석 단계의 최종과정으로 조합과 설계자에게 VE활동결과를 제안한다.

- 실행 단계 : 양질의 제안들이 사장되지 않도록 체계적인 실행전략 및 계획을 수립하고 적용하며, VE제안에 대한 개략적인 실행 보고서 작성과 평가를 실시한다. 이행회의를 개최하여 제안사항을 검토한 후 수용여부를 결정하며, 조합은 기본설계 VE제안서를 승인한다.

(7) 기본설계 인허가 지원

정비사업관리기술인은 설계검토 및 조치를 완료한 후 설계자가 해당 건설사업의 건축심의, 사업시행계획인가, 착공신고 등 필요한 인·허가 업무를 관련 규정에 따라 처리하는 것을 관리하고 지원한다.

① 인·허가 관련 법규 검토

정비사업관리기술인은 해당 정비사업의 인·허가 관련 관계 법령의 해당규정을 검토한다.

- 「도시정비법」 및 같은 법 시행령, 각 지자체 도시 및 주거환경정비조례
- 「주택법」(에너지절약형 친환경주택의 건설기준)
- 주택건설기준 등에 관한 규정
- 「건축법」 및 같은 법 시행령, 각 지자체 건축조례(건축물 에너지 절약 설계 기준, 건축물 에너지 효율등급 인증 및 제로에너지건축물 인증 기준, 녹색건축물 조성 지원법, 장애물 없는 생활환경 인증에 관한 규칙, 초고속 정보통신건물 인증업무 처리지침, 지능형건축물 인증 기준)
- 각 특별시, 광역시, 시 또는 군의 도시계획조례
- 도시디자인 조례 및 경관조례
- 국토의 계획 및 이용에 관한 법률
- 교육환경보호에 관한 법률
- 「신에너지 및 재생에너지 개발·이용·보급촉진법」
- 「도시교통정비 촉진법」
- 「농지법」
- 「산지관리법」
- 「초지법」
- 「수도법」
- 「문화재보호법」
- 「자연공원법」
- 「해양생태계의 보전 및 관리에 관한 법률」
- 「자연환경보전법」
- 「야생동식물보호법」
- 「수산업법」

- 「산림자원의 조성 및 관리에 관한 법률」

- 「환경정책기본법」

- 「자연재해대책법」

- 「환경영향평가법」

- 「학교보건법」

- 「에너지이용 합리화법」

- 「교통약자의 이동편의증진법」

- 「장애인, 노인, 임산부 등의 편의증진보장에 관한 법률」

- 「국가계약법」

- 「민간투자법」

- 「수도권정비계획법」

- 「군사시설보호법」

- 「공업배치 및 공장설립에 관한 법률」

- 기타 관련 규정에 의한 인·허가

② 인·허가 및 예비인증 출원 일정 수립

정비사업관리기술인은 앞에서 검토된 인·허가 사항을 설계자가 제출한 분야별 세부일정표에 대입, 인허가 출원 일정을 수립한다.

③ 인·허가 및 예비인증 취득·변경 지원

정비사업관리기술인은 공사의 착수 전에 설계자가 인·허가 및 예비인증을 취득할 수 있도록 지원하며 설계자의 인·허가 사항에 대하여 설계변경 등의 변경사유가 발생되었을 경우 인·허가 내용의 변경을 신청하도록 지원한다.

⑻ 기본설계 기술자문회의 운영 및 지원

정비사업관리기술인은 관리 조직과 별도로 특수 전문분야에 대하여 필요시 기본설계 단계에서 각 분야별 전문가로 구성된 기술자문위원회를 운영할 수 있다.

① 기술자문회의 운영 및 관리 지원

- 관리조직과 별도로 해당 정비사업의 진행과정에서 특수 전문분야에 대하여는 필요시 기본설계

단계에서 각 분야별 전문가로 구성된 기술자문위원회 운영을 지원한다.

- 기술자문회의에 대한 세부운영계획을 수립하고, 업무수행계획서에 포함한다.
- 조합과 협의하여 자문위원을 선정하고, 필요시 조합의 요청 및 승인에 따라 조정할 수 있다.
- 조합은 정비사업관리기술인을 경유하지 않고 직접 기술자문위원회와 필요한 자료 또는 자문을 교환할 수 있다.

② 설계심의 운영 관리

- 설계심의 : 설계의 적정성, 기술개발·신공법·신기술 적용의 가능성 등 검토
- 입찰방법심의 : 업무 내용의 성격에 따라 발주방법의 적정성(일괄입찰, 대안입찰, 기술제안입찰 등) 등 검토
- 입찰안내서 심의 : 일괄입찰, 대안입찰로 결정된 분야에 대하여 계약조건, 입찰유의서, 특수조건 등 입찰안내서 작성의 적정성 검토
- 용역발주심의 : 용역시행계획 및 과업 내용의 적정성 검토
- 설계적격심의 : 일괄입찰, 대안입찰, 기술제안입찰의 설계도서에 대한 설계 적격여부 및 기술제안 채택여부를 검토
- 용역발주 전 심의 : 계약 관련 서류에 대한 검토를 하여 클레임 발생 및 분쟁 소지를 방지하기 위한 심의 수행

(9) 기본설계 기성지불계획 수립 및 지원

정비사업관리기술인은 기본설계 용역에 있어서의 검사 또는 검사조서작성 완료 후 그 설계기성을 지불하기 위한 절차를 지원한다. 또한, 기성지불계획을 사전에 협의하여 기성검사를 수행하는 업무를 포함한다.

① 기성지불계획 사전협의

정비사업관리기술인은 기성지불에 관련된 사항과 관련하여 사전에 조합, 계약당사자 상호 간의 합의를 요청한다.

② 기성검사원 접수 및 검사

정비사업관리기술인은 설계자로부터 기성내역서와 성과품 등이 포함된 기성부분 검사원을 접수받아, 설계지침서 및 설계과업내용서, 계약서상의 약정 등에 준하여 작성되었는지를 검토한 후 기성

부분 검사조서를 작성한다.

③ 기성검사 결과보고 및 기성지불

정비사업관리기술인은 조합에 검사결과를 통보하고 조합 승인 시 대가를 지급하며 설계자에게 이를 통보한다.

- 설계착수 시 설계자가 선금을 지급받았을 경우에는 기성지불 시에 계약서상에서 정한 선금 정산액 산출방식에 따라 선금을 정산한다.
- 기성검사 또는 검사조서를 작성하여 검사를 완료한 후 설계자의 청구를 받은 날로부터 15일 이내에 설계기성을 지급한다.
- 정비사업관리기술인은 기성부분 검사원을 접수받은 후 접수 내용의 전부 또는 일부가 부당함을 발견한 때에는 그 사유를 명시하여 설계자에게 당해 기성부분 검사원을 반송할 수 있다.

6.3 실시설계 관리

정사업관리기술인은 최상의 설계품질과 최대의 수익성을 확보하기 위하여 설계자가 작성하는 설계안과 그 진행을 검토하여 조합을 지원하며, 실시설계 단계에서 설계용역의 감독·검사·대가지급 등을 수행하는 업무를 지원한다.

(1) 실시설계 일반 관리

① 설계용역 착수 및 보고

정비사업관리기술인은 설계자가 계약서문서에서 정하는 바에 따라 설계용역을 착수 시에 다음의 서류를 포함한 착수신고서를 검토하여 적정성 여부를 조합에 보고한다.

- 설계용역공정예정표
- 인력 및 장비투입계획서
- 기타 조합이 지정한 사항

② 감독

정비사업관리기술인은 조합이 설계자와 계약을 체결한 경우에 그 계약의 적정한 이행을 확보하기 위하여 조합이 필요하다고 인정하거나 요구하는 경우에는 계약서, 설계서, 기타 관계 서류와 관련 법규에 의하여 감독한다.

③ 설계자의 근로자

정비사업관리기술인은 설계자의 채용근로자에 대하여 당해 계약 수행상 적당하지 아니하다고 인정할 경우에는 조합에 이를 보고하여야 하고, 조합이 교체를 요구할 경우에는 설계자가 즉시 교체하게 하고, 조합의 승인 없이는 교체된 근로자를 당해 계약의 수행을 위해 다시 채용할 수 없도록 지도한다.

④ 기술지식의 이용 및 비밀엄수 의무

정비사업관리기술인과 설계자는 당해 계약을 통하여 얻은 정보 또는 기밀사항을 계약이행의 전후를 막론하고 외부에 누설하여서는 아니 된다.

⑤ 선금 지급

정비사업관리기술인은 설계자가 선금의 지급을 요청하는 경우에는 증권 또는 보증서, 선금사용계획서를 제출하게 하여 검토 후 조합에 선급금을 지급하도록 요청한다.

⑥ 지체상금 통보

정비사업관리기술인은 설계자가 계약상 설계 준공일을 지체할 경우에는 계약서 및 국가계약법 시행령, 시행규칙 등 관계 법규를 준용하여 지체상금을 설계자로 하여금 조합에게 현금으로 지급하도록 지도한다.

⑦ 설계심의

정비사업관리기술인은 설계심의가 필요한 사업일 경우 조합이 건설공사계획·조사·설계·공사 시행의 적정성 및 환경성 등을 심의할 수 있도록 지원한다.

⑧ 성과품 제출

정비사업관리기술인은 설계자가 설계도서를 작성하는 경우에는 건설공사의 설계도서 작성 기준에 따라 작성되었는지를 검토한다.

⑨ 검사

정비사업관리기술인은 설계자가 계약 전부 또는 일부 이행을 완료한 때에는 이를 확인하기 위해 계약서·설계서 기타 관계 서류에 따라 이를 검사하여야 하고, 조합이 직접 확인할 필요가 있는 경우에는 조합의 확인 업무를 지원한다.

⑩ 인수

정비사업관리기술인은 설계용역 완료 후 설계자가 서면으로 설계용역 목적물 인수를 요청할 경우에는 조합이 즉시 당해 설계용역 목적물을 인수할 수 있도록 조치한다.

⑪ 대가지급

정비사업관리기술인은 검사 또는 검사조서를 작성한 후에 그 대가를 지급하는 조합의 업무를 지원한다.

(2) 과업수행계획서 검토

정비사업관리기술인은 조합이 실시설계 용역 발주 시 배포한 설계지침을 바탕으로 설계자가 과업수행계획을 수립할 시 성과품을 위한 기준, 진행상황 및 일정을 체계적으로 관리한다.

① 과업수행계획서의 내용

- 과업의 이해(과업의 명칭, 개요, 목적, 범위, 기간)
- 과업수행 추진계획(주요 방향, 분야별 과업, 주요 공정)
- 과업수행 조직 및 운영계획(수행조직 및 설계분야별 조직, 설계자 내부 설계연계성, 분야별 책임기술인 하도급 현황 등)
- 과업수행계획 : 업무분장 및 처리, 문서처리절차, 설계 기준 및 표준, 분야별 설계 기본방향, 설계품질 관리계획, 설계 성과품의 검토를 위한 세부 절차 등
- 과업수행 세부일정표
- 기타사항(조합의 추가 요구사항, 변경사항 조정 등)

② 과업수행계획서 승인

정비사업관리기술인은 설계 과업수행계획서의 내용을 검토하고, 조합은 이를 승인한다.

③ 과업수행계획서의 개정

설계과정 중 조합 및 정비사업관리기술인에 의하여 추가로 설계 기준에 포함된 사항은 설계자에게 통보한다. 설계자는 추가사항을 설계과업수행계획서에 반영하며, 정비사업관리기술인의 검토 후 조합은 이를 승인한다.

④ 과업수행계획서의 확정

정비사업관리기술인은 확정된 설계과업수행계획서에 따라, 설계자가 제출하는 설계과업수행계획을 근거로 하여 설계자의 업무진행사항 및 성과품을 확인한다.

(3) 실시설계 조정 및 연계성 검토

정비사업관리기술인은 해당 설계 등 용역과 관련된 설계의 경제성 등 검토 및 설계용역 성과검토 업무가 유기적으로 연계될 수 있도록 기술적인 연계성 검토 및 조정업무를 수행하여야 하며, 각종 회의 등을 통해 설계자별 분야별 협력업체 간의 업무협의 또는 의견조정 등이 원활하게 이루어질 수 있도록 지원한다. 즉, 실시설계를 수행하는 과정에서 설계자 및 다수의 전문협력업체 간 조직적 및 기술적 상호관계와 연계성을 명확하게 확립하고, 필요한 설계정보가 공유되고, 검토될 수 있도록 협조 및 조정활동을 진행한다.

① 설계조정회의 안건 선정

정비사업관리기술인은 다음 사항을 설계조정회의의 안건으로 검토한다.

- 설계연계성 관리절차에 의하여 해결이 곤란한 문제점
- 설계 관련 장기간 미해결 사항 및 보류된 설계연계성 문제점
- 설계자 및 협력사간 복합적인 문제의 해결 및 조정을 요하는 사항
- 각 분야 공통 적용 기술사항 중 그 시행을 위한 방침이 필요한 사항
- 조합 또는 정비사업관리기술인의 필요에 의한 부가 사항

② 설계조정회의 참석자 및 업무분장

구분	업무분장 내용
조합	• 설계조정회의의 최종 의사결정
정비사업관리기술인	• 설계조정회의 운영의 전반에 대한 관리 및 감독 • 설계자 및 협력사 간 분쟁 또는 미결사항에 대한 조정
설계자	• 설계조정회의 안건준비, 소집, 진행, 의견조정 • 회의결과 및 후속 조치사항 등의 관리 • 설계 협력업체의 관리 업무
협력사	• 각종 회의 자료의 작성 및 제출 • 회의결과 및 후속 조치사항 등의 이행 결과보고

③ 설계조정회의 개최 절차

- 정비사업관리기술인은 설계자로 하여금 설계조정회의가 필요한 경우 날짜를 정하여 개최하도록 한다.
- 조합, 정비사업관리기술인, 설계자는 필요한 경우 해당 회의안건을 선정할 수 있다.

- 회의안건은 회의 참석자들이 정확히 이해할 수 있도록 상세히 작성토록 한다.
- 회의 참석자는 올바른 의사결정을 하기 위하여 해당 안건에 대한 정확한 이해와 문제점, 해결방안 또는 대책을 강구하여 회의에 참석한다.

④ 설계조정회의 진행 방법

- 안건처리는 정비사업관리기술인이 주관하여 다음의 순서에 따라 진행토록 한다. : 상정안건 보고 → 이전 회의 의결사항 시행여부 확인 → 이전 회의 미결사항 처리방안 토의 및 의결 → 상정안건 처리 → 기타토의사항
- 상정된 안건에 대한 의결은 회의 참석자 전원의 동의로 가결하고 전원합의가 이루어지지 않은 사안은 정비사업관리기술인이 중재·조정한다.
- 설계자는 회의 과정 및 결과에 대하여 설계조정회의록을 이용하여 작성·유지하고, 설계조정회의록에는 반드시 회의 참석자의 서명을 받도록 한다.

⑤ 설계조정회의 후속 조치

- 정비사업관리기술인은 의결된 사항이 미결되거나 후속조치가 필요한 경우, 설계자로 하여금 별도로 관리 항목을 만들어 관리하고, 지정기한 내 처리·완료하도록 한다.
- 정비사업관리기술인은 의결사항 및 조치사항이 신속히 처리될 수 있도록 관련 계약상대자를 지도·관리해야 하며, 적절한 사유 없이 지연되는 사항은 특별 조치를 취하여 전체 사업 운영에 영향을 미치지 않도록 해야 한다.
- 정비사업관리기술인은 설계자에게 처리·완료된 조치사항을 문서로 통보하도록 한다.

⑥ 설계연계성 검토여부 결정

- 정비사업관리기술인은 해당 설계문서에 대한 설계연계성 검토의 필요성 여부를 설계자와 협의하여 결정한다.
- 정비사업관리기술인은 협력사와 함께 설계연계성 검토업무를 수행토록 하며, 필요한 경우 설계검토팀을 별도로 구성하여 수행할 수 있도록 한다.

⑦ 설계연계성 검토요청서 작성 및 배부

설계연계성 검토가 필요하다고 결정되면, 설계자로 하여금 검토기한 지정 및 필요한 설계문서를 첨부하여 설계연계성 검토요청서를 작성하도록 하고, 관련 설계협력업체 및 협력사에게 배부하여 검토하도록 한다.

⑧ 설계연계성 검토

정비사업관리기술인은 설계자, 설계협력업체 및 기타 협력사가 설계연계성검토를 다음과 같이 수행하도록 관리한다.

- 검토 의뢰를 받은 계약상대자는 담당 책임범위 내에서 설계문서의 연계성에 대한 적합성을 검토하여 검토확인서에 검토의견 여부를 표시하고, 해당란에 서명 및 날짜를 기입하여 설계자에게 검토결과를 제출하도록 한다.
- 검토의견은 수정 및 변경 요구사항, 유효한 자료 등을 명확히 서술해야 한다. 단, 편집상 오류나 질문사항은 제외한다.
- 관련 설계협력업체나 협력사는 제시된 검토의견의 근거가 변경 또는 개정되었을 경우에는 즉시 설계자에게 통보토록 한다.

⑨ 설계연계성 검토결과 반영

- 설계자는 제시된 검토결과를 해결하도록 하고, 사업참여자 간 합의 또는 해결되지 않는 문제는 정비사업관리기술인에게 보고한다.
- 정비사업관리기술인은 설계자가 검토결과를 설계문서에 반영할 것인지 여부를 결정하도록 하고, 검토결과를 반영한 후에는 관련 설계협력업체 및 계약상대자로부터 동의서명을 받도록 한다.
- 설계자는 모든 검토결과가 해결되어 설계문서에 반영되었음을 확인한 후 설계연계성 검토확인서에 최종 서명하도록 한다.

⑩ 설계연계성 재검토

- 설계도서를 개정하는 경우, 정비사업관리기술인은 설계자 및 협력사와 협의하여 전체 설계에 미치는 영향을 검토하고, 설계연계성 재검토 여부를 결정토록 한다.
- 재검토 절차는 검토절차와 동일한 절차에 따른다.

(4) 실시설계 경제성 검토

정비사업관리술인은 해당 프로젝트의 특성을 감안하여 실시설계에 따른 VE(Value Engineering)의 구체적인 업무를 수행하고 선택된 개선안 또는 변경안을 조합에 제안하여 조합으로 하여금 심의, 승인할 수 있도록 제안한다. 경제성 검토는 설계 준비 단계, 분석 단계, 실행 단계별로 VE업무를 수행하며, 제안서작성, 제안서 제출 및 보고 등의 업무를 수행한다.

① 설계VE 적용여부 검토

정비사업관리기술인은 총공사비규모와 설계변경 규모, 그 밖에 조합이나 시공사가 설계VE가 필요하다고 인정하는 공사에 대해 다음의 일반적 기준을 가지고 적용여부를 검토한다.

- 원가절감 가능성이 높은 공사
- 신기술이 적용되는 공사
- 촉박한 설계일정을 가진 공사
- 제한된 예산을 가진 공사
- 과거 경험상 개선이 필요하다고 판단되는 공사

② 준비 단계(Pre-Study)

프로젝트VE를 효율적으로 수행하기 위하여 계약상대자와 협력체계를 구축하고, 공동목표를 설정하며, VE분석 단계에 요구되는 충분한 정보를 확보한다.

- 실시설계VE 수행계획서(목적, 시행방안, VE추진일정, 실무반원 업무분장, 예산 관련 사항 등)를 수립한다.
- 실시설계VE 실무반을 구성한다.
- 설계자, 조합, 프로젝트 관련분야 대표 등이 참석하는 오리엔테이션 미팅을 개최하여 프로젝트 범위를 설정하고, 현장조사 및 관련 자료를 수집한다.
- 이해관계자, 사용자, 조합의 요구사항을 가지고 주요 VE검토대상을 선정한다.

③ 분석 단계(VE-Study)

VE활동의 핵심적인 단계로서, 정보수집 및 사용자 요구측정을 통해 VE대상을 선정하고 여러 기법을 활용하여 실질적인 VE 대안 제시의 기초가 된다.

- VE대상분야에 대하여 기능정의(분류포함)-정리(기술중심Fast도, 고객중심Fast도)-평가의 세 단계로 기능분석을 한다.
- 정보 단계에서 수집된 정보와 기능 분석을 통하여 선정된 개선대상 기능들을 달성할 수 있는 아이디어(개인 브레인스토밍, 집단 브레인스토밍, 모든 아이디어 기록 및 분류)를 창출한다.
- 아이디어 창출 단계에서 고안된 수많은 아이디어들 중 개발 시행 가능한 것들을 스크린한다.
- 평가 단계에서 성능평가 기준의 설정, 개력평가(성능/비용), 모든 아이디어의 우선순위 선정을 통하여 선정된 대안들에 대한 구체화 조사 및 분석(대안의 설명 및 이미지, 대안의 장·단점 파

악 등)을 통하여 제안서를 작성한다.

- 분석 단계의 최종과정으로 발주청과 원 설계자에게 VE활동 결과를 제안한다.

④ 실행 단계(Post-Study)

양질의 제안들이 사장되지 않도록 체계적인 실행 전략 및 계획을 수립하고 적용한다.

- VE제안에 대한 개략적인 실행보고서 작성과 평가를 실시한다.
- 이행회의를 개최하여 제안사항을 검토한 후 수용여부를 결정(제안의 채택/기각/재검토)한다.
- 조합은 VE제안서를 승인한다.
- 채택된 제안을 설계에 반영하고, 그 결과를 정리한 최종 VE보고서를 조합에 제출한다.

(5) 실시설계 성과 검토

정비사업관리기술인은 각종 조사의 적정성, 설계 기준 및 용역 성과품 등에 대한 적정성, 공사시방서의 적정성, 해당 설계의 기후조건 반영여부, 건설생산성 반영 설계여부 등을 검토하고, 설계 단계 관리 검토목록을 작성·관리하며, 조합에 보고 및 조치를 지원한다. 설계자가 작성한 각종 설계성과품이 요구사항을 충족하는지 적정성을 검토하기 위해 설계도서 검토를 시행하고, 그 결과를 설계자에게 통보하여 검토의견을 반영한다. 또한, 설계 단계에서 설계검토팀의 구성, 설계검토 방법의 결정 및 설계검토계획서의 작성, 설계 단계 관리 체크리스트 작성, 단계별 설계검토 실시, 검토보고서 작성 및 보고 등의 업무를 수행한다.

① 설계도서 검토 절차

설계검토팀 구성 → 설계검토방법 결정 → 설계검토계획서 작성 → 설계 단계 관리 체크리스트 작성 → 분야별 설계검토 실시 및 검토의견서 작성 → 검토등급 부여 및 검토결과 처리(통보 및 조정, 해결, 결정) → 검토보고서 작성 및 보고 → 검토의견 반영여부 확인

② 설계검토팀 구성

정비사업관리기술인은 설계자가 제출한 설계도서의 검토업무를 주관하며, 전문적인 설계기술능력을 보유하고 설계기준 및 기술시방서 등을 작성한 경험이 있는 인력으로 설계검토팀을 구성한다.

③ 설계검토방법 결정 및 설계검토계획서 작성

정비사업관리기술인은 다음의 내용을 포함하여 설계검토계획서를 작성한다.

- 설계검토 목적 및 단위공종 또는 시설별 검토대상 선정

- 해당 공종 또는 시설별 설계 기준 및 관련 문서

- 설계검토 방법

- 설계검토업무 수행일정

- 설계검토 담당자 명단

- 기타 필요한 사항

④ 설계 단계 관리 체크리스트 작성

정비사업관리기술인은 설계검토계획서에 따라 설계검토가 객관적이고 일관성을 유지할 수 있도록 설계지침서, 설계입찰서류 및 계약문서를 참조하여 설계 단계 관리 체크리스트를 작성한다. 선정된 검토대상의 시공성, 시설사양 및 구조검토, 설계오류 및 불명확한 부분의 명시 등 설계검토항목을 만들어 설계 단계 관리 체크리스트를 작성한다.

⑤ 단계별 설계검토 실시

정비사업관리기술인은 실시 설계결과에 대하여 각종 시방서 및 설계 기준 등과의 적정성 여부 등 3회 이상의 설계검토를 실시하며, 설계 진행과정 중에도 설계검토를 반드시 수행한다. 또한, 설계 전 단계에서 설계검토가 필요한 경우에도 이를 준용하며, 설계 단계 관리 체크리스트를 활용하여 다음의 설계검토 항목을 결정한 후 설계검토를 시행한다.

- 사업의 개요, 목적, 타당성 조사, 사업성 검토

- 공법 적합성 검토

- 자재 및 품질 적합성 검토

- 도면이 설계입력 자료와 적절한 코드 및 기준에 적합한지 여부

- 도면이 적정하게, 해석 가능하게, 실시 가능하며 지속성 있게 표현되었는지 여부

- 도면상에 사업명과 계약 숫자에 적정한 일자와 타이틀을 부여했는지 여부

- 관련 도면들과 다른 관련 문서들과의 관계가 명확하게 표시되었는지 여부

- 적용된 설계요건, 설계 기준 및 용역성과품의 적정성 검토, 조정

- 지질, 환경영향조사 및 조합의 요구사항 반영

- 관련 법규 검토, 시설물의 기능, 설계심의자문 사전검토 자료 작성

- 설계도면에 구체적으로 표시할 수 없는 공사의 특수성, 지역여건, 공사방법 등이 고려되었는지 여부

- 자재의 성능 규격 및 공법, 품질시험 및 검사 등 품질 관리, 안전 관리, 환경 관리 등에 관한 사항
- 실제 건설과정, 주요공종, 최신 기술의 반영 등에 관한 사항
- 건설기간 중의 기후조건 반영 여부 검토
- 건설생산성 반영 여부 검토
- 그 밖에 공사의 안전성 및 원활한 수행을 위하여 필요하다고 인정되는 사항

⑥ 설계도서 검토보고서 작성 및 보고

정비사업관리기술인은 단계별 설계검토의견을 종합하여 검토보고서를 작성하여 조합에 보고하며, 발견된 문제점은 특별히 지정되지 않는 한 당초 설계업무를 수행한 부서 또는 설계용역업체 의해 해결한다. 다만, 설계변경이 요구될 경우 설계변경 절차에 따라 업무를 수행한다.

정비사업관리기술인은 실시설계를 검토하여 조정, 수정, 보완이 필요한 사항에 대한 조합 보고사항에 대한 조치를 지원한다.

⑹ 실시설계도서 승인절차

정비사업관리기술인은 조합이 설계용역성과품을 승인하도록 설계도서 등급 부여, 등급 결과의 처리업무 등을 수행한다.

① 설계도서 등급 부여

정비사업관리기술인은 설계도서의 승인에 필요한 등급부여 기준을 설정하고, 설계자의 성과물에 대한 등급을 부여한다.

- 등급 A : 승인

설계자의 성과물이 모든 기준 및 계약요건을 만족하며, 문제점이 없다고 판단될 경우에 부여, 설계자는 후속 업무를 진행할 수 있음

- 등급 B : 조건부 승인/보완 후 제출

성과물이 전반적인 기술적 적합성은 인정되나, 일부 경미한 지적사항이나 오류가 있어 이를 시정 및 보완할 필요가 있는 경우에 부여

성과물의 검토 시점에서는 주어진 기술 및 사업요건을 만족하지만, 향후 재평가 및 확인 필요한 보류사항이나 잠재적인 문제점을 내포하고 있다고 판단되는 경우에 부여

제한된 범위 내에서 관련 후속 작업이 이루어질 수 있도록 조건을 제시

설계자는 후속업무를 우선 진행할 수 있으나, 본 성과물에 제시된 검토의견 및 조건을 반영하여 보완 후 제출 필요

- 등급 C : 승인불가/재제출

검토결과 관련 기술 및 사업요건을 만족하지 못하며, 중대한 불일치 사항, 결함 및 문제점을 포함하고 있어 관련 후속 업무에 적용 및 사용이 불가능한 경우에 부여

설계자가 제출한 성과물의 상태가 불량하거나 전자화일 등과 같은 기록보존매체를 제작하는 데 부적합한 경우 또는 복제, 복사 및 재생산이 불가능한 경우에 부여

설계자는 후속 업무를 진행할 수 없고, 본 성과물에 제시된 검토의견을 반영하여 재제출 필요

② 설계도서 등급 결과의 처리

- 설계도서 등급 A의 경우 정비사업관리기술인은 설계검토통보서를 이용하여 해당 설계검토 등급을 명시하고, 설계검토의견서 및 관련 자료를 첨부하여 설계자와 조합에게 송부한다.
- 설계도서 등급 B 또는 C의 경우 정비사업관리기술인은 설계검토통보서에 해당 설계검토 등급과 보완제출 또는 재제출 기한을 명시하고, 설계검토의견서 및 관련 자료를 첨부하여 설계자에게 송부한다.
- 정비사업관리기술인은 설계성과품의 재제출을 통보하는 경우에 설계자가 지정된 기한 내에 최초 제출과 동일한 방법으로 제출토록 시정·조치한다.
- 정비사업관리기술인은 설계검토의견서, 검토등급부여 여부, 설계결함 관련 설계조건, 결함 내용, 결함발생부분 또는 문서, 발견일자, 설계결함의 경중여부 결정사항, 시정조치 방안, 조치기한 등을 상세히 기재한다.

⑺ 실시설계 기성계획 수립 및 기성검사

정비사업관리기술인은 실시설계 용역에 있어서의 검사 또는 검사조서 작성 완료 후 그 설계기성을 지불하기 위한 절차를 지원한다. 또한, 기성지불계획을 사전에 협의하여 기성검사를 수행하는 업무를 포함한다.

① 기성지불계획 사전협의

정비사업관리기술인은 기성지불에 관련된 사항과 관련하여 사전에 조합, 계약당사자 상호간의 합의를 요청한다.

② 기성검사원 접수 및 검사

정비사업관리기술인은 설계자로부터 기성내역서와 성과품 등이 포함된 기성부분 검사원을 접수받아, 설계지침서 및 설계과업내용서, 계약서상의 약정 등에 준하여 작성되었는지를 검토한 후 기성부분 검사조서를 작성한다.

③ 기성검사 결과보고 및 기성지불

정비사업관리기술인은 조합에 검사결과를 통보하고 조합 승인 시 대가를 지급하며 설계자에게 이를 통보한다.

- 설계착수 시 설계자가 선금을 지급받았을 경우에는 기성지불 시에 계약서상에서 정한 선금 정산액 산출방식에 따라 선금을 정산한다.
- 기성검사 또는 검사조서를 작성하여 검사를 완료한 후 설계자의 청구를 받은 날로부터 15일 이내에 설계기성을 지급한다.
- 정비사업관리기술인은 기성부분 검사원을 접수받은 후 접수 내용의 전부 또는 일부가 부당함을 발견한 때에는 그 사유를 명시하여 설계자에게 당해 기성부분 검사원을 반송할 수 있다.

⑻ 실시설계 기술자문회의 운영 및 지원

정비사업관리기술인은 관리 조직과 별도로 특수 전문분야에 대하여 필요시 실시설계단계에서 각 분야별 전문가로 구성된 기술자문위원회를 운영할 수 있으며, 조합의 설계심의가 원활하게 진행될 수 있도록 지원한다.

① 기술자문회의 운영 및 관리 지원

- 관리조직과 별도로 해당 정비사업의 진행과정에서 특수 전문분야에 대하여는 필요시 기본설계단계에서 각 분야별 전문가로 구성된 기술자문위원회 운영을 지원한다.
- 기술자문회의에 대한 세부운영계획을 수립하고, 업무수행계획서에 포함한다.
- 조합과 협의하여 자문위원을 선정하고, 필요시 조합의 요청 및 승인에 따라 조정할 수 있다.
- 조합은 정비사업관리기술인을 경유하지 않고 직접 기술자문위원회와 필요한 자료 또는 자문을 교환할 수 있다.

② 설계심의 운영 관리

- 설계심의 : 석계의 적정성, 기술개발·신공법·신기술 적용의 가능성 등 검토

- 입찰방법심의 : 업무 내용의 성격에 따라 발주방법의 적정성(일괄입찰, 대안입찰, 기술제안입찰 등) 등 검토
- 입찰안내서 심의 : 일괄입찰, 대안입찰로 결정된 분야에 대하여 계약조건, 입찰유의서, 특수조건 등 입찰안내서 작성의 적정성 검토
- 용역발주심의 : 용역시행계획 및 과업 내용의 적정성 검토
- 설계적격심의 : 일괄입찰, 대안입찰, 기술제안입찰의 설계도서에 대한 설계 적격여부 및 기술제안 채택여부를 검토
- 용역발주 전 심의 : 계약 관련 서류에 대한 검토를 하여 클레임 발생 및 분쟁 소지를 방지하기 위한 심의 수행

6.4 시공 단계에서의 설계 관리

(1) 설계도서 관리

정비사업관리기술인은 사용할 설계도서의 인수절차, 사용 기준, 반환절차(폐기처분 포함), 준공도서 업무절차 등을 명시하고, 그 절차와 기준에 따라 해당 정비사업의 건설공사 관련 설계도서를 관리하는 업무를 수행한다. 인수받은 설계도서의 유지 관리뿐만 아니라 도서의 비치 및 보안 외에도 건설공사의 진행에 따라 설계변경 또는 현장시공도(Shop Drw.) 등의 자료가 기록·유지·관리하며, 최종 준공 시에는 준공도(As-built Drw.) 작성의 자료로 활용될 수 있도록 관리한다.

① 설계도서의 인수

정비사업관리기술인은 공사 설계도서 및 자료, 계약문서 등을 인수하며, 인수할 설계도서 및 자료, 계약문서의 범위는 다음과 같다.

- 기본계획 보고서
- 설계도면(승인 또는 건축허가를 득한 설계도면)
- 기본 및 실시설계 보고서
- 시방서
- 구조(수리, 용량) 계산서
- 내역서

- 단가산출서
- 공사계약서 및 공사계약특수조건(사본)
- 설계용역 관련 공문 및 계약서(사본)

② 설계도서의 관리

- 정비사업관리기술인은 설계도서 인수 즉시 관리번호를 부여하고 도서 표지 좌측 상단에 번호를 부착한다.
- 설계도서 관리번호 부여기준은 현장문서관리체계에 기준한다.
- 정비사업관리기술인은 설계도서를 관리함에 있어 관리대장을 작성·비치하고 외부유출 시는 조합으로부터 승인을 받는다.
- 정비사업관리기술인은 설계도서를 보관함에 있어 반드시 도면 보관함에 보관하여야 하고, 캐비닛 등에 보관된 설계도서 및 관리서류의 명세서를 기록하여 내측에 부착하여야 하며, 시공자가 차용하여 간 설계도서는 필히 상기요령에 따라 보관토록 한다.
- 정비사업관리기술인은 변경으로 인한 폐기대상 설계도서에는 "VOID" 표시의 붉은 도장을 찍어 별도 관리한다.
- 시공상세도에 의한 시공부분의 상세도면, 표준도 등으로 설계된 공종의 실시공 치수, 설계변경된 부분의 변경도면 등 시공된 부분은 도면에 붉은 색으로 시공현황을 기록·관리한다.
- 굴착범위 및 되메우기 재료 등에 대한 사항이나 굴착, 매립, 용수, 지반조건 등의 특기사항 등의 확인된 현장조건, 특기상 등은 녹색으로 기록·관리한다.
- 지하매설물의 위치를 지상 진조점으로부터의 이격거리로 표시한 사항이나 공사 중 수행한 기존 시설물의 개조, 재설치, 위치이동 등의 상세도와 같은 지하시설에 대한 자료를 제공받아 황색으로 기록·관리한다.
- 설계변경 예정인 사항에 대하여 설계도서에 연필로 구름 표시하고, "설계변경검토" 표시가 된 적색 접착용지(Post-it 등)를 붙여 관리한다.

③ 준공도서 관리

정비사업관리기술인은 시공자가 작성·제출한 준공도면이 실제 시공된 대로 작성되었는지의 여부를 검토·확인하여 조합에 제출하여야 한다. 준공도면은 계약에서 정한 방법으로 작성하여야 하며, 모든 준공도면에는 정비사업관리기술인의 확인·서명이 있어야 한다.

설계도서 관리대장

| 번호 | 도서명 | 규격 | 관리번호 | 구분 | 수량 | 접수일자 | 배부 | | 관리 담당자 |
						폐기일자	인수인	인계인	

(2) 설계질의 및 회신 업무

정비사업관리기술인은 계약문서의 해석 또는 설계도서의 내용과 관련하여 질의한 사항에 대하여 분석 후, 책임 있는 담당자에게 회신을 요청하고, 회신 내용을 검토한 후, 시공자에게 회신하는 업무를 수행한다. 설계도서에 대한 해석에 따라 조합 또는 시공자의 이해관계에 큰 영향을 초래할 수 있기 때문에 설계질의에 대한 회신은 책임 있게 작성될 수 있도록 선정하고 관련 답변 등의 업무를 지원한다.

① 질의에 대한 해석

정비사업관리기술인은 시공자 등의 질의에 대해 설계성과품(설계도서) 및 계약문서를 다음을 고려하여 검토한다.

- 조합과 시공자는 계약에 의해 성립되는 관계이며 시공자의 공사수행을 정의하는 것은 계약문서와 설계도서이다.
- 계약문서와 설계도서가 공사 전체를 완벽하게 정의할 수는 없으며 현장조건 및 상황에 적합한 해석이 계약문서와 설계도서를 제공한 쪽에서 제공되어야 한다.
- 정비사업관리기술인은 조합의 권한을 위임받은 대리인으로서 일반적인 도급공사의 시공자로부터 제기되는 설계도서 등 관련 질의에 대해 설계설명 및 해석, 수정 등의 회신을 하며, 정비사업관리기술인의 검토할 수 없는 사안에 대해서는 각 책임 당사자(설계자, 계약담당자 등)의 회신을 주선한다.

② 정비사업관리기술인은 시공자의 질의에 대해 회신 당사자별 처리사안을 다음과 같이 분류한다.

- 설계자 검토·회신사항 : 설계조건 대비 현장조건의 차이, 설계 기준 적용의 편차, 현장조건 대비 구조해석의 차이, 설계의도의 불명확한 부분, 유사공사와의 설계차이 등
- 정비사업관리기술인 등 관련 협력사 : 현장조건 대비 설계착오, 설계오류·누락·모순된 사항, 설계도면 대비 공사시방서의 불일치, 관련 법규와 상치되는 설계 내용, 기타 명백한 부적합 설계, 복잡한 설계도면의 설명, 특수한 설명 또는 전문용어의 해석 등
- 조합 검토·회신사항 : 계약 특수조건의 유권해석, 제안요청서에 명시된 설계 기준 관련 질의, 조합 제시 현장조건 관련 질의 등

③ 질의·회신 절차

정비사업관리기술인은 다음의 절차에 따라 검토·회신업무를 수행한다.

- 필요할 경우 설계자에게 질의한다.

- 가급적 근거 자료를 첨부한다.

- 시공자로부터 질의서가 접수된 후 14일 이내에 서면으로 회신한다.

- 관련 설계도서에 적색으로 요약하여 기재한다.

④ 설계자 검토 회신사항 절차

정비사업관리기술인은 설계자 검토 회신사항에 대해 다음의 절차대로 수행한다.

- 시공자 실의서를 첨부한 정비사업관리기술인의 의견서를 작성하며 설계자에게 송부한다.

- 정비사업관리기술인 의견서는 상세한 현장조건, 공사진도, 시공자 질의사항에 대한 정비사업관리기술인 검토의견 요약 및 회신요망일자 등을 기재한다.

- 설계자의 회신은 현장조건 대비 회신 내용, 정비사업관리기술인 의견과의 차이, 설계변경 여부, 공사진도 대비 변경범위 등을 검토한 후 시공자에게 발송한다.

- 설계자 회신사항은 정비사업관리기술인 보유 설계도서에 적색으로 요약·기재한다.

⑤ 조합 검토 회신사항 절차

정비사업관리기술인은 조합의 검토 회신사항에 대해 다음의 절차를 수행한다.

- 시공자 질의서를 첨부한 실정보고서를 작성·보고한다.

- 설정보고서에는 공사여건 및 현장조건, 공사진도, 정비사업관리기술인의 의견서, 희망요망일자 등의 내용을 포함한다.

- 조합 회신 사항은 정비사업관리기술인 보유 설계도서에 적색으로 요약하여 기재한 후 시공자에게 발송한다.

⑥ 시공자 질의에 대한 회신 결과에 따라, 설계변경이 필요할 경우 설계변경절차에 따른다.

(3) 설계변경 관리

정비사업관리기술인은 설계변경 사유와 변경원인 제공자별로 적합한 업무분장 및 책임분장이 이루어질 수 있도록 설계변경절차를 수행해 나가도록 관리한다. 설계변경의 과정은 설계변경작업을 누가 할 것인지와 증감되는 공사비 적용 기준을 어떻게 할 것인지가 중요하며, 이는 설계변경의 귀책사유가 누구에게 있는가에 따라 달라진다. 따라서, 정비사업관리기술인은 조합의 방침에 따라 정해진 서류와 설계변경에 필요한 구비서류를 작성토록 관리하고 작성된 내용을 검토하여 조합의 방침을 득하도록 한다.

① 공동사항 및 설계변경 발생행위의 원인제공 및 책임분석

- 정비사업관리기술인은 설계변경 행위가 발생하였을 때 그 행위가 발생하게 된 원인을 파악하고, 그에 따른 책임을 분석하여 설계변경절차에 따라 업무를 수행한다.

- 정비사업관리기술인은 공사 실정보고와 관련하여 설계도서와 현지여건이 상이한 부분에 대한 내용 파악, 시공자가 제출한 실정보고 내용의 적정성 검토, 조합에 설계변경을 위한 공사 실정보고 제출 등의 업무를 수행한다.

- 정비사업관리기술인은 특수한 공법이 적용되어 기술검토 및 시공상 문제점 등의 검토가 진행될 때에는 관련 기술인 등을 활용하고, 필요시 조합과 협의하여 외부의 국내외 전문가에 자문하여 검토의견을 제시할 수 있으며, 특수한 공종에 대하여 외부 전문가의 참여가 필요하다고 판단될 경우 조합과 협의하여 참여시킬 수 있다.

② 조합의 요청에 의한 설계변경절차

- 조합은 외부적 사업환경의 변동, 사업추진 기본계획의 조정, 민원에 의한 노선변경, 공법변경, 불가항력적인 사유로 인한 변경, 그 밖에 시설물 추가 등으로 설계변경이 필요한 경우에는 다음의 서류를 첨부하여 반드시 서면으로 설계변경을 하도록 지시하며, 조합이 설계변경 도서를 작성할 수 없을 경우에는 설계변경 개요서만 첨부하여 설계변경 지시를 할 수 있다.

- 설계변경 지시를 받은 정비사업관리기술인은 지체 없이 시공자에게 동 내용을 통보하여야 하며, 이 경우 조합의 요구로 만들어지는 설계변경도서 작성비용은 원칙적으로 조합이 부담하여야 한다.

- 시공자는 설계변경 지시 내용의 이행가능 여부를 당시의 공정, 자재수급 상황 등을 검토하여 확정하며, 만약 이행이 불가능하다고 판단될 경우에는 그 사유와 근거 자료를 첨부하여 정비사업관리기술인에게 보고하여야 하고, 정비사업관리기술인은 그 내용을 검토·확인하여 지체 없이 조합에 보고하여야 한다.

- 설계변경을 하려는 경우 정비사업관리기술인은 조합의 방침에 따라 시공자로 하여금 설계변경 개요서, 설계변경도면, 시방서, 계산서, 수량산출조서, 그 밖에 필요한 서류를 작성하도록 한다.

③ 설계상의 하자 및 시공자 요청으로 인한 설계변경

- 정비사업관리기술인은 설계검토 결과, 설계자 귀책사유에 의한 설계변경사항으로 판단되거나,

시공자가 현지여건과 설계도서의 불일치, 공사비 절감, 건설공사의 품질향상을 위해 개선이 필요하다고 판단하여 설계변경사유서, 설계변경도면, 개략적인 수량증감내역 및 공사비 증감내역 등의 서류를 첨부하여 제출하면 이를 검토·확인하여 필요시 기술검토의견서를 첨부하여 조합에 실정보고하고, 조합의 방침을 득한 후 시공하도록 조치한다.

- 정비사업관리기술인은 시공자로부터 현장실정 보고를 접수 후 기술검토 등을 필요로 하지 않는 단순한 사항은 7일 이내, 그 외의 사항을 14일 이내에 검토 처리하여야 하며, 만일 날짜 안에 처리가 곤란하거나 기술적 검토가 미비한 경우에는 그 사유와 처리계획을 조합에 보고하고 시공자에게도 통보하여야 한다.

- 시공자는 구조물의 기초공사 또는 주공정에 중대한 영향을 미치는 설계변경으로 방침확정이 긴급히 요구되는 사항이 발생하는 경우에는 절차에 따르지 않고 정비사업관리기술인에게 긴급 현장 실정보고를 할 수 있으며, 정비사업관리기술인은 이를 조합에 지체 없이 유선, 전자우편 또는 팩스 등으로 보고한다.

- 조합은 설계변경 방침결정 요구를 받은 경우에 설계변경에 대한 기술검토를 위하여 조합의 소속직원으로 기술검토팀을 구성(필요시 민간전문가로 자문단 구성)·운영하여야 하며, 이 경우 단순한 사항은 7일 이내, 그 외의 사항은 14일 이내에 방침을 확정하여 정비사업관리기술인에게 통보한다. 다만, 해당 기일 내 처리가 곤란하여 방침결정이 지연될 경우에는 그 사유를 명시하여 통보한다.

- 조합은 설계변경 원인이 설계자의 하자라고 판단되는 경우에는 설계변경(안)에 대한 설계자 의견서를 제출토록 하여야 하며, 대규모 설계변경 또는 주요 구조 및 공종에 대한 설계변경은 설계자에게 설계변경을 지시하여 조치한다.

제3편

시공자 선정 및 계약

목 차

1.1 과업 개요

「도시정비법」 제29조(계약의 방법 및 시공자 선정 등) 제4항에서 조합은 조합설립인가를 받은 후 조합총회에서 경쟁입찰 또는 수의계약(2회 이상 경쟁입찰이 유찰된 경우로 한정한다)의 방법으로 건설업자 또는 등록사업자를 시공자로 선정하여야 하며, 조합원이 100인 이하의 정비사업은 조합총회에서 정관으로 정하는 바에 따라 선정할 수 있다. 서울시의 경우 도시정비법과 달리 조례를 통해 시공자 선정시기를 사업시행인가 이후로 하였으나 2023년 7월 조례개정을 통해 재건축·재개발 정비사업 모두 조합설립인가 이후 선정할 수 있게 함으로써 전국 모든 정비사업의 시공자 선정시기는 조합설립인가 이후로 통일되었다.

또한, 정비사업의 시공자 선정은 관련 법령 이외에 국토교통부가 고시한 정비사업 계약업무 처리기준 및 서울시의 경우 공공지원 시공자 선정 기준 등이 정하는 바에 따라 관련 업무를 진행해야 하기 때문에 정비사업관리기술인의 역할이 매우 중요한 업무이다.

따라서, 정비사업관리기술인은 시공자 선정 및 계약을 추진하기 위하여 「도시정비법」 등 관계 법령, 「정비사업 계약업무 처리기준」, 「서울시 공공지원 시공자선정기준」 등이 정하는 바에 따라 조합이 시공자 선정을 준비하는 절차 및 선정계획수립, 입찰공고·입찰안내서 등 각종 서식 검토 및 작성, 자격심사, 현장설명회 및 홍보설명회 개최 준비, 조합원 총회 개최 준비 등에 관한 업무를 수행할 수 있도록 지원하는 업무를 포함한다.

1.2 용어 정의

(1) 건설업자등

"건설업자등"이란 「건설산업기본법」 제9조에 따른 건설업자 또는 「주택법」 제7조제1항에 따라 건설업자로 보는 등록사업자를 말한다.

(2) 조합

"조합"이란「도시정비법」제35조에 따라 설립된 조합을 말한다.

(3) 전자조달시스템

"전자조달시스템"이란「전자조달의 이용 및 촉진에 관한 법률」제2조제4호에 따른 국가종합전자조달시스템 중 "누리장터"를 말한다.

(4) 설계도서

"설계도서"란 설계도면·공사시방서·현장설명서 및 물량내역서 등 공사의 입찰에 필요한 서류를 말한다.

(5) 물량내역서

"물량내역서"란 당해 정비사업의 공종별 목적물의 물량과 규격 등이 적인 내역서를 말한다.

(6) 산출내역서

"산출내역서"란 물량내역서에 단가를 적은 내역서를 말한다.

(7) 공사비총괄내역서

"공사비총괄내역서"란 공종별 공사에 소요되는 공사비를 총액으로 산출한 내역서를 말한다.

(8) 대안설계

"대안설계"란 정비계획범위에서 창의적인 건축디자인, 혁신적인 건설기술 등을 포함하여 제안하는 설계안을 말한다.

(9) 검증기관

"검증기관"이란 국토교통부고시「정비사업 계약업무 처리기준」제36조제3항에서 정한 공사비 검증을 수행할 기관으로서「한국감정원법」에 의한 한국감정원을 말한다.

(10) 전문기관

"전문기관"이란 「국가를 당사자로 하는 계약에 관한 법률 시행규칙」 제9조제2항 에 따른 "원가계산 용역기관"을 말한다.

(11) 발주자

"발주자"란 해당 정비사업구역의 재개발(재건축)정비사업조합을 말한다.

(12) 입찰자

"입찰자"란 입찰공고에서 제시된 자격조건을 갖추고, 시공입찰에 참여하는 건설업자등을 말한다.

(13) 낙찰자

"낙찰자"란 입찰자 중 발주자의 총회에서 선정되어 시공계약의 우선권이 부여된 건설업자등을 말한다.

(14) 예정가격

"예정가격"이란 발주자인 조합이 설계도서에 따라 산출한 공사원가 범위 안에서 입찰공고 시 공표한 입찰금액의 기준이 되는 가격을 말한다.

1.3 정비사업 계약업무 처리기준

국토교통부에서 고시한 「정비사업 계약업무 처리기준」 제4장(제25조~36조)에서 재개발·재건축 사업의 사업시행자등이 건설업자등을 시공자로 선정하거나 추천하는 경우에 적용하는 기준을 제시하고 있어 정비사업관리기술인은 이 기준을 따라 시공자 선정 업무를 지원한다.

(1) 입찰의 방법(제26조)

일반경쟁 또는 지명경쟁의 방법으로 건설업자등을 시공자로 선정하여야 하며, 일반경쟁입찰이 미응찰 또는 단독 응찰의 사유로 2회 이상 유찰된 경우에는 총회의 의결을 거쳐 수의계약의 방법으로 건설업자등을 시공자로 선정할 수 있다.

(2) 지명경쟁에 의한 입찰(제27조)

지명경쟁에 의한 입찰에 부치고자 할 때에는 5인 이상의 입찰대상자를 지명하여 3인 이상의 입찰참가 신청이 있어야 하며, 지명경쟁에 의한 입찰을 하고자 하는 경우에는 대의원회의 의결을 거쳐야 한다.

(3) 입찰공고 등(제28조)

현장설명회 개최일로부터 7일 전까지 전자조달시스템 또는 1회 이상 일간신문에 공고하여야 하며, 지명경쟁에 의한 입찰의 경우에는 전자조달시스템과 일간신문에 공고하는 것 외에 현장설명회 개최일로부터 7일 전까지 내용증명우편으로 통지하여야 한다.

(4) 입찰공고 등의 내용 및 준수사항(제29조)

① 입찰공고 등에는 다음 각 호의 사항을 포함하여야 한다.

- 사업계획의 개요(공사규모, 면적 등)
- 입찰의 일시 및 방법
- 현장설명회의 일시 및 장소(현장설명회를 개최하는 경우에 한한다)
- 부정당업자의 입찰 참가자격 제한에 관한 사항
- 입찰참가에 따른 준수사항 및 위반(제34조를 위반하는 경우를 포함한다) 시 자격 박탈에 관한 사항
- 그 밖에 사업시행자등이 정하는 사항

② 건설업자등에게 이사비, 이주비, 이주촉진비, 「재건축초과이익 환수에 관한 법률」 제2조제3호에 따른 재건축부담금, 그 밖에 시공과 관련이 없는 사항에 대한 금전이나 재산상 이익을 요청하여서는 아니 된다.

③ 건설업자등이 설계를 제안하는 경우 제출하는 입찰서에 포함된 설계도서, 공사비 명세서, 물량 산출 근거, 시공방법, 자재사용서 등 시공 내역의 적정성을 검토해야 한다.

(5) 건설업자등의 금품 등 제공금지 등(제30조)

① 건설업자등은 계약의 체결과 관련하여 시공과 관련 없는 사항으로서 다음 각 호의 어느 하나에 해당하는 사항을 제안하여서는 아니 된다.

- 이사비, 이주비, 이주촉진비 및 그 밖에 시공과 관련 없는 금전이나 재산상 이익을 무상으로 제공하는 것
- 이사비, 이주비, 이주촉진비 및 그 밖에 시공과 관련 없는 금전이나 재산상 이익을 무이자나 제안 시점에「은행법」에 따라 설립된 은행 중 전국을 영업구역으로 하는 은행이 적용하는 대출금리 중 가장 낮은 금리보다 더 낮은 금리로 대여하는 것
- 「재건축초과이익 환수에 관한 법률」제2조제3호에 따른 재건축부담금을 대납하는 것

② 건설업자등은 금융기관의 이주비 대출에 대한 이자를 사업시행자등에 대여하는 것을 제안할 수 있다.

③ 건설업자등은 금융기관으로부터 조달하는 금리 수준으로 추가 이주비(종전 토지 또는 건축물을 담보로 한 금융기관의 이주비 대출 이외의 이주비를 말한다)를 사업시행자등에 대여하는 것을 제안할 수 있다.

(6) 현장설명회(제31조)

① 입찰서 제출마감일 20일 전까지 현장설명회를 개최하여야 한다. 다만, 비용산출내역서 및 물량산출내역서 등을 제출해야 하는 내역입찰의 경우에는 입찰서 제출마감일 45일 전까지 현장설명회를 개최하여야 한다.

② 제1항에 따른 현장설명회에는 다음 각 호의 사항이 포함되어야 한다.

- 설계도서(사업시행인가를 받은 경우 사업시행인가서를 포함하여야 한다)
- 입찰서 작성방법·제출서류·접수방법 및 입찰유의사항 등
- 건설업자등의 공동홍보방법
- 시공자 결정방법
- 계약에 관한 사항
- 기타 입찰에 관하여 필요한 사항

(7) 입찰서의 접수 및 개봉(제32조)

① 전자조달시스템을 통해 입찰서를 접수하여야 한다.

② 전자조달시스템에 접수한 입찰서 이외의 입찰 부속서류는 밀봉된 상태로 접수하여야 한다.

③ 입찰 부속서류를 개봉하고자 하는 경우에는 부속서류를 제출한 입찰참여자의 대표(대리인을 지정한 경우에는 그 대리인을 말한다)와 사업시행자등의 임원 등 관련자, 그 밖에 이해관계자 각 1인이 참여한 공개된 장소에서 개봉하여야 한다.

④ 입찰 부속서류 개봉 시에는 일시와 장소를 입찰참여자에게 통지하여야 한다.

(8) 대의원회의 의결(제33조)

① 제출된 입찰서를 모두 대의원회에 상정하여야 한다.

② 대의원회는 총회에 상정할 6인 이상의 건설업자등을 선정하여야 한다. 다만, 입찰에 참가한 건설업자등이 6인 미만인 때에는 모두 총회에 상정하여야 한다.

③ 건설업자등의 선정은 대의원회 재적의원 과반수가 직접 참여한 회의에서 비밀투표의 방법으로 의결하여야 한다. 이 경우 서면결의서 또는 대리인을 통한 투표는 인정하지 아니한다.

(9) 건설업자등의 홍보(제34조)

① 총회에 상정될 건설업자등이 결정된 때에는 토지등소유자에게 이를 통지하여야 하며, 건설업자등의 합동홍보설명회를 2회 이상 개최하여야 한다. 이 경우 사업시행자등은 총회에 상정하는 건설업자등이 제출한 입찰제안서에 대하여 시공능력, 공사비 등이 포함되는 객관적인 비교표를 작성하여 토지등소유자에게 제공하여야 하며, 건설업자등이 제출한 입찰제안서 사본을 토지등소유자가 확인할 수 있도록 전자적 방식(「전자문서 및 전자거래 기본법」 제2조제2호에 따른 정보처리시스템을 사용하거나 그 밖에 정보통신기술을 이용하는 방법을 말한다)을 통해 게시할 수 있다.

② 합동홍보설명회를 개최할 때에는 개최일 7일 전까지 일시 및 장소를 정하여 토지등소유자에게 이를 통지하여야 한다.

③ 건설업자등의 임직원, 시공자 선정과 관련하여 홍보 등을 위해 계약한 용역업체의 임직원 등은 토지등소유자 등을 상대로 개별적인 홍보를 할 수 없으며, 홍보를 목적으로 토지등소유자 또는

정비사업전문관리업자 등에게 사은품 등 물품·금품·재산상의 이익을 제공하거나 제공을 약
속하여서는 아니 된다.

④ 합동홍보설명회(최초 합동홍보설명회를 말한다) 개최 이후 건설업자등의 신청을 받아 정비구
역 내 또는 인근에 개방된 형태의 홍보공간을 1개소 제공하거나, 건설업자등이 공동으로 마련
하여 한시적으로 제공하고자 하는 공간 1개소를 홍보공간으로 지정할 수 있다. 이 경우 건설업
자등은 제3항에도 불구하고 사업시행자등이 제공하거나 지정하는 홍보공간에서는 토지등소유
자 등에게 홍보할 수 있다.

⑤ 건설업자등은 홍보를 하려는 경우에는 미리 홍보를 수행할 직원(건설업자등의 직원을 포함한
다. 이하 "홍보직원"이라 한다)의 명단을 사업시행자등에 등록하여야 하며, 홍보직원의 명단을
등록하기 이전에 홍보를 하거나, 등록하지 않은 홍보직원이 홍보를 하여서는 아니 된다. 이 경
우 사업시행자등은 등록된 홍보직원의 명단을 토지등소유자에게 알릴 수 있다.

(10) 건설업자등의 선정을 위한 총회의 의결 등(제35조)

① 총회는 토지등소유자 과반수가 직접 출석하여 의결하여야 한다. 이 경우 대리인이 참석한 때에
는 직접 출석한 것으로 본다.

② 조합원은 총회 직접 참석이 어려운 경우 서면으로 의결권을 행사할 수 있으나, 서면결의서를 철
회하고 시공자 선정 총회에 직접 출석하여 의결하지 않는 한 직접 참석자에는 포함되지 않는다.

③ 서면의결권 행사는 조합에서 지정한 기간·시간 및 장소에서 서면결의서를 배부받아 제출하여
야 한다.

④ 조합은 조합원의 서면의결권 행사를 위해 조합원 수 등을 고려하여 서면결의서 제출기간·시간
및 장소를 정하여 운영하여야 하고, 시공자 선정을 위한 총회 개최 안내 시 서면결의서 제출요
령을 충분히 고지하여야 한다.

⑤ 조합은 총회에서 시공자 선정을 위한 투표 전에 각 건설업자등별로 조합원들에게 설명할 수 있
는 기회를 부여하여야 한다.

(11) 계약의 체결 및 계약사항의 관리(제36조)

① 선정된 시공자와 계약을 체결하는 경우 계약의 목적, 이행기간, 지체상금, 실비정산방법, 기타

필요한 사유 등을 기재한 계약서를 작성하여 기명날인하여야 한다.

② 선정된 시공자가 정당한 이유 없이 3개월 이내에 계약을 체결하지 아니하는 경우에는 총회의 의결을 거쳐 해당 선정을 무효로 할 수 있다.

③ 계약 체결 후 다음 각 호에 해당하게 될 경우 검증기관(공사비 검증을 수행할 기관으로서「한국부동산원법」에 의한 한국부동산원을 말한다. 이하 같다)으로부터 공사비 검증을 요청할 수 있다.

• 사업시행계획인가 전에 시공자를 선정한 경우에는 공사비의 10% 이상, 사업시행계획인가 이후에 시공자를 선정한 경우에는 공사비의 5% 이상이 증액되는 경우

• 제1호에 따라 공사비 검증이 완료된 이후 공사비가 추가로 증액되는 경우

• 토지등소유자 10분의 1 이상이 사업시행자등에 공사비 증액 검증을 요청하는 경우

• 그 밖에 사유로 사업시행자등이 공사비 검증을 요청하는 경우

④ 공사비 검증을 받고자 하는 사업시행자등은 검증비용을 예치하고, 설계도서, 공사비 명세서, 물량산출근거, 시공방법, 자재사용서 등 공사비 변동내역 등을 검증기관에 제출하여야 한다.

⑤ 검증기관은 접수일로부터 60일 이내에 그 결과를 신청자에게 통보하여야 한다. 다만, 부득이한 경우 10일의 범위 내에서 1회 연장할 수 있으며, 서류의 보완기간은 검증기간에서 제외한다.

⑥ 검증기관은 공사비 검증의 절차, 수수료 등을 정하기 위한 규정을 마련하여 운영할 수 있다.

⑦ 공사비 검증이 완료된 경우 검증보고서를 총회에서 공개하고 공사비 증액을 의결받아야 한다.

1.4 시공자 선정 시기 변천사(서울시 기준)

시기	재개발	재건축
2002년 12월 이전	추진위원회 선정 이후	
2002년 12월	사업시행계획인가 이후	
2006년 5월	조합설립 이후	사업시행계획인가 이후
2009년 2월	조합설립 이후	조합설립 이후
2010년 7월	사업시행계획인가 이후	
2016년 6월	사업시행계획인가 이후(공동시행 시 건축심의 이후)	
2022년 12월	사업시행계획인가 이후(신통기획 시 조합설립 이후)	
2023년 7월~	조합설립 이후	

정비사업의 시공자를 선정시기를 서울시를 기준으로 살펴보면, 「도시정비법」이 시행(2003. 7. 1. 시행)되기 직전인 2002년 12월부터 계속하여 바뀌어 왔다. 2002년 12월부터 재개발·재건축정비사업 모두 사업시행계획인가 이후로 시공자 선정시기를 규제해 오다 2006년 5월에 재개발정비사업은 조합설립 이후로 다시 앞당겨졌고, 2009년 2월에는 재건축정비사업도 조합설립 이후로 완화되었다. 그러나, 서울시에서는 2010년 7월 16일 조례개정을 통해 재개발·재건축 모두 사업시행계획인가 이후로 시공사를 선정하게 하였으며, 신통기획 등 서울시 정책에 따라 진행되는 정비사업을 제외하고는 최근까지 유지해 왔다. 그러나, 2023년 7월부터 재개발·재건축 모두 조합설립 후에 시공사 선정이 가능하도록 조례 개정이 이루어졌다. 이는 시공자 선정 지연으로 인하 사업 추진과정에서의 비효율성 및 조합의 초기 사업비 조달 어려움 등의 문제제기가 누적되어 왔고 원활하고 신속한 주택공급을 위한 방책으로 시공자 선정 시기를 조기화한 것이다.

조례개정에 따라 서울시에서는 공공지원 시공자 선정 기준도 개정하였으며, 금번 개정의 주요 내용으로는 (1) 총액입찰 제도 도입, (2) 공사비 검증 의무화, (3) 대안설계 등의 범위는 '정비계획 범위 내'로 한정, (4) 개별 홍보 금지, (5) 공공 사전검토 및 관리·감독 강화, (6) 대안설계 범위 또는 개별 홍보 금지, 위반 시 해당 업체 입찰 무효, (7) 공동주택성능요구서 의무 제출 등이다.

2 시공자 선정 절차

조합	정비사업관리기술인	시공자

• 발주 준비	○ 발주 준비 검토
	  - 과업계획서 작성
	  - 관련 법령, 지침 등 검토	

• 발주 심의	○ 시공자 선정일정, 입찰자격, 입찰공고안, 입찰안내서 등 검토 및 자료 준비	
• 이사회 개최 (시공자 선정계획심의 등)	○ 조합이사회의 자료 작성 등 ○ 시공사 선정계획, 입찰일정, 참여자격, 보증금 등 검토	

• 대의원회 개최
  (시공자 선정계획, 입찰일정,
  참여자격, 보증금 등 의결)
	○ 조합대의원회의 자료 작성 등
	○ 시공사 선정계획, 입찰일정, 참여자격, 보증금 등 검토	

• 입찰 공고	○ 입찰공고문 등 서류 준비 ○ 전자조달시스템 공고업무 지원	
• 현장설명회(최소 7일)	○ 현장설명회 자료 작성 ○ 설계도서, 시공자 선정계획서, 홍보방법, 선정방법 등 검토	• 현장설명회 참석
• 입찰마감(최소 45일)	○ 입찰참가 신청서류 검토 등	• 입찰서류 제출
• 이사회 개최(입찰제안서 개봉, 입찰비교표 심의 등)	○ 입찰제안서 개봉 등 지원 ○ 입찰비교표 작성	
• 대의원회 개최 (총회상정시공자 선정 등 의결)	○ 조합대의원회의 자료 작성 등	

• 시공자 선정총회 개최 공고 　(개최 14일 전)	← ○ 총회공고문, 총회책자 등 작성	
• 1차 합동설명회	← ○ 합동설명회 개최 제반업무 지원	• 설명회
• 홍보관 운영	← ○ 홍보관운영계획 수립 등 지원	• 홍보관 운영
• 2차 합동설명회	← ○ 합동설명회 개최 제반업무 지원	• 설명회
• 부재자투표	← ○ 부재자투표 업무 지원 ○ 서면결의서 제출기간, 시간 및 장소 정하여 운영	
• 시공자 선정총회 　(과반수 직접출석)	← ○ 총회개최 제반업무 지원	• 참관 등
• 계약서 작성 및 계약 성립	→ ○ 계약서 작성 업무 지원	• 계약서 작성

2.1 발주 준비

(1) 설계도서의 작성 등

① 조합이 공사입찰에 필요한 설계도서를 작성하고 공사원가를 산출하는 데 업무를 지원한다.

② 설계도서 작성은 정비계획 범위 내에서 하여야 하며 설계도면은 국토교통부장관이 고시한 「주택의 설계도서 작성기준」에 따른 기본설계도면 작성방법에 따르도록 한다.

③ 조합이 공동주택성능요구서를 입찰참여자에게 제시할 수 있도록 하고 입찰참여자는 제시된 공동주택성능요구서의 대안을 제안할 수 있도록 검토한다.

(2) 총액입찰, 내역입찰 등 검토

① 조합이 총액입찰 또는 내역입찰 중 어느 하나를 결정할 수 있도록 관련 사항을 조사하여 다음 사항과 같은 자료를 검토한다.

• 총액입찰 시 공사비 총괄내역서와 관련 물량내역서 및 산출내역서 검토

- 내역입찰 시 물량내역서 및 산출내역서 검토

② 조합이 물량내역서 및 산출내역서의 적정성에 대해 검토할 수 있도록 업무를 지원하며, 검토 결과에 따라 수정이 필요한 경우에 조합에 수정을 요청한다.

(3) 공사원가 자문, 예정가격 검토 등

① 조합이 설계도서 및 공사원가가 산정된 경우에는 검증기관, 전문기관에 공사원가에 대하여 자문할 수 있도록 업무를 지원한다. 이 경우 설계도면, 공사시방서, 물량내역서 등을 자문기관에 제공한다.

② 공사원가 자문 결과를 시공자 선정 시 공사비 예정가격 결정에 활용하여야 한다.

③ 정비사업관리기술인은 조합의 공사의 예정가격 결정에 있어 업무를 지원한다.

(4) 대안설계 제안 적용 검토

① 정비사업관리기술인은 건설업자등이 시공자 선정 입찰에 참여하는 경우 대안설계를 제안할 수 있게 할 것인지를 조합이 결정할 수 있도록 조사하고 장·단점 분석 등의 업무를 지원한다.

② 대안설계를 제안할 수 있게 할 경우에는 조합이 작성한 원안설계와 비교할 수 있도록 원안 공사비 내역서를 함께 제출하도록 하며 제출하는 입찰제안서에 포함된 설계도서, 물량 및 산출내역서에 포함된 설계도서, 공사비 명세서, 물량산출 근거, 시공방법, 자재사용서 등 시공 내역의 적정성을 검토하여야 한다.

③ 건설업자등이 대안설계를 제안하는 경우 원안이 아닌 제안 내용으로 해당 입찰에 참여한 것으로 보며, 조합은 입찰제안서에 포함된 설계도서, 물량 및 산출내역서, 시공방법, 자재사용서 등 입찰제안 내용에 대한 시공 내역을 반영하여 계약이 체결되도록 검토한다.

④ 건설업자등이 제안한 대안설계에 따라 후속절차가 이행되는 과정에서 기간연장, 공사비 증액 등으로 추가 발생하는 비용은 건설업자등이 부담하도록 검토한다.

⑤ 조합이 건설업자등의 입찰제안서 및 내역서 등 작성과 이에 대한 조합의 적정성 검토에 필요한 충분한 기간을 반영하여 입찰 추진일정을 계획하는 등 조합원 권익보호에 만전을 기하도록 검토한다.

(5) 선정계획 검토

정비사업관리기술인은 시공자 선정에 앞서 다음 각 호의 사항을 포함한 선정계획안을 작성하여 조합이 이사회, 대의원회 등의 심의·의결을 거쳐 결정할 수 있도록 지원한다.

① 입찰참가자격 및 제한에 관한 사항

② 입찰방법에 관한 사항

③ 시공자 선정방법 및 일정에 관한 사항

④ 합동홍보설명회 개최 및 개별 홍보 금지 등에 관한 사항

⑤ 입찰 기준 등 위반자에 대한 입찰 무효 또는 시공자 선정 취소에 관한 사항

⑥ 기타 시공자 선정에 관하여 필요한 사항

2.2 입찰 공고 등

(1) 입찰 공고문 작성 지원

정비사업관리기술인은 정비사업 계약업무 처리기준에 따라 다음의 내용을 명시한 입찰공고문을 작성·지원한다.

- 사업계획의 개요 : 사업명, 위치, 시행면적, 공사규모(사업규모, 연면적 등), 조합원수, 사업방식 등
- 사업발주 방식 : 도급제 등
- 입찰마감 일시 및 장소 : 마감일시, 제출장소, 제출방법(전자조달시스템 접수 포함) 등
- 입찰의 방법 : 정비사업 계약업무 처리기준에 따른 일반경쟁입찰, 컨소시엄 가능여부 등
- 입찰참여자격 : 입찰보증금, 현장설명회 참석, 면허에 관한 사항 등의 자격여부 등
- 시공자 결정방법
- 현장설명회 : 일시 및 장소, 구비서류 등
- 공사예정가격 : 예정공사비 총액 및 ㎡당 단가 등
- 부정당업자의 입찰 참가자격에 관한 사항
- 입찰참여에 따른 준수사항 및 위반 시 자격박탈에 관한 사항
- 기타사항 : 그 밖에 사업시행자 등이 정하는 사항

(2) 입찰 공고

① 조합이 정비사업 계약업무 처리기준에 따라 현장설명회 7일 전까지 전자조달시스템 또는 일간 신문에 입찰을 공고하고 지자체에서 운영하고 있는 정비사업종합관리시스템을 통하여 공개할 수 있도록 지원한다.

② 입찰공고 시점은 조합원총회 개최 시까지의 종합적인 일정을 고려하여 조합이 결정할 수 있도록 한다.

(3) 대안설계 제안 시 검토 사항

① 조합이 건설업자등이 대안설계를 제안할 수 있게 하는 경우, 조합이 작성한 원안설계와 비교할 수 있도록 원안 공사비 내역서를 함께 제출하도록 한다.

② 조합은 건설업자등이 대안설계를 제안하는 경우 제출하는 입찰제안서에 포함된 설계도서, 물량 및 산출내역서에 포함된 설계도서, 공사비 명세서, 물량산출 근거, 시공방법, 자재사용서 등 시공 내역의 적정성을 검토하여야 한다.

③ 조합은 원안이 아닌 대안설계를 제안 내용으로 해당 입찰에 참여한 것으로 보며, 입찰제안서에 포함된 설계도서, 물량 및 산출내역서, 시공방법, 자재사용서 등 입찰제안 내용에 대한 시공 내역을 반영하여 계약·체결하는 사항을 반영한다.

④ 건설업자등이 제안한 대안설계에 따라 후속절차가 이행되는 과정에서 기간연장, 공사비 증액 등으로 추가 발생하는 비용은 건설업자등이 부담하도록 검토한다.

⑤ 정비사업관리기술인은 조합이 건설업자등이 입찰제안서 및 내역서 등 작성과 이에 대한 조합의 적정성 검토에 필요한 충분한 기간을 반영하여 입찰 추진일정을 계획하는 등 조합원 권익보호에 만전을 기할 수 있도록 한다.

(4) 입찰 참가자격 제한, 입찰 무효 등

① 정비사업관리기술인은 조합이 대의원회의 의결을 거쳐 다음 각 호의 어느 하나에 해당하는 자에 대하여 입찰 참가자격을 제한할 수 있도록 한다.

• 금품, 향응 또는 그 밖의 재산상 이익을 제공하거나 제공 의사를 표시하거나 제공을 약속하여 처벌을 받았거나, 입찰 또는 선정이 무효 또는 취소된 자(소속 임직원을 포함한다)

- 입찰신청서류가 거짓 또는 부정한 방법으로 작성되어 선정 또는 계약이 취소된 자

② 정비사업관리기술인은 시장·군수·구청장에 입찰참가를 제한한 건설업자등이 있는지 확인한다.

③ 정비사업관리기술인은 입찰참여자가 조합원 등을 상대로 개별적인 홍보, 사은품 제공 등을 한 행위가 1회 이상 적발된 경우에는 해당 입찰참여자의 입찰 참가는 무효로 보는 사항을 입찰공고 반영에 검토한다.

2.3 현장설명회 개최

정비사업관리기술인은 입찰에 앞서 입찰자들을 대상으로 프로젝트의 요구조건, 현장여건, 기술사항 등 공사수행과 관련된 내용들의 설명을 위한 현장설명회를 입찰제안서 제출 마감일 45일 전까지 조합이 개최할 수 있도록 관련자료 작성 등을 지원한다.

(1) 현장설명회 자료 반영 내용

① 정비계획 내용을 반영한 다음 각 호의 설계도서

- 정비계획 결정 및 정비구역 지정 도서

- 설계도면

- 공사시방서

- 물량내역서(필요시)

- 공동주택성능용구서(필요시)

- 공사비총괄내역서, 물량내역서 또는 산출내역서 작성방법 및 설계도서 열람방법(도면과 시방서 등은 현장설명회 참여자에게 정보저장매체로 제공)

② 입찰에 필요한 다음 각 호의 내용이 포함된 입찰안내서

- 입찰제안서 작성방법·제출서류·접수방법 및 입찰유의사항 등

- 입찰보증금의 납부 및 예입조치에 관한 사항

- 입찰의 참가자격 제한 및 무효에 관한 사항

- 건설업자등의 공동홍보방법 및 위반 시 제재사항

- 시공자 선정방법 및 일정에 관한 사항

- 기타 입찰방식에 따른 요구사항과 조건 등

③ 공사도급계약서 작성에 관한 사항

- 공사도급계약서(안)
- 공사도급계약조건 및 특수조건(안)
- 공사도급 계약금액의 조정에 관한 사항
- 기타 공사도급 계약조건에 관한 사항

④ 기타 입찰에 관하여 필요한 사항

(2) 내역입찰에 대한 설명

정비사업관리기술인은 조합이 내역입찰을 하는 경우 입찰참여자가 물량내역서를 직접 작성하고 단가를 기재하여 조합에 제출할 수 있도록 하고, 제출한 물량내역서의 기재 내용에 대한 책임은 입찰참여자에게 있음을 설명할 수 있도록 지원하며, 필요시에는 입찰참여자가 설계도서의 검토에 참고할 수 있도록 물량내역서를 제공할 수 있도록 지원한다.

(3) 현장설명회 실시

① 정비사업관리기술인은 현장설명 시행 시 참가한 건설업자등으로 하여금 현장설명참가 등록서를 작성토록 한다.

② 조합이 현장설명서에 따라 현장설명 참가자에게 사업 내용, 입찰방법 등 필요한 사항을 자세히 설명하고, 다음의 입찰서류를 열람 또는 배포할 수 있도록 지원한다.

- 설계도서
- 입찰공고문, 입찰참가신청서
- 입찰안내서
- 공사도급계약 작성에 관한 안내

③ 정비사업관리기술인은 조합이 정해진 입찰기간 내에 적절한 방법으로 입찰자들의 질문에 응답하고 추가사항 등을 지원하기 위한 절차를 수립하도록 지원하며, 필요한 경우 추가사항을 검토하고 입찰서에서 행한 것처럼 동일한 방법으로 추가사항을 조정하도록 지원한다.

(4) 입찰참여의향서 작성·제출 및 접수증 교부 등

정비사업관리기술인은 조합이 현장설명회에 참가한 건설업자등이 입찰에 참여할 수 있도록 하고, 현장설명회에 참가한 건설업자등에게 입찰참여 의향서를 작성제출하도록 하여 조합의 인감이 날인된 접수증을 교부할 수 있도록 지원한다.

또한 별지 서식사례 등을 참고하여 현장설명회에 참여한 건설업자등의 기록을 위해 참석자명부 및 참석 부속서류의 접수대장 등을 마련한다.

2.4 입찰제안서의 접수 및 개봉

(1) 정비사업 계약업무 처리기준 제22조 등 준용

정비사업관리기술인은 시공자 선정을 위한 입찰제안서의 접수 및 개봉에 관한 사항은 「정비사업 계약업무 처리기준」 등 관련 규정을 따르도록 한다.

(2) 입찰제안서 접수

① 조합은 전자조달시스템을 통해 입찰서를 접수하여야 하며, 정비사업관리기술인은 입찰에 참여하는 건설업자등이 입찰 부속서류 접수 시에 입찰참여신청서를 작성·제출하게 하고, 조합의 인감이 날인된 확인서를 교부할 수 있도록 지원한다.

② 입찰참여자에게 입찰제안서를 봉인 후 제출토록 하며, 전자조달시스템을 이용하여 입찰서를 제출토록 한다.

③ 정비사업관리기술인은 입찰서를 접수한 경우 조합이 당해 입찰서에 확인 날인하고, 개찰 시까지 개봉하지 않고 보관하며, 제출한 입찰서는 교환·변경·취소하지 못하도록 지원한다.

④ 입찰자가 입찰에서 사용하는 인감이 입찰참가신청 시 제출한 인감과 같은지를 확인하여야 하며, 부적격할 경우 그 사실을 조합에 보고한다.

⑤ 정비사업관리기술인은 내역입찰인 경우에는 배부된 물량내역서에 단가를 기재한 입찰금액 산출내역서를 입찰서에 첨부토록 하고, 총액입찰인 경우에는 낙찰자로 하여금 착공신고서를 제출할 때까지 산출내역서를 제출토록 한다.

⑥ 정비사업관리기술인은 입찰참여자가 공동수급체를 구성하여 입찰하는 경우에는 조합에 공동

수급협정서를 제출토록 한다.

⑦ 입찰보증금 납부

- 입찰참여자에게 입찰신청 마감일까지 입찰보증금을 조합에 납부하도록 한다.
- 정비사업관리기술인은 낙찰자 결정 후 낙찰되지 않은 입찰보증금이 즉시 반환될 수 있도록 지원한다.

(3) 입찰제안서 개봉

① 입찰 부속서류를 개봉하고자 하는 경우에는 부속서류를 제출한 입찰참여자의 대표(대리인을 지정한 경우에는 그 대리인을 말한다)와 사업시행자등의 임원 등 관련자, 그 밖에 이해관계자 각 1인이 참여한 공개된 장소에서 개봉하여야 한다.

② 조합은 입찰 부속서류 개봉 시에는 일시와 장소를 입찰참여자에게 통지하여야 한다.

③ 정비사업관리기술인은 밀봉된 부속서류등을 미리 개찰장소에 두어야 하며 자료가 누설되지 않도록 지원한다.

④ 입찰참여자로서 입찰 부속서류 개봉 시 출석하지 아니한 자가 있을 때에는 대리자로 하여금 개봉에 입회하게 할 수 있다.

2.5 입찰제안서 비교표 작성

정비사업관리기술인은 「정비사업 계약업무 처리기준」 등에 따라 입찰 부속서류를 개봉한 때에는 입찰참여자가 제출한 입찰제안서에 따라 입찰제안서 비교표를 작성하고, 입찰참여자와 각각 확인·날인하여 사업을 완료하는 때까지 보관하여야 한다.

입찰제안서 비교표에 반영되는 내용은 다음과 같다.

① 회사일반사항

- 업체명, 시공능력 평가순위, 신용등급/부채비율, 정비사업 준공실적 등

② 공사금액

- 순공사비(철거 포함), 제경비, 총공사비(VAT 포함) 등
- 조합장석 설계서 기준(원안), 대안계획(원설계의 대안)으로 구분 가능

③ 사업비 대여
- 대여자금, 금리조건, 상환조건 등

④ 청산방법
- 부담금 납부시점/방법, 환급금 지급시점/방법

⑤ 공사도급조건
- 물가상승에 따른 설계변경 여부
- 지질여건 변동 시 설계변경 여부
- 착공시기 및 공사기간
- 공사비 지급방법 등

⑥ 분양책임/조건

⑦ 시공자 책임에 따른 공사지연 시 보상조건

⑧ 기타 해당 프로젝트의 여건 등에 따라 수정·보완 내용

2.6 대의원회 개최·의결, 건설업자등의 홍보, 부정행위 단속 등

(1) 대의원회 개최·의결

① 정비사업관리기술인은 조합이 「정비사업 계약업무 처리기준」에서 정하는 바에 따라 대의원회를 개최하여 총회에 상정할 건설업자등을 결정할 수 있도록 지원한다.

② 조합이 대의원회 개최 전에 미리 작성된 입찰제안서 비교표를 대의원에게 미리 통지할 수 있도록 지원한다.

③ 대의원회는 총회에 상정할 6인 이상의 건설업자등을 선정하여야 하며, 다만, 입찰에 참가한 건설업자등이 6인 미만인 때에는 모두 총회에서 상정하여야 한다.

④ 대의원회 재적의원 과반수가 직접 참여한 회의에서 비밀투표의 방법으로 의결하여야 하며 이 경우, 서면결의서 또는 대리인을 통한 투표는 인정하지 아니한다.

(2) 건설업자등의 홍보

① 정비사업관리기술인은 조합이 총회에 상정될 건설업자등이 결정된 때에는 조합원에게 이를 통

지하여야 하며, 건설업자등의 합동홍보설명회를 2회 이상 개최하도록 지원한다.

② 총회에 상정되는 건설업자등이 제출한 입찰제안서에 대하여 시공능력, 공사비 등이 포함되는 객관적인 비교표를 작성하여 조합원에게 제공할 수 있도록 지원한다.

③ 건설업자등이 제출한 입찰제안서 사본을 조합원이 확인할 수 있도록 전자적 방식(서울시의 경우 정비사업 정보몽땅 활용)을 통해 게시할 수 있도록 한다.

④ 조합이 합동홍보설명회를 개최할 때에는 개최일 7일 전까지 일시 및 장소를 정하여 조합원에게 이를 통지할 수 있도록 지원한다.

⑤ 건설업자등의 임직원, 시공자 선정과 관련하여 홍보 등을 위해 계약한 용역업체의 임직원 등은 조합원 등을 상대로 개별적인 홍보를 할 수 없으며, 홍보를 목적으로 조합원 또는 정비사업전문 관리업자 등에게 사은품 등 물품·금품·재산상의 이익을 제공하거나 제공을 약속하여서는 아니 된다.

⑥ 조합은 합동홍보설명회(최초 합동홍보설명회를 말한다) 개최 이후 건설업자등의 신청을 받아 정비구역 내 또는 인근에 개방된 형태의 홍보공간을 1개소 제공하거나, 건설업자등이 공동으로 마련하여 한시적으로 제공하고자 하는 공간 1개소를 홍보공간으로 지정할 수 있다. 이 경우 건설업자등은 제3항에도 불구하고 사업시행자등이 제공하거나 지정하는 홍보공간에서는 토지등소유자 등에게 홍보할 수 있다.

⑦ 건설업자등은 제4항에 따라 홍보를 하려는 경우에는 미리 홍보를 수행할 직원(건설업자등의 직원을 포함한다.)의 명단을 조합에 등록하여야 하며, 홍보직원의 명단을 등록하기 이전에 홍보를 하거나, 등록하지 않은 홍보직원이 홍보를 하여서는 아니 된다. 이 경우 등록하는 홍보직원의 수는 조합원 100명당 1인으로 하되 최대 20명 이내로 하며, 조합은 등록된 홍보직원의 명단을 토지등소유자에게 알릴 수 있다.

(3) 부정행위 단속

① 조합은 입찰공고부터 시공자 선정 완료 시까지 부정행위 단속반과 신고센터를 운영할 수 있으며, 정비사업관리기술인은 이를 지원한다.

② 시공자 선정과 관련하여 부정행위 동향이 있는 경우에는 앞 제1항의 기간 외의 기간에도 단속반과 신고센터를 운영할 수 있다.

2.7 시공자 선정을 위한 총회의 의결 등

정비사업관리기술인은 「정비사업 계약업무 처리기준」에서 정하는 바에 따라 조합이 총회를 개최하여 시공자를 선정할 수 있도록 지원한다.

① 조합은 총회 개최 전에 입찰제안 비교표를 조합원에게 미리 통지하여야 한다.

② 총회는 토지등소유자 과반수가 직접 출석하여 의결하여야 하며, 대리인이 참석한 때에는 직접 출석한 것으로 본다.

③ 조합원은 총회 직접 참석이 어려운 경우 서면으로 의결권을 행사할 수 있으나, 서면결의서를 철회하고 시공자 선정 총회에 직접 출석하여 의결하지 않는 한 직접 참석자에는 포함되지 않는다.

④ 조합은 조합원의 서면의결권 행사를 위해 조합원 수 등을 고려하여 서면결의서 제출기간·시간 및 장소를 정하여 운영하여야 하고, 시공자 선정을 위한 총회 개최 안내 시 서면결의서 제출요령을 충분히 고지하여야 한다.

⑤ 조합은 총회에서 시공자 선정을 위한 투표 전에 각 건설업자등별로 조합원들에게 설명할 수 있는 기회를 부여하여야 한다.

⑥ 총회의 의결을 거쳐 시공자를 선정하여야 하며, 재투표하는 경우 재투표를 하기 전에 조합원의 과반수 직접 출석 여부를 확인하여야 한다.

2.8 자료의 제공, 공개 등

(1) 자료제출 등

정비사업관리기술인은 조합은 시공자 선정에 관하여 다음 각 호에 규정된 시기에 관련 자료를 감독관청 등에 제출할 수 있도록 지원한다.

① 시공자 선정계획 : 대의원회 소집 공고 전

② 입찰공고 : 관련 기관에 공고 의뢰 전

③ 이사회·대의원회 및 총회 상정 자료 : 소집 공고 전

④ 이사회·대의원회 및 총회 결과 : 개최 후 지체 없이

⑤ 현장설명회 결과 : 현장설명회 후 지체 없이

(2) 자료의 공개 등

정비사업관리기술인은 조합이 다음 각 호의 어느 하나에 해당하는 서류 및 자료가 작성되거나 변경된 경우에는 15일 이내에 이를 조합원 또는 토지등소유자가 알 수 있도록 인터넷과 그 밖의 방법을 병행하여 공개하여야 한다.

① 시공자 선정계획에 관한 사항

② 입찰공고에 관한 사항(설계도서 포함)

③ 현장설명회 자료

④ 이사회 · 대의원회 및 총회의 의사록

⑤ 시공자 선정계약서

⑥ 입찰참여업체의 홍보에 관한 사항

⑦ 공사비 검증보고서(필요시)

공사도급계약 체결

조합원총회에서 시공자가 선정된 후에는 사업참여제안서 등을 기준으로 공사도급(가)계약을 체결하며, 건축계획이 구체적으로 확정되는 사업시행계획인가 이후에 공사도급(본)계약을 체결하게 된다. 그 과정에서 정비사업관리기술인은 조합이 공사도급계약 내용에 대한 이해를 돕고, 시공사와의 공사도급계약 진행이 원만히 진행될 수 있도록 각종 업무를 지원한다. 시공자 선정 후 체결하는 공사도급(가)계약은 사업참여제안서상에 명시된 상세한 조건을 기준으로 하고, 일반적으로 조합원총회에서 계약서(안)에 대해 의결을 거쳤기 때문에 신속하고 원만하게 진행될 수 있으나, 사업시행계획인가 후 체결하는 공사도급(본)계약 체결은 여러 여건변화가 이뤄졌고, 공사비 또한 협의 과정에서 어려움을 겪는 현장들이 많다 보니 공사도급(본)계약 체결과 관련한 업무 내용을 중심으로 정리했다.

3.1 국토교통부 정비사업 표준공사계약서 배포

(1) 공사비 분쟁 요인이 될 수 있는 공사계약 내용 개선·보완

① 개요

2010년 옛 건설교통부가 내놓았던 표준계약서가 폐지된 후 14년 만에 국토교통부가 재개발과 재건축 과정에서 발생하는 공사비 분쟁을 줄이기 위해 2024년 1월 23일에 「1·10 주택공급 확대 방안」의 후속조치로 표준계약서(별첨 자료 참조)를 마련하여 배포했다.

② 개선방향

- 현재 많은 정비사업에서 공사비 총액만으로 계약을 체결하고, 공사비 세부 구성내역이 없어, 향후 설계변경 등으로 시공사가 증액을 요구할 때 조합은 해당 금액의 적정성을 판단하기 어려워 분쟁이 되어 왔다. 이에 시공사가 제안하는 공사비 총액을 바탕으로 시공사를 선정하되, 선정 후 계약 체결 전까지 시공사가 세부 산출내역서를 제출토록 하고, 이를 첨부하여 계약을 체결하도록 하여, 공사비 근거를 명확히 하고자 했다. 다만, 조합이 기본설계 도면을 제공하여야 시공사의 산출내역서 제출이 가능하므로, 조합이 도면을 제공하기 어려운 경우에는 시공사가 입찰

제안할 때 품질사양서를 제출토록 하고, 이를 바탕으로 계약한다.

- 설계변경 시 단순 협의를 거쳐 공사비를 조정하도록 하여, 설계변경에 따른 공사비 조정기준이 모호한 경우가 많았다. 이에 설계변경 사유나 신규로 추가되는 자재인지 등에 따라 공사비 조정 기준을 세부적으로 포함함으로써 원활한 공사비 조정을 유도한다.

- 그동안 다수의 정비사업에서 물가 변동에 따른 공사비 조정을 위하여 당초 공사비에 소비자물 가지수 변동률을 적용해 왔으나, 소비자물가지수는 음식이나 의류 등 국민이 많이 소비하는 품 목의 물가를 나타내는 지수로, 건설공사 물가를 충분히 반영하지 못하는 점이 있었다. 이에 국 가계약법에 따른 지수조정률 방식 등을 활용하여 물가변동을 반영하도록 하는 등 공사비에 대 한 물가반영 방식을 현실화하였다.

- 총공사비를 비목군(노무비·경비·재료비 등)으로 나누고, 비목군별로 별도의 물가지수를 적용 하여 공사비에 물가 상승을 반영하는 방식이다.

- 당사자 간 합의 시 예외적으로 건설공사비지수 변동률을 활용할 수도 있으며, 이 경우 공사비에 서 간접공사비·관리비·이윤을 제외한 직접공사비에 대해서만 적용해야 한다.

- 특히 착공 이후에는 물가 변동을 반영할 수 없도록 하는 경우가 많았으나, 착공 이후에도 특정 자재 가격이 급등하는 경우 물가를 일부 반영할 수 있도록 하여, 공사비 급등에 따른 현실적 부 담이 고려되도록 하였다. 예를 들어, 총공사비의 일정 비율(계약당사자가 계약서에 포함) 이상 을 차지하는 자재 등에 대해 반영할 수 있다.

- 증액 요소가 큰 굴착공사 시 지질상태가 당초 지질조사서와 달라 시공사가 증액을 요청하는 경 우 증빙서류를 감리에게 검증받은 후 증액할 수 있도록 규정하여, 과도한 증액 요구를 방지하도 록 하였다.

(2) 정비사업 표준공사계약서 주요사항

구분	현행	개선	조항
공사비 산출 근거	공사비 총액만 명시 예) 갑이 을에게 지급해야 하는 공사대금은 일금 오천 사백억원으로 한다.	공사비 총액 명시 + 산출내역서(또는 품질사양서)* 첨부 * 세부품목별 물량·수량·단가 등 명시 ☞ 공사비 총액을 구성하고 있는 세부 내역을 명확화	제6조 제1항·제2항
		시공사의 이행 범위와 조합의 이행 범위를 명확화	제6조 제3항
공사비 조정 (설계변경)	상호 협의하여 공사 금액 조정 예) 을은 설계변경이나 공사 변경 등이 있는 경우에는 갑에게 서면통지하고, 갑과 을은 상호 협의하여 금액을 조정한다.	설계변경 시 추가되는 품목이 ❶ 기존품목의 단순 증감인 경우 → 기존 내역서상 단가 적용 ❷ 기존품목이나 규격 등이 상이 → 기존 단가의 범위에서 협의 ❸ 신규품목이 추가되는 경우 → 가격정보지상 설계변경 시점 단가에 낙찰률 적용 등	제23조 제1항
		조합의 요구 등 시공사 귀책 無 → 신규품목 추가되는 경우(❸)에 준하여 공사비 조정 등	제23조 제2항
공사비 조정 (물가변동)	소비자물가지수 변화율 적용 및 착공 이후 물가 반영 배제 예) 공사비 산정 기준일부터 실착공일까지 소비자물가지수 변동률에 따라 공사비를 조정한다. 단, 실착공 후 물가상승에 의한 공사비 인상은 없는 것으로 한다.	지수조정률 방식*으로 물가 반영 (합의 시 건설공사비지수** 적용) * 국가계약법에 따른 관급공사 물가 반영 방식 ** 건기연에서 매월 발표하는 건설공사물가지수	제24조 제1항
		착공 이후에도 일부 자재* 가격이 급등하는 경우는 물가 반영 허용 * 공사비의 일정 비율 이상 차지하는 주요 자재	제24조 제3항
공사비 검증	공사비 검증 관련 규정 없음	일정 비율 이상 증액되는 경우 공사비 검증 받도록 하고, 검증 결과를 총회에서 공개한 후 증액 계약 체결하도록 규정	제8조 제7항·제8항
분쟁 자구해결	계약당사자 간 분쟁 발생 시 해결 방안 관련 규정 없음	분쟁 발생 시 도시분쟁조정위 또는 대한상사중재원에 조정·중재 신청	제60조 제2항·제3항

3.2 공사도급계약 체결 지원 업무

(1) 사전 검토

정비사업관리기술인은 조합이 공사도급계약 협의 및 계약준비 업무를 수행할 수 있도록 아래와 같은 업무를 지원한다.

① 현황 등 자료 검토

정비사업관리기술인은 조합과 시공사간의 공사도급계약 협의의 기준이 되는 다음의 현황 자료들을 준비하여 검토할 수 있도록 한다.

- 사업계획의 개요 또는 현황(향후 일정계획 포함)
- 기 체결한 공사도급(가)계약서
- 최종 인·허가를 받은 설계도서 및 각종 내역서
- 입찰당시의 사업참여제안서
- 조합원 분양신청 안내 책자
- 조합 및 조합원의 계약반영 요구사항 List
- 사업성 분석 관련 자료
- 정비사업 공사계약 및 공사비 관련 각종 기사, 통계 자료, 연구보고서 등 동향 분석 자료
- 기타 공사도급계약에 참고할 사업시행계획 자료

② 사례조사

정비사업관리기술인은 조합이 시공사가 제시하는 계약서(안)을 인근 유사 현장의 공사도급계약서 사례와 비교하며 검토할 수 있도록 업무를 지원한다.

사업유형(재건축, 재개발 등), 시공사의 브랜드와 규모, 사업규모, 계약체결 시기, 입지환경 등을 종합적으로 검토하여 객관적으로 비교될 수 있는 사례 현장을 조사하고, 공사도급계약서 조항별로 비교검토할 수 있도록 비교표를 작성한다.

③ 표준공사계약서 일반 해설 및 적용가능성 검토

정비사업관리기술인은 다음의 표준공사계약서(안)에 대해 검토하여 조합이 원만한 공사계약 협상을 진행할 수 있도록 하며, 적용이 가능한 조항 등에 대해 사전에 검토하여 조합의 이해를 증진시키고 협의를 위한 자료로 활용할 수 있도록 한다.

- 국토교통부에서 2000년 6월 및 2024년 1월에 배포한 정비사업 표준공사계약서
- 서울특별시에서 2011년 10월에 배포한 공사표준계약서
- 기타 전문변호사 등이 해설한 정비사업 공사계약서 해설 관련 자료

(2) 추정공사비 검토

① 인근 유사 구역 사례조사

정비사업관리기술인은 사업유형, 규모, 시공사 브랜드, 계약체결시기, 입지여건 등이 유사한 인근 정비사업의 공사도급계약 및 공사비에 대한 조사·분석한다.

② 최근 공사비 트렌드 조사

정비사업관리기술인은 주거환경연구원이 매년 발표하는 전국 재개발·재건축현장 평당 공사비 추이 분석자료, 공사비 관련 기사 등을 조사·분석한다.

③ 공사계약 관련 분쟁 사례 조사

정비사업관리기술인은 공사계약 협의와 관련하여 발생할 수 있는 문제들을 사전에 예방할 수 있도록 각종 분쟁사례들을 조사·분석한다.

④ 사업성 연계한 시뮬레이션 분석

정비사업관리기술인은 다음의 기초적인 사업성 분석을 통해 향후 공사비 협상에 대한 방향에 대해 사전에 논의할 수 있도록 지원한다.

- 추정사업비 검토 : 공사비를 제외한 제반 사업비에 대해 당초 사업시행계획서상에 수립된 추정 사업비를 기준으로 검토하되, 향후 새로이 발생 예상되는 비용 및 추가가 예상되는 항목에 대해 검토하며, 타 구역 사례와의 비교분석, 현장 특수성에 기인한 예산안의 검토 등을 통해 사업비 예산안에 대한 적정성 여부를 검토한다.
- 조합원분양가 및 일반분양가 추정 : 최근 5년 이내 입주 및 분양단지를 중심으로 비교분석하여 일반분양가에 대한 적정성 여부를 검토한다.
- 추정비례율 산정 및 시뮬레이션 분석 : 기초 사업성 시뮬레이션 분석을 통해 향후 예상되는 공사비의 변동요인에 따른 비례를 분석한다.

(3) 계약협상을 위한 협상단 구성

① 협상단 구성 방향 설정

정비사업관리기술인은 조합이 공사계약 협상을 위한 협상단 또는 자문단을 구성할 지에 대한 여부 및 구성할 경우 협상단 위원의 선발방법, 규모, 운영 등에 필요한 구체적인 사항을 검토하여 시행할 수 있도록 지원한다.

② 협상단 구성

협상단 또는 자문단의 위원은 조합의 이사 및 대의원, 일반 조합원 등으로 구성할 수 있으며, 필요하다고 판단되는 경우 외부 전문자문위원을 위촉하여 참여하게 할 수 있다.

(4) 협상단 지원 업무

① 협상전략 구상

정비사업관리기술인은 조합이 공사계약 협상에 앞서 다음의 전략을 사례로 하여 진행할 수 있도록 지원한다.

- 1단계 : 공사도급계약서(안) 중 일반 조항 검토
- 2단계 : 공사도급계약서(안) 중 중요 조항 검토
- 3단계 : 공사도급계약서(안) 중 공사비, 분양가 등에 대한 최종 협상 진행

② 일정 수립

정비사업관리기술인은 조합이 원만한 공사계약 협상을 진행할 수 있도록 다음의 사례를 참고로 하여 공사계약 협상일정을 수립한다.

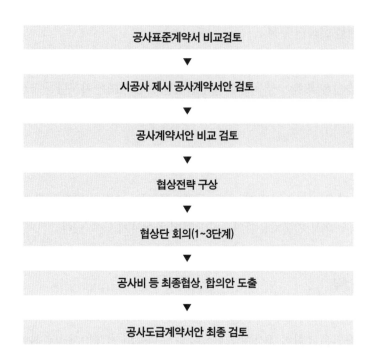

공사표준계약서 비교검토

▼

시공사 제시 공사계약서안 검토

▼

공사계약서안 비교 검토

▼

협상전략 구상

▼

협상단 회의(1~3단계)

▼

공사비 등 최종협상, 합의안 도출

▼

공사도급계약서안 최종 검토

③ 교육자료 제작

정비사업관리기술인은 공사계약 협상을 위한 협상단 또는 자문단의 원활한 회의진행 및 의사결정을 지원할 수 있도록 다음의 교육 자료를 제작한다.

- 최근 공사도급계약 사례 조사 자료 및 비교분석 자료
- 공사계약 내용의 이해(전문변호사의 해설 자료 참조)
- 표준계약서 일반 해설
- 시공사 제시 공사도급계약서안 검토

(5) 공사도급계약 주요 조항별 검토

정비사업관리기술인은 조합이 시공사와 공사도급계약서 내용 중 중요 조항에 대해 협의를 진행할 수 있도록 업무를 지원하며 검토 사례는 다음과 같다.

① 사업의 재원 및 공사의 범위 등

시공사의 시공범위 또는 공사범위는 공사비를 결정짓는 가장 중요한 요인이기 때문에 조합이 가장 중요하게 검토해야 하는 내용이다. 예를 들어 예술장식품 설치비용이 공사범위에 포함되어 있지 않

다면 공사비에서 제외된 항목이며 따라서 사업시행자인 조합이 직접 비용을 지불하여야 하기 때문에 조합에 사업비에 반드시 반영되어야 한다. 이외에도 시공사의 공사범위에 포함되지 않을 수 있는 대표적인 사례들은 정비기반시설(도로, 공원 등) 공사비, 지장물이설비용, 공가(이주) 관리 및 범죄예방, 사업시행인가조건 이행공사 등이며 공사범위에 포함할 것인지에 대해 협의를 통해 결정될 수 있으며, 포함될 경우 그만큼 공사비가 상승될 것이다.

또한, 조합원 무상제공품목이나 마감수준에 따라 공사비가 변동될 수 있어 공사비의 기준이 되는 공사의 범위에 대해 면밀한 검토가 필요하고, 조합이 추가적으로 요구하는 마감재나 품목이 있을 경우에는 공사비 조정의 주요 원인이 될 수 있다.

따라서, 조합과 정비사업관리기술인은 인근 유사 현장의 사례와 비교하고, 기타 최근 사례와 트렌드 등을 조사·분석하여 가장 적절한 공사의 수준과 공사의 범위를 협의결정하는 것이 중요하다.

또한, 「도시정비법」 제29조(계약의 방법 및 시공자 선정 등)제11항에 따라 시공자와 공사에 관한 계약을 체결할 때에는 기존 건축물의 철거공사(석면조사·해체·제거를 포함한다)에 관한 사항이 공사의 범위에 포함되어야 한다.

② 공사계약금액

공사도급계약 체결에 있어 가장 중요한 것이 공사비인 만큼 최근 공사비 추이 및 트렌드 분석과 시공사가 제출한 공사비 내역서에 대한 전문가적인 검토 등이 필요하다.

공사계약금액의 기준이 되는 중요한 사항은 지질여건, 착공기준일 등이기 때문에 이에 대해 조합이 지질여건에 대한 사전조사 및 향후 사업추진계획 수립을 통한 합리적인 착공기준일 등이 검토될 수 있도록 정비사업관리기술인은 업무를 이를 지원한다.

또한, 2024년 1월 23일 국토교통부에서 배포한 표준공사계약서의 내용을 준용하여 공사비 총액에 산출내역서(또는 품질사양서)를 첨부토록 하여 세부 내역을 명확히 할 필요가 있다.

③ 물가변동으로 인한 계약금액의 변경

물가변동 적용의 기준일은 착공일이므로 조합이 향후 사업추진계획에 대한 구체적인 검토를 통해 실제 착공이 가능한 시점에 대해 면밀한 검토가 필요하고, 물가를 반영하는 것은 2024년 1월 23일 국토교통부에서 배포한 표준공사계약서의 내용을 준용하여 「국가계약법」에 따른 지수조정률 방식 등을 활용하여 공사비에 대한 물가 반영 방식을 현실화할 필요가 있다.

또한, 유사 사례비교를 통해서도 시공사가 제시한 내용이 합리적인 기준인지를 검증하여야 한다.

④ 사업경비

정비사업에 필요한 사업경비를 시공사가 무이자로 대여해 주는데 이러한 무이자 대여한도금액을 공사도급계약서에 반영하기 때문에 조합에서는 사업추진계획에 대한 검토를 통해 적정한 대여한도 규모에 대한 검토가 필요하다.

또한, 무이자 대여 항목에 없는 사업비를 사용해야 할 경우 조합이 이자를 부담해야 하는 경우가 발생할 수 있으므로 계약서상에 구체적으로 명시할 필요가 있다. 따라서, 무이자 사업비 대상 항목에 대한 구체적인 검토를 진행한다.

조합이 시공사에게 무이자 사업비를 신청하기 위해서는 금전소비대차계약, 이사회 등 회의록, 영수증 등의 필요서류를 명시하는 경우가 일반적이기 때문에 이에 대한 검토 또한 필요하다.

⑤ 이주비 대여

최근 조합원의 무이자이주비에 대한 배당세 부과(국세청 유권해석, 2019.10.17. '정비사업조합이 조합원의 이주비 이자비용을 무상으로 지원하는 경우, 귀속자인 조합원에 대한 소득처분 유형'이란 제목의 법령해석에서 이자비용 중 수익사업 부문의 상당액은 조합원에게 배당소득을 지급하는 것으로 소득처분 대상이라고 해석)로 이에 대한 다양한 대처방안이 연구되고 있으므로 이를 검토한 내용이 공사도급계약서에 반영될 필요가 있으며, 정부정책에 따른 각종 대출규제 또는 완화 내용들이 기재될 필요도 있다.

또한, 무이자이주비를 받지 않는 조합원에 대해 어떻게 대처할지를 명시하여 조합원 민원이 발생하지 않도록 하는 등의 내용이 검토되어야 한다.

⑥ 유이자 사업비에 대한 이자부담

유이자 사업경비 대여금에 대해 시중은행 일반자금 대출금리를 기준으로 적용하는 등의 구체적인 이자율을 명시하는 것이 향후 혼란을 방지할 수 있으며 무이자 사업경비 한도액에 대한 검토와 연계하여 유이자 사업경비의 발생 가능성 등에 대해 구체적인 검토가 필요하다.

⑦ 분양업무

일반분양관련 제반 업무를 사업시행자인 조합이 조합의 비용으로 직접 시행할지 아니면, 경험과 전문성을 가진 시공자가 대행할지에 대해 협의하여 결정한다. 만일, 시공자가 일반분양업무를 대행할 경우에는 상기 공사범위에 분양과 관련한 분양제경비 및 분양광고비, 모델하우스건립·운영비 등을 포함시켜 공사비에 반영이 되어야 한다.

그 외에도 일반분양과 관련한 일반분양가 및 분양시기 등 중요한 내용에 대해 사업시행자인 조합과 반드시 협의하여 결정한다는 내용을 반영이 되어야 시공사가 일방적으로 분양가 등을 결정함으로써 발생할 수 있는 각종 폐해를 사전에 예방할 수 있다.

⑧ 조합원 분양

정비사업은 조합원을 위한 사업인 만큼 일반분양에 앞서 조합원 우선분양이 대원칙이며, 따라서 조합원 동·호수배정 후 잔여 세대에 대한 일반분양이 이루어진다. 따라서, 조합원분양군과 일반분양군을 어떻게 결정할 지에 대한 대원칙을 수립하여 공사도급계약서에 미리 반영하여 향후 분양과정에서 발생할 수 있는 조합과 시공자 간의 갈등을 미연에 방지할 수 있다.

또한, 분양계약을 체결하지 않는 조합원이라든지, 분양대금을 미납하는 조합원 등에 대한 조치 내용들이 반영되어야 하고, 현금청산 조합원에 대해서는 이주비 이자 등 그동안 발생한 사업경비의 회수를 원칙으로 하여야 선의의 조합원피해를 예방할 수 있다.

⑨ 일반분양

최근 분양가규제 등 각종 정부정책이 수시로 변화하고 있어 이와 연관하여 일반분양을 검토할 필요가 있으며, 조합원이익 확보를 위해 후분양제도 시행이 가능할 수도 있음을 명시할 필요가 있다.

또한, 착공 후 모델하우스 건립 시 설치타입 및 개수 등에 대한 구체적인 검토도 하여 조합과 시공자 간에 어느 정도 가이드라인을 수립할 필요가 있으며, 일반분양 후 발생될 수 있는 미분양에 대한 대책방안도 협의하여 반영되어야 한다. 예를 들어 미분양 발생 시 분양촉진비용, 할인비용 등의 조합 부담 사항에 대해 구체적으로 협의하여 결정하고 준공 시가지도 미분양된 건축물에 대해서는 채권 설정방법, 신탁계약 등 다양한 사례비교를 통해 합리적인 기준안을 시공사와 협의할 필요가 있다.

⑩ 공사계약금액의 조정

후술하는 공사비 변동 요인 검토의 내용을 참고하여 공사도급계약서에 반영할 수 있도록 한다.

⑪ 공사대금 등의 상환

공사비 지급방법에는 대표적으로 '기성불'과 '분양불'이 있으며 이에 대한 내용은 다음과 같다.

구분	'기성불'	'분양불'
개념	☞ 매월 1회 기성률에 따라 지급	☞ 분양수입금(조합원분담금+일반분양대금) 발생 시 공사기성률에 상관없이 공사비 우선 변제
장점	☞ 매월 감리자 확인을 통해 기성률에 따라 지급함으로써 원칙적인 지급방식 ☞ 분양수입금이 여유가 있을 경우 공사비 지급 후, 남은 수입금으로 사업비대출금 일부 상환 가능, 이자 절감	☞ 미분양이 발생하여 충분한 분양수입금이 없을 경우에도 공사비 미지급금이 발생하지 않아 미분양 발생에 따른 공사비상환 지연 리스크를 가지지 않음
단점	☞ 분양수입금이 부족할 경우 공사비 미지급금에 대해 지연이자를 지급해야 함	☞ 공사기성률보다 더 많은 공사비를 지급할 수 있어 만일 공사 중에 부도 등 시공사문제가 발생할 경우 리스크가 큼
종합 검토 의견	1. 일반적으로 일반분양 리스크가 많이 높지 않을 경우, 조합에서는 '기성불' 지급을 선호하고, 시공사는 '분양불'을 선호하는 경향이 있음 2. 당 현장은 조합원분양분 대비 일반분양분이이 많기 때문에 일반분양 리스크가 비교적 높은 편임 → 조합원분담금 대비 일반분양수입금 비율도 고려, 즉, 조합원분담금이 많은 비중을 차지한다면 '기성불'로 공사비를 지급해도 큰 무리가 없을 것으로 추정되나, 당 현장은 조합원분담금 규모가 상대적으로 작아 그만큼 일반분양 리스크가 높음 3. '분양불'일 경우 공사 초중반기에는 공사기성금보다 많은 공사비를 지급할 수도 있으나, 공사 후반기로 갈수록 기성금보다 적게 지급하게 됨 → 분양 잔금이 최소한 20% 이상이기 때문에 공사 후반기에는 기성률에 따라 공사비를 지급할 수가 없음	

　사업시행자인 조합이 해당 프로젝트의 여러 여건을 종합적으로 분석하여 조합원이익을 극대화할 수 있도록 공사비지급방법에 대해 기성불 또는 분양불 방법 중 하나에 대해 협의·결정할 수 있도록 지원한다.

　또한, 분양수입금에 대해 상환하는 순서를 명시하게 되는 여러 여건을 종합적으로 검토하여 시공사와 협의하여 결정할 필요가 있다. 이를 위해 공사비 지급 연체에 따른 이자부담과 이자를 지급하고 있는 대여금에 대한 이자 부담 간의 연관검토가 필요하고, 공사비 지급에 대한 연체이자가 없다면 이자를 부담하고 있는 대여금에 대한 상환을 최우선하는 것이 사업시행자인 조합에 유리한 조건이 될 수 있다.

　⑫ 자금 관리

　통상적으로 거액의 분양수입금에 대한 관리는 조합과 시공사의 공동명의 계좌 개설 후 대여금, 공사비 등을 지급하기 위해 시공사의 단독계좌로 이체하는 방법을 가장 많이 활용하고 있다.

조합원 및 일반분양 계약상 잔금의 비율은 20~30%이기 때문에 공사초기에는 기성율보다 많은 분양수입금이 들어올 수 있으나, 공사가 진행되고 준공에 다가올수록 기성율에 맞춘 공사비를 지급하는 것은 현실적으로 매우 어렵다는 점 등을 고려하여 검토되어야 한다.

(6) 계약협상을 위한 각종 회의 지원

정비사업관리기술인은 성공적인 공사계약협상 및 계약체결을 위해 조합과 회의진행 방향을 협의하여 협상단 또는 자문단회의, 시공사와의 협상회의 등의 여러 회의를 진행할 수 있도록 지원한다.

① 회의방향의 수립

- 조합과 협상단, 시공사 등의 각 주체들 간의 책임구분을 명확히 하며, 회의의 목적과 범위를 설정한다.
- 회의진행을 위한 세부적인 절차 수립을 협의한다.
- 정비사업관리기술인은 사업진행상황을 점검하고 협상일정대로 진행되고 있는가를 파악하기 위한 회의개최에 대한 계획을 검토한다.
- 회의에 상정되는 안건에 대해 사전에 검토한다.

② 회의 준비

- 정비사업관리기술인은 회의의 준비, 소집, 집행, 의견조정, 회의결과 및 후속조치, 관리 등을 포함한 회의 운영 전반에 대한 관리와 감독을 한다.
- 정비사업관리기술인은 올바른 의사결정을 하고, 정확히 이해할 수 있도록 회의자료를 상세히 작성토록 한다.
- 회의 참석자들은 해당 안건에 대한 정확한 이해와 문제점, 해결방안 또는 대책을 강구하여 회의에 참석한다.

③ 회의 소집 통보

정비사업관리기술인은 회의자료를 준비한 후 회의개최 전까지 회의소집의 통보를 한다.

④ 회의 개최 및 결과 보고

- 회의의 일반적인 진행은 상정안건 보고, 이전 회의 의결사항 시행여부 확인, 이전 회의 미결사항 처리방안 토의 및 의결, 상정안건 처리, 기타 토의사항의 순서로 진행한다.
- 해당 회의는 조합이 주관하고 정비사업관리기술인은 협조한다. 또한, 전원 합의가 이루어지지

않은 사안은 정비사업관리기술인이 중재·조정할 수 있다.

- 정비사업관리기술인은 회의 진행 상황을 기록하고 참석자의 서명을 받는다.
- 정비사업관리기술인은 작성된 회의록을 조합에 보고하고 참석한 시공자 등에게 통보한다.
- 회의 진행과정에서 발견된 문제점이 있었다면 그에 대한 조치결과를 검토한다.
- 정비사업관리기술인은 의결된 사항이 미결되거나 후속조치가 필요한 경우, 별도의 관리항목을 만들어 관리하고 지정 기한 내 처리완료하도록 관리하며, 의결사항 및 조치사항이 신속히 처리될 수 있도록 지원한다. 또한, 적절한 사유 없이 지연되는 사항은 특별조치를 취하여 전체 사업 운영에 영향을 미치지 않도록 한다.

⑤ 검토 및 승인

정비사업관리기술인은 회의결과를 조합에 보고하고 검토 및 승인을 받는다.

4 공사비 변동 요인 검토

시공자 선정 후 공사도급(가)계약을 체결하게 되지만, 실제 착공 시까지는 많은 시간이 소요되고 여러 사회·경제적 여건이나 분양환경이 바뀌고, 아파트품질이나 마감수준에 있어서도 트렌드에 맞추거나 조합원의 요구사항이 많아져 공사비가 상승하는 사례가 많다. 따라서, 정비사업관리기술인과 조합은 공사비가 어떤 요인들로 인해 상승할 수 있는지에 대해 검토해 둘 필요가 있다.

4.1 물가상승에 따른 공사비 변동

(1) 물가상승 적용 기준

2000년 6월 기준 국토교통부 공사표준계약서안과 2011년 10월 서울시 공사표준계약서 상의 물가변동으로 인한 계약금액의 조정에 대한 기준과 최근 정비사업 현장에서의 공사도급계약에 적용되는 실제 기준은 아래 표와 같이 표준계약서처럼 소비자물가지수를 적용해 오다가 소비자물가지수와 건설공사비 지수 간의 차이가 커짐에 따라 최근에는 건설기술연구원 발표 건설공사비 지수만을 적용하거나, 그중 주거용 건물지수 변동률을 적용하는 현장이 많아지고 있다.

구분	국토교통부 공사표준계약서	서울특별시 공사표준계약서	최근 공사계약 사례
물가변동으로 인한 계약금액의 조정	재정경제부에 조사·발표하는 소비자물가지수 중 시도별 주택설비수리항목지수 또는 시도별 소비자물가지수 등을 적용할 수 있을 것임	통계청 발표 소비자물가지수 또는 한국건설기술연구원 발표 실적공사비지수 중 변동률이 낮은 것을 적용한다.	통계철 발표 소비자물가지수와 한국건설기술연구원 발표 건설공사비 지수 중 "주택건축지수"의 '주거용건물지수'변동율의 평균한 값을 적용하거나 '주거용건물지수'변동율을 적용

그 이유는 소비자물가 지수와 비교해 건설공사비 지수가 많이 상승했기 때문에 건설업체들이 당연히 높은 지수를 적용하고자 하는 것으로 보인다. 실제로 다음 표에서 보는 바와 같이 소비자물가 지수는 지난 10년간 약 17.39가 상승한 반면 건설공사비 지수는 소비자물가 지수의 약 3배인 약 53.37

이 상승했으며, 특히 2021년에는 1년간 무려 17.09나 상승했다.

구분	14년	15년	16년	17년	18년	19년	20년	21년	22년	23년
소비자 물가지수	94.20	94.86	95.78	97.65	99.09	99.47	100.00	102.50	107.72	111.59
건설 공사비지수	100.00	99.73	104.09	108.91	113.97	117.33	121.80	138.89	148.56	153.37

(2) 물가상승에 따른 공사비 상승의 주된 요인

코로나사태, 우크라이나 전쟁 등에 따른 주요 원자재 비용증가와 기타 건설원가의 상승으로 공사비 상승이 불가피해져 시공자들이 물가상승에 따른 공사비 변동을 요구하고 있으며, 소비자물가지수만으로는 충분한 공사비 조정이 어려워 건설공사비지수를 적용해줄 것을 요구하고 있다.

(3) 외국인 건설근로자 활용 비율 증가

건설기능 인력 부족, 물가상승 등으로 인해 인건비 상승이 지속되고 있고, 특히 철근콘크리트 공종은 상대적으로 기능인력 수급이 어렵고, 건설업 특성상 외국인 근로자 활용 비율이 높은데 코로나사태 이후 인력이동이 제한되거나 줄어들어 노동력 부족을 이유로 물가상승에 따른 공사비 조정이 검토되고 있다.

(4) 원자재 가격 상승

코로나 팬데믹과 우크라이나 전쟁을 거치면서 재료비와 노무비가 큰 폭으로 상승하였는데, 유연탄 수급 부족, 환율 인상 등에 따른 시멘트 출하량 감소 등으로 시멘트 가격 인상 등 재료비가 인상되었다. 시멘트 가격은 2021년 하반기 대비 1년 만에 42%가 급등했으며 레미콘 가격은 6개월간 7.8%, 창호 유리는 1.0%가 상승했다.

원자재 가격 상승이 안정세에 접어들었다 해도 세계경제 여건 변화 등에 따라 언제든지 상승세로 돌아설 가능성을 전혀 배제할 수 없기 때문에 인건비와 원자재 가격 상승에 따른 공사비 조정은 계속하여 검토될 것이다.

4.2 무이자금융비용에 따른 비용 증가

(1) 무이자금융비용 발생 요인

시공자가 사업참여제안서를 제출할 당시 정비사업에 필요한 사업비 중 일정 부분과 한도액을 설정하여 무이자로 조합에 대여하는 조건을 제시한다. 예를 들어 5백억원 한도로 정비사업에 필요한 각종 용역비, 조합운영비 등을 무이자로 조합에 빌려주는 조건을 제시하는 경우, 조합의 입장에서는 무이자이기 때문에 이자를 내지 않지만, 시공자는 조합에 대여하는 사업비에 대한 이자를 부담해야 하기 때문에 이 금융비용을 포함하여 공사비를 검토하여 이자비용이 공사원가에 반영되게 된다.

또한, 시공사는 사업참여제안 당시에 착공예정일을 기준으로 이러한 무이자사업비 대여금액에 대한 이자비용을 공사비에 반영하여 검토하게 되는데 만일 착공예정일에 착공을 하지 못할 경우에는 시공사 입장에서는 사업참여제안 당시에 고려되지 않았던 추가적인 비용이 발생하게 되는 것이다.

(2) 무이자금융비용 지출기간 변동에 따른 비용 증가

시공자가 최초에 사업참여제안서를 제출할 당시에 명시한 착공예정일을 대부분의 정비사업들이 지키지 못하는 경우가 많다. 여러 이유로 인해 일정기간 사업이 늦춰지거나 지연되는 경우가 많아 착공예정일에 착공을 하지 못하게 되면 그 이후의 무이자사업비에 대한 이자를 시공사가 추가적으로 부담하게 되므로 착공예정일 이후에 발생되는 무이자사업비에 대한 금융비용을 공사비에 반영하고자 조합에 요구하게 된다. 예를 들어 시공사가 조합에 대여한 무이자사업비가 500억원이고 착공예정일보다 실제 착공일이 1년이 늦어졌다고 가정하면 대여한 500억원에 이자율 5%로 하여 금융비용을 산출하면 약 25억원의 금융비용이 추가로 발생하는 것이다.

(3) 무이자금융비용 한도증액에 따른 비용 증가

앞서 설명한 바와 같이 시공사가 사업참여제안 당시에 무이자사업비에 대한 대여한도를 명시하여 그 한도금액 내에서 조합이 사업비를 대여받아 활용하여야 하나 사업추진과정에서 예기치 못한 사업비가 추가로 발생할 수 있고, 사업이 지연되는 경우 사용되는 사업비가 증가되기 때문에 무이자사업비 한도를 초과하여 대여받을 수 있다. 따라서, 조합은 사업추진을 위해 불가피하게 한도를 초과하여 무이자사업비를 사용하게 되면 시공사 입장에서는 초과되는 사업비에 대한 금융비용이 추가로 발생하기 때문에 이 또한 공사비에 반영하고자 조합에 요구하게 된다. 예를 들어 시공사가 사업참여 제안 당시에 무이자사업비 한도금액을 5백억원으로 하였는데, 조합이 불가피한 사정 등으로 7백억원을 사용했다고 가정할 경우, 초과된 2백억원에 대한 금융비용을 이자율 5%, 사용기간 1년으로 하여 산출하면 이 또한 약10억원의 금융비용이 추가로 발생하는 것이다.

따라서, 시공사에서는 사업추진 과정에서 발생한 무이자사업비 금융비용을 공사비 상승 또는 조정의 요인으로 분석하여 조합에 요구하고 있다.

4.3 조합원 분담금 납부조건 변경에 따른 비용 증가

(1) 분담금 납부조건 변경에 따른 비용 증가 요인

일반적으로 공동주택 분양대금에 대한 납부방법은 계약금, 중도금(1~6회차), 잔금으로 크게 나누어 볼 수 있고, 각 회차별 납부비율은 사업장마다 다 다르다. 조합원 분담금 또한 동일한 납부방법을 바탕으로 하고 있다. 이러한 분담금 납부조건에 대해 시공사들이 사업참여제안서 제출 시에 명시하고 있는데 향후 공사도급본계약 협상 시에 납부방법이나 납부조건이 변경됨에 따라 시공사에서 추가로 부담될 수 있는 사항이 발생할 수 있다.

(2) 분담금 납부조건 변경에 따른 공사비 증감 내용

시공사가 사업참여제안 당시 조합원 분담금에 대한 납부방법이나 납부조건을 계약금 10%, 중도금 60%, 잔금 30%의 방법으로 제안하였다가 공사도급본계약 협의 당시 조합의 요청에 따라 중도금 납부비율을 60%에서 30%로 줄일 경우에 시공사 입장에서 중도금 30%만큼의 공사비 수금이 적은 만큼 이에 따른 금융비용 등의 비용이 추가로 발생하는 것이다. 예를 들어 중도금 60%의 총액이 1천억원이라고 가정할 때, 중도금 납부비율을 30%로 줄일 경우 5백억원의 수금이 부족해지고 그만큼의 공사비를 충당하기 위해 시공사는 차입이 불가피해져 그에 따른 금융비용이 발생할 수밖에 없고, 이자율 5%로 대출기간을 2년으로 가정한다면 약 50억원의 금융비용이 추가로 발생할 수 있다. 따라서, 시공사에서는 조합원분담금 납부조건이 변경될 경우 이를 공사비 상승 또는 조정의 요인으로 분석하게 된다.

4.4 공사기간 변동에 따른 비용 증가

(1) 공사기간의 변동

시공사가 사업참여제안 당시 공사기간을 몇 개월로 하겠다고 명시하게 되는데, 사업추진과정에서 여러 사정 및 이유로 인해 당초 예상했던 공사기간이 늘어날 수 있다. 시공사에서는 불가피하게 공사기간이 증가되면 본사 및 현장관리비, 공통가설공사비 등의 비용이 그만큼 증가될 수 있어 이를 공사비 상승 요인의 하나로 보게 된다.

(2) 공사기간 변동의 주된 요인

① 설계변경에 따른 공사기간 증가

조합이 사업추진과정에서 설계변경을 요청하였을 경우, 스카이브릿지 신설, 층수 증가, 층고 증가 등 공사기간에 영향을 줄 수 있는 설계변경이 이루어지면 공사기간이 증가될 수 있다.

② 정부정책 등에 따른 공사기간 연장

정부의 폭염 대응 근로자보호대책에 따라 체감온도 기준 33~34도는 시간당 10~20분 휴식을 해야 하며, 35도 이상일 경우 옥외작업은 전면 작업중지이며, 옥내작업은 일부 공종에 대해 중지해야 하는 등 새롭게 시행되는 정부정책 등으로 인해 근로시간이 줄어들어 그에 따라 공사기간이 증가될 수 있다.

③ 관련 법규 변경에 따른 공사기간 증가

국토교통부의 한중콘크리트 품질강화 조치 등의 건설공사 관련 법규의 변경으로 인해서도 공사기간이 늘어날 수 있으며, 입주자 사전방문 및 품질점검단 제도 법제화로 인해 사전방문의 절차 및 방법, 품질점검단의 점검절차, 사전방문 기간고려 등으로 공사기간이 연장될 수 있다.

이러한 관련 법규 변경에 따른 공사기간 증가는 시공사의 귀책사유와 관계없는 법규변경, 정책변경, 행정명령 등 불가피한 상황에 해당되기에 공사기간 연장이 가능하다.

④ 화물연대 등 노조 파업에 따른 공사기간 변경

화물연대 파업이 발생할 경우 건설공사를 위해 필연적으로 소요되는 시멘트, 레미콘의 수급지연으로 연결되어 이로 인한 공사기간 연장이 필요해질 수 있다. 일반적으로 레미콘 납불이 불가하거나 철근 반입이 지연되는 상황에서는 배근작업 불가, 암반출 지연 등으로 인해 평균 30일 이상의 공정지연이 발생할 수 있다고 보고 있다. 또한, 레미콘운송노동조합의 토요일 격주휴무 시행이 토목공사 CIP

공사, PRD공사 및 SHOTCRETE 공사지연으로 연결되고 있다고 보고 있다.

4.5 설계변경에 따른 비용 증가

(1) 건축연면적 증감에 따른 공사비 조정

시공사가 최초 사업참여제안 당시의 건축연면적과 공사도급본계약 협의 당시의 건축연면적은 당연히 증감이 발생할 수밖에 없다. 또한, 사업참여 당시의 공사비는 ㎡당 단가 또는 坪당 단가로 기재하고 추후 연면적 변경에 따라 정산하게 됨으로 사업시행계획인가 등 최종 확정된 건축연면적에 따라 공사비 정산이 불가피하다. 따라서, 조합은 시공사와 건축연면적 증감에 따른 공사비 조정에 대해 협의가 필요하며 지상층 연면적에 적용되는 ㎡당 단가 또는 坪당 단가와 지하층 연면적에 적용되는 ㎡당 단가 또는 坪당 단가를 차별화하여 검토할 필요가 있다.

(2) 공동주택 주요 설계 기준 변경에 따른 비용 증감

시공사가 최초 사업참여제안 당시의 주요 설계 기준이 사업추진 과정에서 조합의 요청, 관련 법류 및 정책 변경 등으로 인해 변경이 될 수 있으며, 이에 따라 공사비 증감이 발생한다. 대표적인 사례를 통해 본 공동주택 주요 설계 기준의 변경 내용들은 다음과 같다.

① 발코니/실외기실 변경

② 층고/천장고 변경

③ 다락 특화

④ SLAB 두께/층간차음재 변경

⑤ 창호 변경

⑥ 주차폭 확장

⑦ 전기차 급속·완속 충전기 증가

⑧ 세대창고 추가 또는 면적 증가 등

⑨ 지하 1층 층고 변경

⑩ 지하주차장 바닥마감재 변경

⑪ 필로티 설치구간 증가 및 층고 조정

⑫ 부대복리시설 변경

- 면적 증감

- 피트니스 공간 및 운동시설 설치 내역 변경

- 골프연습장·퍼팅그린·골프스크린시설 등 변경

- 락커 및 사우나 시설 변경

- 수영장 신규 적용 등

- 다이닝룸, 북카페, 티하우스, 도서관, 독서실, 스터디실, 문화강좌실, 음악연습실, 키즈클럽(실내
  놀이터) 등 커뮤니티 시설 변경

- 게스트하우스 변경

- 스카이라운지 변경

- 경비실·관리사무소·어린이집·경로당·돌봄센터 등 법정의무시설의 변경

(3) 단위세대 마감재 변경에 따른 비용 증감

시공사가 최초 사업참여제안 당시 제출했던 주요 단위세대 마감재가 조합의 요청, 최신 트렌드 반영, 인테리어설계 변경 등으로 인해 추가·삭제·변경될 수 있으며, 이에 따라 공사비 증감이 발생한다. 대표적인 사례를 통해 본 단위세대 주요 마감재 변경 내용들은 다음과 같다.

① 현관·거실·침실·주방 등 바닥 마감재 변경

② 현관·거실·침실·주방 등 벽체/천장 벽지 변경

③ 디딤판/마루귀틀 변경

④ 현관중문 설치

⑤ 거실 아트월 마감재 변경

⑥ 욕실 바닥·벽체·천장·욕실선반·세면대·샤워부스 등 마감재 변경

⑦ 현관·침실·욕실·실외기실·대피공간 도어 및 도어록 변경

⑧ 현관·신발장·침실붙박이장·드레스룸·팬트리·파우더룸·화장대 등 마감재 변경

⑨ 주방가구·주방기기(렌지후드·음식물탈수기·쿡탑 등) 변경

⑩ 욕실장 변경

⑪ 세탁실 선반 추가 또는 삭제 변경

(4) 공용부 주동 내부 변경에 따른 비용 증감

공용부 해당되는 부분은 계단실, ELEV홀·기계실, 주동 외장재 및 옥상조형물, 문주 등이 있는데 일반적으로 아파트단지의 고급화를 위해 ELEV홀 바닥·벽체·천장의 마감재 변경, 주동 외장재로서 커튼월룩 마감 신규 또는 추가 적용, 측벽 특화와 옥상 조형물, 그리고 문주가 가장 많은 변경이 이루어지고 있다.

(5) 설비 마감재 변경에 따른 비용 증감

설비 마감재는 조합 및 조합원이 가장 많은 관심을 가지고 있는 마감재 중 하나이기 때문에 사업참여제안 당시에도 시공사가 많은 검토를 하는 부분이고, 몇 년이 지나 공사도급본계약 협의 당시에도 주된 협의 내용의 하나이기도 하다. 대표적인 사례를 통해 본 주요 설비 마감재의 내용들은 다음과 같다.

① 욕실 욕조, 양변기, 세면기, 수전(세면기, 욕조), 소음저감 배관 등
② 주방 절수페달, 싱크수전 등
③ 세대환기시스템, 시스클라인, 세대현관 에어샤워 등 환기설비
④ 세대 비례제어시스템, 욕실난방, 다용도실 난방 등 난방설비
⑤ 에어컨 냉매배관, 천장형 에어컨 등 공조시스템
⑥ ELEV홀 환기시스템, 건식차량청소시스템, 빗물재활용, 배관내진시스템 등 각종 시스템
⑦ 판매시설의 기계설비 마감재

(6) 전기 시스템 변경에 따른 비용 증감

① 미세먼지 관리 시스템
② 정보통신등급
③ 원격검침시스템
④ 전자도서출납 시스템
⑤ 스마트인포메이션
⑥ 지진감지 엘리베이터 시스템
⑦ IOT시스템

⑧ 태양관보안등

⑨ 전력제어 시스템

⑩ 광케이블 적용

⑪ 지하주차장 램프 스노우멜팅시스템

⑫ 주차유도방식

⑬ 월패드보안강화시스템

⑭ 홈게이트분리형 월패드

⑮ 무인택배, 세탁함

(7) 구조 변경에 따른 비용 증감

① 내진1등급 및 내진설계

② 풍진동 설계

③ 구조시스템

④ 지하주차장 기초형식

(8) 조경 설계 변경에 따른 비용 증감

최근 아파트들이 상향 평준화됨에 따라 조경 특화단지로 차별화를 꾀하고 있을 만큼 조경 설계에 많은 노력을 기울이고 있고, 각 건설사들이 각양각색의 조경 설계를 내놓고 있다. 조경은 세대 내 인테리어와 달리 임의로 변화를 주기 매우 어려운 부분이기 때문 처음부터 조경이 잘 갖춰진 아파트는 입주민만이 누릴 수 있는 특권인 동시에 집값과도 밀접한 관계를 가지게 되었다.

따라서, 단지 내 조경 비중을 높게 하고 특화조경을 도입해 조경 공사에 들어가는 공사비도 계속 증가하는 추세이기 때문에 시공사와의 공사비 조정에 있어 조경공사비가 차지하는 비중이 적지 않다.

나날이 발전하고 있는 조경 설계가 사업참여제안 당시와 비교해 많은 부분이 변경될 수 있으며, 더욱 트렌디하고 특화된 조경 설계로 변경이 되면 그에 따른 공사비 증가도 불가피함으로 조합과 정비사업관리기술인은 조경공사비의 변경내역에 대해 면밀한 검토가 필요하다.

4.6 기타 공사비 상승 요인

(1) 층간소음 해소

최근 국토교통부에서는 공동주택의 층간소음 해소방안 대책을 발표했는데 바닥 슬래브 두께를 210㎜에서 250㎜로 상향하고 고성능 완충재 등을 사용한다는 방침이다. 이에 따라 각 층의 슬래브마다 최소 1.5배에서 최대 2배 이상까지 공사원가 증가 요인이 발생해 앞으로 기준이 더 강화되면 비용은 더 상승할 것으로 보고 있어 공사비 상승의 주된 요인이 될 것으로 보인다.

(2) 제로에너지 인증제도

2024년부터 시행되는 제로에너지 인증의무화로 단열 성능과 신재생에너지 활용도를 높여 에너지 자립률 20% 이상을 충족해야 한다. 한국건설산업연구원에 따르면 공동주택의 공사비는 표준건축비 상한가격 대비 4~8% 정도 증가할 것으로 조사됐다. 또한, 순수한 공사비 이외에도 설계비와 에너지 관련 설비를 설치할 부지 확보 등 보이지 않는 추가비용도 발생할 수 있다고 보고 있다.

(3) 금리 인상

미국발 금리인상으로 국내 금리가 상승하여 건설사들의 조달 금리도 올라 고금리 기조가 유지될수록 금융비용 부담 등으로 공사비가 상승될 수 있다. 더욱이 정비사업은 시공사가 조합에 사업비를 대여해 주고 이에 대한 금융비용을 부담하고 있고, 건설공사비도 기성불이 아니기 때문에 건설공사비에 대한 자금조달에 있어 부담이 가중될 수밖에 없어 공사비 상승의 주된 요인이 되고 있다.

4.7 최근 마감재 및 시스템 변경 사례

ITEM	당초	변경
현관바닥	• 중국산 포세린타일 • 화강석 디딤판	• 유럽산 포세린타일 • 엔지니어드스톤
거실아트월	• 중국산 포세린타일	• 유럽산 대형포세린타일(타일 크기 대형으로 변경)
욕실타일	• 국산 자기질/도기질 타일	• 유럽산 포세린타일
거실/주방/침실 바닥재	• 강마루	• 고급 원목마루
쿡탑	• 하이브리드	• 특정 고급브랜드 제품
후드	• 국산 침니형	• 외산 고급 주방후드 브랜드
주방가구	• 국산 친환경시트 마감	• 외산 고급 시트 브랜드
싱크볼, 수전	• 라운드형 싱크볼 • 기본 싱크수전	• 사각타입 싱크볼 • 수입산 고급브랜드 터치형 구스넥 싱크수전
양변기	• 국산 비데일치형	• 수입산 비데일치형 고급브랜드
세면기	• 국산 세면기	• 수입산 고급브랜드
수전류	• 국산 수전	• 수입산 고급브랜드
욕조	• 국산 욕조	• 수입산 고급브랜드
천장형에어컨 배관 및 장비	• 거실 및 안방	• 거실 및 모든 침실 적용
옥탑조형물	• RC구조물	• 외관 차별화를 위한 옥탑조형물(LED조명)
측벽아트월	• 도장 마감	• 외관 차별화를 위한 금속 루버와 LED조명 설치
시스클라인	• 미적용	• 거실, 안방 등 적용
발코니확장	• 미적용	• 조합원 무상 적용
붙박이장	• 1~2개소 적용	• 적용 확대
공중건물	• 미적용	• 스카이브릿지 또는 스카이박스 적용
전기차충전소		• 충전기 확대 적용
저층부 석재	• 3층 이하	• 4~5개 층까지 확대 적용
문주	• 일반 문주 • 1개소	• 문주 특화 • 문주 설치 확대
조경		• 조경 특화
커뮤니티시설		• 커뮤니티시설 특화
기타 조합원 특별제공품목	• 스타일러, 냉동냉장고, 건조기, 세탁기, 음식물탈수기, 광파오븐, 식기세척기, 대형 TV, 시스템에어컨 등 • 컨시어즈 서비스	

5 공사비 검증제도

5.1 공사비 검증제도의 이해

(1) 개념 및 필요성

① 개념

정비사업에서 공사비를 일정비율 이상 증액하려고 하는 경우 등에 해당하면 조합 등 사업시행자가 검증기관에 의뢰하여 공사비의 적정성을 검증받도록 하는 제도를 말한다.

② 필요성

정비사업의 시행자인 조합은 공사비와 관련된 전문성 부족으로 인해 시공사와의 분쟁이 지속적으로 발생하고 있어 객관적인 검증을 통해 적정 공사비에 대한 정보 제공이 필요하기 때문이다.

(2) 법적 근거

- 「도시 및 주거환경정비법」제29조의2(공사비 검증 요청 등)
- 「정비사업 계약업무 처리기준」제36조(계약의 체결 및 계약사항의 관리)(국토교통부고시 제 2023-302호)
- 「정비사업 공사비 검증 기준」(국토교통부고시 제2020-1182호)

(3) 검증 대상

조합과 정비사업관리기술인은 다음 중 하나에 속하는 경우에는 「도시정비법」따라 의무적으로 공사비 검증을 요청하여야 한다.

1) 토지등소유자 또는 조합원 20% 이상이 요청하는 경우

2) 공사비 증액비율이 다음에 해당하는 경우(생산자물가상승률 제외)

- 사업시행계획인가 이전 시공자 선정 : 10% 이상
- 사업시행계획인가 이후 시공자 선정 : 5% 이상

3) 검증 완료 후 3% 이상 증액되는 경우(생산자물가상승률 제외)

4) 그 밖에 사유로 사업시행자등이 공사비 검증을 요청하는 경우

(4) 검증 내용

공사비 검증기관이 검증하는 내용은 다음과 같다.

1) 계약서상 공사비 관련 내용

2) 공사물량·단가의 적정성 등

3) 각종 보험료 등 제경비

구분	내용	비고
건축	가설, 골조, 습식, 방수, 수장 등	
토목	터파기, 흙막이, 잔토처리 등	
기계	냉·난방, 위생가구, 기계소방 등	
전기	전등·전열, 통신, 전기·소방 등	
조경	식재, 시설물, 포장, 조형물 등	
간접비	안전관리비, 퇴직공제부금, 각종보험료, 수수료 등	

(5) 검증 기관

- 「한국부동산원법」에 따라 설립된 한국부동산원
- 「한국토지주택공사법」에 따라 설립된 한국토지주택공사

5.2 공사비 검증 신청 및 접수

(1) 신청시기

조합 등 사업시행자는 시공자와 계약체결 후 신청하여야 한다. 다만, 계약 이후 공사비 증액인 경우에는 변경계약 체결 전에 검증을 신청하여야 한다.

(2) 신청서류

조합 등 사업시행자는 공사비 검증을 신청하는 다음 각 호의 서류를 첨부하여 검증기관에 제출하여야 하며, 정비사업관리기술인은 이를 지원한다.

1. 공사비 목록 및 사유서
2. 사업개요 및 추진경과, 단계별 도급계약서, 시공자 입찰 관련 서류
3. 사업시행계획(변경)인가서 등 인·허가 관련 서류
4. 변경 전·후 설계도 및 시방서(특기시방 포함), 지질조사서, 자재설명서 등
- 설계도는 국토교통부장관이 고시한 주택의 설계도서 작성기준 제4조제1항에 따른 내역서 작성이 가능한 실시설계도면 수준으로 한다.
5. 공사비 총괄표, 변경 전·후 공사비 내역서, 물량산출서, 단가산출서9일위대가, 공량산출서, 단가산출서에 준하는 근거서류) 등 공사비 내역을 증빙하는 서류
- 일위대가의 경우 각 품목별 표준품셈, 표준시장단가 등을 기초로 작성
- 1식성 단가의 경우 견적서 등 산출근거 제출
6. 기타 검증기관이 요구하는 검증에 필요한 서류

(3) 신청방법

신청서는 부대서류는 전자문서를 이용하여 제출할 수 있고, 검증기관에서 검증에 필요하지 않다고 판단하는 부대서류는 제외할 수 있으며, 검증기관은 다음 양식의 신청서와 부대서류를 검토한 후 서류의 보완을 요청할 수 있다.

(4) 접수

검증기관은 신청서 및 부대서류, 수수료 입금 등 검증을 위해 필요한 사항이 구비된 경우 신청인에게 접수사실을 통지하고, 접수일은 접수를 통지한 날로 한다.

공사비 검증 신청서

사업장명			사업장 소재지	
신청인	대표자		담당자	
	주소		사업자등록번호	
	연락처	전화: 팩스: e-mail:		
검증대상				
검증대상 공사비			검증기준일	

「도시 및 주거환경정비법」제29조의2제1항 (   )호에 근거하여 공사비 검증을 신청합니다.

년   월   일

신청인   (인)

첨부서류	

210mm×297mm[백상지(80g/㎡) 또는 중질지(80g/㎡)]

5.3 공사비 검증

(1) 처리기간

① 검증기관은 전체 또는 증액 공사비가 1,000억원 미만인 경우에는 접수일로부터 60일 이내에, 1,000억원 이상인 경우에는 75일 이내에 검증결과를 신청인에게 통보하여야 하며, 부득이한 경우 10일 범위 내에서 1회 연장할 수 있다.

② 검증기관은 제출한 서류의 내용이 불충분하거나 사실과 다른 경우 신청인에게 문서 등 명시적인 방법으로 보완을 요청하여야 하며 서류의 보완기간은 처리기간에서 제외한다.

(2) 검증 기준시점

① 검증의 기준이 되는 시점은 시공자가 사업시행자에게 공사비의 증액을 신청한 날짜로 한다. 다만, 전체 공사비를 검증하는 경우는 공사도급계약서의 공사비 산정 기준일(기준일이 없는 경우 계약을 기준으로 한다)로 한다.

② 사업시행자와 시공자가 서로 협의한 경우에는 협의한 날짜로 할 수 있다.

(3) 자문위원회 운영

① 검증기관은 공사비 검증을 위하여 전문가로 구성된 자문위원회를 둘 수 있다.

② 자문위원회의 구성·운영 등에 필요한 세부 사항은 검증기관이 정한다.

(4) 검증 절차

(5) 검증결과의 처리

① 검증기관은 공사비 검증결과를 보고서로 작성하여 신청인에게 제출하여야 한다.

② 보고서는 신청인이 이해할 수 있도록 명확하고 일관성 있게 작성하여야 하며 다음 각 호의 사항
이 포함되어야 한다.

1. 신청인의 성명 또는 명칭

2. 검증의 목적

3. 검증의 대상

4. 기준시점

5. 검증의 방법

6. 검증 내용

7. 검증 결과

8. 검증 결과에 대한 의견

9. 기타 검증에 관련된 사항

(6) 검증결과 공개 및 보관

① 조합은 검증이 완료된 경우 검증 보고서를 총회에서 공개해야 하며, 정비사업관리기술인은 이를 지원한다.

② 검증기관은 제출된 보고서를 5년간 보관한다.

5.4 검증 수수료

(1) 전체공사 검증 수수료

전체 공사비	수수료(VAT 별도)
100억원 이하	5,000,000원(기본 수수료)
100억원 초과 500억원 이하	5,000,000원 + 100억원 초과액의 40/100,000
500억원 초과 1,000억원 이하	21,000,000원 + 500억원 초과액의 25/100,000
1,000억원 초과 2,000억원 이하	33,500,000원 + 1,000억원 초과액의 15/100,000
2,000억원 초과	48,500,000원 + 2,000억원 초과액의 5/100,000

(2) 증액공사 검증 수수료

전체 공사비	수수료(VAT 별도)
10억원 이하	5,000,000원(기본 수수료)
10억원 초과 50억원 이하	5,000,000원 + 10억원 초과액의 40/100,000
50억원 초과 100억원 이하	21,000,000원 + 50억원 초과액의 25/100,000
100억원 초과 200억원 이하	33,500,000원 + 100억원 초과액의 15/100,000
200억원 초과	48,500,000원 + 200억원 초과액의 5/100,000

5.5 공사비 검증 보고서 사례

시공자가 설계변경, 마감재 수준 상향, 물가변동 등으로 증액되는 공사비를 조합에 추가 요청함에 따라 시공자가 요청한 공사비의 적정성을 파악하기 위해 조합이 한국부동산원 등에 공사비 검증을 의뢰하여 검증기관이 실시하게 된다.

주요 공사 변경 내용의 사례는 연면적 및 세대수 증가, 발코니 확장, 가전품목변경 및 시스템에어컨 신설, 세대 마감 상향(가구, 조명 등), 저층부 외벽마감 상향, 태양광 반사장치 설치, 우수처리시스템, 전기차 충전설비, 태양광 발전설비 등이며, 검증기관은 이에 대해 개별 적산과 비율분석 등을 통해 수량을 검증하고 표준품셈, 시중물가지, 사례단가, 조사단가, 통상적 소요비용 등을 비교·분석하여 시공자가 제시한 단가를 검증하게 된다.

예를 들어 토목공사에서는 토류벽체 공사, LW공사, 주요자재 및 운반 수량과 토공사 단가 등에서 검증결과에 차이가 발생할 수 있으며, 건축공사에서는 가전제품 등의 수량과 화강석 붙임(건식, 앵커, 물갈기/벽체), 강마루 깔기, PW창호, 무기질계 뿜칠 단가와 파일공사의 증액 금액 등에서 차이가 발생할 수 있다. 또한, 기계공사에서는 지하주차장 스프링클러배관 증액비율 등에 있어 차이가 발생하고, 전기공사에서는 단위세대 홈네트워크용 합성수지제 가요전선관 수량과 승강기, 전기차충전기, 태양광발전설비 단가와 원격검침공사, 비상벨설비공사 증액비율 등이 있고, 조경공사에서는 식재공사, 시설물공사, 포장공사에서 시공사가 제시한 증액비율과 검증결과에 차이가 발생할 수 있다.

그 외에도 검증기관에서는 제경비 중 이윤과 직접비, 물가변동 증액공사비, 분양경비, 시공보증수수료 및 민원처리비 등 사업비 등에 대해서도 검증을 실시한다.

〔공사비 검증보고서 사례〕

구분	주요 내용
검증의견 요약서	• 검증의견 요약서 : 주요 공사 변경 내용에 대한 설명 및 주요 검증 내용 요약 • 검증 결과표 : 토목, 건축, 기계, 전기, 조경, 제경비, 물가변동, 사업비 항목에 대해 시공사가 제시한 변경금액에 대한 검증결과금액 정리
과업의 개요	• 과업의 배경 및 목적 • 과업의 수행방법 및 기준 • 검증 대상 및 전제조건 • 보고서의 책임 및 한계
사업 현황	• 정비사업 개요 • 공사 개요
공사비 검증	• 토목공사 : 흙막이가시설공사, 부대토목공사 • 건축공사 : 공통가설공사, 가설공사, 파일공사, 철근콘크리트공사, 조적공사, 석공사, 타일 공사, 목공사 및 수장공사, 방수공사, 지붕 및 홈통공사, 금속공사, 미장공사, 창호 및 유리 공사, 도장공사, 가구 및 가전공사, 기타공사, 골재비·운반비·작업부산물, 폐기물처리비 • 기계공사 : 장비설치공사, 기계실배관공사, 난방배관공사, 환기공사, 위생배관공사, 냉난방 기공사, 자동제어공사, 가스배관공사, 우수처리공사, 기계소방공사 • 전기공사 : 수변전공사, 전력간선공사, 동력공사, 전등공사, 전열공사, 통신공사, 전기소방 공사, 승강기공사, 기타공사 • 조경공사 : 식재공사, 시설물공사, 포장공사 • 제경비 • 물가변동(ESC) • 사업비 등
공사비 검증 종합의견	• 공사비 검증결과 • 종합의견

6.1 시공자 입찰참여 의향서

〈접수번호 : 제　　호〉

입찰참여 의향서

참여 건설업자등	업체명			
	소재지		전화번호	
	대표자		팩스번호	

귀 조합에서 실시하는 ○○구역 재개발(재건축)사업의 시공자 선정에 관한 현장설명회에 참석하여 귀 조합에서 정한 규정 및 절차에 따라 성실히 이행할 것을 확약하며, 입찰참여의향서를 제출합니다.

년　　월　　일

업체명 :

대표자 :　　　　　　(인)

○○구역 재개발(재건축)사업 조합 귀중

〈접수번호 : 제　　호〉

입찰참여 의향서 접수증

당 조합에서 실시하는 ○○구역 재개발(재건축)사업의 시공자 선정과 관련 현장설명회에 참석하여 입찰참여의향서를 접수하였음을 확인합니다.

접수번호	제　　　호	접수자 확인	(인)
업체명		대표자명	

년　　월　　일

○○구역 재개발(재건축)사업 조합장 ○○○ (인)

6.2 시공자 입찰참여 신청서

〈접수번호 : 제　　호〉

입찰참여 신청서

입찰참여자	업체명			
	소재지		전화번호	
	대표자		팩스번호	

귀 조합에서 실시하는 ○○구역 재개발(재건축)사업의 시공자 선정에 관한 소정의 양식을 갖추어 입찰참여 신청서를 제출합니다.

년　　　월　　　일

업체명 :

대표자 :　　　　　　(인)

○○구역 재개발(재건축)사업 조합장 귀중

〈접수번호 : 제　　호〉

입찰참여 확인서

접수번호	제　　호	접수자 확인	(인)
업체명		대표자	
제출자		전화번호	

당 조합에서 실시하는 ○○구역 재개발(재건축)사업의 시공자 선정에 관한 서류를 첨부하여 제출하였음을 확인합니다.

년　　　월　　　일

○○구역 재개발(재건축)사업 조합장 ○○○ (인)

6.3 입찰제안서 비교표

입찰제안서 비교표

구분			기호 1	기호 2	기호 3	비고
회사 일반 사항	업체명					
	시공능력 평가순위					
	신용등급/부채비율					
	정비사업 준공실적					
공사 금액	조합 작성 설계서 기준(원안)	순공사비				철거 포함
		제경비				
		총공사비				VAT 포함
	대안계획 (원설계의 대안)	순공사비				철거 포함
		제경비				
		총공사비				VAT 포함
사업비 대여	대여자금(원)					
	금리조건					
	상환조건					
청산 방법	부담금 납부시점/방법					
	환급금 지급시점/방법					
공사 도급 조건	물가상승에 따른 설계변경 여부					
	지질여건 변동 시 설계변경 여부					
	착공시기					
	공사기간					
	공사비 지급방법					
분양책임/조건						
시공자 책임에 따른 공사지연 시 보상조건						
사실 확인			본 입찰제안서 비교표는 각 사에서 제출한 입찰제안서를 바탕으로 작성하였으며, 입찰제안서 등 일체 서류와 상이하지 않음을 확인 합니다.			
			(인)	(인)	(인)	
			○○구역 재개발(재건축)사업 조합장 ○○○ (인) (법인 인감)			

(주 1) 조합은 해당 정비구역의 여건 등에 따라 「도시 및 주거환경정비법」·「도시 및 주거환경정비법 시행령」·「서울특별시 도시 및 주거환경정비 조례」및 이 기준에 적합한 범위 안에서 수정·보완할 수 있다.

(주 2) 조합은 대안설계계획에 대한 세부 자료를 포함하여 조합원에게 통지하여야 한다.

○○구역 재개발(재건축)사업

입찰 안내서

20 .   .

○○구역 재개발(재건축)사업조합

목차

I. 일반사항

1. 지침의 성격

○○구역 재개발(재건축)사업조합(이하 '조합'이라 한다)이 시공자를 선정함에 있어 필요한 사항을 규정한 것이며, 사업참여 및 입찰에 필요한 제안서인 동시에 총회에서 선정된 시공자와의 계약 등을 이행하는 데 기준이 되는 지침서이다.

2. 입찰참여자격

가. 입찰보증금   원(금00000원)을 입찰마감 전까지 납부한 업체

나. 현장설명회에 참석하여 조합이 배부한 입찰안내서를 수령한 업체

다. 입찰제안서를 입찰마감 전까지 제출한 업체

라. 면허에 관한 사항

   (1) 「건설산업기본법」에 따른 토목공사업과 건축공사업 면허를 겸유하거나 토목건축공사업 면허를 보유

   (2) 「건설산업기본법」에 따른 조경공사업 면허, 「소방시설공사업법」에 따른 전문소방시설공사업 면허, 「전기공사업법」에 따른 전기공사업 면허, 「정보통신공사업법」에 따른 정보통신공사업 면허를 겸유한 업체

   (3) (1)에 해당하는 자가 (2)의 면허 보완을 위해 공동도급 가능

   (4) 각각의 면허를 만족하는 업체 간 공동도급 가능

마. 개별홍보 등 입찰참여 규정을 위반한 업체는 입찰참여 자격이 박탈

3. 시공자 선정 추진일정

가. 입찰공고 : 20 년 월 일(요일)

나. 입찰안내서 배부(현장설명회시)

  - 일시 : 20 년 월 일(요일) 00:00(오후 시)

  - 장소 : 조합 사무실 (☎ :   )

다. 입찰제안서 접수 마감(※ 전자조달시스템을 통해 입찰제안서 접수)

    (1) 제출시한 : 20   년   월   일(요일) 00:00까지(우편접수 불가)

    (2) 장   소 : 조합 사무실(※ 입찰제안서 이외 입찰부속서류 등 방문접수)

라. 시공자 선정 방법

    (1) 입찰방법 : 일반경쟁 또는 지명경쟁

    (2) 국토교통부장관이 고시한 「정비사업 계약업무 처리기준」 등에 따름

Ⅱ. 시공자 선정 입찰 참여 규정

【제1조】총칙

1. 이 규정은 조합이 시행하는 서울특별시 ○○구 ○○동 ○○번지 일대 재개발(재건축)사업에 참여하고자 하는 자가 유의하여야 할 사항을 규정한다.

2. 이 규정은 제1호의 정비사업의 입찰제안서 작성·입찰참여 자격에 관한 사항 및 시공자 선정을 위한 기준이 된다.

3. 이 사업의 계획은 사업시행계획인가, 관리처분계획인가 등 결정 내용에 따라 변경될 수 있다.

4. 이 규정 및 낙찰자의 제출서류는 해당 사업의 성격과 업무범위를 이해하는 데 필요한 자료로서 시공계약서의 일부가 된다.

5. 이 규정에서 특별히 정하고 있지 않은 사항은 「도시 및 주거환경정비법」·「도시 및 주거환경정비법 시행령」·「서울특별시 도시 및 주거환경정비 조례」 및 정관에 정한 바에 따른다.

【제2조】용어의 정의

이 규정에서 사용하는 용어의 정의는 다음 각 호와 같다.

1. "발주자"라 함은 해당 조합을 말한다.

2. "입찰자"라 함은 이 규정에서 제시된 자격 조건을 갖추고, 시공입찰에 참여하는 자를 말한다.

3. "낙찰자"라 함은 입찰자 중 발주자의 총회에서 선정되어 시공계약의 우선권이 부여된 자를 말한다.

4. "예정가격"이란 발주자인 조합이 설계도서에 따라 산출한 공사원가 범위 안에서 입찰공고 시 공표한 입찰금액의 기준이 되는 가격을 말한다.

【제3조】입찰참여 신청 서류

입찰자는 발주자가 지정한 기간 안에 다음 각 호의 입찰서류를 발주자에게 제출하여야 한다.

1. 입찰참여 신청서 1부

2. 입찰제안서 1부

   가. 입찰참여 견적서 1부(밀봉)

나. 입찰안내서에 대한 공람확인서 1부

다. 건설업자등 홍보 지침 및 준수 서약서 1부

라. 이행각서 1부

마. 회사소개서 1부

바. 공사비총괄내역서 1부(화일첨부, 밀봉)

사. 대안계획서 1부(필요시, 밀봉)

아. 법인인감증명서 1부

자. 법인등기부 등본 1부

차. 사업자등록증 사본 1부

카. 재무제표(최근 2년간) 1부

타. 입찰보증금 예치 확인자료 및 환급받을 통장 사본 각 1부

파. 법인인감도장 또는 사용인감도장 지참(단, 사용인감도장인 경우 사용인감계 제출)

【제4조】 입찰제안서 및 입찰참여견적서 작성 시 유의사항

1. 입찰제안서는 발주자가 배부한 서식에 따라 작성하여야 한다.

2. 입찰제안서의 기재사항 중 삭제 또는 정정이 필요한 경우 입찰마감 전까지 수정할 수 있으며, 해당 내용에 인감으로 날인하여야 한다. (사용인감 가능)

3. 입찰제안서의 금액 표시는 아라비아 숫자와 한글로 기재하여야 하며, 이 경우 한글 또는 아라비아 숫자로 기재된 숫자에 차이가 있을 때에는 한글로 기재한 것에 따른다.

4. 입찰제안서의 제출 시 입찰참여견적서는 밀봉하여 제출하여야 한다.

5. 입찰제안서는 일체 반환하지 아니하고 발주자에게 귀속한다.

6. 입찰제안서 제출 시 발주자가 배부한 서식에 따라 작성하여야 하며, 입찰자가 무상제공계획서 또는 대안설계계획서를 제출하는 경우 제출된 계획서에 대한 모든 저작권은 발주자에게 귀속되며, 선정 여부와 관계없이 향후 설계변경 시 응용 및 활용될 수 있다.

【제5조】 입찰의 참가자격 제한 및 무효

1. 입찰제안서 제출 마감일시까지 소정 장소에 도착하지 아니한 때

2. 예정가격 이상으로 입찰금액을 제시한 업체

3. 현장설명회 후 개별 홍보 등 관련 규정을 위반한 때

   - 시공자 선정기준 제10조 규정을 위반하여 자에 대한 입찰 참가자격 및 입찰 무효 등에 관한 사항 포함

4. 입찰제안서의 중요한 부분이 불분명하거나 정정한 후 날인을 누락한 업체

5. 담합·타사의 참여 방해 또는 발주자의 입찰 업무집행을 방해한 자가 속한 업체

6. 이행각서의 내용을 위반한 때

7. 입찰안내서에 따른 참여규정(제한사항) 및 제반 조건을 위반한 때

8. 현장설명회에 참여하지 않았거나 입찰안내서를 미수령한 업체

9. 우편 또는 FAX로 접수된 입찰제안서

10. 허위 사실을 기재하였거나 구비서류가 누락된 입찰제안서

11. 2개 이상의 상이한 입찰제안서를 제출한 회사

12. 입찰제안서 제출 후 제안 내용과 다르게 홍보한 업체

13. 「계약업무 처리기준」 제29조제2항 규정을 위반하여 시공과 관련이 없는 사항에 대한 금전이나 재산상 이익 제공을 제안한 업체

【제6조】 입찰의 연기 및 재입찰

1. 발주자는 다음 각 목의 어느 하나에 해당하는 경우 입찰공고(내용증명) 또는 입찰안내서에 기재된 입찰제안서 제출마감 일시를 연기할 수 있다.

   가. 입찰자의 설명 요구사항의 내용이 중대하여 연기가 불가피한 경우

   나. 기타 불가피한 사유로 인하여 지정된 일시에 현장설명회 또는 입찰을 실시하지 못하는 경우

2. 발주자는 제1호에 따라 입찰을 연기하고자 하는 경우 그 연기 사유와 기간을 포함하여 재공고 또는 서면통지하여야 한다.

3. 발주자는 다음 각 목의 어느 하나에 해당하는 경우 재입찰을 하여야 한다.

   가. 입찰자가 없는 경우

   나. 발주자가 제시한 입찰참여조건과 입찰자의 제안 내용이 현격한 차이가 있어 재입찰이 불가피한 경우

【제7조】시공자 선정방법

1. 투표용지의 기호 순번은 입찰제안서 제출 순서에 따른다.

2. 시공자 선정은 총회에서 조합원의 비밀투표에 따라 선정한다.

3. 「계약업무 처리기준」 및 「시공자 선정기준」 등이 정한 방법 및 절차에 따라 선정한다.

4. 일반경쟁입찰의 경우 입찰제안서를 제출한 자가 2인 미만인 경우 재공고한다. 다만, 미응찰 또는 단독응찰 등의 사유로 2회 이상 유찰된 경우에는 총회 의결을 거쳐 수의계약할 수 있다.

5. 지명경쟁입찰의 경우 입찰제안서를 제출한 자가 3인 미만인 경우 재공고하거나 해당 입찰을 무효로 하고 일반경쟁입찰 방식으로 전환한다.

6. 입찰자는 발주자가 주관하는 합동홍보설명회 이외의 개별홍보를 할 수 없다. 다만, 국토교통부 고시 「계약업무 처리기준」 제34조 제4항 내지 제5항에 따라 조합이 제공한 개방된 형태의 홍보공간에서는 조합에 미리 등록된 홍보직원에 한하여 조합원 등에게 홍보할 수 있다.

【제8조】계약체결

1. 낙찰자는 총회에서 선정된 날부터 3월 이내에 계약을 체결하여야 한다.

2. 발주자는 제1호에 따른 기간 안에 낙찰자가 계약을 체결하지 아니하는 경우 총회 의결을 거쳐 당해 선정을 무효로 할 수 있다.

【제9조】입찰제안서 제출 및 입찰서류 확인

1. 입찰자는 이 규정과 입찰제안서 작성기준에 따라 입찰제안서를 작성 제출하여야 한다.

2. 입찰 마감 이후 입찰제안서 일체를 개봉하되, 입찰제안서 중 입찰참여견적서 개봉 시기는 발주자가 입찰참여 업체에 추후 통지하여 건설업자등의 대표(대리인을 지정한 경우 그 대리인) 1인과 조합임원 및 기타 이해관계인이 참여한 가운데 개봉하여 확인·날인한다.

3. 개봉된 입찰참여견적서의 원본은 해당 입찰자가 모두 인감 날인 후 발주자의 책임하에 보관·관리한다.

【제10조】건설업자등의 개별홍보 금지

1. 발주자는 대의원회에서 총회에 상정할 입찰자로 결정된 건설업자등의 합동홍보설명회를 2회 이상 개최하여야 한다.

2. 제1호에 따른 최초 합동홍보설명회 개최 이후 건설업자등의 신청을 받아 정비구역 내 또는 인근에 개방된 형태의 홍보공간을 1개소 제공하거나, 건설업자등이 공동으로 마련하여 한시적으로 제공하고자 하는 공간 1개소를 홍보공간으로 지정할 수 있다.

3. 「시공자 선정기준」 제10조제4항에 따라 조합원 등을 상대로 개별적인 홍보, 사은품 제공 등을 한 행위가 1회 이상 적발된 경우에는 해당 입찰참여자의 입찰은 무효로 본다.

4. 발주자는 합동홍보설명회의 개최 일시·장소 및 방법 등을 설명회 개최 7일 전까지 입찰자에게 통지하여야 한다.

【제11조】 입찰보증금

1. 입찰보증금은 입찰제안서 제출 전까지 발주자가 지정한 계좌로 입금하여야 하며, 그 금액은   원으로 한다.
   - 금융기관 :   은행
   - 예 금 주 : ○○구역 재개발(재건축)사업조합
   - 계좌번호 :

2. 입찰보증금은 시공자의 담합 또는 홍보지침 미준수 등 관련 규정을 위반하여 입찰참여자격의 박탈 등 발주자에게 손해를 입힌 경우 또는 낙찰자가 정당한 사유 없이 계약을 체결하지 않아 총회에서 선정이 무효로 된 경우 발주자에게 귀속된다.

3. 발주자는 대의원회 또는 총회 개최 후 입찰자가 예치한 입찰보증금을 14일 이내 환급하되, 낙찰자의 입찰보증금은 계약 체결 후 14일 이내 환급한다. 이 경우 예치기간 중 발생한 이자는 발주자에게 귀속된다.

【제12조】 관계사항의 숙지 등

1. 입찰자는 입찰안내서 등 입찰참여에 필요한 모든 사항에 관하여 입찰제안서 제출 전에 숙지하여야 하며, 입찰 시 입찰안내서에 대한 공람확인서를 제출하여야 한다. 이 경우 관련 내용을 숙지하지 못하여 발생하는 모든 책임은 입찰자에게 있다.

2. 시공자 선정에 관하여 입찰참여 규정 등에서 특별히 규정하고 있지 않은 경우에는 관계 법령, 「계약업무 처리기준」, 「시공자 선정기준」 및 정관과 발주자가 정하는 바에 따른다.

3. 입찰자는 입찰안내서 등의 해석에 이견이 있는 경우에는 조합에 서면으로 질의하여야 한다. 이 경우 조합은 서면으로 입찰자 모두에게 유권해석의 내용을 통지하여야 하며, 조합임원 등이 개인적인 의견으로 답변한 내용은 효력이 없다.

Ⅲ. 정비구역 현황

1. 일반현황

가. 사 업 명 : ○○구역 재개발(재건축)사업

나. 위   치 : 서울특별시   번지 일대

다. 시행면적 :   ㎡

라. 기존건축물 동수 :

마. 거주가구 및 인구 :

바. 용도지역 :

사. 조합원수 :   명

2. 정비계획

가. 건축시설

- 대지면적 :   ㎡

- 주 용 도 :

- 건축면적 :   ㎡(건폐율   %)

- 건축연면적 :   ㎡(용적률   %)

- 층수 및 동수 :

- 주택규모별 건설세대수(전용면적 기준)

공급구분	동수	세대수	주택규모별 세대수(전용면적 기준)				
합계							
분양							
임대							

나. 정비기반시설

시설구분	도로			공원		녹지	공용 주차장	공공 공지	비고
	대로	중로	소로						
시설규모									

Ⅳ. 입찰제안서 작성 기준

1. 입찰제안서는 발주자가 제시한 설계도서에 대하여 입찰자들이 제안하는 공사비 및 이주비 산출
내역을 동일한 기준에서 공정하게 비교하고 평가하기 위한 것으로서 발주자가 배부한 양식에
따라 작성하여야 한다.

2. 공사비 산출내역

총액입찰 경우 입찰참여자는 설계도서를 면밀히 검토하여 공사비총괄내역서를 제출하여야 하
며, 내역입찰 경우 입찰참여자는 물량내역서를 직접 작성하고, 단가를 기재한 산출내역서를 제
출하여야 한다.

3. 사업비 대여에 관한 사항

입찰자가 사업비를 대여할 수 있는 총액·이율 및 대여조건을 기재하되 발주자가 제시하는 기준
이상이어야 하며, 항목별로 구분하여 조건을 명시할 수 있고, 담보물 제공에 따른 설정비용 부
담사항까지 표기하여야 한다.

4. 이주기간(발주자가 시공자의 업무범위에 이주를 포함한 경우에 한함)

이주기간을 제시한다.

5. 공사기간

가. 이주 완료 후 철거공사, 부지조성(   )개월(철거 및 잔재처리 포함) 이내로 한다.

나. 착공 후 준공 시까지 (   )개월 이내로 한다.

다. 공사기간은 총 (   )개월 이내로 한다.

6. 금리 기준

사업비 대여이자와 연체이자로 구분하여 제시한다.

7. 대안설계제안에 관한 사항

가. 계약업무 처리기준 제29조제3항에 따라 입찰에 참가하는 건설업자등이 대안설계를 제안하
는 경우 「도시 및 주거환경정비법」 제16조에 따라 결정·고시된 정비계획의 범위(법 시행령 제
13조제4항 및 조례 제11조제1항에 따른 경미한 사항은 허용하되, 건축물의 건폐율·용적률·최
고 높이의 확대, 정비구역 면적의 증가 및 정비기반시설의 변경은 허용하지 아니한다.) 내에서

제안할 수 있으며, 입찰참여자는 조합이 작성한 원안설계와 비교할 수 있도록 원안 공사비 내역서를 함께 제출하여야 한다.

나. 대안설계는 조합이 작성한 원안설계와 비교하여 동등 이상의 기능 및 효과가 있고, 공기단축 또는 비용절감이 가능한 설계이며, 입찰참여자는 설계도면, 수량산출서 및 산출내역서, 시공방법, 자재사용서 등 입찰서와 대안설계 설명서를 제출하여야 한다. 이는 조합총회에서 선정된 시공자가 계약 체결 후 대안을 제시하는 경우에도 또한 같다.

다. 이 기준에 따라 입찰참여자가 대안설계를 제안하는 경우에는 원안이 아닌 대안설계 제안 내용으로 해당 입찰에 참여한 것으로 보며, 예정가격의 범위 안에서 입찰금액을 제안하여야 한다.

라. 대안설계를 제안한 입찰참여자가 시공자로 선정된 경우에는 입찰서에 포함된 설계도서, 물량 및 산출내역서, 시공방법, 자재사용서 등 입찰제안 내용에 대한 시공내역을 반영하여 조합과의 계약을 체결하여야 한다.

6.5 입찰 제안서

<table>
<tr><td colspan="5" align="center"><h2>입 찰 제 안 서</h2></td></tr>
<tr><td>입찰공고번호</td><td colspan="2" align="center">제20 - 호</td><td align="center">입 찰 일 자</td><td align="center">20 년 월 일</td></tr>
<tr><td>입 찰 건 명</td><td colspan="4" align="center">○○구역 재개발(재건축)사업</td></tr>
<tr><td>사업발주방식</td><td colspan="4" align="center">도급제(지분제)</td></tr>
<tr><td rowspan="3">전용면적별 건축
아파트세대/
부대복리시설</td><td colspan="4">㎡ - 세대 (임대)   ㎡ - 세대
㎡ - 세대   ㎡ - 세대</td></tr>
<tr><td colspan="4">부대복리시설   동   ㎡</td></tr>
<tr><td>공 사 기 간</td><td colspan="4"></td></tr>
<tr><td colspan="5">
당사는 귀 조합의 입찰안내서에 따라 입찰제안서를 작성하여 구비서류와 같이 제출합니다.

구비서류 : 1. 입찰참여 견적서 1부(밀봉)
           2. 입찰안내서에 대한 공람확인서 1부
           3. 건설업자등 홍보 지침 및 준수서약서 1부
           4. 이행각서 1부
           5. 회사소개서
           6. 공사비총괄내역서 1부(화일첨부, 밀봉)
           7. 대안설계계획서 1부(필요시, 밀봉)
           8. 법인인감증명서 1부
           9. 법인등기부 등본 1부
          10. 사업자등록증 사본 1부
          11. 재무제표(최근 2년간) 1부
          12. 입찰보증금 예치 확인자료 및 환급받을 통장 사본 각 1부
          13. 법인인감도장 또는 사용인감도장 지참(단, 사용인감도장인 경우 사용인감계 제출)

20   .   .   .

입찰참여신청자   업체명 :
                             주 소 :
                             대표자 :   (인)
</td></tr>
</table>

입찰참여 견적서

구분			입찰조건 및 작성기준	비고
회사 일반 사항	법인명			
	시공능력 평가순위			
	신용등급/부채비율			
	정비사업 준공실적			
공사 금액	원안	순공사비	철거비 포함	산출내역서, 수량산출서 등 첨부
		제경비		
		총공사비	VAT 포함	
	대안	순공사비	철거비 포함	설계도면, 산출내역서, 수량산출서, 대안설명서 등 첨부
		제경비		
		총공사비	VAT 포함	
무상제공계획(무상품목)			총금액 기재	품목별 규격, 수량, 금액 등 산출조서 및 도면 첨부
사업비 대여	대여자금(원)		원 이상	조합은 항목별 세분 가능
	금리조건			
	상환조건			
청산 방법	부담금 납부시점/방법		예)계약:중도:입주 =20%:60%:20% 기준	금융비용 제시
	환급금 지급시점/방법			
공사 도급 조건	물가상승에 따른 설계변경 여부		변경 여부와 변경 시 기준일 기재	
	지질여건 변동 시 설계변경 여부			
	착공시기		이주 완료 후 개월 이내	
	공사기간		착공 후 개월 이내	
	공사비 지급방법		기성/분양	
분양책임/조건				
시공자 책임에 따른 공사지연시 보상 조건				
사실 확인			당사의 입찰제안내용과 사실에 근거하여 작성하였으며, 이를 조합에 제출합니다. 만약 허위 사실을 작성함에 따른 모든 책임은 당사에 있음을 서약합니다. 업체명 : (인) (법인 인감)	

※ 입찰참여자는 공사금액 항목 중 원안인지, 대안으로 제시하는지 여부를 명확히 기재하여야 한다.

6.7 공사비 총괄내역서

공사비 총괄내역서(예시)

공사비 총괄표

비목		요율	건축공사				건축 소계	전기	통신	소방 (기계+전기)	총 합계	평당 공사비	구성비	비고
			건축	기계설비	토목	조경								
순공사 원가	재료비													
	노무비													
	경 비													
계														
일반관리비, 이윤 등														
공급가액														
부가세														
도급공사비														
이설비 등														
총 공사비														

※ 비목 구성은 예시로써 사업장에 맞게 수정하여 활용 가능.

※ 조합이 별도로 발주하는 사업비는 제외.

직접비 집계표

1. 건축공사

구분	재료비	노무비	경비	합계	평당공사비
예시) 1블록, 2블록 또는 101동, 102동 또는 지상 층 및 지하층 등					

2. 토목공사

구분	재료비	노무비	경비	합계	평당공사비

3. 조경공사

구분	재료비	노무비	경비	합계	평당공사비

4. 기계공사

구분	재료비	노무비	경비	합계	평당공사비

5. 전기공사

구분	재료비	노무비	경비	합계	평당공사비

6. 통신공사

구분	재료비	노무비	경비	합계	평당공사비

7. 기계소방공사

구분	재료비	노무비	경비	합계	평당공사비

8. 전기소방공사

구분	재료비	노무비	경비	합계	평당공사비

※ 공사비총괄표에 따른 공종별 직접비(재료비, 노무비, 경비)를 집계표 형태로 작성하여 제출할 것.

※ 직접비 집계표의 구분란은 블록별, 동별, 지상층 및 지하층별로 구분하여 각각 작성 및 제출할 것.

6.8 시공자 홍보지침 및 준수 서약서

시공자 홍보지침 및 준수 서약서

당사는 ○○구역 재개발(재건축)사업의 시공자 선정과정에서 아래 사항을 준수하며, 이를 위반한 경우 귀 조합에서 입찰 지위 및 선정된 시공자의 지위를 박탈하여도 민·형사상의 어떠한 이의를 제기하지 않을 것을 서약합니다.

아울러 아래 사항을 위반하여 귀 조합이 시공자를 적법하게 선정하지 못하거나, 총회를 다시 개최하여야 하는 경우 당사는 귀 조합에서 시공자 선정을 위해 지출한 제반비용의 부담 및 이에 따른 조합의 손실을 배상할 것을 서약합니다.

- 아   래 -

□ 홍보 관련 준수사항 및 위반 시 제재조치

연번	구분	준수사항	제재조치
1	합동 설명회	• 1차 : 20 년 ○월 ○일(○) 오후 ○시 • 2차 : 20 년 ○월 ○일(○) 오후 ○시 • 회사소개 및 홍보동영상 : 20분 이내 • 홍보인원 : 회사별 5명 이내 (해당 명단과 증명사진을 조합에 제출)	• 합동설명회 이외 개별홍보활동 일체금지 • 조합에 등록된 인원 외의 홍보자 적발 시 입찰자격 또는 시공자 자격 박탈 - 입찰보증금 조합 귀속
2	시공사 선정 총회일	각사 화환 설치 불가. 총회 당일 전단지·홍보물 배포 및 현수막 설치 금지. 무대·파라솔·천막 및 가설물 등 설치 일체금지	• 임원 등 감시단 통제에 불응할 경우, 입찰자격 박탈 - 입찰보증금 조합 귀속
3	홍보물	• 홍보물(카다로그) 1종 : 40쪽 이내 (표지 포함) • 전단지 1종 : 국전 양면 • 크기 : A4 규격(반드시 준수) • 수량 : 400매(조합원 우편물 발송용) • 합동설명회 및 총회 시 A.V 시스템은 각사 준비	• 홍보물은 조합이 지정한 날까지 조합에 제출하여야 하며, • 합동설명회 전까지 조합에 신고된 것만 인정하고, 임의변경 시 입찰자격 박탈 - 입찰보증금 조합 귀속

4	현수막 설치	• 현수막 설치 및 홍보물 부착 일체금지	• 적발 시 입찰무효 및 선정자격 박탈 - 입찰보증금 조합 귀속
5	허위과장 홍보 및 상호비방, 허위사실 유포금지	• 사실과 다른 내용의 홍보물 제작 금지 • 경쟁사를 비방하는 행위 금지 • 타사를 가장하는 홍보활동 금지	• 타사를 가장하여 고의로 자격박탈 요건에 해당하는 행위를 한 경우 입찰참여 및 시공자 자격 박탈 - 입찰보증금 조합 귀속
6	부정행위	• 금품살포 및 이권약속 금지 • 조합원의 정당한 권리행사를 방해하는 일체 행위 금지	• 적발 시 입찰무효 및 선정자격 박탈 - 입찰 보증금 조합 귀속
7	기 타	• 모델하우스, 무대, 파라솔, 천막 및 가설물 등 설치 일체금지(조합이 제공하는 개방된 형태의 홍보공간 1개소는 예외로 함)	• 적발 시 입찰무효 및 선정자격 박탈 - 입찰 보증금 조합 귀속
8	공통사항	• 홍보활동과 관련하여 문의할 내용이 있을 경우, 반드시 서면으로만 할 수 있음 • 타사의 위반행위를 적발하여 본 조합에 제재조치를 요구하고자 할 경우, 서면의 방법으로 하되 반드시 증거자료(사진, 녹취, 동영상 촬영 등)를 첨부해야 함. • 조합은 제출된 위반행위 증거자료를 바탕으로 해당 시공자의 자격을 박탈할 수 있는 중요자료로 활용할 수 있음.	

년   월   일

위 확약인   업체명 :

대표자 :   (인)

주 소 :

○○구역 재개발(재건축)사업 조합 귀중

6.9 이행각서

이 행 각 서

귀 조합 재개발(재건축)사업의 시공자 선정 입찰참여를 신청함에 있어 시공자로 선정되기 전이나 선정된 후에도 아래 각 호의 사항을 위반하였을 경우 귀 조합에서 정한 결정에 대하여 민·형사상 일체의 이의를 제기하지 않고 따를 것을 약속하여 이 각서를 제출합니다.

- 아 래 -

1. 제출된 모든 서류에 하자가 있거나 보완의 필요성이 있어 조합의 요구가 있을 때에는 요구하는 지정 기간일까지 어김없이 이행하겠음.

2. 홍보 시에는 기 제출된 사업계획서 내용 범위 안에서만 홍보하고, 기 제출된 사업계획서 내용을 변경하는 등 일체의 행위를 하지 않겠음.

3. 다른 참여업체를 비방하거나 관련 업무를 방해하지 않겠음.

4. 외부인을 고용하거나 관계인으로 하여금 유언비어 유포, 상호비방, 과대선전 등의 행위를 하지 않겠음.

5. 어떠한 경우에도 임원, 대의원, 조합원을 상대로 향응을 제공하거나 금전 등을 일절 제공하지 않겠음.

6. 낙찰에 관계없이 조합의 결정사항을 이의 없이 따르겠음.

7. 총회에서 시공자로 선정된 후 공사 시공을 이행하지 못하는 사유가 발생된 경우 조합이 차순위 계약상대자와 약정을 체결하여도 이의 없이 따르겠음.

8. 입찰지침서 상의 입찰보증금 처리 규정에 따라 이의 없이 이행하겠음.

9. 시공자 선정과정 중 국토교통부 고시 '계약업무 처리기준'과 귀 조합에서 제시한 입찰참여 규정 등을 위반한 경우 조합의 결정에 이의 없이 따르겠음.

\# 첨부 : 법인인감증명서

　(사용용도 기입요망 : ○○구역 재개발(재건축)사업조합 시공자 선정관련 이행각서용)

년　　월　　일

업체명 :

대표자 :　　　　　　　(인)

○○구역 재개발(재건축)사업 조합 귀중

6.10 입찰참여안내서에 대한 공람 확인서

입찰참여안내서에 대한 공람 확인서

당사는 귀 조합의 시공자 선정을 위한 입찰에 참여함에 있어 귀 조합이 작성, 제시한 입찰참여 안내서 등을 충분히 숙지하였기에 이에 공람확인서를 제출합니다.

20   .   .   .

확인자 :

상 호 :

주 소 :

대표자 :   (인)

○○구역 재개발(재건축)사업 조합 귀중

6.11 회사 소개서

회사 소개서

□ 회사명 :

○ 경영실적

(단위 : 백만원)

구분	최근 3년간 경영실적			비고
	년	년	년	
총자산				
자본총계				
부채비율				
매출액				
순이익				

○ 시공능력 평가 순위(도급순위)

(단위 : 백만원)

구분	최근 3년간 경영실적			비고
	년	년	년	
순위				
평가액				

○ 정비사업 실적(최근 3년간)

사업명	대지면적	총연면적	건립세대수	착공/준공일	비고

첨부 : 증빙서류 각 1부

정비사업 표준공사계약서

2024. 1.

국 토 교 통 부

○○재개발(재건축)사업 공사계약서

아래 정비사업의 시행 주체인 ○○ 조합(이하 "도급인"이라 한다.)과 ○○건설회사(이하 "수급인"이라 한다.)는 ○○ 정비사업에 필요한 사항을 정하기 위하여 상호 간에 아래 및 별첨 공사계약조건과 같이 약정하고, 이를 증명하기 위하여 본 계약서 2통을 작성하여 "도급인"과 "수급인"이 기명날인한 후 각각 1통씩 보관한다.

- 아   래 -

1. 사업의 명칭 : ○○재개발(재건축)사업
2. 사업의 위치 : ○○시 ○○구 ○○동 ○○번지 외 ○○필지
3. 사업부지면적 : _____㎡ (_____평)
4. 건축연면적 : _____㎡ (_____평)
5. 사업의 내용 : 계약문서상의 공종별 목적물
6. 계 약 금 액 : 일금_____원정(₩_____원/부가가치세 별도)

   가. 공사계약금액 : ₩_____원(평당 ₩_____원)

      대여계약금액 : ₩_____원

   나. 공사비 산정 기준일 : ○○○○년 ○○월 ○○일

   다. 공사비는 관할 지방자치단체장이 최종 인가한 건축시설 연면적에 평당 단가를 곱한 금액으로 한다. 다만, 아파트 지하층은 지상층 평당가의 ○○%를 적용한다.

7. 공 사 기 간 : 실착공일로부터 ○○개월
8. "도급인"과 "수급인"은 「도시 및 주거환경정비법」 및 같은 법 시행령·시행규칙, 「주택건설 기준등에 관한 규정」, 「주택공급에 관한 규칙」, 「집합건물의 소유 및 관리에 관한 법률」 등 관련 법령과 조합정관을 준수하여 계약조건에 따라 당해 정비사업이 성공적으로 완료되도록 상호 신의와 성실의 원칙에 따라 이 계약을 이행하기로 한다.
9. 붙임서류 : 가. 공사계약일반조건 1부

나. 공사계약특수조건 1부

다. 입찰유의서 1부

라. 입찰제안서 1부

마. 설계서 1부

바. 산출내역서 1부

년   월   일

"도급인"   주   소 : ○○시 ○○구 ○○동 ○○번지

명   칭 : ○○재개발(재건축)사업조합

조 합 장 : ○○○   (인)

"수급인"   주   소 : ○○시 ○○구 ○○동 ○○번지

상   호 : ○○회사

대 표 자 : ○○○   (인)

공사계약 일반조건

제1조(목적) 이 계약은 ○○(시·도) ○○(시·군·구) ○○(읍·면·동) ○○번지 일대 ○○재개발(재건축)사업에 관하여 "도급인"과 "수급인"의 지위, 권리·의무 등을 규정함으로써 상기 정비사업의 성공적인 완성을 목적으로 한다.

제2조(정의) 이 조건에서 사용하는 용어의 정의는 다음과 같다.

1. "도급인"이라 함은 건설공사 및 기존 건축물의 철거공사를 건설사업자에게 도급하는 자를 말한다.

2. "수급인"이라 함은 "도급인"으로부터 건설공사 및 기존 건축물의 철거공사를 도급받는 건설사업자를 말한다.

3. "설계서"라 함은 공사시방서, 설계도면, 현장설명서 및 물량내역서(가설물의 설치에 소요되는 물량 포함)를 말한다.

4. "공사시방서"라 함은 공사에 쓰이는 재료, 설비, 시공체계, 시공기준 및 시공기술에 대한 기술설명서와 이에 적용되는 행정명세서로서, 설계도면에 대한 설명 또는 설계도면에 기재하기 어려운 기술적인 사항을 표시해 놓은 도서를 말한다.

5. "설계도면"이라 함은 시공될 공사의 성격과 범위를 표시하고 설계자의 의사를 일정한 약속에 근거하여 그림으로 표현한 도서로서 공사목적물의 내용을 구체적인 그림으로 표시해 놓은 도서를 말한다.

6. "현장설명서"라 함은 현장설명 시 교부하는 도서로서 시공에 필요한 현장상태 등에 관한 정보 또는 단가에 관한 설명서 등을 포함한 입찰가격 결정에 필요한 사항을 제공하는 도서를 말한다.

7. "물량내역서"라 함은 공종별 목적물을 구성하는 품목 또는 비목과 동 품목 또는 비목의 규격·수량·단위 등이 표시된 내역서를 말한다.

8. "산출내역서"라 함은 물량내역서에 "수급인"이 단가를 기재하여 "도급인"에게 제출한 내역서를 말한다.

9. "입찰유의서"라 함은 "도급인"이 입찰에 참가하는 자가 유의하여야 할 사항을 정하여 교부 또는 게시하여 열람할 수 있도록 한 서류를 말한다.

10. "입찰제안서"라 함은 "수급인"이 입찰공고 및 현장설명회에서 제시된 "도급인"의 지침 및 요청에 따라 작성하여 "도급인"에게 제출하는 일체의 서류를 말한다.

11. "품질사양서"라 함은 [별첨 1]의 표준품질사양서 양식에 따라 "수급인"이 "도급인"에게 제안하는 주요 품목의 구체적인 사양을 기재한 것으로서, "수급인"이 입찰제안서에 첨부하여 "도급인"에게 제출하는 서류를 말한다.

【주】서울시 정비사업의 경우「서울특별시 공공지원 정비사업 시공자 선정기준」에 따른 "공동주택성능요구서"에 대한 정의를 추가할 수 있을 것임. 이 경우 "공동주택성능요구서라 함은「서울특별시 공공지원 정비사업 시공자 선정기준」에 따라 "도급인"의 조합원이 원하는 공동주택 성능을 확보하기 위해 "도급인"이 공동주택 요구성능을 기재하여 시공자 선정 전에 제시하는 서류를 말한다"로 할 수 있을 것임

제3조(공사의 범위) "수급인"의 공사 범위는 "도급인"이 제공한 대지상에 관할 지방자치단체장이 최종 인가한 사업시행계획서(변경인가를 포함한다. 이하 같다)상의 아파트 및 부대·복리시설 등의 건축으로 한다.

제4조(당사자간의 지위 및 사업원칙) ① "도급인"과 "수급인"은 관계 법령과 계약 내용에 따라 그 책임과 의무를 지며 본 사업이 성공적으로 완료되도록 상호 신의성실의 원칙에 따라 계약을 이행하도록 한다.

② 본 계약과 관련하여 "도급인"은 조합원 전체를 대표하며, 본 계약조건에 따라 행한 "도급인"의 행위는 조합 전체의 권한·의무 행위가 성립되는 것으로 간주한다. 다만,「도시 및 주거환경정비법」 등 관련 법령 및 "도급인"의 정관에 따라 이사회, 대의원회 또는 총회 결의가 요구되는 사항에 관하여는 조합 전체의 권리·의무의 성립에 대하여 해당 결의가 있어야 한다.

③ "도급인"의 조합원은 "수급인"에게 직접 권리행사를 할 수 없으며, "도급인"을 통해서만 할 수 있다.

제5조(사업시행의 방법) ① "도급인"은 "수급인"에게 "도급인"과 "도급인"의 조합원이 소유하고 있는 ○○시 ○○구 ○○동 ○○번지 외 ○○필지 일대 ○○정비사업에 필요한 토지를 제공하고 제49조에 따라 공사계약금액을 지불하며, "수급인"은 "도급인"과의 계약 내용에 따라 공사목적물이 계획

대로 완성될 수 있도록 최선의 방안을 도출한 후 시공하여야 한다. 이 경우, "수급인"에게 제공하는 토지라 함은 "도급인"이 토지의 소유권 및 대지 사용권을 확보하여 "수급인"의 공사착공에 지장이 없는 상태의 토지를 말한다.

② "수급인"은 "도급인"의 사업경비 및 "도급인"의 조합원 이주비(「정비사업 계약업무 처리기준」 제30조제2항에 따른 이주비 대출 이자 및 같은 조 제3항에 따른 추가 이주비를 포함한다)를 "도급인" 및 "도급인"의 조합원에게 대여할 수 있으며, 이 경우 "도급인" 및 "도급인"의 조합원은 제50조 및 제51조에 따라 원리금을 상환하여야 한다. 다만, "도급인"과 "수급인"은 협의하여 이주비 및 사업경비 등을 금융기관을 통해 "도급인"이 직접 조달할 수 있고, 이 경우 "수급인"은 금융기관의 요청에 따라 지급보증을 할 수 있다.

제6조(공사계약금액) ① "도급인"이 "수급인"에게 지급해야 하는 공사계약금액은 관할 지방자치단체장이 최종 인가한 건축시설의 연면적에 3.3058제곱미터(㎡)당 ○○○○○○천 원정을 곱한 금액(₩○○○,○○○,○○○,○○○원)으로 하되, 「부가가치세법」 및 「조세특례제한법」상 부가가치세는 별도로 한다.

② 제1항의 공사계약금액은 산출내역서를 기준으로 한다.

【주 1】도급인은 시공자 선정에 앞서 「주택의 설계도서 작성기준」 제5조에 따른 기본설계도면에 준하는 설계도면을 준비하고, 내역입찰로 시공자를 선정하거나 총액입찰 후 선정된 시공자로 하여금 산출내역서를 제출하도록 하여야 함. 이 경우 입찰유의서에 "시공자는 선정된 날로부터 00일 내 산출내역서를 도급인에게 제출해야 함"을 명시해야 하며, 산출내역서를 첨부하여 계약을 체결하여야 함

【주 2】도급인이 시공자 선정에 앞서 기본설계도면에 준하는 설계도면을 준비하기 어려운 경우 입찰유의서에 "시공자는 입찰제안서 제출 시 「정비사업 표준공사계약서」 「별첨 1」의 표준품질사양서를 작성하여 함께 제출하여야 함."을 명시하고, 이를 첨부하여 계약을 체결할 수 있을 것임. 이 경우 제6조 제2항은 "제1항의 공사계약금액은 품질사양서를 기준으로 한다."라고 수정하여야 할 것임

---

③ "수급인"이 제1항의 공사계약금액으로 부담해야 하거나 시공해야 하는 범위는 다음과 같다.

1. 건축공사
2. 토목공사

3. 조경공사

4. 기계공사

5. 전기공사

6. 통신공사

7. 소방공사

8. 공통가설공사

9. 철거공사 및 잔재처리(석면 조사·해체·제거 및 전기, 통신, 가스, 상·하수도 등 공급시설의 철거)

10. 기부채납시설을 제외한 단지 내 도로, 전기, 통신, 상·하수도, 가스 등 간선시설 설치공사

11. 상가 등 복리시설의 구획별 전기, 통신, 상·하수도 등 관련 공사

12. 예술장식품 설치

13. 폐기물처리비

14. 시공상 직접 원인이 되어 발생하는 민원처리비

15. 법정경비(산재보험료, 고용보험료, 국민건강보험료, 국민연금보험료, 퇴직공제부금비, 산업안전보건관리비, 건설하도급대금 지급보증수수료, 건설기계대여대금 지급보증수수료, 환경보전비 등)

16. 시공보증수수료, 하자보증수수료

17. 일반분양 관련 제반 업무 및 제경비(모델하우스 건립·운영·관리·해체비, 광고선전비 및 분양대행수수료)

18. "수급인"이 입찰제안서에 제시한 공사비 포함 항목

19. "도급인"의 입찰도서에 기재된 공사 중 "수급인"의 입찰제안서에 기재된 공사

④ 다음 각 호의 비용은 공사계약금액에 포함되지 않으며 "도급인" 및 "도급인"의 조합원이 부담한다.

1. 단지 대지경계선 외부의 인입공사분담금 및 시설 관련 비용

2. 기부채납시설 공사비

3. "도급인" 또는 "도급인"의 조합원 명의로 부과되는 제세공과금(사업시행인가비, 면허세, 허가수수료, 채권매입비, 법인세, 등록세, 취득세 등)

4. 부가가치세(국민주택규모 초과분 아파트 및 상가)

5. 각종 등기비(말소등기, 보존등기, 이전등기)

6. 시공상 직접 원인이 되어 발생하는 민원 이외의 민원처리비

제7조(공사기간) ① 공사기간은 사업부지 내 지장물 철거 및 잔재처리 완료 후 실착공일로부터 ○○개월로 한다.

② 제1항의 실착공일은 제16조제1항의 후단에 따라 "수급인"이 철거계획을 수립하여 "도급인"과 협의하는 때에 "도급인"이 "수급인"과 협의하여 정한다.

③ 공사완공일은 관할 지방자치단체장으로부터 준공인가증을 교부받은 날로 한다.

제8조(계약문서 등) ① 계약문서의 종류는 다음 각 호와 같다.

1. 공사계약서

2. 공사계약일반조건

3. 공사계약특수조건

4. 입찰유의서

5. 입찰제안서, 홍보물 등 "수급인"이 "도급인" 또는 "도급인"의 조합원에게 제출한 문서

6. 설계서(공사시방서, 설계도면, 현장설명서, 물량내역서)

7. 산출내역서(산출내역서가 없는 경우에는 품질사양서를 말한다)

8. 공사공정예정표

> 【주】서울시 정비사업의 경우 「서울특별시 공공지원 정비사업 시공자 선정기준」에 따른 "공동주택성능요
> 구서"를 계약문서에 포함할 수 있을 것임

② 계약문서는 상호보완의 효력을 가지며, 이 조건이 정하는 바에 의하여 계약당사자 간에 행한 통지문서 등은 계약문서의 효력을 가진다. 다만, 「도시 및 주거환경정비법」 등 관련 법령 및 "도급인"의 정관에 따라 총회, 대의원회, 이사회의 결의가 요구되는 경우에는 해당 결의가 있는 경우에만 계약문서의 효력을 가진다.

③ "도급인"과 "수급인"은 이 조건에서 정한 계약일반사항 외에 해당 계약의 적정한 이행을 위하여 필요한 경우 공사계약특수조건을 정하여 계약을 체결할 수 있다.

④ "도급인"은 "수급인"이 제출한 산출내역서 또는 품질사양서를 검토하여 오기·누락 등을 발견한 경우 "수급인"에게 수정·보완 또는 조정을 요청할 수 있다. 이 경우 "수급인"은 "도급인"의 요청에 따라 수정·보완 또는 조정하여야 한다.

⑤ "수급인"은 최초 사업시행계획인가 이후 ○○일 이내에 사업승인을 득한 설계도서와 해당 설계도서에 기초한 산출내역서를 제출하고, "도급인"에게 산출내역서의 적정성 검토와 승인을 받아야 한다.

【주】산출내역서 없이 품질사양서를 기준으로 계약을 체결한 경우에는 계약 체결 시점부터 사업시행계획인가 시점까지의 설계변경 등 공사 변동사항을 모두 반영한 산출내역서를 사업시행계획 인가 이후 ○○일 이내에 제출토록 하고, 제7항에 따른 공사비 검증을 요청하여 증액 금액의 적정성을 판단할 수 있을 것임

⑥ "도급인"이 승인한 산출내역서는 이 조건에서 규정하는 계약금액의 조정 및 기성부분에 대한 대가의 지급 시에 적용할 기준으로서 계약문서의 효력을 가진다.

⑦ 제5항에 따라 "수급인"이 산출내역서를 제출한 후 "도급인"은 「도시 및 주거환경정비법」 제72조 제1항에 따른 분양공고를 하기 전까지 같은 법 제114조에서 규정하는 정비사업 지원기구에 공사비 검증을 요청할 수 있다. 본문에도 불구하고 같은 법 제29조의2제1항에 의한 검증 요청 사유가 발생한 경우에는 "도급인"이 분양공고 전까지 공사비 검증을 요청하여야 한다.

【주 1】"도급인"은 사업시행계획인가 고시가 있은 날(사업시행계획인가 이후 시공자를 선정한 경우에는 시공자와 계약을 체결한 날)로부터 120일 이내에 분양공고를 해야 하므로(「도시 및 주거환경정비법」 제72조제1항), 분양공고에 앞서 공사비 검증을 요청하기 위해서는 제5항 "수급인"의 산출내역서 제출 기한을 적정하게 설정하여야 할 것임

【주 2】「도시 및 주거환경정비법」 제118조제1항 및 제6항에 따라 공공지원으로 정비사업을 시행하고 별도의 시행 기준을 마련한 서울시 정비사업의 경우 「서울특별시 공공지원 정비사업 시공자 선정기준」에 따라 제7항을 "제5항에 따라 "수급인"이 산출내역서를 제출한 후 "도급인"은 「도시 및 주거환경정비법」 제72조제1항에 따른 분양공고를 하기 전까지 같은 법 제114조에서 규정하는 정비사업 지원기구에 공사비 검증을 요청하여야 한다"로 수정하여 활용할 수 있을 것임

⑧ 제7항에 따라 "도급인"이 공사비 검증을 요청하는 경우 "수급인"은 「정비사업 공사비 검증기준」에 따른 서류를 공사비 검증 요청 전까지 "도급인"에게 제출하여야 하며, "도급인"과 "수급인"은 공사비 검증 결과가 통지된 이후 조합총회에 공개하고 공사비를 조정한다.

【주 1】서울시 정비사업 경우 「서울특별시 공공지원 정비사업 시공자 선정기준」에 따라 제8항의 "공사비 검증 결과가 통지된 이후 조합총회에 공개하고"를 "공사비 검증 결과를 반영하여"로 수정할 수 있을 것임
【주 2】계약문서는 종류가 많고 작성자 및 작성 시기 또한 다른 경우가 많으므로 계약문서 간 내용이 모순되거나 충돌이 일어날 수 있음. 이 경우 어떠한 서류가 우선하는지에 대하여 견해의 대립이 있을 수 있으므로, 해당 사업의 여건 및 상황을 고려하여 필요시 계약문서 효력의 우선순위를 규정할 수도 있을 것임

제9조(통지의 방법 및 효력) ① 구두에 의한 통지·신청·청구·요구·회신·승인 또는 지시 등(이하 "통지 등"이라 한다)은 문서로 보완되어야 효력이 있다.

② 통지 등의 장소는 계약서에 기재된 주소로 하며, 주소를 변경하는 경우에는 이를 즉시 계약당사자에게 통지하여야 한다.

③ 통지 등의 효력은 계약문서에 따로 정하는 경우를 제외하고는 계약당사자에게 도달한 날부터 발생한다. 이 경우 도달일이 공휴일인 경우에는 그다음 날부터 효력이 발생한다.

④ 계약당사자는 계약이행 중 이 조건 및 관계 법령 등에서 정한 바에 따라 서면으로 정당한 요구를 받은 경우에는 이를 성실히 검토하여 회신하여야 한다.

제10조(인·허가 업무의 주관) "도급인"이 시행하는 사업과 관련한 인·허가 등 제반 업무는 사업주체인 "도급인"이 주관하되 "수급인"은 이에 적극적으로 협조하여야 한다.

제11조(공부정리 등) 관련 법령이나 정관 등에 따른 조합원 자격이 없는 토지등소유자의 소유권 정리, 제측량에 의한 지적 정리, 소유권 이외의 권리(저당권, 임차권, 지상권 등) 정리, 건축시설의 준공 후 보존등기 및 기타 공부정리는 "도급인"의 책임과 비용으로 처리한다.

제12조(계약보증금 등) ① "수급인"은 계약상의 의무이행을 보증하기 위하여 계약체결 시 공사계약금액의 100분의 ○을 "도급인"에게 보증금으로 납부하여야 한다. 다만, "도급인"과 "수급인"이 합의에 의하여 계약보증금을 납부하지 아니하기로 약정한 경우에는 그러하지 아니하다.

【주 1】계약보증은 계약상대방의 '계약이행의무'를 담보하기 위하여 제공하는 보증으로, 낙찰자의 '계약체결의무'를 담보하기 위한 입찰보증(「정비사업 계약업무 처리기준」제10조의2), 시공자가 '공사이행의무'를 담보하기 위하여 조합에 제공하여야 하는 시공보증(「도시 및 주거환경정비법」제82조)과는 다른 보증임. 아울러, 대여금과 보증금은 그 성격을 달리하는 것으로써 "수급인"이 납부한 입찰보증금을 사업경비 등 대여금으로 전환하면서 이를 계약보증금으로 갈음하여서는 아니 될 것임

【주 2】계약보증은 "수급인"과 "도급인" 상호 간 동시이행 관계에 있으므로, 계약의 일방 당사자가 계약보증을 하는 경우 계약의 상대방도 계약보증을 하여야 하며, 양 당사자가 합의하여 계약보증을 하지 않을 수도 있을 것임

② 제1항의 계약보증금은 다음 각 호의 기관이 발행한 보증서로 납부할 수 있다.

1. 「건설산업기본법」에 의한 건설공제조합이 발행한 보증서

2. 「주택도시기금법」에 의한 주택도시보증공사가 발행한 보증서

3. 「은행법」제2조제1항제2호의 규정에 의한 금융기관, 「한국산업은행법」에 의한 한국산업은행, 「한국수출입은행법」에 의한 한국수출입은행, 「중소기업은행법」에 의한 중소기업은행이 발행한 지급보증서

4. 「보험업법」에 의한 보험사업자가 발행한 보증보험증권

③ "수급인"은 제23조부터 제26조의 규정에 의하여 계약금액이 증액된 경우에는 이에 상응하는 금액의 보증금을 제1항 및 제2항의 규정에 따라 추가 납부하여야 하며, 계약금액이 감액된 경우에는 "도급인"은 이에 상응하는 금액의 계약보증금을 "수급인"에게 반환하여야 한다.

제13조(계약보증금의 처리) ① 제41조제1항 각 호의 사유로 계약이 해제 또는 해지된 경우 제12조의 규정에 의하여 납부된 계약보증금은 "도급인"에게 귀속한다. 이 경우 귀속된 계약보증금은 기성부분에 대한 미지급액과 상계 처리할 수 있다.

② "도급인"은 제42조제1항 각 호의 사유로 계약이 해제 또는 해지되거나 계약의 이행이 완료된 때

에는 제12조의 규정에 의하여 납부된 계약보증금을 지체 없이 "수급인"에게 반환하여야 한다.

제14조(손해보험) ① "수급인"은 특별한 사유가 없는 한 계약목적물 및 제3자 배상책임을 담보할 수 있는 손해보험에 가입하여야 한다.

② "수급인"은 제1항에 따른 보험 가입 시 "도급인", "수급인", 하수급인 및 해당 공사의 이해관계인을 피보험자로 하여야 하며, 보험사고 발생으로 "도급인" 이외의 자가 보험금을 수령하게 될 경우에는 "도급인"의 사전 동의를 받아야 한다.

③ 계약목적물에 대한 보험가입금액은 공사의 보험가입 대상 부분의 순계약금액(계약금액에서 부가가치세와 손해보험료를 제외한 금액을 말한다)을 기준으로 한다.

④ 제1항에 따른 보험가입은 공사착공일 이전까지 하고, 그 증서를 착공신고서 제출 시 "도급인"에게 제출하여야 하며, 보험기간은 당해 공사 착공 시부터 "도급인"의 인수 시까지로 하여야 한다.

⑤ "수급인"은 손해보험 가입 시 공사계약의 보증이행 규정에 따라 보증기관이 시공하게 될 경우 "수급인"의 보험계약상의 권리와 의무가 보증기관에 승계될 수 있도록 하여야 하며, 계약이 해제 또는 해지된 후 새로운 계약상대자가 선정될 경우에도 "수급인"의 보험계약상의 권리와 의무가 새로운 계약상대자에게 승계될 수 있도록 하여야 한다.

⑥ "수급인"은 산출내역서상의 보험료와 "수급인"이 손해보험회사에 실제 납입한 보험료간의 차액 발생을 이유로 보험가입을 거절하거나 해당 차액의 정산을 요구하여서는 아니 된다.

⑦ "수급인"은 보험가입 목적물의 보험사고로 보험금이 지급되는 경우에는 동 보험금을 해당공사의 복구에 우선 사용하여야 하며, 보험금 지급이 지연되거나 부족하게 지급되는 경우에도 이를 이유로 피해복구를 지연하거나 거절하여서는 아니 된다.

제2장 이주 및 철거

제15조(거주자의 이주) ① 정비구역안의 거주자(세입자를 포함한다. 이하 같다)의 이주는 "도급인"이 정한 이주개시일로부터 ○개월 이내에 "도급인"의 책임하에 완료하여야 한다.

② 거주자의 이주 시 전기, 수도, 전화, 기타 제세공과금 등의 미납금은 "도급인" 및 "도급인"의 조합원 책임으로 정리하여야 하며, "도급인"은 해당건물에 대한 상수도, 전기, 가스사용 등의 공급중지

와 관련한 제반 조치를 취하여야 하고 "수급인"은 이에 대하여 협조하여야 한다.

제16조(건축물 등의 철거) ① "도급인"과 "수급인"은 상호 협의하여 관련 법령에 따라 철거가 가능한 시점에서 개시하고, "수급인"은 이주완료 후 ○개월 이내에 철거를 완료하여야 한다. 이 경우 "수급인"은 철거계획을 수립하여 "도급인"과 협의하여야 한다.

② 지장물의 철거 또는 시공 중에 발생되는 수목, 골재 등 부산물은 "도급인"에게 귀속된다. 다만, 이러한 부산물의 매도가 곤란하다고 판단될 경우 "도급인"과 "수급인"은 협의하여 "수급인"이 처분한다.

③ "도급인"과 "수급인"은 본 사업부지 내의 전기, 통신, 가스, 상·하수도 등 공급시설에 대하여는 당해 시설물 관리권자와 협의하여 제1항에 따른 철거계획에 반영하여야 한다.

제3장 사업경비 대여 등

> **【주】**"도급인"은 계약서 작성 시 총 대여금액, 대여기간, 대여기간의 연장, 대여자금 항목별 이율 및 상환방법 등 대여조건을 명확히 하여 본 장의 내용을 작성하여야 할 것임

제17조(사업경비의 대여) ① "수급인"이 "도급인"에게 사업경비를 대여하는 경우 다음 각 호에 따른 대여조건에 따른다. 다만, "도급인"이 원하는 경우 "도급인"은 금융기관으로부터 직접 차입할 수 있다. 이 경우 "수급인"은 금융기관의 요청에 따라 지급보증을 할 수 있다.

1. 대여금 총액 :

2. 대여기간, 대여항목, 금리(%) : [별첨 2] 서식 작성

3. 제1호 대여금 총액과 제2호 대여기간을 초과할 경우 서로 협의하여 대여조건을 정할 수 있다.

② "도급인" 또는 "도급인"의 조합원 및 "수급인"은 사업경비 조달에 필요한 제반서류의 구비 및 그에 따른 절차를 각각 이행하여야 한다.

제18조(이주비 조달경비의 대여) "도급인"이 "도급인"의 조합원 이주비를 충당하기 위하여 금융기관으로부터 직접 또는 "수급인"의 지급보증으로 대출받는 경우 이주비 원금을 제외한 대여조건에 따른 이자 또는 연체료 등(이하 "이주비 조달경비"라 한다)을 "수급인"은 다음 각 호에 따른 대여조건으

로 "도급인"에게 대여할 수 있다.

  1. 대여총액 :

  2. 이자 및 연체료 : "도급인" 또는 "수급인"이 조달한 대출조건에 따름

제19조(이주비의 대여) ① "수급인"은 "도급인"에게 "도급인"의 조합원의 이주비를 다음 각 호에 따라 대여할 수 있다. 다만, "도급인"은 "도급인"의 조합원 이주비를 금융기관으로부터 직접 차입할 수 있으며, 이 경우 "수급인"은 금융기관의 요청에 따라 지급보증을 할 수 있다.

  1. 대여총액 :   원 (조합원 1명당   원)

  2. 이자 및 연체료 :

  ② 이주비 대여는 계약 체결 후 대여하는 것을 원칙으로 하되 최초이주비 대여시기는 "도급인"과 "수급인"이 상호 협의하여 결정한다.

  ③ 이주비를 대여하기 전에 "도급인"은 "도급인"의 조합원의 토지·건축물의 소유관계, 거주자의 이주계획, 소유권이외의 권리설정 여부, 공과금 완납여부 등을 확인하여 "수급인"이 채권을 확보하는데 지장이 없도록 협조하여야 한다.

  ④ 이주비 대여 시 "도급인"은 이주비 대여와 관련된 제반서류(금전소비대차 계약서, 이주비 차용금증서, 근저당권 설정 관련서류, 지장물 철거동의서 및 위임장, 각서 등)를 "도급인"의 조합원으로부터 징구하여야 한다.

  ⑤ "도급인"의 조합원이 이주비를 대여 받고자 할 경우에는 소유토지를 담보로 제공하고 "수급인"을 채권자로 하는 금전소비대차계약을 체결하며, 이주비 총액의 120%를 채권최고금액으로 하는 제1순위 근저당권을 설정하여야 한다. 이 경우 근저당권 설정·해지에 따른 비용은 "도급인" 또는 "도급인"의 조합원이 부담한다.

  ⑥ 근저당권 설정을 할 수 없거나 관계 법령에 따라 근저당권을 해지하여야 할 경우, 이주비에 상응하는 금액의 약속어음 발행 및 공증 등 "수급인"이 요구하는 여타의 채권확보 방법에 "도급인" 또는 "도급인"의 조합원은 특별한 사유가 없는 한 이에 협조하여야 한다.

제20조(조합운영비의 대여) "수급인"은 "도급인"에게 조합운영에 필요한 경비를 대여할 수 있으며, 대여기간·대여금 및 대여조건은 다음 각 호와 같다.

1. 대여금 : 총   원 (매월   원)

2. 대여기간 :

3. 대여조건(이율) :

제21조(사업경비의 대여중지 등) "도급인" 또는 "도급인"의 조합원이 제15조 및 제29조제1항에 따른 제반 사업 일정을 정한 기한 내에 완료하지 못하거나 공사계약금액의 지급을 지연할 경우 "수급인"은 "도급인"에게 3개월 이내에 그 이행을 최고하고 그 기간이 경과하여도 이행이 완료되지 않을 경우 제반 사업경비의 대여를 일시 중지할 수 있다.

제4장 설계변경 등 계약금액의 조정

제22조(설계변경 등) ① 설계변경은 다음 각 호의 어느 하나에 해당하는 경우에 한다.

1. 설계서의 내용이 불분명하거나 누락·오류 또는 상호 모순되는 점이 있을 경우

2. 새로운 기술·공법사용으로 공사비의 절감 및 시공기간의 단축 등의 효과가 현저할 경우

3. 기타 "도급인"이 설계서를 변경할 필요가 있다고 인정할 경우 등

② 제1항에 의한 설계변경은 "도급인"의 서면 승인(관련 법령 및 "도급인"의 정관상 총회결의가 요구되는 경우에는 서면 승인 및 총회결의)이 없으면 변경내용을 설계도서 및 공사에 반영할 수 없다.

③ 제1항에 의한 설계변경은 그 설계변경이 필요한 부분의 시공 전에 완료하여야 한다. 다만, "도급인"은 공정이행의 지연으로 품질저하가 우려되는 등 긴급하게 공사를 수행할 필요가 있는 때에는 "수급인"와 협의하여 설계변경의 시기 등을 명확히 정하고, 설계변경을 완료하기 전에 우선시공을 하게 할 수 있다.

제22조의2(설계서의 불분명·누락·오류 및 설계서간의 상호모순 등에 의한 설계변경) ① "수급인"은 공사계약의 이행 중에 설계서의 내용이 불분명하거나 설계서에 누락·오류 및 설계서 간에 상호모순 등이 있는 사실을 발견하였을 때에는 설계변경이 필요한 부분의 이행 전에 해당 사항을 분명히 한 서류를 작성하여 "도급인"과 감리에게 동시에 이를 통지하여야 한다.

② "도급인"은 제1항에 의한 통지를 받은 즉시 공사가 적절히 이행될 수 있도록 다음 각 호의 어느

하나의 방법으로 설계변경 등 필요한 조치를 하여야 한다.

1. 설계서의 내용이 불분명한 경우(설계서만으로는 시공방법, 투입자재 등을 확정할 수 없는 경우)에는 설계자의 의견을 듣고 당초 설계서에 의한 시공방법·투입자재 등을 확인한 후에 확인된 사항대로 시공하여야 하는 경우에는 설계서를 보완하되 제23조에 의한 계약금액조정은 하지 아니하며, 확인된 사항과 다르게 시공하여야 하는 경우에는 설계서를 보완하고 제23조에 의하여 계약금액을 조정하여야 함

2. 설계서에 누락·오류가 있는 경우에는 그 사실을 조사 확인하고 계약목적물의 기능 및 안전을 확보할 수 있도록 설계서를 보완

3. 설계도면과 공사시방서는 서로 일치하나 물량내역서와 상이한 경우에는 설계도면 및 공사시방서에 물량내역서를 일치

4. 설계도면과 공사시방서가 상이한 경우로서 물량내역서가 설계도면과 상이하거나 공사시방서와 상이한 경우에는 설계도면과 공사시방서중 최선의 공사시공을 위하여 우선되어야 할 내용으로 설계도면 또는 공사시방서를 확정한 후 그 확정된 내용에 따라 물량내역서를 일치

제22조의3(신기술 및 신공법에 의한 설계변경) ① "수급인"은 새로운 기술·공법("도급인"의 설계와 동등 이상의 기능·효과를 가진 기술·공법 및 기자재 등을 포함한다. 이하 같다)을 사용함으로써 공사비의 절감 및 시공기간의 단축 등에 효과가 현저할 것으로 인정하는 경우에는 다음 각 호의 서류를 첨부하여 감리를 경유하여 "도급인"에게 서면으로 설계변경을 요청할 수 있다.

1. 제안사항에 대한 구체적인 설명서

2. 제안사항에 대한 산출내역서

3. 공사공정예정표에 대한 수정공정예정표

4. 공사비의 절감 및 시공기간의 단축효과

5. 기타 참고사항

② "도급인"은 제1항에 의하여 설계변경을 요청받은 경우에는 이를 검토하여 그 결과를 "수급인"에게 통지하여야 한다.

③ "수급인"은 제1항에 의한 요청이 승인되었을 경우에는 지체 없이 새로운 기술·공법으로 수행할 공사에 대한 시공상세도면을 감리를 경유하여 "도급인"에게 제출하여야 한다.

④ "수급인"은 "도급인"의 결정에 대하여 이의를 제기할 수 없으며, 또한 새로운 기술·공법의 개발에 소요된 비용 및 새로운 기술·공법에 의한 설계변경 후에 해당 기술·공법에 의한 시공이 불가능한 것으로 판명된 경우에는 시공에 소요된 비용을 "도급인"에 청구할 수 없다.

제22조의4("도급인"의 필요에 의한 설계변경) ① "도급인"은 다음 각 호의 어느 하나의 사유로 인하여 설계서를 변경할 필요가 있다고 인정할 경우에는 "수급인"에게 이를 서면으로 통보할 수 있다.

1. 해당공사의 일부변경이 수반되는 추가공사의 발생

2. 특정공종의 삭제

3. 공정계획의 변경

4. 시공방법의 변경

5. 기타 공사의 적정한 이행을 위한 변경

② "도급인"은 제1항에 의한 설계변경을 통보할 경우에는 다음 각 호의 서류를 첨부하여야 한다. 다만, "도급인"이 설계서를 변경 작성할 수 없을 때에는 설계변경 개요서만을 첨부하여 설계변경을 통보할 수 있다.

1. 설계변경개요서

2. 수정설계도면 및 공사시방서

3. 기타 필요한 서류

③ "수급인"은 제1항에 의한 통보를 받은 즉시 공사이행상황 및 자재수급 상황 등을 검토하여 설계변경 통보내용의 이행가능 여부(이행이 불가능하다고 판단될 경우에는 그 사유와 근거자료를 첨부)를 "도급인"과 감리에게 동시에 이를 서면으로 통지하여야 한다.

제22조의5(설계변경에 따른 추가조치 등) ① "도급인"은 제22조제1항에 의하여 설계변경을 하는 경우에 그 변경사항이 목적물의 구조변경 등으로 인하여 안전과 관련이 있는 때에는 하자발생 시 책임한계를 명확하게 하기 위하여 당초 설계자의 의견을 들어야 한다.

② "도급인"은 제22조의2 및 제22조의4에 의하여 설계변경을 하는 경우에 "수급인"으로 하여금 다음 각 호의 사항을 "도급인"과 감리에게 동시에 제출하게 할 수 있으며, "수급인"은 이에 응하여야 한다.

1. 해당 공종의 수정공정예정표

2. 해당 공종의 수정도면 및 수정상세도면

3. 조정이 요구되는 계약금액 및 기간

4. 여타의 공정에 미치는 영향

③ "도급인"은 제2항제2호에 의하여 당초의 설계도면 및 시공상세도면을 "수급인"이 수정하여 제출하는 경우에는 그 수정에 소요된 비용을 제23조에 의하여 "수급인"에게 지급하여야 한다.

제23조(설계변경으로 인한 계약금액의 조정) ① "도급인"은 설계변경으로 시공방법의 변경, 투입자재의 변경 등 공사량의 증감이 발생하는 경우에는 다음 각 호의 어느 하나의 기준에 의하여 계약금액을 조정하여야 한다.

1. 증감된 공사량의 단가는 계약단가로 한다.

2. 산출내역서에 있는 품목으로 규격이 상이하거나 시공 부위·방법·형태·조건 등이 상이한 경우 산출내역서상의 품목 단가를 기준으로 하여 계약금액을 조정한다. 이 경우 재료비 단가는 "도급인"과 "수급인"이 협의하여 면적이나 중량의 비율을 적용하여 산정하고, 인건비와 장비비 등은 시공의 난이도를 고려하여 적정 할증율을 협의하여 결정한다.

3. 산출내역서에 없는 품목 또는 비목의 단가(이하 "신규비목"이라 한다)는 설계변경 당시(설계도면의 변경을 요하는 경우에는 변경도면을 "도급인"이 확정한 때, 설계도면의 변경을 요하지 않는 경우에는 계약당사자 간에 설계변경을 문서에 의하여 합의한 때, 제22조제3항에 의하여 우선시공을 한 경우에는 그 우선시공을 하게 한 때를 말한다. 이하 같다)를 기준으로 국내에서 발행되는 가격정보지(조달청 발행 가격정보를 포함한다. 이하 같다) 3개 이상을 조사한 단가 중 가장 낮은 자재단가에 ○○%를 곱하여 정하고, 노무비 및 경비는 산출내역서의 해당 품목 혹은 유사 품목의 노무비, 경비를 기준으로 한다. 다만, 특수자재 또는 독과점으로 납품업체가 3개 이하인 경우 "도급인"과 "수급인"이 합의한 1개 업체의 자재단가를 기준으로 ○○%를 곱하여 단가를 정할 수 있다.

> 【주】조합이 입찰공고 시에 예정가격을 공고한 경우에는 "○○%"에 낙찰률을 적용할 수 있을 것임

4. 제3호에도 불구하고 국내에서 발행되는 가격정보지에 신규품목 단가가 없는 경우에는 "도급인"

과 "수급인"의 합의하여 선정한 해당 공종 납품업체 3개 이상의 견적단가 중 가장 저렴한 단가를 기준으로 산정한다.

② "도급인"이 설계변경을 요구한 경우("수급인"의 책임 없는 사유로 인한 경우를 포함한다. 이하 같다)에는 제1항에도 불구하고 증가된 물량 또는 신규비목의 단가는 설계변경 당시를 기준으로 국내에서 발행되는 가격정보지 3개 이상을 조사한 단가 중 가장 낮은 자재단가의 범위 안에서 "도급인"과 "수급인"이 서로 주장하는 각각의 단가기준에 대한 근거자료 제시 등을 통하여 성실히 협의하여 결정한다.

③ 제22조의3에 따른 설계변경의 경우에는 해당 절감액의 100분의 30에 해당하는 금액을 감액한다.

④ 제1항 및 제2항에 의한 계약금액의 증감분에 대한 간접노무비, 산재보험료 및 산업안전보건관리비 등의 승율비용과 일반관리비 및 이윤은 산출내역서상의 간접노무비율, 산재보험료율 및 산업안전보건관리비율 등의 승율비용과 일반관리비율 및 이윤율에 의한다.

⑤ 일부 공종의 단가가 세부공종별로 분류되어 작성되지 아니하고 총계방식으로 작성(이하 "1식단가"라 한다)되어 있는 경우에도 설계도면 또는 공사시방서가 변경되어 1식단가의 구성내용이 변경되는 때에는 제1항 내지 제4항에 의하여 계약금액을 조정하여야 한다.

⑥ "도급인"은 제1항 내지 제5항에 의하여 계약금액을 조정하는 경우에는 "수급인"의 계약금액조정 청구를 받은 날부터 ○○일 이내에 계약금액을 조정하여야 한다. 이 경우에 총회의결 지연 등 불가피한 경우에는 "수급인"과 협의하여 그 조정 기한을 연장할 수 있다.

⑦ "도급인"은 제6항에 의한 "수급인"의 계약금액조정 청구 내용이 부당함을 발견한 때에는 지체 없이 필요한 보완요구 등의 조치를 하여야 한다. 이 경우 "수급인"이 보완요구 등의 조치를 통보받은 날부터 "도급인"이 그 보완을 완료한 사실을 통지받은 날까지의 기간은 제6항에 의한 기간에 산입하지 아니한다.

⑧ 제6항 전단에 의한 "수급인"의 계약금액조정 청구는 준공대가 수령 전까지 하여야 조정금액을 지급받을 수 있다.

【주】제23조는 설계변경에 앞서 "수급인"이 "도급인"에게 제출한 산출내역서가 존재하는 경우 적용할 수 있는 규정이며, 산출내역서가 존재하지 않는 경우에는 최초 계약 시점부터 사업시행인가 시점까지의 설계변경 등 공사 변동사항을 모두 반영한 산출내역서를 제8조제5항에 따라 ○○일 이내에 제출토록 한 후 제8조제7항에 따라 공사비 검증을 요청함으로써 증액 금액의 적정성을 판단할 수 있을 것임

제24조(물가변동으로 인한 계약금액의 조정) ① 제6조제1항의 공사비는 ○○○○년 ○○월 ○○일(이하 '공사비 산정 기준일'이라 한다)을 기준으로 한 금액이며, 공사비 산정 기준일로부터 제7조제1항의 실착공일까지 물가변동이 있을 경우「국가를 당사자로 하는 계약에 관한 법률」시행규칙 제74조에 따른 지수조정률을 활용하여 지연된 기간에 상당하는 물가상승률을 산정하고, 이를 통해 계약금액을 조정한다. 다만, 실착공 이후에는 물가변동으로 인한 계약금액의 조정은 없는 것으로 한다.

【주 1】지수조정률의 산출 방법 및 비목군별 적용 지수는 '(계약예규) 정부 입찰·계약 집행기준' 제68조 및 제69조를 참조

【주 2】다만, "도급인"과 "수급인"이 상호 합의하는 경우에는 지수조정률이 아닌 한국건설기술연구원에서 매월 발표하는 건설공사비지수의 변동률을 반영하여 계약금액을 조정할 수도 있을 것임. 이 경우 제24조제1항은 "제6조제1항의 공사비는 ○○○○년 ○○월 ○○일(이하 '공사비 산정 기준일'이라 한다)을 기준으로 한 금액이며, 공사비 산정 기준일로부터 제7조제1항의 실착공일까지 물가변동이 있을 경우 한국건설기술연구원에서 매월 발표하는 건설공사비지수 변동률을 활용하여 지연된 기간에 상당하는 물가상승률을 산정하고, 이를 통해 계약금액을 조정한다. 다만, 실착공 이후에는 물가변동으로 인한 계약금액의 조정은 없는 것으로 한다."로 수정 활용할 수 있을 것임

【주 3】건설공사비지수는 건설공사에 투입된 직접공사비의 가격변동을 측정한 지표로써 해당 지수를 적용하여 계약금액을 조정하는 경우 공사계약금액에서 간접공사비(간접노무비, 제경비), 일반관리비 및 이윤을 제외한 직접공사비에 대해서만 건설공사비지수 변동률을 적용하여야 할 것임

---

② 제1항에 따라 계약금액을 증액하는 경우에는 "수급인"의 청구에 따르고, "수급인"은 제49조제1항에 따른 준공대가 수령 전까지 조정신청을 하여야 조정금액을 지급받을 수 있으며, 조정된 계약금액은 직전의 물가변동으로 인하여 계약금액조정 기준일로부터 90일 이내에 이를 다시 조정할 수 없다. 이 경우 "수급인"이 계약금액의 증액을 청구하는 경우에는 계약금액 조정 내역서를 첨부하여야 한다.

③ 제1항의 단서 규정에도 불구하고 해당 공사비를 구성하는 재료비, 노무비, 경비 합계액의 1천분의 ○를 초과하는 특정규격의 자재 가격이 실착공일로부터 100분의 ○○ 이상 증감된 경우에는 "도급인"과 "수급인"이 합의하여 계약금액을 조정할 수 있다.

【주】「국가계약법 시행령」제64조제6항은 해당 공사비를 구성하는 재료비, 노무비, 경비 합계액의 1천분의 5를 초과하는 자재의 가격이 계약체결일로부터 100분의 15 이상 증감된 경우 계약금액을 조정하도록 규정하고 있으나, 건설 환경 또는 사업 여건 등을 고려하여 당사자 간 협의로 결정할 수 있을 것임

④ 제3항의 규정에 의한 계약금액의 조정에 있어서 그 조정금액은 계약금액 중 조정기준일 이후에 이행되는 부분의 대가에 지수조정률을 곱하여 산출하되, 조정기준일 이전에 이미 계약이행이 완료되어야 할 부분에 대하여는 적용하지 아니한다. 다만, "수급인"의 책임이 아닌 사유로 공사수행이 지연된 경우에는 그러하지 아니하다.

⑤ "도급인"은 제1항 및 제3항에 따라 계약금액을 증액하는 경우에는 "수급인"의 청구를 받은 날로부터 30일 이내에 계약금액을 조정하여야 한다. 이 경우 조합총회 의결 지연 등 불가피한 경우에는 "수급인"과 협의하여 그 조정기한을 연기할 수 있다.

⑥ "도급인"은 제1항 및 제3항에 따른 "수급인"의 계약금액조정 청구내용이 일부 미비하거나 분명하지 아니한 경우에는 지체 없이 필요한 보완요구를 하여야 하며, 이 경우 "수급인"이 보완요구를 통보받은 날부터 "도급인"이 그 보완을 완료한 사실을 통지받은 날까지의 기간은 제5항에 따른 기간에 산입하지 아니한다. 다만, "수급인"의 계약금액조정 청구내용이 계약금액 조정 요건을 충족하지 않았거나 관련 증빙서류가 첨부되지 아니한 경우에는 "도급인"은 그 사유를 명시하여 "수급인"에게 해당 청구서를 반송하여야 하며, 이 경우 "수급인"은 그 반송사유를 검토하여 계약금액 조정을 다시 청구하여야 한다.

⑦ "도급인" 및 "도급인"의 조합원이 제15조에서 정한 이주기간 내에 이주를 완료한 경우 "수급인"은 실착공 지연을 이유로 제1항에 따른 계약금액 조정을 요청할 수 없다. 다만, "도급인"의 귀책사유로 실착공이 지연된 경우에는 그러하지 아니하다.

제25조(지질상태에 따른 계약금액의 조정) ① "수급인"은 굴토공사 시 현장 지질상태가 "도급인"이 제공한 지질조사서와 상이하여 공법이 변경되거나 공사가 지연되는 경우 또는 폐기물이 매립된 경우에는 계약금액의 조정을 요구할 수 있다. 이 경우 "도급인"과 "수급인"이 협의하여 계약금액을 조정한다.

② "수급인"은 제1항에 의한 계약금액 변경을 요청하는 경우 증빙서류를 첨부하여 "도급인" 및 감

리에게 제출하고, 계약금액 변경의 타당성에 대한 검증을 받아야 한다.

제26조(그 밖에 계약내용의 변경으로 인한 계약금액의 조정) ① 제23조부터 제25조에 의한 경우 이외에 다음 각 호에 의해 계약금액을 조정하여야 할 필요가 있는 경우에는 그 변경된 내용에 따라 계약금액을 조정하며, 이 경우 증감된 공사에 대한 일반관리비 및 이율 등은 산출내역서상의 율을 적용한다.

1. 계약 내용의 변경

2. 태풍·홍수·폭염·한파·악천후·미세먼지 발현·전쟁·사변·지진·전염병·폭동 등 불가항력의 사태(이하 "불가항력"이라고 한다.)에 따른 공사기간의 연장

3. 근로시간 단축, 근로자 사회보험료 적용범위 확대 등 공사비, 공사기간에 영향을 미치는 법령의 제·개정

② 제1항과 관련하여 "수급인"은 제23조부터 제25조에 규정된 계약금액 조정사유 이외에 계약체결 후 계약조건의 미숙지 등을 이유로 계약금액의 변경을 요구하거나 시공을 거부할 수 없다.

제5장 건축시설의 분양

제27조(관리처분계획) ① "도급인"은 공사비 및 사업경비의 원리금 등이 부족하지 않도록 관리처분계획을 수립하여야 한다.

② 관리처분계획의 수립은 "도급인"이 수행하되, "수급인"은 이에 협조하여야 한다.

제28조(분양업무) ① 아파트 및 부대복리시설의 분양(조합원 및 일반분양) 업무는 "도급인"이 주관하는 것을 원칙으로 하되, "도급인"은 필요시 "도급인"이 지정하는 협력업체 또는 "수급인"에게 위탁하여 수행하게 할 수 있으며 이에 따른 사항에 대하여 "수급인"은 적극 협조하여야 한다.

② "도급인" 또는 "도급인"이 지정하는 자가 위 표시 재산을 분양하기 위하여 "수급인"의 상호 및 "수급인"이 등록한 상표(브랜드 등)를 사용하고자 할 경우에 "수급인"은 사용 동의한 것으로 인정한다. 다만, "도급인"은 브랜드 활용계획을 수립하여 "수급인"에게 통보하고 협의하여야 한다.

제29조(조합원 분양) ① "도급인"은 사업시행계획인가 고시가 있는 날로부터 ○○일 내에 조합원 분양신청 절차에 착수하여야 한다.

② "도급인"의 조합원은 분양받은 건축시설의 가액이 권리가액을 초과하거나 미달하는 경우에는 그 차액을 청산하여야 하며, 청산금의 납부 또는 지급시점, 납부 또는 지급방법 등은 다음 각 호와 같다.

1. "도급인"의 조합원은 분양받을 건축시설의 가액이 자신의 권리가액을 초과하는 경우에는 그 차액을 부담하여야 하며, 이 경우 부담금의 납부시점 및 납부방법 등은 다음과 같이 정하되 제 사업비 및 공사비 충당 시기를 검토하여 부족하지 않도록 하여야 한다.

구분	계약금	중도금	입주잔금
납부시기	계약체결 시	공사기간을 ○회 균등분할한 시점	실입주일 또는 입주지정 만료일 중 앞서는 날
납부금액	분양금액 × ○%	분양금액 × ○%	분양금액 × ○%
납부방법			

2. 계획된 공사 일정이 늦어지는 경우 "도급인"과 "수급인"은 협의하여 중도금 납부일정을 조정할 수 있다.

3. "도급인"은 "도급인"의 조합원이 부담금 납부기간을 경과하여 부담금을 납부하는 경우에는 지연일수 만큼 납부대금에 연체료율을 적용한 연체료를 징구하여야 한다.

4. "도급인"은 공사기간이 예정보다 단축될 경우 잔여 중도금 및 잔금의 납부시점은 그 단축기간만큼 변경·조정한다. 이 경우 "도급인"은 중도금 및 잔금의 선납에 대하여 "수급인"에게 사업경비 등 대여금의 선납할인 요구 등을 할 수 없다.

5. "도급인"은 제1호부터 제4호까지의 이행을 위하여 조합원의 분양계약서에 이를 명기하여야 한다.

③ "도급인"은 사업계획변경 등 "수급인"의 귀책사유가 아닌 사유로 인하여 "도급인"의 조합원의 부담금 증가가 예상되는 경우 미리 정관에 정한 방법 및 절차에 따라 관리처분계획에 따른 조합원의 부담금을 변경하여 부과하도록 하여야 하며, 입주 시 정산한다.

제30조(일반 분양) ① "도급인"의 조합원에게 분양하고 남은 건축시설은 일반분양하고 분양시기, 분양방법, 분양절차 등은 「주택공급에 관한 규칙」에 따른다. 다만, 분양대상 복리시설의 분양 시기는

"도급인"과 "수급인"이 협의하여 결정하며, 분양업무를 "수급인"이 대행할 수 있으나 분양계약 당사자는 "도급인"의 명의로 한다.

② 사용검사일까지 일반분양 아파트 및 복리시설 등이 미분양되어 공사대금 등을 현금으로 지급할수 없는 경우 현물로 상계하여 변제할 수 있으며, 그 처분방법 등은 다음 각 호와 같다.

1. 일반분양시설의 ○%를 차감한 가격을 대물변제가격으로 한다.

2. 제1호의 일반분양시설에 대하여 "수급인"을 제1순위 권리자로 하는 근저당권을 설정하여 채권보전조치를 할 수 있으며, 이때 채권보전조치 비용은 "수급인"이 부담한다.

제6장 공사의 기준 등

제31조(공사자재의 검사) ① 공사에 사용할 자재는 신품이어야 하며, 품질·규격 등은 반드시 설계서와 일치되어야 한다. 그러나 설계서에 명확히 규정되지 아니한 것은 표준품 이상으로서 계약의 목적을 달성하는 데에 가장 적합한 것이어야 한다.

② "수급인"은 공사자재를 사용하기 전에 감리의 검사를 받아야 하며, 불합격된 자재는 즉시 대체하여 다시 검사를 받아야 한다.

③ 제2항에 따른 검사에 이의가 있을 경우 "수급인"은 "도급인"에게 재검사를 청구할 수 있으며, 재검사가 필요하다고 인정되는 경우 "도급인"은 지체 없이 재검사하도록 조치하여야 한다.

④ "도급인"은 "수급인"으로부터 공사에 사용할 자재의 검사를 요청받거나 제3항에 따른 재검사의 요청을 받은 때에는 정당한 이유 없이 검사를 지체할 수 없다.

⑤ "수급인"이 불합격된 자재를 즉시 이송하지 않거나 대체하지 아니하는 경우에는 "도급인"은 일방적으로 불합격 자재를 제거하거나 대체시킬 수 있다. 이 경우 소요된 비용은 "수급인"이 부담한다.

⑥ "수급인"은 시험 또는 조합을 요하는 자재가 있는 경우 감리의 참여하에 그 시험 또는 조합을 하여야 한다.

⑦ 수중 또는 지하에 매몰하는 공작물 그 밖에 준공 후 외부로부터 검사할 수 없는 공작물의 공사는 감리의 참여하에 시공하여야 한다.

⑧ "수급인"이 제1항부터 제7항까지 정한 조건에 위배하거나 또는 설계서에 합치되지 않는 시공을 하였을 때에는 "도급인"은 공작물의 대체 또는 개조를 명할 수 있다.

⑨ 제2항부터 제8항까지의 경우 계약금액을 증감하거나 공사기간을 연장할 수 없다. 다만, 제3항에 따라 재검사 결과 적합한 자재인 것으로 판명될 경우에는 재검사에 소요된 기간에 대하여는 공사기간을 연장할 수 있다.

제32조(공사감독원) ① "도급인"은 계약의 적정한 이행 확보 및 공사감독을 위하여 자신 또는 자신을 대리하여 다음 각 호의 사항을 수행할 자(이하 "공사감독원"이라 한다)를 지명할 수 있다.

1. 시공일반에 대한 감독 및 입회
2. 공사의 재료와 시공에 대한 검사 또는 시험에의 입회
3. 공사의 기성부분 검사, 입주자 사전점검 또는 공사목적물의 인도에의 입회
4. 기타 공사감독에 관하여 "도급인"이 위임하는 사항

② "도급인"은 제1항에 따라 공사감독원을 지명한 때에는 그 사실을 즉시 "수급인"에게 통지하여야 한다.

③ "수급인"은 공사감독원의 감독 또는 지시사항이 공사수행에 현저히 부당하다고 인정할 때에는 "도급인"에게 그 사유를 명시하여 필요한 조치를 요구할 수 있다.

제33조(건설사업관리자) "도급인"은 본 계약 이행의 완성도를 높이기 위하여 「건설산업기본법」에 따른 건설사업관리자를 선정할 수 있으며, 이 경우 "수급인"은 해당 건설사업관리자가 "도급인"과의 계약내용에 따라 업무를 수행하는 데 지장이 없도록 적극 협조하여야 한다.

제34조(공사현장대리인) ① "수급인"은 계약된 공사에 적격한 공사현장대리인을 지명하여 "도급인"에게 통지하여야 한다.

② 공사현장대리인은 공사현장에 상주하여 계약문서와 공사감독원 또는 감리의 지시에 따라 공사현장의 단속 및 공사에 관한 모든 사항을 처리하여야 한다.

제35조(공사현장 근로자) ① "수급인"은 해당 계약의 시공 또는 관리에 필요한 기술과 경험을 가진 근로자를 채용하여야 하며, 근로자의 행위에 대하여 모든 책임을 져야 한다.

② "수급인"은 "도급인"이 "수급인"이 채용한 근로자에 대하여 해당 계약의 시공 또는 관리상 적당

하지 아니하다고 인정하여 이의 교체를 요구한 때에는 즉시 교체하여야 하며, "도급인"의 승인 없이는 교체된 근로자를 해당 계약의 시공 또는 관리를 위하여 다시 채용할 수 없다.

제36조(공사감리 등) ① 본 공사의 감리는 「주택법」 제43조부터 제45조 등 관계 법령과 국토교통부고시 「주택건설공사 감리업무 세부기준」 등에 따른다.

② "수급인"은 공사진행 실적 및 추진계획을 공사감리자의 확인을 받아 매월 "도급인"에게 보고하여야 한다.

제37조(착공신고 및 공정보고) ① "수급인"은 계약서에서 정한 바에 따라 착공하여야 하며, 착공 시에는 관련 법령에 따른 필요 서류를 비롯하여 다음 각 호의 서류가 포함된 착공신고서를 "도급인"에게 제출하여야 한다.

1. 「건설기술 진흥법령」 등 관련 법령에 의한 현장기술자 지정신고서
2. 공사예정공정표
3. 공사비 산출내역서(단, 계약체결 시 산출내역서를 제출하고 계약금액을 정한 경우를 제외한다)
4. 공정별 인력 및 장비투입계획서
5. 기타 "도급인"이 지정한 사항

② "수급인"은 계약의 이행 중에 제1항의 규정에 의하여 제출한 서류의 변경이 필요한 때에는 관련 서류를 변경하여 제출하여야 한다.

③ "도급인"은 제1항 및 제2항의 규정에 의하여 제출된 서류의 내용을 조정할 필요가 있다고 인정하는 때에는 "수급인"에게 이의 조정을 요구할 수 있다.

④ "도급인"은 "수급인"이 월별로 수행한 공사에 대하여 다음 각 호의 사항을 명백히 하여 익월 14일까지 제출하도록 요청할 수 있으며, "수급인"은 이에 응하여야 한다.

1. 월별 공정률 및 수행공사금액
2. 인력·장비 및 자재현황
3. 계약사항의 변경 및 계약금액의 조정내용

제38조(공사의 하도급 등) ① "수급인"은 계약된 공사의 일부를 제3자에게 하도급하고자 하는 경우

사전에 "도급인"의 서면승낙을 받아야 한다. 다만, 「건설산업기본법」에 따라 건설공사(「전기공사업법」에 따른 전기공사, 「소방시설공사업법」에 따른 소방시설공사, 「정보통신공사업법」에 따른 정보통신공사를 포함한다) 중 전문공사에 해당하는 건설공사를 하도급하고자 하는 경우에는 "수급인"은 해당 업종의 전문건설사업자에게 하도급하고 "도급인"에게 이를 통지하여야 한다.

② "수급인"이 제1항의 규정에 의하여 본 공사를 제3자에게 하도급하고자 하는 경우에는 「건설산업기본법」 및 「하도급거래 공정화에 관한 법률」에서 정한 바에 따라 하도급 하여야 하며, 하수급인의 선정, 하도급계약의 체결 및 이행, 하도급 대가의 지급에 있어 관계 법령의 제 규정을 준수하여야 한다.

③ "도급인"은 건설공사의 시공에 있어 관계 법령상 또는 자격상 부적격하다고 인정하는 하수급인이 있는 경우에는 하도급의 통보를 받은 날 또는 그 사유가 있음을 안 날부터 30일 이내에 서면으로 그 사유를 명시하여 하수급인의 변경 또는 하도급 계약내용의 변경을 요구할 수 있다. 이 경우 "수급인"은 정당한 사유가 없는 한 이에 응하여야 한다.

④ "도급인"은 제3항의 규정에 의하여 건설공사의 시공에 있어 부적격한 하수급인이 있는지 여부를 판단하기 위하여 하수급인의 시공능력, 하도급 계약 금액의 적정성 등을 심사할 수 있다.

제39조(공사기간의 연장) ① "수급인"은 다음 각 호의 사유로 인해 계약이행이 현저히 어려운 경우 등 "수급인"의 책임이 아닌 사유로 공사수행이 지연되는 경우 서면으로 공사기간의 연장을 "도급인"에게 요구할 수 있다.

1. "도급인"의 책임 있는 사유
2. 불가항력의 사태
3. 원자재 수급불균형
4. 근로시간단축 등 법령의 제·개정
5. 「매장문화재법」에 따른 문화재의 발견 등 관계 법률에 따라 공사 진행이 어려운 경우

② "도급인"은 제1항의 규정에 의한 계약기간 연장의 요구가 있는 경우 즉시 그 사실을 조사·확인하고 공사가 적절히 이행될 수 있도록 공사기간의 연장 등 필요한 조치를 하여야 한다.

③ 제1항의 규정에 의거 공사기간이 연장되는 경우 이에 따르는 현장관리비 등 추가경비는 제26조의 규정을 적용하여 조정한다.

④ "도급인"은 제1항의 공사기간의 연장을 승인하였을 경우 동 연장기간에 대하여는 지체상금을

부과하여서는 아니 된다.

제40조(부적합한 공사) ① "도급인"은 "수급인"이 시공한 공사 중 설계서에 적합하지 아니한 부분이 있을 때에는 이의 시정을 요구할 수 있으며, "수급인"은 지체 없이 이에 응하여야 한다. 이 경우 "수급인"은 계약금액의 증액 또는 공사기간의 연장을 요청할 수 없다.

② 제1항의 경우 설계서에 적합하지 아니한 공사가 "도급인"의 요구 또는 지시에 의하거나 기타 "수급인"의 책임으로 돌릴 수 없는 사유로 인한 때에는 "수급인"은 그 책임을 지지 아니한다.

제7장 계약의 해지·해제 및 손해배상 등

제41조("도급인"의 계약해제 및 해지) ① "도급인"은 "수급인"이 다음 각 호의 어느 하나에 해당하는 경우에는 계약의 전부 또는 일부를 해제 또는 해지할 수 있다.

1. 정당한 이유 없이 제7조제2항에 따른 착공시일을 경과하고도 공사에 착수하지 아니할 경우

2. "수급인"의 책임 있는 사유로 인하여 준공기일 내에 공사를 완공할 가능성이 없음이 명백한 경우

3. 제48조제1항의 규정에 의한 지체상금이 계약보증금 상당액에 달한 경우로서, 공사기간을 연장하여도 공사를 완공할 가능성이 없다고 판단되는 경우

4. 「정비사업 계약업무 처리기준」을 위반하거나 입찰에 관한 서류 등을 허위 또는 부정한 방법으로 제출하여 계약이 체결된 경우

5. "수급인"의 부도·파산·해산·영업정지·등록말소 등으로 인하여 계약이행이 곤란하다고 판단되는 경우

6. 기타 "수급인"이 계약상의 의무를 이행하지 아니한 경우

② 제1항의 규정에 의한 계약의 해제 또는 해지는 "도급인"이 "수급인"에게 서면으로 계약의 이행기한을 정하여 통보한 후 기한 내에 이행되지 아니한 때 계약의 해제 또는 해지를 "수급인"에게 통지함으로써 효력이 발생한다.

③ "수급인"은 제2항의 규정에 의한 계약의 해제 또는 해지 통지를 받은 때에는 다음 각 호의 사항을 이행하여야 한다.

1. 당해 공사를 지체 없이 중지하고 모든 공사용 시설·장비 등을 공사 현장으로부터 철거하여야

한다.

  2. "도급인"의 대여품이 있는 경우 "도급인"에게 반환하여야 한다.

제42조(사정변경에 의한 계약의 해제 및 해지) ① "도급인"은 제41조제1항 각 호의 경우 외에 다음 각 호의 사유와 같이 객관적으로 명백한 "도급인"의 불가피한 사정이 발생한 때에는 계약을 해제 또는 는 해지할 수 있다.

  1. 정부정책 변화 등에 따른 불가피한 사업취소

  2. 관계 법령의 제·개정으로 인한 사업취소

  ② 제1항에 의하여 계약을 해제 또는 해지하는 경우에는 제41조제2항 본문 및 제3항을 준용한다.

  ③ "도급인"은 제1항에 의하여 계약을 해제 또는 해지하는 경우에는 다음 각 호에 해당하는 금액을 제41조제3항 각호의 수행을 완료한 날부터 14일 이내에 "수급인"에게 지급하여야 한다. 이 경우에 제 12조에 의한 계약보증금을 동시에 반환하여야 한다.

  1. 제5조제1항에 해당하는 기성부분의 대가 중 지급하지 아니한 금액

  2. 전체 공사의 완성을 위하여 계약의 해제 또는 해지일 이전에 투입된 "수급인"의 인력·자재 및
     장비의 철수비용

제43조("수급인"의 계약해제 및 해지) ① "수급인"은 다음 각 호의 어느 하나에 해당하는 사유가 발 생한 경우에는 해당 계약을 해제 또는 해지할 수 있다.

  1. 제22조제1항에 따라 공사내용을 변경함으로써 계약금액이 100분의 40 이상 감소되었을 때

  2. 제47조에 따른 공사 정지 기간이 공기의 100분의 50을 초과하였을 경우

  ② 제42조제2항 및 제3항의 규정은 제1항에 따라 계약이 해제 또는 해지되었을 경우에 이를 준용 한다.

제44조(재해방지 및 민원) ① "수급인"은 공사 현장에 안전표시판을 설치하는 등 재해방지에 필요 한 조치를 취하여야 하며 공사로 인한 모든 안전사고에 대하여는 "수급인"의 책임으로 한다.

  ② 본 공사와 관련하여 "수급인"의 시공상 직접적인 하자 또는 부주의로 인하여 발생한 민원과 제3 자에게 끼친 손해 등은 "수급인"의 책임 및 비용으로 해결하되, 인접도로의 통행제한, 인접건물의 공

사수행방해, TV 난시청 등 공사와 무관한 간접피해 및 민원은 "도급인"의 책임 및 비용으로 해결한다.

③ 건축물 및 시설의 인계 전에 발생한 공사 전반에 관한 인적·물적 손해에 관하여 "수급인"이 보상, 배상 및 원상복구의 책임을 지며, 또한 건축물 및 각종 시설물 인수인계 후에도 부실시공으로 판명되어 물적 인적 손해가 있는 경우에는 "수급인"에게 그 책임이 있으며 "도급인"에게 이의를 제기할 수 없다.

④ "수급인"은 재해방지를 위하여 특히 필요하다고 인정될 때에는 미리 긴급조치를 취하고 즉시 이를 "도급인"에게 통지하여야 한다.

⑤ "도급인"은 재해방지 기타 공사의 시공상 부득이 하다고 인정될 때에는 "수급인"에게 긴급조치를 요구할 수 있다. 이 경우 "수급인"은 즉시 이에 응하여야 하며, "수급인"이 "도급인"의 요구에 응하지 않는 경우 "도급인"은 제3자로 하여금 필요한 조치를 하게 할 수 있다.

⑥ 제4항 및 제5항에 따른 응급조치에 소요된 경비는 실비를 기준으로 "도급인"과 "수급인"이 협의하여 부담한다.

제45조(기성부분에 대한 손해책임) ① 건축시설의 기성부분에 대하여 "수급인"은 선량한 관리자의 주의 의무를 다하여 관리하여야 한다.

② 건축시설의 준공검사 전에 천재지변으로 인하여 건축시설의 기성부분에 손해가 발생할 경우 그 손해는 "수급인"의 부담으로 한다. 다만, 발생한 손해가 기성공사금액의 1/3을 초과했을 경우에는 그 초과부분에 대하여 "도급인"과 "수급인"이 협의하여 부담한다.

제46조(공사의 일시정지) ① "도급인"은 다음 각 호의 경우에는 공사의 전부 또는 일부의 이행을 정지시킬 수 있다. 이 경우 "수급인"은 정지 기간 중 선량한 관리자의 주의의무를 게을리 하여서는 아니 된다.

1. 공사의 이행이 계약내용과 일치하지 아니하는 경우

2. 공사의 전부 또는 일부의 안전을 위하여 공사의 정지가 필요한 경우

3. 재해방지를 위하여 응급조치가 필요한 경우

4. 그 밖에 "도급인"의 필요에 의하여 지시한 경우

② "도급인"은 제1항에 따라 공사를 정지시킨 경우에는 지체 없이 "수급인" 및 감리에게 정지사유

및 정지기간을 통지하여야 한다.

③ 제1항 각호의 사유가 발생한 경우로서 "도급인"이 제2항에 따른 통지를 하지 않는 경우 "수급인"은 서면으로 감리 또는 "도급인"에게 공사 일시정지 여부에 대한 확인을 요청할 수 있다.

④ "도급인"은 제3항의 요청을 받은 날부터 10일 이내에 "수급인"에게 서면으로 회신하여야 한다.

⑤ 제1항 및 제4항에 의하여 공사가 정지된 경우 "수급인"은 공사기간의 연장 또는 추가금액을 청구할 수 없다. 다만, "수급인"의 책임 있는 사유로 인한 정지가 아닌 때에는 그러하지 아니하다.

제47조("도급인"의 의무불이행에 따른 "수급인"의 공사정지) ① "수급인"은 "도급인"이 계약문서 등에서 정하고 있는 계약상의 의무를 이행하지 아니하는 때에는 "도급인"에게 계약상의 의무이행을 서면으로 요청할 수 있다.

② "도급인"은 "수급인"으로부터 제1항에 따른 요청을 받은 날부터 14일 이내에 이행계획을 서면으로 "수급인"에게 통지하여야 한다.

③ "수급인"은 "도급인"이 제2항에 정한 기한 내에 통지를 하지 아니하거나 계약상의 의무이행을 거부하는 때에는 해당 기간이 경과한 날 또는 의무이행을 거부한 날부터 공사의 전부 또는 일부의 시공을 정지할 수 있다.

④ "도급인"은 제3항에 따라 정지된 기간에 대하여는 제39조에 따라 공사기간을 연장하여야 한다.

제48조(지체상금) ① "수급인"은 계약서에 정한 준공기한 내에 공사를 완성하지 아니한 때에는 매 지체일수마다 지체상금률을 계약금액에 곱하여 산출한 금액(이하 "지체상금"이라 한다)을 "도급인"에게 현금으로 납부하여야 한다.

② "도급인"은 제1항의 지체상금을 산출함에 있어 기성부분에 대하여 검사를 거쳐 이를 인수(인수하지 아니하고 관리·사용하고 있는 경우를 포함한다. 이하 이 조에서 같다)한 때에는 그 부분에 상당하는 금액을 계약금액에서 공제한다. 이 경우 기성부분의 인수는 그 성질상 분할할 수 있는 공사에 대한 완성부분으로 인수하는 것에 한한다.

③ "도급인"은 다음 각 호의 어느 하나에 해당되어 공사가 지체되었다고 인정할 때에는 그 해당일수를 제1항에 따른 지체일수에 산입하지 아니한다.

1. 불가항력의 사유로 인하여 공사이행에 직접적인 영향을 미친 경우로서 계약당사자 누구의 책임

에도 속하지 아니하는 경우

2. "도급인"의 책임으로 착공이 지연되거나 시공이 중단되었을 경우

3. "수급인"의 부도 등으로 보증기관이 보증이행업체를 지정하여 보증시공할 경우

4. 제22조제1항에 따른 설계변경으로 인하여 준공기한 내에 계약을 이행할 수 없을 경우

5. 원자재의 수급 불균형으로 인하여 자재의 구입 곤란 등 그 밖에 "수급인"의 책임에 속하지 아니하는 사유로 인하여 지체된 경우

④ 공동계약의 경우 공동수급체 구성원 중 마지막으로 남은 구성원의 부도 등이 확정된 날을 기준으로 한다.

⑤ 제3항제3호에 따라 지체일수에 산입하지 아니하는 기간은 "도급인"으로부터 보증채무 이행청구서를 접수한 날부터 보증이행 개시일 전일까지(단, 30일 이내에 한한다)로 한다.

⑥ "도급인"은 제1항에 따른 지체일수를 다음 각 호에 따라 산정하여야 한다.

1. 준공기한 내에 준공신고서를 제출한 때에는 준공검사에 소요된 기간을 지체일수에 산입하지 아니한다. 다만, 준공기한 이후에 검사를 거쳐 시정조치를 한 때에는 시정조치를 한 날부터 최종 준공검사에 합격한 날까지의 기간을 지체일수에 산입한다.

2. 준공기한을 경과하여 준공신고서를 제출한 때에는 준공기한 익일부터 준공검사(시정조치를 한 때에는 최종 준공검사)에 합격한 날까지의 기간을 지체일수에 산입한다.

3. 준공기한의 말일이 공휴일인 경우 지체일수는 공휴일의 익일 다음날부터 기산한다.

⑦ "도급인"은 제1항부터 제3항에 따른 지체상금은 "수급인"에게 지급될 대가, 대가지급지연에 대한 이자 또는 그 밖에 예치금 등과 상계할 수 있다.

제8장 공사비 지급 및 사업경비 등의 상환

제49조(공사비 지급 등) ① "도급인"은 분양대금 등이 입금되는 일자를 기준으로 기성률에 따라 "수급인"에게 공사비를 지급한다. 다만, 준공대금인 경우에는 준공인가일로부터 ○○일 이내에 지급하여야 한다.

② 제1항에 따른 기성률은 감리의 검토 및 확인 절차를 거쳐 정한다.

제50조(사업경비의 상환) ① "도급인"은 제17조 및 제18조의 사업경비 및 이주비 조달경비에 대하여 본 계약상 특별한 규정이 없는 한 제58조제1항에 따른 입주기간 만료일 익일까지 원리금 전액을 "수급인"에게 상환하여야 한다. 다만, "도급인"이 원하는 경우 사업경비의 일부를 조기상환할 수 있다.

제51조(이주비 상환) ① "도급인"의 조합원이 대여 받은 이주비의 원리금 상환은 입주일 또는 입주기간 만료일 중 빠른 날로 한다. 다만, "도급인"의 조합원이 원하는 경우 이주비의 일부 또는 전부를 조기 상환할 수 있다.

② "도급인"은 이주비를 대여 받은 "도급인"의 조합원이 권리의 일부 또는 전부를 양도할 경우 기존 조합원의 대여조건에 따라 이주비를 승계해 주어야 한다. 이 경우 "도급인"은 조합원 명의변경절차 이행 전에 이주비 승계 사실을 확인하여 "도급인"의 채권확보에 지장이 없도록 주의의무를 다하여야 한다.

제52조(자금관리) ① 조합원 부담금 및 일반분양금(상가 등 복리시설을 포함한다), 임대주택 매각대금 등의 수납관리는 "수급인"의 공사비와 대여금 등의 상환 및 수분양자의 재산권을 보호하기 위하여 "도급인"과 "수급인"이 공동명의("도급인"의 명의로 하되, "수급인"이 공동으로 날인하는 것을 말한다)로 계좌를 개설하여 처리한다.

② 제1항에 따라 공동명의로 계좌를 개설하는 때에 분양계약서상 분양대금의 납입계좌를 "도급인"과 "수급인"의 공동명의 계좌로 명기하며, "분양계약서상 명기된 계좌로 입금되지 아니하는 어떠한 다른 형태의 입금은 이를 정당한 입금으로 인정하지 아니한다."는 내용을 명기한다.

③ 자금은 입금일 기준으로 하여 "도급인"의 대여이자, 대여원금, 공사대금 및 기타자금의 상환순서로 지급한다.

④ "도급인"의 조합원 청산금, 일반분양금, 수령한 사업경비 및 제반 연체료 등의 은행예치로 발생되는 이자는 "도급인"에게 귀속한다.

⑤ 공동명의의 통장 잔고에 "도급인"과 "수급인"이 정한 금액을 초과하는 경우에는 이자수입을 충분히 확보할 수 있는 금융상품으로 전환할 수 있으며, 이 경우에도 "도급인"과 "수급인"이 공동명의로 계좌를 개설하여 관리한다.

⑥ "도급인"이 "수급인"에 대한 채무 변제가 완료되면 "수급인"은 즉시(최대 3일 이내) "도급인"에게

예금계좌 관리권을 이양하여야 하며, "수급인"이 예금계좌 관리권 이양을 지체할 경우 제53조 규정에 의한 연체료를 "도급인"에게 지급한다.

제53조(연체료 징구) ①"도급인"이 본 계약조건에서 정한 기간 내에 공사비 및 제반 사업경비 등의 상환을 지연할 경우, 연체기간에 대하여 이 계약조건 등에서 따로 정하지 않은 사항은 서로 협의하여 연체료를 "수급인"에게 납부하여야 한다.

② "도급인"의 조합원은 제29조제2항에 따른 중도금 및 잔금, 제51조제1항에 따른 이주비의 납부를 지연할 경우 연체기간에 대하여 분양계약서에 정한 연체율을 적용한 연체료를 "도급인"에게 납부하여야 한다.

제54조(채권확보) ① "도급인"의 조합원이 입주기간 만료일부터 ○○일까지 대여 받은 이주비의 원리금 및 청산금 등을 완납하지 아니하여 "수급인"에게 공사대금 등을 지급하지 못하는 경우 "수급인"은 "도급인"의 조합원이 분양받은 건축시설에 채권확보를 위하여 법적조치를 할 수 있다. 다만, 제30조제2항에 따라 공사대금 등을 현물로 상계하여 변제하는 경우에는 그러하지 아니하다.

② 제1항에 따른 "수급인"의 채권확보를 위한 법적조치에 소요되는 비용은 "도급인"의 책임하에 "도급인"의 해당 조합원 부담으로 한다.

제9장 준공검사 및 입주

제55조(준공검사) ① "수급인"은 계약문서 등의 기준에 따라 공사를 완료하였을 경우 공사감리자의 확인을 받아 준공검사신청 예정일로부터 ○일 이전에 준공검사의 신청에 필요한 구비서류를 "도급인"에게 제출하여야 하며, "도급인"과 "수급인"은 협의하여 관할 지방자치단체장의 준공검사(준공인가 전 사용허가를 포함한다) 및 입주자 사전점검을 실시한다.

② 관할 지방자치단체장의 준공검사를 완료함과 동시에 "수급인"은 건축시설의 시공에 대한 의무를 다한 것으로 본다. 단, 하자보수 및 의무관리 등 주택건설 관계 법령에서 정한 사항은 그러하지 아니하다.

제56조(기성검사) ① "수급인"은 기성부분에 대하여 완성 전에 대가의 전부 또는 일부를 지급받고자 할 때에는 그 사실을 서면으로 "도급인"에게 통지하고 필요한 검사를 받아야 한다.

② 기성대가 지급 시의 기성검사는 감리가 작성한 조서의 확인으로 갈음할 수 있다. 이 경우 "도급인"이 원하는 경우 건설사업관리자가 검사에 참여할 수 있다.

③ 제2항에 의한 기성검사 시에 검사에 합격된 자재라도 단순히 공사현장에 반입된 것만으로는 기성부분으로 인정되지 아니한다. 다만, 다음 각 호의 경우에는 해당 자재의 특성, 용도 및 시장거래상황 등을 고려하여 반입(해당 자재를 계약목적물에 투입하는 과정의 특수성으로 인하여 가공·조립 또는 제작하는 공장에서 기성검사를 실시, 동 검사에 합격한 경우를 포함)된 자재를 기성부분으로 인정할 수 있다.

1. 강교 등 해당 공사의 기술적·구조적 특성을 고려하여 가공·조립·제작된 자재로서, 다른 공사에 그대로 사용하기 곤란하다고 인정되는 자재 : 자재의 100분의 100 범위 내에서 기성부분으로 인정 가능

2. 기타 계약상대자가 직접 또는 제3자에게 위탁하여 가공·조립 또는 제작된 자재 : 자재의 100분의 50 범위 내에서 기성부분으로 인정 가능

제57조(공사목적물의 인수) ① "도급인"은 준공검사를 완료한 날부터 ○일 이내에 공사목적물을 인수하여야 하며, 인수과정에서 공사목적물을 보수하여야 할 사항이 있는 때에는 "도급인"은 "수급인"에게 이를 통지하고 "수급인"은 지체 없이 보수하여야 한다.

② "수급인"은 본 건축시설을 인도할 때까지 선량한 관리자로서의 주의와 의무를 다하여야 한다.

제58조(입주) ① "수급인"은 준공검사 완료 즉시 "도급인"과 협의하여 입주기간을 지정한다.

② 제1항에 따른 입주기간이 확정되기 전에 미리 "도급인"과 "수급인"은 협의하여 입주예정 ○일 전까지 구체적인 입주예정 개시일자를 지정하여 계약자 등에게 통지 및 확인하기로 하며, "수급인"은 입주 시 필요서류 및 홍보용 각종 자료제작 등 각종 계획수립과 제반 사항을 준비 및 확인한다.

③ 신축건물의 전기, 수도, 가스 등 공과금, 관리비 등의 부담은 입주 지정개시일부터 실제 입주일까지는 "수급인"이 부담하고, 그 이후부터는 입주한 조합원이 이를 부담하되, 입주기간 만료일 이후에는 입주 여부와 관계없이 "도급인" 또는 해당 조합원이 이를 부담한다.

④ "도급인"과 "수급인"은 건축시설을 분양받은 조합원이 입주하는 경우 청산금, 이주비, 연체료 등의 완납여부를 미리 확인하여야 하며 이를 완납하지 아니한 자에게는 입주를 허용하지 아니할 수 있다.

제59조(하자 및 관리) ① 건축시설의 하자보수 범위, 기간, 하자보수보증금 예치, 사업주체의 의무관리 등에 대하여는 공동주택관리령 등 관계 법령에 적합한 범위 안에서 "도급인"과 "수급인"이 협의하여 결정한다.

② "도급인"은 준공검사 완료 즉시 관리사무소를 개설·운영하여야 한다.

③ "도급인"의 조합원이 사용검사된 건축시설 입주 후 임의 변경하여 발생되는 하자에 대하여 "수급인"은 책임지지 않는다.

제10장 기타사항

제60조(분쟁 및 소송) ① 계약에 별도로 규정된 것을 제외하고는 계약에서 발생하는 문제에 관한 분쟁은 계약당사자가 쌍방의 합의에 의하여 해결한다.

② 제1항의 합의가 성립되지 아니한 때에는 「도시 및 주거환경정비법」에 따른 도시분쟁조정위원회의 조정을 신청하여야 한다. 다만, 계약당사자가 조정안을 수락하지 아니한 때에는 「중재법」에 따른 중재기관에 중재를 신청하여야 한다.

③ 제2항에 따라 조정 또는 중재를 신청한 경우, 상대방은 그 절차에 응하여야 한다.

④ 제2항에 따라 분쟁이 원만히 해결되지 않을 경우 법원에 소를 청구할 수 있으며, 재판에 대한 관할법원은 본 사업부지 소재지를 관할하는 법원으로 한다.

제61조(계약외의 사항) 본 계약서에 명시되어 있지 않은 사항은 「도시 및 주거환경정비법」, 「주택법」, 「집합건물의 소유 및 관리에 관한 법률」, 「주택공급에 관한 규칙」과 「민법」 등의 관계 법령에 따라 처리하되, 기타 세부실무 내용에 관하여는 "도급인"과 "수급인"이 협의하여 처리한다.

제62조(채권의 양도) "수급인"은 본 공사의 이행을 위한 목적 이외의 목적을 위하여 본 계약에 따라 발생한 채권(공사대금청구권 등)을 제3자에게 양도하지 못한다.

제63조(이권개입 금지) ① "도급인"은 "도급인"의 조합원이나 "수급인"과 조합정관에 명시된 이외의 이면계약이나 약속을 할 수 없다.

② "도급인" 또는 "도급인"의 조합원은 "수급인"이 시공하는 공사와 관련하여 어떠한 이권개입이나 청탁을 할 수 없다.

③ "수급인"은 본 공사와 관련하여 "도급인" 또는 "도급인"의 조합원 및 임원에게 부당한 금품이나 향응 등을 제공할 수 없다.

제64조(계약의 효력) ① 본 계약의 효력은 계약체결일로부터 동 사업이 완료(조합해산)될 때까지 유효하다. 단, "도급인"은 본 계약체결 전에 계약 내용에 대하여 "도급인"의 조합원 총회에서 결의를 선행하여 계약이행에 차질이 없도록 하여야 한다.

② 본 계약은 "도급인"의 대표자(조합장) 등의 변경과 "수급인"의 대표자 변경에 영향을 받지 아니한다.

③ 제63조를 위반하여 부적법하고 불합리한 공사계약체결이 이루어졌다고 판단되는 명백하고 객관적인 사실이 입증되면 "도급인"과 "수급인"은 제41조 및 제43조에 따른 계약의 해제 및 해지 또는 취소할 수 있다.

제65조(공사계약특수조건 등) "도급인"은 이 계약조건에서 정하지 아니한 사항 등을 추가 보충하여 공사계약특수조건 또는 금전소비대차계약에 관한 사항 등을 따로 정할 수 있다.

[별첨 1] 표준품질사양서(양식)

공종	품목	사양	공용부	조합세대				일반분양			
				59 type	74 type	85 type	101 type	59 type	74 type	85 type	101 type
■ 건축공사											
석공사	석재몰딩(건식/물갈기)/저층부	화강석(포천석), T30	○	N/A	N/A	N/A	N/A	N/A	N/A	N/A	N/A
	화강석붙임(건식/앵커, 물갈기)/저층부	화강석(포천석), T30	○	N/A	N/A	N/A	N/A	N/A	N/A	N/A	N/A
	화강석붙임(습식, 버너)/주출입구	화강석(포천석), T30	○	N/A	N/A	N/A	N/A	N/A	N/A	N/A	N/A
	천연석붙임	엔지니어드 스톤 (○○회사, ○○모델) 수준	N/A	○	○	○	○	×	×	×	×
가전공사	TV	○○인치, ○○전자 ○○○○○○○수준	N/A	○	○	○	○	×	×	×	×
가구공사	주방가구	프리미엄가구(유럽산, ○○수준)	N/A	○	○	○	○	×	×	×	×
수장공사	강마루	95W×800L×7.5T/○○회사, ○○모델 수준	N/A	○	○	○	○	○	○	○	○
타일공사	아트월	○○○○ GREY/600*600 ○○○○○○수준	N/A	○	○	○	○	○	○	○	○
창호공사	PW/주방, 이중창	○○회사, ○○모델 수준	N/A	○	○	○	○	○	○	○	○
	PW/발코니, 이중창	○○회사, ○○모델 수준, 유리난간 or 입면분할	N/A	○	○	○	○	○	○	○	○
	AW	○○회사, ○○모델 수준	N/A	○	○	○	○	○	○	○	○
⋮	⋮	⋮	⋮	⋮	⋮	⋮	⋮	⋮	⋮	⋮	⋮
■ 기계공사											
위생기구설치공사	세면기 (공용/부부)	○○회사, ○○모델 수준	N/A	○	○	○	○	○	○	○	○
	양변기 (공용/부부)	○○회사, ○○모델 수준	N/A	○	○	○	○	○	○	○	○

구분	항목	사양									
	샤워기(공용)	○○회사, ○○모델 수준	N/A	○	○	○	○	○	○	○	○
	샤워기(부부)	○○회사, ○○모델 수준	N/A	○	○	○	○	○	○	○	○
	휴지걸이 (공용/부부)	핸드폰 거(거)치대 일체형 , ○○회사, ○○모델 수준	N/A	○	○	○	○	○	○	○	○
	비데	비데일체형 ○○○, ○○○-○○○ 수준	N/A	○	○	○	○	○	○	○	○
	주방수전	○○회사, ○○모델 수준	N/A	○	○	○	○	○	○	○	○
	싱크절수기	터치식 싱크 수전, ○○회사, ○○모델 수준	N/A	○	○	○	○	○	○	○	○
에어컨 설치 공사	시스템에어컨	설치위치 : 거실, 안방, 침실(공기청정형), ○○회사	N/A	○	○	○	○	×	×	×	×
신 재생	에너지저장 시스템(ESS)	○○kW 수준	○	N/A	N/A	N/A	N/A	N/A	N/A	N/A	N/A
⋮	⋮	⋮	⋮	⋮	⋮	⋮	⋮	⋮	⋮	⋮	⋮

■ 전기공사

구분	항목	사양									
배선 기구	스위치	일반형(텀블러)	○	×	×	×	×	○	○	○	○
		고급형(유럽형), ○○회사, ○○모델 수준	N/A	○	○	○	○	×	×	×	×
	네트워크 스위치	부분터치형	N/A	×	×	×	×	○	○	○	○
		풀터치형, ○○회사, ○○모델 수준	N/A	○	○	○	○	×	×	×	×
	콘센트	일반형(텀블러)	○	×	×	×	×	○	○	○	○
		고급형(유럽형), ○○회사, ○○모델 수준	N/A	○	○	○	○	×	×	×	×
		2구 설치수량(안방/침실/거실/주방)	N/A	1개/ 2개/ 3개/ 4개	1개/ 2개/ 3개/ 4개	1개/ 2개/ 3개/ 4개	1개/ 2개/ 3개/ 4개	1개/ 2개/ 3개/ 4개	1개/ 2개/ 3개/ 4개	1개/ 2개/ 3개/ 4개	1개/ 2개/ 3개/ 4개

홈넷	월패드	10인치 일반형, ○○회사, ○○모델 수준	N/A	×	×	×	×	○	○	○	○
		20인치 고급형, ○○회사, ○○모델 수준	N/A	○	○	○	○	×	×	×	×
	주방TV	10인치 일반형, ○○회사, ○○모델 수준	N/A	×	×	×	×	○	○	○	○
		13인치 고급형, ○○회사, ○○모델 수준	N/A	○	○	○	○	×	×	×	×
	원패스	블루투스방식(원패스 키 미제공)	N/A	○	○	○	○	○	○	○	○
승강기 공사	승강기	○○인승, ○○○m/min 수준, 마감재 시안 첨부	○	N/A	N/A	N/A	N/A	N/A	N/A	N/A	N/A
신 재생	태양광설비	○○kWp 수준	○	N/A	N/A	N/A	N/A	N/A	N/A	N/A	N/A
기타 공사	전기차 충전소	급속충전기 ○○대, 완속 충전기 ○○대,	○	N/A	N/A	N/A	N/A	N/A	N/A	N/A	N/A
기타 공사	주차유도	초음파 방식	○	N/A	N/A	N/A	N/A	N/A	N/A	N/A	N/A
⋮	⋮	⋮	⋮	⋮	⋮	⋮	⋮	⋮	⋮	⋮	⋮

[별첨 2] 사업경비 항목별 금융조건(양식)

항목	대여금총액 (원)	금리 (연%)	기간 (월)	이자 (원)	연체이율 (%)	차입 방법
조합운영비	100,000,000	3.5%	2023.1~2023.12	3,500,000	6.0%	직접대여
설계비	1,200,000,000	4.0%	2023.1~2023.12	48,000,000	7.0%	조합명의 금융기관 차입
감리비	⋮	⋮	⋮	⋮	⋮	⋮
건설사업관리비 용역비						
측량비						
인·허가비						
⋮						

■ 관련 법령 등 참고 자료 및 참고문헌

1. 「도시 및 주거환경정비법」·시행령·시행규칙

2. 건설공사 사업관리방식 검토기준 및 업무수행지침

3. 서울시 및 부산시 도시 및 주거환경정비 조례·시행규칙

4. 정비사업 계약업무 처리기준(국토교통부고시 제2023-302호. 2023.6.16. 일부개정)

5. 정비사업 종합정보관리시스템 매뉴얼(서울시)

6. 서울특별시 정비사업 조합 등 공공지원 관련 규정

   6-1. 서울특별시 정비사업 표준선거관리규정

   6-2. 공공지원 설계자 선정 기준

   6-3. 공공지원 시공자 선정 기준

   6-4. 서울특별시 정비사업조합 등 표준 예산·회계규정

   6-5. 서울특별시 정비사업조합 등 표준 행정업무규정

   6-6. 클린업시스템 운영지침

   6-7. 서울시 '정비사업 E-조합시스템' 운영지침

   6-8. 서울특별시 정비사업 의사진행 표준운영규정

7. 서울시 정비사업 공공관리 운용매뉴얼

8. 공공건설공사 건설사업관리 업무수행절차서(2020.7. 한국건설기술관리협회)

9. CM형태별 활성화 방안 및 업무절차서 개발연구보고서(2003.12.30. 서울시립대학교)(건설교통
   부 출연, 한국건설교통기술평가원에서 위탁시행 한 건설기술연구개발사업)

10. 건설사업관리용역표준과업내용서(건설사업관리협회)

11. 서울시 발주 용역 과업내용서 등

12. 2020행정업무운영 편람(행정안전부)

13. 2021 공동주택 재건축사업 업무 매뉴얼(서울특별시)

정비사업
(재건축 · 재개발)
업무매뉴얼
제1권

ⓒ 임산호, 2024

초판 1쇄 발행 2024년 8월 1일

지은이   임산호
펴낸이   이기봉
편집   좋은땅 편집팀
펴낸곳   도서출판 좋은땅
주소   서울특별시 마포구 양화로12길 26 지월드빌딩 (서교동 395-7)
전화   02)374-8616~7
팩스   02)374-8614
이메일   gworldbook@naver.com
홈페이지   www.g-world.co.kr

ISBN   979-11-388-3394-3 (13540)